PHYSIOLOGIE SOCIALE

LE TABAC

QUI CONTIENT

LE PLUS VIOLENT DES POISONS

LA NICOTINE

Abrège-t-il l'existence ?

EST-IL CAUSE

DE LA DÉGÉNÉRESCENCE PHYSIQUE ET MORALE

DES SOCIÉTÉS MODERNES ?

PAR

LE Dr H. A. DEPIERRIS

PARIS

E. FLAMMARION, ÉDITEUR

26, RUE RACINE

1898

Tous droits réservés.

PHYSIOLOGIE SOCIALE

LE TABAC

QUI CONTIENT

LE PLUS VIOLENT DES POISONS

LA NICOTINE

Abrège-t-il l'existence ?

EST-IL CAUSE

DE LA DÉGÉNÉRESCENCE PHYSIQUE ET MORALE

DES SOCIÉTÉS MODERNES ?

PAR

LE Dʳ H. A. DEPIERRIS

PARIS

E. FLAMMARION, ÉDITEUR

26, RUE RACINE

1898

Tous droits réservés.

PHYSIOLOGIE SOCIALE

—

LE TABAC

Dʳ H. A. DEPIERRIS

Né à Niort (Deux-Sèvres), le 6 octobre 1810.
Décédé à Toulon (Var), le 18 mars 1889.

PRÉSIDENT D'HONNEUR DE LA SOCIÉTÉ CONTRE L'ABUS DU TABAC.

AVANT-PROPOS

Depuis trois siècles, une foule de savants se sont occupés du tabac au point de vue social, économique, hygiénique, physiologique et pathologique ; mais personne, croyons-nous, n'a étudié la question avec autant de persévérance, aucun auteur ne l'a traitée avec autant d'ampleur sous toutes ses faces, que le Dr A. Depierris, président d'honneur de la Société contre l'abus du tabac, dans son immortel ouvrage ayant pour titre : *Physiologie sociale,* et pour sous-titre : *Le tabac, qui contient le plus violent des poisons, abrège-t-il l'existence ? est-il cause de la dégénérescence physique et morale des sociétés modernes ?*

La première édition, publiée en 1876 à 3000 exemplaires, est épuisée, et le moment est venu d'en publier une nouvelle en exécution du testament suivant :

Extrait du Testament du Docteur H. A. Depierris, reçu par Me Charles Bertrand, notaire à Toulon (Var):

« Testament olographe du docteur Hippolyte, Adéon
« Depierris.

« Le six octobre mil huit cent quatre-vingt-huit, à Tou-
« lon (Var) moi, Hippolyte, Adéon Depierris, docteur-
« médecin, né à Niort (Deux-Sèvres) le six octobre mil huit
« cent dix, étant sain de corps et d'esprit, ai fait et signé

« ce testament pour être exécuté, après ma mort par mes
« héritiers...

« Je donne à la *Société Française contre l'abus du Tabac*,
« ayant son siège rue Jacob, 38, à Paris, *quatre mille*
« *francs*, qui seront employés, par les soins de l'administra-
« tion de la dite Société, à imprimer et publier une nouvelle
« édition de ma *Physiologie sociale*, qui sera la propriété
« de la Société, avec tous les bénéfices attachés aux droits
« d'auteur, de même que tout ce qui, au jour de ma mort,
« restera invendu ou en argent non réglé chez les éditeurs,
« pour toutes mes publications dans la question du tabac.

« La nouvelle édition se fera conformément au volume
« de l'édition de 1875, sur lequel j'ai fait à la main des
« additions, des corrections et des notes auxquelles j'ai
« apposé ma signature, en tête de la troisième page :
« Introduction... »

« Bon comme ci-dessus :

« H. A. Depierris. »

« *Extrait collationné sur la minute dudit acte de dépôt du*
testament olographe de M. le Docteur Depierris, et délivré
par Me Bertrand, notaire à Toulon (Var) soussigné, à Monsieur
le Président de la « Société contre l'abus du tabac » sur sa
réquisition. »

Nous engageons vivement tous les amis de l'humanité
et surtout de la jeunesse à propager ce remarquable ouvrage parmi leurs connaissances et à le faire entrer dans
les bibliothèques publiques.

Pour le Conseil d'administration de la Société contre
l'abus du tabac.

Le Président : E. Decroix.

L'AUTEUR AU PUBLIC

Pour traiter convenablement un sujet en apparence aussi superficiel et aussi ingrat que le tabac, il nous a fallu entrer dans des démonstrations d'anatomie et de physiologie que nous avons cherché à mettre à la portée de toutes les intelligences.

Les docteurs nous excuseront la simplicité et parfois l'originalité de nos théories.

Ce livre n'est point fait pour eux; car ils en savent, au moins, autant que nous sur le véritable rôle du tabac dans notre civilisation moderne.

Nous avons écrit pour tout le monde; car notre sujet intéresse tout le monde. Et s'il s'offre à la méditation de tous, nous désirons surtout avoir, pour nous critiquer ou nous approuver, autant de lecteurs qu'il y a de consommateurs de tabac, sans distinction de sexe, d'âge ou de condition sociale.

On fait des romans historiques pour graver plus profondément dans l'esprit, par le charme de l'intérêt et les

séductions de la lecture, les grands enseignements de
l'Histoire.

Le tabac nous aura donné l'occasion d'essayer un
roman physiologique, pour arriver à détruire un grand
préjugé social.

Nous avons cherché, par la variété des épisodes de ce
travail, à en écarter la monotonie et l'ennui, et à contraindre le lecteur, fût-il un *Nicotphile* des plus endurcis,
à nous lire jusqu'au bout. Car la curiosité, au moins,
l'attachera à la réalité de nos révélations et de nos tableaux,
où il aura bien souvent l'occasion de se reconnaître,
comme si nous l'avions peint lui-même.

Et s'il ne trouve pas dans ce livre des raisons suffisantes pour lui faire renoncer au tabac, comme on renonce
résolument à une mystification ou à une erreur, il y aura
au moins recueilli quelques notions qui l'aideront parfois à se rendre compte à lui-même comment il vit, et à
distinguer ce qui peut faire la force ou la faiblesse de son
organisme.

Dr H. A. D.

EFFETS DU TABAC

SUR LES SOCIÉTÉS MODERNES

INTRODUCTION

De nos jours plus que jamais, depuis un demi-siècle, on répète partout ces paroles désespérantes pour l'avenir de nos sociétés : « Nous sommes dégénérés! nous sommes en décadence ! »

Et, pour confirmer ces idées, les statisticiens nous disent : « La population diminue, le chiffre de la mort atteint et dépasse le chiffre de la naissance. »

Les commissions de recrutement constatent que la moyenne de la taille baisse, que la force physique s'étiole au point que la chance d'un bon numéro, si l'on tirait encore au sort, n'existerait pour ainsi dire plus, pour dispenser un conscrit du service militaire; le grand nombre des impropres à la carrière des armes obligeant à chercher des valides dans tous les jeunes gens de la classe.

Les moralistes et les jurisconsultes affirment que les mœurs se relâchent, que les tendances au mal dominent les inspirations du bien, que la criminalité grandit.

Les physiologistes constatent que la beauté du type physique, bien loin de s'élever, abaisse son niveau vers la déformation et le crétinisme, et que l'intelligence, servie par des organes imparfaits, s'abîme dans les mille formes de l'aliénation mentale et de l'idiotisme, dont nos établissements spéciaux deviennent de plus en plus insuffisants à contenir les innombrables victimes.

Si toutes ces assertions sont vraies, et elles le sont par la grande autorité des faits qui les constatent, comment expliquer cette décadence physique et morale de nos sociétés, devant les progrès incessants de la civilisation et du bien-être? Comment l'homme, dans son état social actuel, se comporte-t-il à l'inverse de tous les êtres organisés, animaux et végétaux, que domine et que gouverne sa volonté transcendante?

Il prend dans ses étables une race d'animaux appauvrie, il lui donne l'aliment nécessaire, il la préserve de l'intempérie des saisons, il la soigne, en un mot, et cette race se régénère; elle se développe en chair, en formes et en instincts dont nos plus simples éleveurs savent tirer, à leur profit, tous les avantages.

Et les végétaux? Par des soins, de l'hygiène et de la culture, ne les faisons-nous pas parvenir à un luxe de développement, à une somme de qualités que leur nature primitive et modeste semblait leur avoir refusés?

L'homme a donc la puissance d'améliorer tout ce qu'il cultive. Et pourtant sa civilisation, qui n'est autre chose que la culture de son être effectuée par lui-même, ne fait que s'appauvrir dans la manifestation des facultés primitives que Dieu lui a données.

C'est qu'à côté de l'hygiène qui écarte de lui les maladies, de la médecine qui l'en guérit, de l'agriculture qui le nourrit, de l'industrie qui lui donne des vêtements et des abris contre la rigueur des saisons, et des satisfactions aux fantaisies de ses désirs ; c'est qu'à côté de la science et de l'enseignement qui donnent l'aliment à ses hautes aspirations artistiques, religieuses et morales, à côté de toutes ces sources de perfections où puisent largement ses deux éléments, corps et âme, qui, par l'harmonie de leurs rapports, font l'unité de son être, il existe une cause de perturbation organique et morale inconnue aux générations qui nous ont précédés, et qui pèse fatalement sur la nôtre.

Cette cause, quelle que soit son essence, doit être métaphysique ou matérielle :

Métaphysique, elle appartient à la religion, à la morale ou à la politique ;

Matérielle, elle rentre dans les recherches et les appréciations de la médecine.

Quand l'Église la recherche, elle croit la trouver dans l'absence de la foi et la tiédeur pour le culte. Et, du haut de la chaire de saint Pierre, le vicaire du Christ, dans ses Encycliques, reproche à notre siècle, comme cause de sa décadence, de s'être lancé trop avant dans le progrès, d'avoir quitté la vie de contemplation des mystères de Dieu et les célestes espérances, pour la vie matérielle, dans la réalité et les jouissances de la création, dont l'homme abuse, indifférent et sceptique pour ses destinées dans l'éternité.

Avant de nous arrêter à discuter la valeur de cette cause de notre abaissement moral, qui entraînerait alors, comme conséquence, notre abaissement physique, examinons d'abord si elle n'est pas plus fictive que réelle.

La première réflexion qui s'offre tout naturellement à l'esprit, c'est que les religions et les cultes, dans l'humanité, sont bien variés ; et si les ministres de la foi catholique se plaignent de l'irréligion de leurs adeptes, les ministres du culte protestant, les pasteurs de Moïse, de Mahomet, de Confucius, trouvent peut-être que leurs troupeaux marchent avec toute l'énergie de la foi, avec persévérance et succès, dans les voies qu'ils leur enseignent, pour arriver à Dieu.

Ces récriminations du clergé catholique qui accuse d'irréligion ceux qu'il dirige, se fondent-elles bien sur une réalité palpable? Elles s'adressent surtout à la France, à l'Italie, à l'Espagne, ces trois filles de l'Église; et peut-on dire, avec raison, qu'en ces temps de décadence physique et morale, les églises soient moins fréquentées, qu'on s'y recueille avec moins de confiance et de piété, qu'on y prie avec moins de ferveur que dans les temps passés?

Je ne connais pas assez la situation religieuse de l'Italie et de l'Espagne pour rien en dire; mais quant à mon pays, à la France, je vois que tout s'y passe aujourd'hui comme je le voyais il y a plus d'un demi-siècle, sous la Restauration, qu'on ne suspectera pas d'avoir été une époque d'impiété. Pas un enfant n'y naît, pas un être n'y meurt, sans que la cloche de l'église ne reporte vers Dieu, comme source de toute chose, la joie ou le deuil de la famille.

Et si quelques intelligences, déviées par ce mal social dont nous recherchons ici la cause, s'abaissent dans la dégradation jusqu'à douter de Dieu, jusqu'à le nier même, combien, à côté de ces rares exceptions, ne voit-on pas de milliers d'individus qui, dans l'obscurité et l'ignorance des âges précédents, n'auraient connu du Créateur que le nom; mais qui, éclairés aujourd'hui du flambeau de l'instruction et par l'étude des sciences modernes, pénètrent dans l'intimité de l'essence et des œuvres de Dieu, comme cause première, comprennent l'immensité de sa grandeur, et s'inclinent humblement et religieusement devant elle?

Non, le sentiment religieux n'a pas baissé dans nos sociétés modernes; la civilisation ne nous écarte pas de Dieu.

Et que ceux qui en douteraient la suivent sur les nouveaux continents dont elle fait journellement la conquête, pour y régner en souveraine. Là, ils pourront constater que partout où un groupe d'hommes se rencontrent, en pleine liberté de faire le bien ou le mal, sans organisation sociale, sans lois, à quelque nation, à quelque culte qu'ils appartiennent, leur première aspiration est de bâtir la maison de Dieu.

Et ce qu'il y a de plus remarquable, c'est que l'on ne voit nulle part autant d'églises, toutes pieusement et assidûment fréquentées, que dans le Nouveau-Monde, où l'homme jouit, sans restriction, de la liberté de conscience ; où l'Église est entièrement en dehors de l'État, et où les fidèles seuls s'imposent spontanément pour les frais de la pratique de leur culte.

Là, rien ne les contraint, ni ne les pousse à des manifestations pieuses ; ils obéissent au seul sentiment religieux de leur âme.

Et là aussi pourtant, l'humanité dégénère !

Ainsi se trouve confirmé ce fait : que la civilisation et le progrès, au lieu d'écarter l'homme de Dieu, l'en rapprochent ; et ainsi s'atténue considérablement, si elle ne tombe pas en entier, cette affirmation venue de si haut, et édictée par le *Syllabus :* que notre dégénérescence n'est causée que par l'abandon que nous faisons de la Foi et du Culte de nos pères.

Les moralistes, cherchant, eux aussi, les causes de notre décadence physique et morale, croient les avoir trouvées dans l'excès du bien-être que donne à nos sociétés la civilisation moderne. « On mène la vie à trop grande vitesse, disent-ils ; elle s'étiole au milieu de toutes les jouissances matérielles et mondaines. »

Cherchons la vérité, dans le vague de ces assertions.

Il y a toujours eu, dans toutes les transformations politiques et sociales par où a passé l'humanité, des classes privilégiées par le rang et la fortune, qui ont eu en partage toutes les jouissances de la vie, quand toutes les misères étaient dévolues aux classes inférieures. A-t-on jamais dit que ces heureux d'alors dégénéraient, parce que, usant gaîment leur fortune à ce qu'on appelle vulgairement bien vivre, ils habitaient dans des hôtels somptueux, demandaient aux artistes des jouissances pour leurs sens, recherchaient les festins où la variété et la délicatesse des mets, le luxe des liqueurs excitaient journellement la lenteur de leur appétit; sacrifiant plus qu'on ne le fait aujourd'hui au culte de l'alcôve, partageant les moments perdus entre l'entraînement des salons et l'émotion des théâtres ?

Ce genre de vie, qui tout au plus pouvait les amollir, ne les abâtardissait pas; puisque c'était dans cette classe d'heureux que se recrutaient toutes les capacités nécessaires aux carrières privilégiées, aux professions libérales, à l'administration de l'État, à la Guerre.

Qu'a fait le progrès dans la civilisation moderne ? Il a élevé à la participation du bien-être le plus grand nombre des déshérités d'alors.

A ceux qui avaient faim, qui avaient froid, il a donné des vivres sur la table, du feu dans le foyer. A la chaumière humide et obscure il a substitué l'habitation bourgeoise aérée et coquette. Dans la hiérarchie des classes, il a changé la bure pour le coton, le coton pour la soie. Dans la frivolité de la parure, il a substitué l'argent au cuivre, l'or à l'argent, le diamant à l'or. Il a substitué le moyen de transport à la marche forcée, l'assistance de la machine à l'épuisement du travail.

Voilà, entre tant d'autres choses, ce qu'a fait le progrès pour la condition physique de l'homme. Qui pourrait dire que toutes ces modifications, au lieu de l'abâtardir, n'auraient pas dû l'élever dans la perfection matérielle ?

La civilisation moderne a aussi largement pourvu aux besoins de l'intelligence, de l'âme humaine, si l'on aime mieux. Partout des églises, des écoles se sont élevées, où des prêtres, des professeurs formés par les soins de l'État, ont eu pour mission de combattre l'ignorance et de diriger les générations dans les notions du bien, de la science, des arts, enseignant à l'homme ce qu'il peut atteindre d'élévation par la culture de ses facultés intellectuelles.

L'homme, dans ce milieu d'instruction qui l'éclaire, grandit aux yeux de sa propre conscience, et ce qui l'élève si haut
dans la connaissance et l'estime de lui-même ne saurait le faire
dégénérer ; c'est-à-dire descendre.

Des philanthropes, effrayés de ces grands crimes dont la
conscience humaine se révolte, et que la religion, la morale, la
justice semblent impuissantes à réprimer, tant les malheureuses créatures qui les consomment se multiplient aujour-
d'hui, ont cru devoir attribuer la cause de cette perversité
morale à l'instinct d'imitation, à l'influence de l'exemple, si
puissants sur la nature humaine.

Ils disent : que les sociétés ne tuent pas les hommes, sous
prétexte de les punir ; que l'appareil légal de la mort, que le
bourreau disparaissent ou se cachent, et le peuple n'ira plus
se repaître de ce spectacle de meurtres juridiques qui, au lieu
de l'arrêter devant l'idée du crime, par l'image sanglante
du châtiment, ne fait que l'y pousser ; car de semblables tableaux émoussent ses répugnances instinctives et innées, pour
l'abandonner à ses mauvais instincts, sans terreur du sang
qu'il va répandre, parce que ses yeux sont habitués à le voir
couler sur les places, aux jours des exécutions publiques.

Tout cela n'est que sophisme et paradoxe.
Si la vue des exécutions sanglantes pouvait pousser l'homme
au meurtre et le rendre avide du sang et de la vie de ses semblables, à quelle élévation dans le crime n'auraient pas dû
atteindre les sociétés formées à la civilisation païenne, alors
que partout le peuple, à quelque classe, à quelque sexe, à
quelque âge qu'il appartînt, venait, comme à des jours de
fête, assister dans les amphithéâtres à des hécatombes d'hommes armés les uns contre les autres pour s'entre-détruire,
pour le plus grand amusement d'un public enthousiaste ?
Les martyrs de ces orgies de sang n'étaient pas des criminels à qui la société demandait, par la mort, réparation du mal

qu'ils lui avaient fait dans leur vie ; c'étaient des vaincus que les chances de la guerre avaient livrés sans force à leurs vainqueurs. C'étaient les apôtres d'une foi nouvelle, disputant à tous les Dieux qu'adoraient les païens les droits du Dieu unique qu'adorent les Israélites, les Mahométans et les Chrétiens.

Et, si nous marchons plus avant dans les siècles, ne voyons-nous pas les bûchers de l'inquisition chrétienne, remplaçant les amphithéâtres des païens, donner aux peuples, en spectacle, les cris et les douleurs d'êtres humains se tordant dans les flammes, pour expier sur un bûcher le crime d'hérésie ou de dissidence dans la foi ; et d'autres crimes qui ne sont pourtant dans le cœur humain que des vertus ; celui, par exemple, d'avoir, comme notre Jeanne d'Arc, qui fut aussi brûlée vive, bien aimé son pays malheureux et envahi, et d'avoir puni par les armes l'insolente arrogance de l'ennemi qui l'opprimait?

Si nous nous rapprochons encore de notre époque, aux âges de la féodalité, sans rappeler le sauvage supplice de la roue ou de l'arrachement des membres d'un malheureux, attaché à des chevaux qui l'écartelaient tout vivant, sous les yeux du public, combien ne voyait-on pas les appareils de mort de la justice se dresser pour punir ce qui ne serait aujourd'hui que de légers délits ?

Et si nous avançons encore dans notre temps, ceux qui ont vu le premier quart de notre siècle, alors que la justice criminelle avait des sévérités qu'elle n'a plus de nos jours, se rappelleront que le couteau triangulaire des hautes-œuvres faisait tomber bien des têtes qui lui échappent aujourd'hui, par l'introduction dans nos Codes modernes de la question des circonstances atténuantes posée à l'humanité du jury. Ils se rappelleront avoir vu sur les places publiques, les jours que les marchés ou les fêtes y réunissaient le plus de monde, des malheureux frappés par la loi de la peine du carcan. Les membres chargés de chaînes, le cou tenu à un poteau d'estrade par un collier de fer, ils montraient, durant de longues heures, à la curiosité publique, leur dégradation et leur honte.

Ils se rappelleront ces foules se pressant autour des fourneaux où le bourreau chauffait ses fers, et, quand ils étaient rouge blanc, marquait sur la place publique à l'épaule, comme un bétail, des trois lettres T. F. T. ou T. F. P. les malheureux criminels que la justice humaine envoyait dans les bagnes, pour les travaux forcés, à temps ou à perpétuité, comme l'indiquaient les sinistres majuscules incrustées pour toujours dans leur chair.

Si les générations qui ont assisté à tant de morts, à tant de tortures, à tant de mutilations fantaisistes ou légales sur des âtres humains, n'ont pas, par ces spectacles, été poussées aux meurtres, les philanthropes se trompent quand ils cherchent la cause des grands crimes qui viennent si souvent, de nos jours, révolter notre humanité et nos consciences, dans la contagion de l'exemple que donne la justice par ses exécutions sanglantes, relativement rares, mises en scène devant le public.

En résumant les réflexions qui précèdent, on arrive à conclure qu'il ne faut pas chercher dans un ordre métaphysique ou social, qui a toujours existé, les causes toutes récentes et actuelles de la dégénérescence physique et morale qui afflige notre époque, par le triste tableau de ses réalités incontestables.

La médecine, plus positive dans ses rapports avec l'organisation intime et matérielle de notre être, s'est aussi frappée de la décadence contemporaine et rapide de l'homme, dont l'éducation physique et la conservation rentrent dans ses attributions.

S'appuyant sur ce vieil adage, qui puise sa véracité dans la sanction de l'expérience et du temps : *Mens sana in corpore sano* (la santé physique fait la santé morale), elle a cherché, dans ce grand accident où s'abîment nos deux organismes, si le mal qui les afflige les frappe simultanément, ou si la lésion de l'une n'entraîne pas, comme conséquence, tous les dérèglements de l'autre.

Or, ce qui frappe tout d'abord le médecin que l'âge et l'expérience ont mûri, c'est que l'homme physique s'étiole au milieu de tout le bien-être matériel que lui donnent : l'hygiène, qui le préserve des maladies ; les asiles et les crèches, qui protégent son enfance ; les hôpitaux, qui soignent ses maladies et sa vieillesse ; la philanthropie et la mutualité, qui l'assistent partout où il est malheureux. Dans toutes ces conditions de prospérité et de bien-être, qui devraient l'améliorer, il dégénère ! L'organisation politique et humanitaire de notre époque, la mieux en harmonie avec ses besoins matériels et sociaux qui ait jamais existé, ne l'empêche pas de déchoir. Et sa dégénérescence physique précède toujours son abaissement moral, dont elle semble être la cause, en retournant l'adage, j'allais dire l'axiome que j'ai cité plus haut : *Mens insana in corpore insano* (le moral est malade quand le corps souffre).

La philosophie, d'ailleurs, n'a-t-elle pas défini l'homme : UNE INTELLIGENCE SERVIE PAR DES ORGANES ?

Or, si l'intelligence s'écarte des voies de Dieu, si elle a ses aberrations, ses folies, si elle prend le mal pour le bien, si elle donne la haine au lieu de l'amour, la vengeance au lieu du pardon, si elle suit le chemin du crime au lieu de marcher dans la voie de la vertu, c'est que les organes qui la servent ont perdu leur perfection primitive et créée.

Par quelle cause l'organisme humain a-t-il pu être détourné de cette grande loi naturelle qui fait que les êtres se continuent, dans le temps, avec la perfection attachée à leur type, par l'aliment, pour l'individu ; par la génération, pour l'espèce ?

Si l'aliment et la génération sont les grands secrets de la conservation, de l'amélioration des êtres vivants et de leurs types, cherchons ce que l'homme, dans sa civilisation moderne, a pu rencontrer fatalement ou introduire imprudemment d'éléments perturbateurs dans ces grandes fonctions dont l'accomplissement, dans l'ordre et les lois de la nature, est la condition essentielle et la garantie indispensable de sa vie.

L'homme ne souffre point aujourd'hui, surtout sur la terre privilégiée de France, de circonstances fatales agissant sur sa nutrition. Il étend tous les jours les ressources de sa vie matérielle, par les conquêtes de l'agriculture, par les facilités de relations commerciales et la liberté des échanges, à grandes distances, de toutes les substances alibiles que lui donne abondamment la terre, dans ses productions libérales et spontanées, ou quand elle est sollicitée par le travail qui la féconde et l'oblige à produire.

Avec la vapeur qui sillonne les mers, les réseaux de routes de fer qui enveloppent le globe, l'électricité qui porte, en quelques heures, les demandes du commerce à travers tous les continents, le temps des famines et même des disettes est depuis longtemps passé. Ce qu'une partie de la terre refuse accidentellement à ses habitants, les autres parties mieux pourvues le leur envoient.

L'aliment ingéré, sous le rapport de sa qualité et de son abondance, ne fait donc pas défaut à l'homme. Mais il vit aussi d'un aliment gazeux qui l'environne, dans une atmosphère où il puise sans cesse les principes les plus essentiels à son existence, puisqu'elle s'éteint aussitôt que cet aliment lui manque.

Il puise dans l'atmosphère, par l'absorption pulmonaire et cutanée, l'oxygène de l'air et de la vapeur d'eau. Cet aliment gazeux, dont la science connaît la composition la plus conforme à notre existence, peut subir des altérations, par des miasmes ou principes délétères suspendus dans l'atmosphère.

De nos jours, sous le rappport de l'hygiène atmosphérique, rien n'est à désirer ; rien ne manque non plus à l'abondance et à la qualité des eaux potables. Partout des administrations éclairées, dans les municipalités, les eaux et forêts, les ponts et chaussées, président à la propreté des villes, à la salubrité des logements, au desséchement des marais. Toute cause d'impureté atmosphérique est partout recherchée et aussitôt éloignée.

Sous le rapport des aliments que l'homme s'assimile par la digestion et par l'absorption, *ingesta et circumfusa*, il se trouverait donc dans les conditions les plus favorables, non seulement à sa conservation, mais à toutes les améliorations ouvertes à sa nature perfectible.

Et pourtant il dégénère !...

Il y a, dans les croyances religieuses de l'humanité, une légende sur la déchéance de l'homme devant Dieu, qu'on pourrait bien aussi appliquer à notre siècle : c'est Adam se laissant séduire dans le paradis terrestre par Ève, qui lui offre un fruit que Dieu lui avait défendu, parce qu'il provenait de l'arbre du mal.

En matérialisant cette légende, toute mystique, on peut dire qu'au milieu du bien-être que les progrès de la civilisation ont si largement répandu sur notre époque, nous nous sommes laissé dominer par la tentation et les sens. Notre volonté a dénaturé nos instincts : elle a imposé à nos usages, comme un aliment de notre être, des substances dont les effets toxiques et délétères ne produisent en nous des sensations de plaisir ou d'ivresse qu'en dégradant notre organisme.

Nous avons touché à ce qui était défendu, au fruit de l'arbre du mal, qui est incompatible avec le fonctionnement régulier de nos organes. A l'aliment qui doit entretenir notre vie, nous avons ajouté, comme fantaisie ou comme luxe, le poison qui la détruit.

Les substances délétères que, par ignorance, par manque de jugement et par dépravation de nos goûts, nous aimons à joindre à notre alimentation naturelle (j'entends ici par aliment tout ce qui pénètre notre organisme, par quelque voie que ce soit), sont, en les classant par ordre d'intensité de leurs effets toxiques : 1° le Tabac ; 2° l'Opium ; 3° l'Alcool.

L'opium et l'alcool ont depuis longtemps subi le jugement de l'observation, de la science et du sens commun, qui ont donné à l'opium toute la part néfaste qui lui revient dans le temps d'arrêt et la marche rétrograde de la vieille civilisation des peuples de l'Extrême-Orient.

Quel est l'Européen qui ne considère pas aujourd'hui comme une race inférieure à la sienne ces fumeurs et ces mangeurs d'opium répandus dans toute l'Asie ? Ces aînés de l'humanité se sont arrêtés dans la civilisation, dont ils nous ont transmis les rayons, quand leur cerveau s'est engourdi au milieu des vapeurs du pavot somnifère. Qui de nous ne jette pas une pensée de compassion, en même temps que de blâme, à ces pauvres Asiatiques, qui savourent avec un bonheur ineffable une drogue que la médecine nous donne pour endormir nos souffrances dans les maladies, et que nous lui dérobons bien souvent, comme poison, pour en finir, par le suicide, avec les misères de la vie ?

Tous ces ravages que fait l'opium chez des peuples qui vivent bien loin de nous, nous ne les connaissons que par la tradition, par l'histoire ou par les récits des voyageurs qui en ont été témoins. Les idées que nous en concevons ne sont pas aussi nettes, aussi frappantes que celles qui nous viennent du spectacle d'abaissement et de dégradation que donnent les sociétés européennes dominées par l'habitude de l'alcool.

Eh bien ! l'usage de l'opium et de l'alcool, ces vieux vices de la nature humaine que toute conscience sage réprouve, sont bien loin de jouer un *rôle aussi néfaste que le tabac*, ce vice récent dans la décadence de l'humanité.

Faut-il s'en étonner, quand la science nous démontre que le tabac, qui charme, sous toutes les formes, les chercheurs de sensations bizarres et factices de notre civilisation moderne, est le plus violent de tous les poisons connus ?

Ni l'arsenic, ni la noix vomique, qui donne la strychnine ; ni le pavot, qui donne l'opium et la morphine ; ni le laurier-rose qui donne l'acide prussique : ni la jusquiame, ni la belladone, ni l'aconit, ni la ciguë, qui donnent des poisons qui tuent notre organisme, ne sont à comparer au poison du tabac, à la NICOTINE, qui le foudroie.

Voyez, après tout cela, quelle bizarrerie dans l'esprit humain ! Parmi les adorateurs du tabac, il en est beaucoup qui ont assisté, dans les cours et les laboratoires de chimie, aux expériences effrayantes sur les effets toxiques de cette plante, et qui la fument et la mâchent quand même ; et ils n'oseraient pas, de peur de s'empoisonner, toucher de leurs lèvres une herbe réputée vénéneuse, dans l'opinion vulgaire : l'aconit, le datura, la ciguë, par exemple.

C'est que ceux-là sont déjà sous la domination impérieuse du tyran qui les préoccupera toute leur existence. Leur appétit perverti leur a rendu le tabac aussi nécessaire que l'aliment le plus naturel. Ils travaillent pour lui comme pour le pain de tous les jours ; car il figure au budget de leurs dépenses indispensables. Ils aspirent après lui autant qu'après un excellent repas. C'est un modificateur nécessaire à leur organisation détraquée. Quand ils n'en ont pas, elle souffre ; quand ils le savourent, elle se sent allégée, pour souffrir encore,..... et toujours.

Et, de toutes ces sensations, ils concluent que la science se trompe, que le tabac ne fait pas mourir, qu'il aide, au contraire, à vivre et à bien vivre.

Le devoir de la science est de dire à ces sceptiques qui s'abusent : Les êtres organisés, l'homme surtout, qui réunit en lui toutes leurs perfections, ont, dans leur essence intime, une force innée qui veille constamment à la conservation de l'organisme et à la régularité de son fonctionnement : c'est le principe vital, c'est le fluide nerveux.

Sitôt qu'un agent destructeur de l'économie pénètre dans ses profondeurs mystérieuses, que ce soient les miasmes des marais Pontins ou l'élément toxique d'un végétal, morphine, strychnine ou nicotine, le principe vital, se détournant des fonctions naturelles auxquelles il avait mission de présider,

entre en lutte contre cet envahisseur illicite de l'organisme.
Toute la vie se trouble dans des agitations qui sont presque
une agonie. Si le principe vital est assez abondant, assez fort,
il s'identifie avec le poison, qu'il prend corps à corps, pour
ainsi dire, et le neutralise. Si, par contraire, le poison est en
excès, la vie est perdue.

Que les fumeurs se rappellent leurs premières sensations quand ils ont commencé à absorber par les muqueuses de
la bouche, des narines et des poumons, la fumée enivrante du
tabac. Ces éblouissements, ces sueurs froides, ces vertiges, ces
nausées, dont ils souffraient, puisqu'ils cessaient de fumer, et
dont ils se faisaient un jeu, quand ils étaient passés, c'était
la lutte du principe vital, de l'influx nerveux contre l'agent
toxique. Et, la lutte recommençant tous les jours, pour arriver
à l'habitude, le principe vital remportait toujours sur son
adversaire une victoire devenue de plus en plus facile.

Mais ce principe vital, qui, dans chaque individu, a des
proportions et une puissance limitées à la consommation de
l'organisme auquel il préside, s'use dans la lutte journalière
et intermittente qu'il a à soutenir contre l'élément destructeur. Ce qui est employé à la neutralisation du poison manque
à l'entretien régulier des fonctions organiques. La vie entre
en langueur, car elle ne fonctionne plus qu'avec une partie de
sa puissance. Dans son essence intellectuelle, les idées se
recueillent mal; les sentiments du beau, qui constituent l'art,
s'émoussent; le sens moral délire. Dans son essence matérielle, l'estomac, le poumon, le cœur, fontionnent en désordre.
C'est l'état maladif chronique qui mène à la dégénérescence
de l'individu et de l'espèce.

Par là s'explique la variété d'action des poisons en général
et du tabac en particulier sur des sujets différents. Tel individu, chez qui la vie surabonde, chez qui le principe vital coule
à pleins nerfs, pourra absorber et neutraliser une quantité
de poison représentée par quatre, par exemple, sans en être
sensiblement incommodé; tandis que cette même quantité

tuera un être plus faible : un enfant, un valétudinaire, un vieillard.

Un phénomène que les fumeurs ont ressenti, vient à l'appui de cette affirmation de la science. Dès qu'ils sont malades, ils ne peuvent plus fumer. Pourquoi? C'est que dans toute maladie il y a diminution de la vie; puisque, si la maladie continue, elle conduit nécessairement, fatalement à la mort. Le principe vital s'est amoindri en quantité ou en énergie, et toute sa puissance est nécessaire pour soutenir l'organisme dérangé et plus ou moins en danger de périr. Il n'y a plus rien à en détourner pour annihiler les éléments toxiques; et voilà comment le fumeur malade en ressent les effets plus qu'aux jours des premières épreuves, lorsque l'enfantillage, l'entraînement de l'exemple, la pression d'une erreur, le firent commencer à fumer.

D'après ces courtes réflexions, dont la simplicité et la clarté seront comprises de tout le monde, on ne peut se dispenser d'admettre que toute substance reconnue comme un poison réel, en quelque quantité qu'elle pénètre l'économie, ne peut qu'y apporter des troubles, qui varieront dans leur intensité entre tous les degrés qui séparent la mort subite, par intoxication aiguë, de l'extinction lente et prématurée, par intoxication chronique.

La force de l'habitude où, pour parler le langage physiologique, la puissance de réaction vitale, qui sont des éléments changeants et périssables, s'épuiseront toujours, dans un temps plus ou moins rapproché, contre la violence du poison qui est toujours la même et que rien ne fatigue.

Or, si la vie s'épuise chez l'individu fatalement adonné à l'usage d'un poison, elle devra s'épuiser aussi, à plus forte raison, dans l'espèce que cet individu détérioré a mission de reproduire. Le NICOTINÉ donnera naissance à des êtres qui auront toute sa complexion défectueuse et maladive; sa descendance sera entachée du vice originel, comme la descendance du phtisique, du scrofuleux, du syphilitique, etc., etc.

Tous ces disgraciés de l'humanité qui pullulent dans nos sociétés modernes, la perdraient sans retour, dans la pureté de son type, s'il n'était entré dans la sagesse du Créateur de fixer un point d'arrêt à ces générations défectueuses.

Ces êtres qui s'abaissent vers le crétinisme, sont frappés de stérilité en eux-mêmes ou dans leur descendance la plus rapprochée. Ils rentrent ainsi dans la grande loi naturelle qui régit tous les êtres se reproduisant par des germes, dans le règne animal comme dans le règne végétal. Elle veut, pour la conservation de l'intégrité des espèces, qui dégénéreraient sans cela en monstruosités, que tout être altéré dans son type, par dégénérescence ou par croisement, soit dépossédé de la faculté de se reproduire, comme il arrive au crétin et au mulet.

De là ce grand événement, qui a profondément frappé l'attention des philosophes, des philanthropes, des médecins et des législateurs, dans ces dernières années ; quand nos statistiques, qui sont consciencieuses, sont venues leur apprendre que la population de la France s'arrêtait dans la progression de son ancien accroissement ; et quand, au sein de nos Académies, du haut même de notre tribune nationale, ont retenti tous ces bruits vrais de mortalité dont nos enfants étaient frappés, de manière à faire baisser rapidement le chiffre de la population, surtout dans nos grandes villes.

Dégénérescence physique, abaissement moral, stérilité, mortalité excessive, voilà ce que nous sommes obligés de reconnaître comme des accidents actuels de notre état social ; et qui étaient inconnus aux précédentes époques.

A quoi devons-nous chercher à attribuer ces grands maux, sinon à une cause qui, après les avoir précédés, marche parallèlement avec eux, grandit avec eux ?

Or, cette cause, de quelque côté qu'on la cherche, on ne

saurait plus véritablement la trouver que dans le TABAC; le tabac qui est un poison des plus destructeurs, comme nous le démontrerons dans le cours de ce travail; le tabac, que nos ancêtres, qui n'étaient pas dégénérés, ne connaissaient pas; le tabac qui, après avoir été proscrit pour ses méfaits par les législateurs du dix-septième siècle, s'est glissé subitement dans nos mœurs; qui, dans moins d'un demi-siècle, de relégué qu'il était, comme malsain, malséant et malpropre, dans la cantine des casernes, la poulaine des vaisseaux, le bouge et la taverne des faubourgs, les cours des prisons, s'est imposé à la fashion et à l'élégance, dans nos places et nos promenades publiques; et trône, tout étonné de ses succès, dans la mansarde du pauvre, la salle à manger du riche et les boudoirs dorés des princes; partout accepté comme un passe-temps naturel et coquet, partout recherché comme un des plaisirs les plus innocents, une des jouissances les plus agréables à nos sens.

Dire la vérité sur cette plante mystérieuse et fatale, qui fut un événement dans l'existence humaine, qu'elle détruit, selon les uns, qu'elle charme et embellit, suivant les autres, est aujourd'hui une tâche moins difficile qu'autrefois.

Il y a un ou deux siècles, si des dissertations pour et contre sont demeurées sans conclusions définitives sur le mérite ou le danger de ce nouveau-venu, c'est qu'il n'avait pas encore suffisamment fait ses preuves; il n'avait pas passé par le creuset du temps et de l'expérience.

D'ailleurs, les grands intérêts d'argent qui s'attachaient alors, comme toujours, à son commerce ou à son monopole, faisaient taire tout ce qui aurait pu le déprécier. Dans ces temps de superstition et de ténèbres, il était tombé dans le domaine des charlatans et des alchimistes qui, par raison de lucre, exaltaient ses vertus curatives, et en faisaient une panacée à tous les maux.

Que de victimes n'a-t-il pas dû faire alors, dans ce milieu de crédulité et d'ignorance !

La médecine moderne, éclairée par la chimie qui lui a démontré sa nature insidieuse et les dangers de son usage, l'a rejeté depuis longtemps de son domaine et de ses formulaires.

Mais c'était, dans le principe, un si grand guérisseur, que l'opinion publique, s'insurgeant contre la science, décida que lorsqu'il ne guérissait pas les maux physiques, il devait certainement guérir les maladies morales : le désœuvrement, l'ennui; et c'est aujourd'hui la seule vertu qu'on s'accorde à lui reconnaître.

Et ces propriétés nouvelles, si elles pouvaient être un mérite, dans notre siècle où tout est activité et vie, et, où jamais un instant inoccupé ne devrait laisser place au désœuvrement et à l'ennui, il les a ursupées, comme les qualités curatives qu'on lui croyait alors, et qu'il n'a jamais eues.

Non, le tabac ne distrait pas ; il ne désennuie pas! Il assujettit au contraire, il crée des besoins factices, dont bien souvent on souffre, quand on ne peut pas les satisfaire. Il ôte à l'homme la santé, qui est le premier des biens contre l'ennui; il communique l'âcreté de son poison à sa nature primitivement laborieuse, douce et bonne : il le rend mou, mélancolique, rêveur, maniaque, méchant, ennuyé de tout, fatigué de tout, excepté du tabac lui-même, qui fait presque exclusivement la jouissance de sa vie, dont il abrège toujours le terme, sous toutes les formes de la maladie ou de l'épuisement.

Voilà comment on pourrait peut-être dire que le tabac détruit l'ennui; et, si c'était vrai, ce ne serait toujours qu'après l'avoir fait naître.

Et les consommateurs de tabac seraient-ils donc si malheureux que partout et toujours ils s'ennuient, puisqu'ils prisent, fument et chiquent partout, en quelque compagnie qu'ils se trouvent, sans s'inquiéter des dégoûts que, le plus souvent, ils inspirent!

Toutes ces accusations portées contre le tabac ne sont certes pas neuves. Ce qui les a rendues stériles ou indifférentes pour la conscience publique, c'est qu'elles n'ont pas eu d'échos. Elles restaient dans les archives des corps savants, que tout le monde ne lit pas.

Enfin, quel que soit le tabac devant l'humanité, utile ou indifférent, bienfaiteur ou dangereux, ami ou ennemi, il joue à son égard un rôle trop important, par l'immense étendue de son usage, pour ne pas mériter de temps en temps une monographie.

Je vais essayer d'en ajouter une à tant d'autres.

Je dirai de ce grand favori de nos jours ce que nous en a appris l'histoire, ce que nous en a révélé la science. J'y ajouterai les impressions de ma vieille expérience qui l'observe depuis plus de cinquante ans ; laissant à la conscience publique le soin de le juger, quand elle saura d'où il nous vient, ce qu'il a été, ce qu'il est.

CHAPITRE PREMIER

DÉCOUVERTE DE L'AMÉRIQUE.

Vers la fin du quinzième siècle, quand Gênes, Venise et Marseille se partageaient le commerce du monde, la navigation, sortant à peine de son enfance, n'osait que côtoyer les continents. Son grand centre était la Méditerranée, qui baignait de ses flots tranquilles les côtes de l'Europe, de l'Asie et de l'Afrique, ces trois grandes terres que l'on désigne encore sous le nom collectif de monde connu des anciens.

Déjà la voile avait remplacé la rame pour faire mouvoir sur l'onde les barques et les galères qui servaient aux échanges du commerce. La puissance motrice grandissant, la barque grandissait; elle était devenue navire, qui allait lui-même devenir vaisseau.

Les navigateurs avaient franchi les Colonnes d'Hercule, qui étaient pour nos ancêtres l'extrémité du monde, et qui servaient de limites aux deux points extrêmes de l'Europe et de l'Afrique, aujourd'hui Gibraltar et Tanger, dans l'Espagne et dans le Maroc.

Mais on se tenait toujours à la navigation des côtes. On avait découvert, dans les parages de l'Afrique, les îles Canaries, les Açores, le cap Vert, le cap de Bonne-Espérance. L'esprit du temps était aux découvertes qui, tout en étendant les connaissances humaines, apportaient au commerce de nouveaux éléments d'échange et de prospérité.

Alors un hardi navigateur, un homme au jugement pénétrant et aux convictions persévérantes, Christophe Colomb, capitaine de la marine marchande de Gênes, avait compris que cet Océan nouveau, dont le détroit de Gibraltar ouvrait les portes, devait avoir des terres pour limites, comme la Méditerranée qu'il avait, dans ses nombreux voyages, parcourue en tous sens.

Ce n'était plus pour lui qu'une question d'étendue ; mais, cette étendue, il fallait la franchir !

Bien souvent, dans ses excursions commerciales sur les côtes occidentales de l'Europe et de l'Afrique, il avait poussé ses bordées vers la terre qu'il sentait, dans son intuition profonde. Mais cet Océan était si large, si plein d'inconnu, de dangers et de tempêtes ; sa barque était si frêle, son équipage et ses approvisionnements si peu en rapport avec une si grande entreprise, qu'après de longues journées et de longues nuits passées en vain à courir au large, il revenait sur la côte qu'il avait laissée, sans se décourager de son insuccès. Il rapportait de ces excursions d'essai une conviction plus raisonnée et plus profonde, que la terre, au loin, dans l'Ouest, existait.

Toutes ces impressions et ces espérances, il les disait aux commerçants de son pays. Il leur demandait de l'argent, des hommes et des navires, pour son entreprise d'exploration et de découverte, dont ils auraient eu, eux aussi, la gloire et les avantages. Mais, alors comme aujourd'hui, le commerce était positif et calculateur : il n'exposait rien pour des chances qui n'étaient pas certaines.

La persévérance de Colomb croissait en proportion des obstacles que rencontrait la mise à exécution de ses projets. Son pays lui refusant de partager ses déceptions ou sa gloire, il s'adressa successivement aux cours de France et de Portugal, proposant ses idées et demandant à la marine militaire de ces deux pays les moyens de conduire à bonne fin ses espérances.

C'était encore le temps des somnolences du moyen âge ; le

fanatisme religieux dominait tout; il repoussait toute idée d'innovation, éteignait toute lueur de progrès.

Parler de découvrir un nouveau monde, c'était contester la vérité de la révélation et des Écritures. Car, si ce nouveau monde qu'annonçait Colomb était aussi peuplé d'hommes, d'où seraient venus ces hommes dont la sainte Bible n'avait pas révélé l'existence? Elle disait bien qu'Adam, père unique de l'humanité, ayant reçu de Dieu la faveur de peupler la terre, trois de ces descendants, fils de Noë, échappés au déluge, s'étaient partagé, pour y perpétuer leur race, l'Europe, l'Asie et l'Afrique. Il manquait un quatrième propagateur pour un quatrième monde, si l'on venait à le trouver.

En effet, la découverte d'un nouveau monde habité, au milieu des Océans sans bornes que les navigateurs n'avaient jamais traversés, causa tellement, plus tard, d'embarras aux théologiens de l'époque, qu'ils se demandèrent si les habitants du nouveau continent étaient bien des hommes créés à l'image de Dieu. Beaucoup les regardaient comme des espèces d'orangs-outangs, et, au dire d'un historien du nom de Paw, la même question fut débattue en Amérique même, au concile de Lima, en 1583, où plusieurs prélats persistèrent à penser qu'on ne devait pas les admettre aux sacrements de l'Église.

Ainsi, devant la raison de foi surtout, Colomb passa, en Portugal et en France, pour un rêveur, dont les hallucinations devaient être écartées.

Ce fut alors qu'il vint exposer ses vues à la Cour de Ferdinand et d'Isabelle, souverains d'Aragon et de Castille. Les raisons qui l'avaient fait évincer auprès des gouvernements de France et de Portugal se présentèrent plus puissantes encore en Espagne. Il avait de plus contre lui toute l'influence des grands officiers de la marine de l'État, qui ne pouvaient admettre qu'un simple capitaine marchand pût avoir des idées raisonnables sur des faits de leur compétence, auxquels ils ne songeaient pas eux-mêmes.

La reine Isabelle, frappée de l'originalité de l'idée de Colomb, prit à cœur de prêter toute son influence et sa protection à une entreprise dont le succès possible lui souriait, en lui réservant un mérite que de puissants souverains refusaient.

Elle patrona de tout son pouvoir les projets de Colomb, qui signa, le 17 avril 1492, un traité qui lui conférait des privilèges égaux à ceux des amiraux de Castille et d'Aragon, le nommait vice-roi à perpétuité et héréditaires des terres et continents à découvrir, avec droit à un huitième des bénéfices de son expédition.

Trois navires bien armés furent mis à la disposition du nouvel amiral. Il partit, et, après une navigation de soixantedix jours, au milieu des scènes de mer les plus émouvantes, où sa vie fut souvent en danger, devant les colères de ses équipages qui se croyaient perdus par sa folle témérité, sur un Océan sans rivages, il aborda la terre qu'il avait rêvée. Le 12 octobre 1492, un nouveau monde était découvert! La gloire en appartient à Christophe Colomb, à la reine Isabelle et au pavillon d'Espagne.

Pendant que Colomb posait dans ce nouveau continent les bases de la grande fortune et de la grande puissance que devait en retirer l'Espagne, les influences les plus hostiles, les délations les plus envieuses et les plus basses abreuvaient de dégoût ce grand capitaine. Chargé de fers, il retourna prisonnier de l'Espagne sur ces mêmes navires qu'il avait, quelques années auparavant, conduits à la conquête d'un monde.

Et quand il subissait toutes ces humiliations, toutes ces honteuses et cruelles injustices, un homme de ses équipages, Améric Vespuce, retournait à Florence, son pays d'origine. Sur les récits qu'il fit de l'expédition à laquelle il avait pris part, il obtint du commerce florentin un navire avec lequel il fit quelques voyages dans les nouveaux archipels. Il rédigea les relations et ses découvertes et les publia, tandis que la voix de Colomb restait muette dans le silence des cachots, au milieu des entraves de la persécution.

— Gutemberg venait de créer l'imprimerie. Pour attirer plus de curiosité et d'attention à sa grande découverte, il répandit par milliers, dans tout le monde, les récits d'Améric Vespuce sur l'immense événement de la découverte de nouvelles terres et de nouvelles agglomérations humaines.

Le monde, à qui l'on ne disait rien de Colomh, ne voyait qu'Améric Vespuce, dont le nom s'attachait aux récits merveilleux qui lui arrivaient des extrémités de cet Océan désormais ouvert à toutes les convoitises, à toutes les spéculations ambitieuses, à tous les rêves.

C'est ainsi que le nom d'Améric fut donné à un monde qu'a découvert Colomb; c'est une usurpation contre laquelle proteste la justice de l'Histoire.

Le rêve de Colomb était devenu réalité; la route au travers du grand Océan était tracée, et les marines de toutes les nations de l'Europe allaient planter leur pavillon, comme prise de possession, par droit de découverte et de conquête, sur ces terres dont deux siècles ont à peine suffi pour mesurer l'étendue.

Sur cet immense continent, si longtemps inconnu, vivaient, dans une civilisation plus ou moins avancée, des sociétés humaines formant une agglomération évaluée alors à cent cinquante millions d'hommes.

Ces hommes, de nature généreuse et bonne, accueillirent avec l'enthousiasme de l'hospitalité leurs nouveaux visiteurs. Mais la bonne harmonie ne dura pas longtemps. Au contact de deux races de nature et d'intérêts si opposés, la guerre éclata bientôt.

Ces peuples primitifs, qui n'avaient pour se défendre que la

massue, la lance et la flèche, succombèrent dans des proportions effrayantes sous le canon, l'arquebuse et le glaive des
Européens. On jugera de l'étendue de ces massacres par le fait
suivant, que rapporte l'histoire :

« Quand Christophe Colomb aborda dans l'archipel des Antilles, Cuba, Saint-Domingue, la Jamaïque, etc., etc., il trouva
ces îles habitées par des indigènes du nom de Caraïbes. Ces
peuplades, très nombreuses, vivaient dans des pays que Colomb et ses compagnons convoitaient; car c'était là qu'étaient
de riches mines d'or, dont les envahisseurs étaient surtout
désireux de s'emparer.

« Une de ces peuplades avait pour chef un nommé Caonabo,
très hostile aux Espagnols; et Colomb, voulant s'en emparer,
le fit, par la ruse, tomber dans une embuscade où ses soldats,
sous prétexte de lui donner des présents de la part des souverains de l'Espagne, lui mirent des fers aux pieds et aux mains,
le lièrent en croupe d'un de leurs cavaliers, qui l'emporta vers
la mer, dans les établissements espagnols.

« Colomb voulait envoyer à la cour d'Espagne cet intrépide
Cacique, avec l'or de son pays qu'il avait donné par avance,
en échange des chaînes en cuivre poli dont on avait fait simulacre de l'honorer, en l'en chargeant. Il l'embarqua par violence sur des navires qu'il expédiait en Espagne, où ils n'arri-
vèrent pas : la tempête les ayant engloutis peu de temp après
leur départ d'Amérique. »

L'année touchait à sa fin, dit l'historien M. A. Montenons,
lorsque Colomb apprit que l'enlèvement de Caonabo avait
soulevé l'île entière, et que les trois frères de ce prince assem-
blaient une nombreuse armée dans la Vega Real.

Les Castillans capables de service ne montaient pas à plus
de deux cents hommes d'infanterie et vingt cavaliers. Mais
l'amiral y joignit vingt chiens d'attache, dans l'opinion que
leurs morsures et leurs aboiements contribueraient autant que
le sabre et la mousquetterie à répandre l'épouvante dans cette
multitude d'Indiens nus et sans ordre.

Il partit d'Isabelle le 24 mars 1494. A peine fut-il entré dans la Vega Real qu'il découvrit l'armée ennemie, forte de cent mille hommes, et commandée par Manicate, un des frères de Caonabo. Le commandant espagnol entreprit sur-le-champ de l'attaquer.

Il trouva peu de résistance. Ces malheureux Indiens, dont la plupart n'avaient que leurs bras pour défense, ou qui n'étaient pas accoutumés du moins à des combats fort sanglants, furent étrangement surpris de voir tomber parmi eux des files entières, par le prompt effet des armes à feu; de voir trois ou quatre hommes enfilés à la fois par les longues épées des Espagnols; d'être foulés aux pieds des chevaux dont l'espèce leur était inconnue, parce qu'elle n'existait pas sur leur continent; et saisis par de gros mâtins qui leur sautaient à la gorge, avec d'horribles aboiements, les étranglaient d'abord, et mettaient facilement en pièces des corps nus dont aucune partie ne résistait à leurs dents. Bientôt le champ de bataille demeura couvert de morts; les autres prirent la fuite.

L'amiral employa neuf à dix mois à faire des courses qui achevèrent de répandre la terreur dans toutes les parties de l'île. Il rencontra plusieurs fois les trois Caciques, nom des chefs de tribu, frères de Caonabo, avec le reste de leurs forces; et chaque rencontre fut une nouvelle victoire ; car c'est de ce nom que les historiens appellent cet exécrable abus de la force destructive contre la faiblesse désarmée.

Après les avoir assujettis, l'amiral leur imposa un tribut qui consistait, pour les voisins des mines, à payer par tête, de trois en trois mois, une petite mesure d'or, et, pour tous les autres, à fournir vingt-cinq livres de coton.

Les Aborigènes, fatigués de la tyranie des Espagnols et des criminels que toute l'Europe déportait en Amérique, ne voyaient que dans la guerre le moyen de refouler cette invasion et de s'en débarrasser.

Si, dans ces guerres d'extermination qui ont presque entièrement anéanti une superbe race de cent cinquante millions d'hommes, les Européens avaient, pour détruire la puissance, de la poudre, les Américains avaient la subtilité du poison. Ils lançaient à leurs ennemis des flèches dont la blessure était instantanément mortelle.

Tout guerrier portait dans son carquois, comme complèment essentiel de son armure, un coquillage ou une petite noix de coco garnie d'une substance dans laquelle, pour donner la mort, il trempait la pointe de sa lance ou de ses flèches.

La fabrication de ce poison était un arcane dont les secrets n'appartenaient qu'aux anciens et aux prêtres de leur culte idolâtre. Ils cherchaient cette substance dans les sucs de certains végétaux sur lesquels ils portaient, par-dessus tout, leur adoration.

C'était, entre autres, un arbuste au port élégant, aux larges feuilles veloutées, à la fleur épanouie en forme de calice, que nos botanistes auraient classé dans la famille des solanées, comme le datura, la jusquiame, la belladone; toutes plantes auxquelles nous reconnaissons des propriétés vénéneuses et rapidement mortelles.

C'est cette plante si chère et si précieuse aux sauvages de l'Amérique, qui l'adoraient comme un bon génie, comme un dieu : le dieu de la Vengeance, le dieu de la Délivrance de leur patrie, le dieu de la Mort, que nous apporta Nicot, le *nicotiana tabacum;* en un mot, le TABAC.

Les navigateurs qui fréquentaient de plus en plus les parages du Nouveau-Monde avaient été frappés de voir les Indiens manifester un certain culte pour cette plante, qu'ils apelaient plus généralement *Petun.* Ils la roulaient en petits paquets, qu'ils portaient pendus à leur ceinture et à leur cou; ils la brûlaient en gros faisceaux et dansaient dans la fumée épaisse que répandaient ses racines, ses tiges et ses feuilles à demi-desséchées; ils en glissaient des fragments dans la cavité d'un roseau ou d'un os, les brûlaient dans ce tube et en aspiraient la vapeur par la bouche et les narines.

Il y avait, dans les pratiques et les mœurs de ces pauvres gens, tant de choses singulières, que les Européens furent bien longtemps avant d'en pénétrer les raisons ou les secrets.

Etudiant ces idolâtres dans la partie extérieure de leur culte, qui les frappait le plus, ils virent qu'ils se prosternaient en adoration devant des végétaux et beaucoup d'autres objets. C'est que, chez les idolâtres, l'instinct religieux pousse à reconnaître deux principes : le principe du Mal, ou la Fatalité, qui est partout. Il s'attache toujours à nuire à la créature, qui, pour s'en préserver, se met sous la protection de Génies bienfaisants, personifiés dans une plante, un animal, une pierre, où il résident ; dans tel objet, enfin, que l'imagination délirante et obscurcie de l'idolâtre aura rêvé.

Tous ces génies du Bien, que les Indiens appelaient Manitous, avaient, dans leurs croyances, des puissances protectrices différentes, suivant les services apparents et réels qu'ils leur rendaient.

Un de leurs Manitous les plus vénérés était celui qui résidait dans la plante petun (tabac), qui leur donnait le pouvoir de se débarrasser, par la mort, de leurs ennemis ; qui produisait sur leur être des impressions si frappantes, par la pénétration, qu'ils croyaient que le bon génie s'identifiait avec eux.

Chacun avait d'ailleurs son Manitou de prédilection ; chacun adorait sa plante. comme nos ancêtres primitifs, sur nos vieux continents, adoraient leur étoile, par un culte qui trouve encore beaucoup de croyants parmi nous.

Le culte du grand Manitou se faisait en commun, quand on lui demandait assistance pour des malheurs publics, tels que les inondations, les sécheresses, les famines, les guerres intestines qui les armaient de tribus à tribus ; l'invasion des enfants du Soleil (les Européens), venus d'Orient pour troubler les douceurs de leur vie et leur enlever la terre que Dieu leur avait donné.

C'est un instinct inné dans l'humanité, qu'elle soit dans les ténèbres de la barbarie ou dans les splendeurs de la civilisation, de chercher dans la foi religieuse une consolation et un remède à tous les maux qui viennent l'affliger.

Dans notre foi chrétienne, qui est aujourd'hui la civilisation religieuse la plus parfaite de l'humanité, n'attribuons-nous pas à certaines amulettes, à certaines médailles, des mérites de protection auxquels nous avons recours contre des maux qui nous affligent, contre des dangers que nous pouvons courir?

Et sans aller bien loin, dans la guerre malheureuse qui, en 1870 et 1871, a jeté la douleur et la ruine dans notre pays, n'avons-nous pas vu des dames, religieusement convaincues, employer leurs loisirs à faire de petits scapulaires en flanelle blanche dentelée sur les bords, portant un cordon noir pour les suspendre au cou, sur lesquels elles brodaient à l'aiguille un cœur percé d'une flèche? Sous cette broderie symbolique on lisait cette inscription : « Arrête ! le cœur de Jésus est là ! »

Et des dames pieuses, élite du grand monde de notre société chrétienne, allaient sur les places où s'exerçaient nos soldats, aux gares qu'encombraient les convois militaires, et jusque sur les champs de bataille, distribuer à pleines mains, à ces braves gens que les nécessités de la guerre appelaient des campagnes, ce pieux talisman qu'avait béni le prêtre, et qui devait détourner de leur poitrine les balles de l'ennemi.

N'avons-nous pas vu, plus tard, un général fortement trempé dans la foi chrétienne, au milieu de nos discordes civiles, qui versaient sur le sein de la patrie un sang qui n'aurait dû servir qu'à la délivrer de l'invasion étrangère, n'avons-nous pas vu ce général, dans une grande cérémonie religieuse, dans une cathédrale de France, vouer à ce même Sacré-Cœur de Jésus ses soldats, zouaves pontificaux, légion de volontaires, qui, impuissants à sauver le pays de l'invasion, allaient exposer leur poitrine aux colères de la guerre civile, pour le salut de la religion, de l'ordre et de la société?

Eh bien! tous ces talismans que la foi religieuse impose

aux croyances humaines, les sauvages de l'Amérique les avaient cherchés dans la plante qu'ils adoraient, dans leur dieu Petun, dont la puissance, concentrée dans une goutte de matière, donnait la mort à leurs ennemis, imitant en cela les païens, qui adoraient le dieu qui tuait par la foudre, le Jupiter tonnant.

Les ministres de leur culte, car l'idolâtrie a ses prêtres comme le paganisme et le monothéisme, se servaient du petun pour fanatiser leurs croyances aux jours des grandes fêtes, aux approches des grands événements et des batailles surtout. Ils le brûlaient comme dans nos temples nous brûlons l'encens. Au milieu de ses vapeurs qu'ils absorbaient, ils se mettaient dans un état d'ivresse narcotique qui n'était, à leur conscience et aux yeux de ces foules crédules et abusées, que la péné-tration du génie protecteur qui leur apparaissait pour les inspirer et les conduire.

Pour toutes ces pauvres créatures, chez qui le sentiment du patriotisme se révélait par le désir commun de chasser l'étran-ger, le besoin dominant était la guerre qui, seule, pouvait les délivrer de l'invasion; la guerre à forces inégales, contre des ennemis puissants qui exterminaient leur race; la guerre sainte, dans laquelle toutes leurs espérances reposaient dans leur bon génie Petun. Alors ces pauvres idolâtres, pour s'iden-tifier avec leur mystérieux protecteur, se saturaient de ses vapeurs âcres et brûlantes. Les guerriers surtout y puisaient un entraînement et des colères qui les faisaient braver la mort pour mieux la donner.

Ils croyaient, en absorbant par la bouche et les narines la fumée du petun, s'approprier aussi la puissance de leur Dieu. Voilà pourquoi fumaient les indiens, que nous imitons si bien aujourd'hui, sans pourtant partager en rien leurs croyances religieuses.

C'était la même superstition qui les poussait à manger leurs ennemis. Ces sauvages des Antilles qu'on appelait les Peaux-Rouges, les Anthropophages, étaient tellement fanatisés dans

leurs convictions barbares, qu'ils mangeaient tous les européens qui tombaient vivants en leur pouvoir, pour s'assimiler
leur force, leur vigueur, leur bravoure ; en un mot, toutes les
qualités de leurs ennemis, qu'ils reconnaissaient supérieurs à
eux, puisqu'ils ne pouvaient parvenir à s'en délivrer. C'est aussi
pour cette même raison qu'ils mangeaient le serpent à sonnette
et s'abstenaient des autres ; peut-être parce qu'ils empruntaient
à ce terrible reptile, en même temps qu'au tabac, le venin dont
ils empoisonnaient leurs flèches et leurs lances.

Ainsi, pendant longtemps, deux fanatismes poussaient ces
deux races d'hommes à s'entre détruire : le fanatisme puisé
dans les émanations d'une plante vénéneuse, du côté des sauvages d'Amérique ; le fanatisme du symbole de la croix et de
l'eau bénite, du côté des civilisés d'Europe qui, pour convertir
les idolâtres à la foi du Christ, les tuaient, prenaient leur or
et leur pays.

De cet ascendant religieux qu'avait le petun sur les sauvages d'Amérique (il découlait peut-être aussi) une influence
non moins puissante sur leur esprit : l'influence curative dans
les maladies.

Il est dans les deux natures humaines, âme et corps, une cor-
rélation, une affinité si intimes, que tout ce qui tient à l'élément religieux, en rapport avec l'âme, semble devoir agir aussi
par expansion sur les maladies du corps.

Dans la foi primitive du chrétien, c'est la prière, l'amulette,
l'eau bénite, l'exorcisme, les indulgences, qu'on oppose aux
maladies ; ce sont les médailles, les images portant l'effigie ou
le nom de tel ou tel saint, de saint Hubert, par exemple, qui
nous préservent de la piqûre des serpents, de la morsure des
animaux enragés ; c'est la couleur bleue, blanche, noire à qui
l'on voue les enfants pour les préserver de la mortalité ; ce
sont les eaux de telle et telle fontaine, sous un saint patronage ; ce sont les médailles de Notre-Dame de la Salette, de
Lourdes, de Paray-le-Monial, etc., etc., qui nous guérissent
de maladies sans nombre.

Chez le sauvage, dont la foi limitée est en rapport avec son intelligence rétrécie, c'est le génie Petun qui guérit tous les maux.

Les Européens, qui étaient peu disposés à croire à la divinité de Petun, dans le culte que les sauvages avaient pour lui, après avoir, à l'imitation des indigènes, éprouvé l'influence qu'il avait sur leurs sens, étaient portés à lui reconnaître les vertus curatives que leur attribuaient les Indiens.

Alors cette plante, mystérieux Protée, dépouillant son essence divine qu'elle avait en Amérique, vint prendre place en souveraine sur le trône vacant de la médecine, au milieu des peuples civilisés de l'Europe du seizième siècle.

C'était pour elle un bon temps. L'Europe était en pleine superstition du Moyen Age. Les charlatans, les sorciers, les devins, les magiciens, les astrologues, tous ces exploiteurs de l'ignorance humaine, étaient en pleine faveur, tenant boutique ouverte à toutes les superstitions du temps. La magique influence de leurs folles théories avait gagné jusqu'aux Cours.

L'arrivée du tabac fut pour eux une bonne fortune. Les effets extraordinaires et inconnus de cette plante sur l'organisme humain la firent entrer d'emblée dans la médecine et dans toutes les sciences occultes qui tenaient de la magie.

« — Et pourquoi, disait-on, le tabac des Indiens ne guérirait-il pas les infirmités humaines aussi bien que le bouillon de vipère, la pâte de cloportes et de lombrics, l'huile de fourmis, la poudre d'yeux d'écrevisses, la fiente de chien, désignée sous le nom pompeux d'*album græcum*, pour cacher aux estomacs délicats son origine par trop nauséabonde? »

Le tabac n'envahit pas avec une égale rapidité les différents États de l'Europe. Fray Romano Panc, missionnaire espagnol envoyé en Amérique pour y répandre le christianisme, avait, dans son contact avec les indigènes, observé la vénération qu'ils professaient pour cette plante. Il en envoya les premières graines à Charles-Quint en 1518, chargeant Cortez de les remettre lui-même au grand monarque. Elle se répandit ensuite en Portugal, où on la cultivait comme plante de curiosité et d'ornement. La noblesse élégante de l'arbuste, l'auréole de divinité et de guérisseur universel dont il s'entourait par les mille légendes qui l'avaient accompagné sur le vieux continent, le faisaient rechercher par toutes les personnes éprises du merveilleux.

C'est ainsi que fut amené à le connaître Nicot, ambassadeur de France à la Cour de Portugal. Il le présenta, en 1560, à Catherine de Médicis, reine et régente de France.

CHAPITRE II

Avant d'aller plus avant dans la légende du tabac, arrêtons-nous un peu à sa marraine et sa patronne, Catherine de Médicis.

L'herbe de Nicot se lie si intimement à la reine de France, qui fit son prestige et créa sa fortune, qu'il faut faire marcher de front l'histoire de ces deux individualités, qui remplirent cette époque d'impressions si profondes.

Le passage de la Florentine, comme on l'appelait alors, à la Cour de France, y laissa pendant plus d'un demi-siècle, tant d'agitation, tant de souvenirs, qu'un grand nombre d'écrivains s'attachèrent à pénétrer toutes les particularités de sa vie.

Les détails que nous donnons sur elle sont puisés dans deux de ses historiens spéciaux : Alberi et Destigny.

Catherine de Médicis était fille d'une princesse de sang Bourbon, Madeleine de Latour, mariée à Laurent de Médicis, dont le chef de famille, si l'on remonte aux souvenirs de l'histoire, n'était autre qu'un charbonnier enrichi et parvenu. Ses fils, devenus médecins, prirent le nom de leur profession, *medici*, d'où l'on fit *Médicis*. Et, ce qui confirme cette origine, c'est que les Médicis avaient pour armoiries cinq pilules sur un champ d'or.

Catherine naquit le 13 avril 1519, à Florence, ce qui lui fit donner plus tard, dans le grand rôle qu'elle joua dans l'histoire, le nom de la Florentine. Sa mère mourut en lui donnant le jour. Son père la suivit bientôt dans la tombe. L'orpheline resta soumise aux soins de deux papes, ses oncles, Léon X, qui ne soigna que deux ans son enfance et mourut de mort subite, et le cardinal Jules de Médicis, élevé à la papauté le 5 novembre 1523, sous le nom de Clément VII, et qui était le seul parent restant de celle qui devait plus tard devenir une reine de France.

Après la mort de Laurent de Médicis, son père, les parents de l'orpheline, imbus des idées superstitieuses qui dominaient les mœurs d'alors, avaient consulté les astrologues les plus renommés sur le sort et l'avenir de leur pupille. « Tous ingèrent d'un accord qu'elle seroit cause (si elle viuoit) de très grandes calamitez, et finalement de ruine totale à la maison et au lieu, où elle seroit mariée. » (Henry Etienne, p. 15.)

Les papes avaient alors la haute direction des alliances royales dans les pays catholiques ; et ce fut par l'influence de son oncle, Clément VII, qu'elle arriva à la Cour de France, en 1533, par son mariage avec Henri II, second fils de François Ier.

La jeune princesse, qui n'ignorait pas toutes les prédictions fatalistes dont elle avait été l'objet, voulut les vérifier elle-même, et se lança dans toutes les excentricités de la magie. Elle admit dans son intimité tous les astrologues, les alchimistes, les nécromants les plus renommés du temps, et se livrait à toutes les pratiques de la sorcellerie. Elle interrogeait tous ces médiateurs mystiques entre elle et sa destinée, et tous lui répondaient qu'elle serait reine.

Le dauphin François, frère aîné de son mari, la séparait du trône. Il mourut d'une mort si inattendue et si prompte, le 10 août 1536, qu'elle fit naître les soupçons d'un empoisonnement.

Les oracles de la sorcellerie disaient vrai ; les destinées de Catherine s'accomplissaient. La mort subite de François l'avait faite dauphine ; la mort de François Ier, en 1547, la fit reine, par l'avènement au trône de son mari, sous le nom d'Henri II, héritier présomptif du roi François Ier, son père.

La vie de Catherine, qui devait traverser cinq règnes orageux, dans une période de près de soixante ans, se partagea en deux moitiés bien tranchées. D'abord timide et muette, étrangère à la Cour de François Ier, sans prétention et sans parti, au milieu de tant de jalousies et de rivalités bruyantes ; sans crédit, quoique jeune et belle, même sur le cœur de son mari, elle ne troubla d'aucune plainte la longue faveur de Diane de Poitiers, sa vieille rivale, dont l'insolence allait parfois jusqu'à prendre sa place.

Il semble que sa première étude ait été de s'effacer pour vivre inaperçue, de se faire pardonner son titre d'étrangère et le peu de gloire que son alliance apportait à la couronne de France. Elle réussit, à force de diminuer son rôle, à vivre sans ennemis. Stérile encore, après dix ans de mariage, elle évita pourtant d'être répudiée, et ce fut un premier chef-d'œuvre de son adresse.

Elle avait pour se diriger les conseils de son oncle, le pape Clément VII, qui, pour la consoler du délaissement dans lequel la tenait son royal époux, subjugué par l'ascendant de la belle Diane de Poitiers, lui faisait cette recommandation devenue historique : « *Fate figlioli, ogni maniera*, ayez des fils, n'importe comment. » Elle suivit les saintes exhortations qui lui venaient de Rome, et quand, après dix ans de mariage sans avoir eu d'enfants, Henri II allait passer pour stérile, elle lui donna trois fils qui devinrent trois rois : François II, Charles IX et Henri III.

Excitant peu de défiance, Catherine était à même de beaucoup voir. Elle eut tout le loisir d'étudier son rôle et de mettre à profit cette longue vie de palais, dans ce folâtre essaim de nobles filles suivant les chasses galantes de Chambord, et se faisant tour à tour, dit le chroniqueur, religieuses de Vénus et de Diane.

C'est dans de telles dispositions d'esprit qu'elle devint veuve, par une circonstance toute de hasard, qui devait porter au plus haut paroxysme ses idées fatalistes.

On célébrait le mariage du Dauphin, fils de Catherine, avec la jeune et belle reine d'Écosse, Marie Stuart. Le 27 juin 1559, on préluda aux réjouissances publiques par un tournoi. Le roi fut un des tenants, avec trois des principaux seigneurs de la Cour. Après deux jours de combats et de joutes, Henri, déjà plusieurs fois vainqueur, voulut courir encore contre le comte de Montgomery. Dans cette lutte, le comte porta au roi un coup de lance qui brisa son casque, enleva sa visière, et lui perça l'œil droit et le front. Il succomba bientôt à cette blessure, à l'âge de quarante ans. Sa mort laissait Catherine reine et régente du trône de France, qui revenait à son fils mineur François II.

Le sort servait au mieux les vœux de Catherine. La mort aplanissait toutes les difficultés qu'elle trouvait pour arriver au pouvoir souverain. Soit adresse ou maladresse, Montgomery venait de la débarrasser d'un mari indifférent et d'une rivale insolente. Elle régnait donc enfin, seule maîtresse des destinées de la France.

Mais elle avait à côté d'elle Marie Stuart, sa belle-fille, dont la beauté lui portait ombrage et dont elle ne pouvait supporter l'ascendant qu'elle avait sur son fils. Elle l'éloigna de la Cour, en l'envoyant à Blois avec son mari, sous prétexte que ce déplacement serait avantageux à la santé du roi.

François II, ce fils du miracle, qui vint au monde quand la reine et son époux passaient généralement pour stériles, avait eu le fatal héritage que laissent aux enfants les vices et la corruption des mœurs de leurs parents. Il était couvert d'une sorte de lèpre contre laquelle les ressources de l'art étaient impuissantes. Catherine, après avoir épuisé en vain toutes les ressources de l'alchimie et de la sorcellerie, l'envoya chercher l'air sur les bords de la Loire.

A son arrivée dans la résidence royale du château de Blois,

les bruits les plus alarmants désolèrent les campagnes. Des enfants en bas âge disparaissaient, et l'on disait que des émissaires du château les enlevaient clandestinement à leurs familles pour être massacrés et donner leur sang, comme remède, au jeune roi, qui le buvait tout chaud pour régénérer le sien dont la masse était corrompue. On en lavait aussi ses plaies pour les guérir.

Cet horrible traitement demeurant sans effet sur la santé du roi, Catherine employa, pour le guérir, la panacée des Indes, le tabac, dont Nicot lui avait fait hommage. Elle la soumit aux élaborations de l'alchimie et aux pratiques cabalistiques de la sorcellerie pour en obtenir les vertus qu'elle donnait aux Indiens pour guérir tous les maux.

Elle arriva, sans doute, à en extraire, sous une forme plus ou moins concentrée, ce principe toxique que les Indiens en retiraient pour empoisonner leurs flèches, et que, plus tard, découvrit le chimiste Vauquelin. Elle appliqua, sous forme d'onguent, sa panacée sur les ulcères à vif qui couvraient le corps du roi, et, par un effet d'absorption dont on ne se doutait guère alors, la panacée de la reine tua le roi, qui ouvrit ainsi la série des victimes sans nombre que devait faire plus tard la plante de Nicot.

Le roi était mort avec tous les symptômes et la rapidité que cause un empoisonnement. Aussi les médecins qui le soignaient furent-ils soupçonnés de ce crime, qui fit passer la couronne de France à Charles IX, toujours sous la régence de la reine-mère, Catherine de Médicis.

Elevée dans le palais des papes, elle y avait puisé des principes de superstition et d'intolérance qui avait perverti en elle le sentiment religieux. Eblouie de sa grande fortune, dont elle attribuait la cause aux charmes et aux sorcelleries dans lesquels elle avait une foi toute fervente, elle s'enfonçait de plus en plus dans les sombres mystères des sciences occultes. Elle se mit en relation avec les plus fameux astrologues, dont le nombre s'élevait alors à plus de dix mille. Elle était en rapport avec Gabriel Simeoni, pour implorer les secours de ses conseils. Elle demandait au célèbre Milanais Cardan un talisman dont la vertu magique pût la préserver de toute fâcheuse atteinte. Et, après la mort du savant Gauric, son astrologue ordinaire, à qui elle abandonnait toute sa foi superstitieuse, elle appela près d'elle le magicien Régnier, qui s'empara bientôt de toute sa confiance, et madame Castellane, que l'on renommait aussi pour sa science dans l'art des prédictions.

Elle avait élevé au culte du fatalisme, à l'hôtel de Soissons, une colonne ou tourelle qui existe encore, adossée au bâtiment de la Halle au blé, à Paris. C'est du sommet de cette tour qu'elle interrogeait les astres et leur demandait des conseils dans toutes les circonstances importantes de sa vie privée et de l'administration de son royaume.

De plus, cette reine catholique s'était laissé fasciner par les rapports merveilleux qu'elle avait lus dans les publications de son compatriote Améric Vespuce, sur les usages des Indiens, dont les prêtres rendaient des oracles sous l'inspiration d'un bon génie, personnifié dans leur plante Petun (tabac). Elle avait conçu pour cette plante la même vénération qu'avaient pour elle les idolâtres ; elle imitait les pratiques de ces pauvres fatalistes, qui espéraient tout d'elle et de ses inspirations sur leur imagination rétrécie.

L'herbe favorite de la reine était partout. Elle étalait la majesté de sa tige, de ses feuilles et de sa corolle dans les jardins comme dans les boudoirs des palais royaux.

Imitant les prêtres indiens, Catherine s'enfermait dans les couches épaisses de sa fumée ; et là, sous l'influence des vapeurs narcotiques qui bouleversaient son cerveau par des sensations étranges, jusqu'alors inconnues, elle se croyait inspirée et prenait pour des conseils de son bon génie toutes les bizarres et folles impressions que lui causait cette ivresse extatique.

Ainsi, cette organisation nerveuse, primitivement douce, sensible et bonne, se modifia tellement, sous la double influence des idées superstitieuses et du narcotisme qu'elle puisait dans les émanations de la plante favorite, qu'elle se jeta dans toutes les aberrations monstrueuses où mène la toute-puissance au service du fanatisme et de la folie.

C'est ainsi qu'elle conçut et organisa froidement, sous Charles IX, un des plus grands crimes qui soient jamais entrés dans une pensée humaine : la Saint-Barthélemy.

Dans un de ces accès de délirium si fréquents chez les nicotinés, elle avait rêvé, sans doute, qu'elle devait faire à Dieu une offrande digne des grandes faveurs dont il l'avait comblée. Et quel sacrifice pouvait lui être plus agréable que le sang des hérétiques, dissidents de la vraie Foi ?

Ecoutons encore ce que dit l'histoire : « Le 24 août, en 1572, jour de la fête de l'apôtre saint Barthélemy, un dimanche, commença à Paris, à l'instigation de Catherine de Médicis, le massacre des protestants, que l'on appelait aussi les Huguenots. Effroyables scènes de barbarie et de fanatisme, auxquelles l'histoire a conservé le nom de Massacre de la Saint-Barthélemy. Le signal du massacre, dont Catherine devança l'heure bien avant le jour, fut donné par la cloche de Saint-Germain-l'Auxerrois.

« Le 28 août, un *Te Deum* solennel, où Catherine et ses enfants assistaient en grande pompe, fut chanté à Notre-Dame, pour remercier Dieu de la victoire remportée sur les hérétiques. Le massacre se prolongea dans les provinces pendant tout le mois de septembre suivant. Mezeray, écrivain consciencieux et exact, évalue à quatre mille le nombre des victimes égorgées à Paris, pendant les trois premiers jours des massacres, dont cinq cents gentilshommes. Dans les provinces, il ne fut pas égorgé moins de vingt mille individus. »

En 1575, un sieur Henry Etienne, écrivant sur Catherine de Médicis, disait, page 52 : « Nous voici, comme vous voyez, rentrés en plus grands troubles que jamais, par la seule perfidie de cette femme qui, comme les malicieux barbiers, ne veut jamais laisser resserrer notre playe, afin qu'elle y gaigne toujours. Les hommes qui ont eu quelque peu de conscience ont toujours abhorré les trahisons, mais entre toutes les espèces de trahisons, ont estimé le poison si abominable qu'à l'endroit de leurs plus grands ennemis ils n'en ont voulu user. A Catherine de Médicis ceci n'est que ieu ; elle sollicite des serviteurs et maisons du prince de Condé, de l'Admiral et du sieur Dandelot pour faire mourir leurs maistres par poison, et, à cette fin, leur promet présents et pensions. »

A l'occasion du massacre de la Saint-Barthélemy, le même auteur écrit, page 73 : « Dieu qui ne voulut pas ruiner tout ce royaume en un jour, exempte de cet horrible massacre le roy de Navarre et le prince de Condé. L'admiral, la teste luy aiant premièrement esté couppée, pour la porter à la reine, fut porté au gibet de Monfaucon où, peu de jours après, pour en repaistre ses yeux, elle l'alla voir, un soir, et y mena ses fils, sa fille et son gendre. Et à quelle intention elle les y menait, sinon pour les accoutumer à toute cruauté, comme celle qui en fait tel naturel qu'il n'y a si cruel spectacle où elle ne prenne singulier plaisir et où elle ne veuille se trouver.

« Et maintenant, sous prétexte d'un titre audacieusement usurpé, nous veut régenter et continue à nous fouetter et bourreler cruellement, comme si par ses breuvages ensorcelez elle nous avoit transmuez en bestes brutes, ou plutost privez de tout sentiment. »

Tout était discordance dans cette nature de femme dégénérée. Le narcotisme, ce génie du mal qui lui avait conseillé le massacre des protestants, devait lui conseiller plus tard le massacre des catholiques.

Catherine, par la mauvaise éducation qu'elle avait donnée à ses fils, et par l'ascendant qu'elle avait sur eux pour leur faire commettre toute sorte de crimes, avait soulevé contre elle et contre Henri III le peuple et les seigneurs influents. De cette animosité naquit la Ligue, dont le but était de les faire tomber du trône. A la Ligue, Catherine et son fils opposèrent encore la trahison et le crime. Feignant une réconciliation avec le duc de Guise, le plus influent et le plus redoutable des ligueurs, ils l'attirèrent dans un guet-apens, au château d'Amboise, et le firent assassiner dans un corridor qui séparait leurs deux appartements, et d'où ils purent avoir la barbare, mais douce satisfaction d'entendre râler la victime sous le poignard des mignons de la Cour.

Le cardinal de Guise, son frère, fut également égorgé le lendemain. Catherine fit brûler son corps et jeter ses cendres au vent, de peur que les ligueurs n'en fissent des reliques.

Tout cela se passait en 1588, seize ans après la Saint-Barthélemy.

En apprenant le massacre de ces deux principaux soutiens du christianisme et de la foi, la Cour de Rome lança contre les auteurs de ces crimes les foudres de l'excommunication. Soixante-dix docteurs réunis en Sorbonne déclarent Henri III déchu du trône, et délièrent ses sujets du serment de fidélité.

Catherine, en proie à ces frayeurs superstitieuses qui viennent, dans des moments solennels, frapper le cœur des grands criminels, s'éteignit dans les angoisses du remords que les foudres du pape avaient fait naître en elle. Sa mort fut regardée avec indifférence par son fils, qui fut aussi son complice. Il ne prit aucun soin de ses funérailles.

« Cette veuve d'un roi de France, dit un historien de l'époque, trois fois régente et mère de trois rois, fut jetée, comme une charogne, dans un bateau, et inhumée dans un coin obscur. Ce ne fut qu'en 1609 que son cadavre fut placé dans le magnifique tombeau qu'elle avait fait élever, à Saint-Denis, pour elle, le roi son époux et les princes ses enfants. »

Telle fut Catherine de Médicis, la royale marraine de la plante de Nicot.

D'après ce que l'expérience nous a révélé sur les effets mystérieux et toxiques produits sur l'organisme humain par le

Génie de la mort des Indiens idolâtres, leur dieu Petun, devenu l'idole des civilisés du dix-neuvième siècle, qui pourrait dire que cette reine, qui a ensanglanté l'histoire de tant de crimes, n'a pas été poussée à toutes ces monstruosités, si au-dessus de sa nature de femme, par abaissement de son esprit et de son cœur, desséchés et dégradés dans les âcres vapeurs du tabac, dont elle se saturait dans ses pratiques de sorcellerie et de fatalisme, comme s'en saturent, de nos jours, dans les tabagies et les tavernes, nos grands excentriques de la monomanie et du crime!

CHAPITRE III

Catherine débutait donc dans sa royale carrière, quand elle connut la plante de Nicot.

Cette femme à l'enthousiasme ardent recherchait avec affectation, comme les parvenus, tout ce qui pouvait faire parler d'elle. Le grand Nostradamus, qu'elle admettait à la Cour, l'avait initiée déjà à tous les secrets de la magie et de l'astrologie. Fille de médecins, devenue reine, elle devait naturellement aspirer au don merveilleux de guérir. Par rivalité de privilège avec les rois de France, qui ne guérissaient, par droit divin, que les écrouelles, elle rêva de guérir tous les maux par sa propre puissance.

Fanatique et superstitieuse, elle s'appropria la plante de Nicot, le dieu Petun, la panacée universelle des sauvages du Nouveau-Monde, en un mot le Tabac. Elle l'introduisit dans son royaume sous son tout-puissant patronage.

Une reine ne pouvait moins faire pour un dieu d'idolâtres détrôné par le christianisme, et cherchant une position à la Cour des rois de France.

Elle lui donna son nom : Catherinaire, Médicée, herbe à la Reine, avec le titre pompeux de panacée universelle. On l'appela aussi herbe sainte, herbe de Sainte-Croix, saine et sainte, vulnéraire des Indes, jusquiame du Pérou, panacée anthartique, herbe à tous les maux.

Ainsi, pendant près de trente ans, Catherine de Médicis employa toute son influence pour faire prévaloir dans ses États sa plante privilégiée.

Soit fanatisme ou mode, l'usage du tabac, parti de si haut, devait rapidement se répandre dans tout le monde civilisé.

La Cour de France, dès ce temps-là, avait tout le prestige et l'ascendant de l'initiative de la fashion. Ridicule ou bon ton, tout ce qui se faisait dans les palais royaux était, comme de nos jours, accepté avec engouement et sans contrôle de raison, par cet immense troupeau d'imitateurs qu'on appelle la nation.

Pour se faire une idée de l'influence d'un haut patronage sur le succès des plus grands ridicules, qu'on se rappelle l'effet que produisit, à la Cour de Napoléon III, la première crinoline, qu'inaugura l'impératrice Eugénie pour dissimuler l'état *intéressant* où elle se trouvait alors.

La crinoline de l'impératrice de France a fait le tour du monde. Toutes les nations ont subi la lourde importunité de cet encombrant vêtement. Pendant douze ans, les usines de tous les pays ont étiré en lames d'acier, pour ces cages à femmes et à enfants, beaucoup plus de métal qu'il n'en eût fallu pour une ligne de chemin de fer faisant le tour du globe.

Et un beau jour, cette féerie de la mode disparut, sans raison, comme elle avait pris naissance ; parce qu'il plut à l'impératrice de dresser en diadème les ondes dorées de sa luxuriante chevelure. A l'exagération de la crinoline déchue succéda alors une autre exagération non moins excentrique : celle de la coiffure.

La tyrannie du chignon, dans sa toute-puissance, alors, domine encore le beau sexe pendant dix ans. Elle attendra, pour disparaître, qu'en l'absence d'une Cour de France, il naisse, dans nos hautes régions du bon ton, une fantaisie nouvelle dont la simplicité, toute républicaine, remplacera dans la toilette des femmes ces monumentales couronnes où l'insuffisance des cheveux appelle à son secours toute sorte de matériaux d'emprunt.

Si, dans nos sociétés éclairées, l'instinct d'imitation qui est le faible des êtres primitifs, est si puissant, que devait-il être en plein Moyen Age, sous Catherine de Médicis ?

Le tabac, prôné par la reine comme souverain en médecine et en magie, c'était l'étincelle électrique qui devait faire bondir tous les esprits. Par l'étendue du programme de sa puissance, il se recommandait à tous les âges, à tous les sexes. A l'instar de Catherine, qui l'employait dans ses pratiques de sorcellerie et de cabalistique, la curiosité superstitieuse des femmes lui demandait la solution de tous les problèmes secrets de leur vie. A l'instar des alchimistes qui l'employaient dans la droguerie, les bonnes grand'mères s'en servaient, suivant la formule du médecin Leander, en l'associant aux cendres des petites hirondelles brûlées toutes saignantes avec leurs nids, pour rendre la santé aux jeunes poitrinaires, qui mettaient en ce traitement toutes leurs espérances. Leur crédulité naïve leur disait que les hirondelles et le tabac, venant de bien loin, d'un monde inconnu, ne pouvaient être que des envoyées de Dieu pour les guérir.

A l'exemple de Charles IX, à qui la reine le faisait prendre en poudre par le nez, pour purger les humeurs strumeuses de son cerveau, tous les hommes de bon ton le prisaient.

Catherine, qui répandait dans ses États sa plante favorite, pour guérir, sous son patronage et sous son nom, avait compté sans la médecine. Une panacée universelle, lancée dans le monde, y causa toute l'émotion qu'aurait produite la découverte de la pierre philosophale, que l'on cherchait alors avec ardeur, pour convertir tout en or.

Les médecins et les alchimistes protestèrent contre cette invasion de la *Catherinaire*, herbe à tout guérir, qui n'était autre chose que la négation de la science et la spoliation de leur profession.

Deux principes ou éléments formaient la base des sciences médicales d'alors : l'élément froid et l'élément chaud. Toute la matière médicale, sur laquelle opérait l'alchimie, avait pour mission d'agir contre ces deux principes d'où dérivaient toutes les maladies.

La classification naturelle des drogues se réduisait donc à deux ordres : premier ordre, remèdes chauds, que l'on employait contre les maladies d'origine froide ; deuxième ordre, remèdes froids, que l'on opposait aux affections de cause chaude.

La science de la logique existait aussi, et elle n'admettait pas, de concert avec la raison, qu'un remède qui avait la prétention de guérir toutes les maladies, fût à la fois chaud et froid. L'herbe à la reine perdait donc d'emblée, par cette première objection fort juste et irréfutable, la moitié de son prestige et de sa vertu. Elle ne pouvait plus raisonnablement être considérée que comme une demi-panacée. Elle ne pouvait guérir que les maladies chaudes ou les maladies froides ; elle avait à choisir.

De là un grand schisme qui divisa les savants de la médecine et de l'alchimie. Le dogme de l'infaillibilité du pape posé à la décision du concile de 1870, ne souleva pas plus d'intérêt, ne captiva pas plus la curiosité que dut le faire alors l'appel, à la barre de la science, de l'herbe protégée par la toute-puissante reine Catherine de Médicis.

Alors plus que jamais existait pour les sciences médicales l'éternel adage : Hippocrate dit oui, et Gallien dit non.

Il se forma deux camps dans lesquels on s'évertua à grandir ou à abaisser la puissance curative de l'herbe merveilleuse. L'histoire ne dit pas si, dans un troisième camp, on fit le recensement des victimes des expériences et de la lutte.

Et tant de bruit se faisait pour savoir si l'herbe favorite de la reine avait des propriétés chaudes ou des propriétés froides !

Les brochures, les pamphlets, les satires défrayèrent pendant plus d'un demi-siècle les spéculations des habiles et la croyance débonnaire du public. Jamais sujet n'a donné lieu à tant d'écrits, à tant de débats, à tant de controverses. C'était l'esprit de parti dans toute son effervescence. Et le tabac gagnait toujours en importance, par cette grande agitation que l'on faisait autour de lui. Chacun désirait le connaître ; on voulait en avoir pour l'expérimenter et se faire juge entre les deux opinions opposées. Jamais engouement populaire n'avait été si grand.

Ce dut être alors, mais dans des proportions infiniment plus étendues, le phénomène de séduction qui s'est produit en notre temps, à l'époque du choléra de 1834 ; quand le pharmacien Raspail, jetant dans le public sa théorie des animalcules parasites, vivant dans nos tissus et causant toutes nos maladies, proposa comme panacée universelle, devant guérir tous nos maux, le camphre, qui, selon lui, détruirait les insectes qui rongent nos organes quand nous sommes malades, comme il détruit les mites qui mangent nos habits.

Qui n'a pas porté alors, en plein dix-neuvième siècle, son petit sachet de camphre préservateur ? qui n'a pas fumé la cigarette Raspail, coquettement rangée dans un tuyau de plume fermé par du coton ?

Raspail a su convertir tant de têtes crédules à ses théories fantaisistes, qu'il a fait, en même temps que sa fortune personnelle, la fortune éphémère, il est vrai, du camphre guérisseur.

Cet obscur inconnu, sortant si subitement des flacons poudreux des droguistes, aurait détrôné le tabac, si ce dernier n'avait eu pour lui l'auréole d'ancienneté et de divinité de son origine, le prestige royal qui l'avait introduit au milieu de populations moins incultes que celles d'où il venait, mais à qui il avait imposé déjà un nouveau fanatisme ; s'il n'avait eu surtout le protectorat de l'État qui, pour en retirer des impôts usuraires, le soigne, le manipule, le tripote et le présente au public sous des formes si séduisantes qu'aucune faiblesse humaine ne saurait lui résister.

CHAPITRE IV

LE TABAC ENTRE DANS LA MÉDECINE. — IL JETTE LE DÉSORDRE
DANS LA MATIÈRE MÉDICALE.

———

Pendant que, dans les deux camps, défenseurs et ennemis
du tabac rompaient des lances, sans succès décisif pour un
côté ou pour l'autre, le commerce, habile à faire argent de
tout, envoyait ses vaisseaux charger sur les côtes d'Amérique
la plante tapageuse et à la mode.

Elle poussait surtout naturellement dans l'archipel des Antilles, et on allait la chercher dans la petite île de Tabago, qui
fait partie de ce groupe et qui avait appartenu primitivement
aux Hollandais. C'est du nom de cette île que lui vint le nom
de *tabac*, qui remplaça le nom de *petun*, qu'elle avait parmi
les Indiens.

Le tabac entra alors dans le domaine du trafic. C'était à qui,
pour en vendre davantage, exalterait le plus ses qualités curatives et magiques. Chaque libelle à qui il fournissait un titre
ou un sujet était un prospectus entraînant le public à la consommation et, par suite, à la vente. C'était le génie de la spéculation mis en pratique ; ce même génie qui inspire, de nos
jours, tous ces pompeux imprimés, où le traitement *du docteur
un tel*, la Moutarde blanche, le café Ceze, la délicieuse Reva-
lescière Dubarry, etc., etc., sont plus que suffisants pour
guérir toutes les maladies de l'humanité, sans compter les con-

currences que leur font, en autres pays, des substances non moins efficaces ni moins célèbres.

Un de ces fanatiques, nommé Baillard, publiait vers le milieu du dix-septième siècle, une réclame où, après avoir exposé les merveilles de la catherinaire, pour guérir tous les maux sans exception, il terminait ainsi son dithyrambe :

« On avouera que le tabac est le plus riche *thrésor* qui soit « venu du païs de l'or et des perles ; qu'il contient comme « réüny ce que les autres simples n'ont que séparé ; que la na- « ture, en ayant fait un miracle, ne devait pas le cacher près « de six mille ans à l'une des moitiés du Monde ; qu'elle fut « injuste de le reléguer si longtemps parmi les barbares et les « sauvages ; qu'elle fut moins indulgente pour nous que pour « eux, lorsque, ayant égard à leur peu de lumières, elle ra- « massa tous leurs remèdes en un seul remède. »

Par toutes ces élucubrations répandues dans un public aussi superstitieux qu'ignorant, l'engouement pour le tabac était devenu si grand, les recettes qu'on retirait de sa vente étaient si considérables, qu'on l'acclimata pour la culture dans presque tous les Etats de l'Europe.

Pour accaparer les bénéfices qu'il créait, des spéculateurs intrigants obtinrent des gouvernements le privilège de son commerce. Moyennant un impôt fixe qu'ils payaient, l'État protégeait un monopole qui était la source de fortunes immen- ses basées sur l'ignorance du peuple, l'exploitation de ses croyances erronées et de ses futilités dangereuses.

Alors la controverse cessa. L'or que produisait la vente pri- vilégiée du tabac servait à répandre partout ses éloges au mi- lieu de populations abusées, et à arrêter toute initiative d'oppo- sition convaincue. Alors aussi disparurent des bibliothèques et des librairies tous les écrits pour et contre le tabac, dont on ne trouve plus guère aujourd'hui que les titres. Car il importait au succès du privilège et à l'élévation du chiffre de son rende- ment, que rien ne vînt détourner de ses illusions la clientèle toujours grandissante des croyants aux vertus merveilleuses de l'herbe de Nicot.

On trouve cependant à la bibliothèque Mazarine, à Paris, une traduction française d'un ouvrage écrit en latin à l'époque des grandes discussions sur le tabac. L'auteur de cet ouvrage est un médecin de Leyden, Jean Leander. Il a pour titre : *Traité du Tabac ou Panacée universelle.* La traduction est de 1626, par Barthélemy Vincent, à Lyon.

L'auteur de la traduction, s'adressant au public, lui dit :

« Reçoy donc, amy lecteur, ceste médecine uniuerselle de laquelle tu peus receuoir de l'allégement en toutes les langueurs, et la tiens comme une autre boîte de Pandore, laquelle contient en soy toute sorte de bien ; mais venant à estre profanée et ouuerte à tout le monde, ne produit que mal-heur.

« N'en espère pas de moins si tu en veus mes-user et t'émanciper à l'abus qui se commet iournellement en l'usage démesuré de sa fumée, lequel est capable de métamorphoser et peruertir entièrement toute ton œconomie naturelle au préiudice de ta santé auec vn final abrégement de tes iours. »

Après cette préface du traducteur, il ne sera pas, sans intérêt, à notre époque, de connaître la nature des discussions et l'excentricité des théories sur lesquelles se basait le grand succès de la panacée universelle.

Je continue donc à citer Jean Leander :

« Les doctes de l'antiquité ont longtemps débattu la question de savoir si le tabac était chaud ou froid ; et ils concluent : Il est certain que le tabac contient en soi quelque acrimonie, qu'il cause la soif, appesantit le cerveau, enivre avec aliénation d'entendement ; ce qu'il ne peut faire qu'en envoyant quelque vapeur chaude qui donne au cerveau et le remplisse. C'est donc moquerie de croire le tabac froid avec des marques de chaleur si notables.

« Thomas Harlot raconte, en sa description de Virginie, que les habitants de cette île ont estimé le tabac jusqu'à se persuader que leurs dieux l'agréaient grandement. Et, en cette occasion, ils s'en servent aux encensements et en offrent de la poudre en sacrifice. De même, se trouvant sur mer assaillis de la tourmente, ils jettent de ladite poudre en l'air et dans la mer. Ils observent mêmes cérémonies avec quantité de simagrées, tantôt frappant des pieds, sautant, battant des mains et les levant en haut, tantôt regardant le ciel et y criant des paroles dissonantes, après avoir échappé à quelque insigne danger. Chacun de ces barbares en porte un petit paquet pendu au cou, avec un entonnoir de feuilles de palme, pour en prendre la fumée par le nez et par la bouche, comme sortant d'un encensoir.

« Les prêtres indiens, appelés *Buhiles*, quand on voulait savoir d'eux l'issue de quelque chose, se parfumaient de tabac, pour se ravir en extase et, en cet état, interrogeaient le diable sur le sujet qu'on leur avait proposé. Le prêtre ayant été interrogé brûlait des feuilles de tabac sèches et, avec un tuyau ou pipe, tel qu'il est d'usage parmi nous, en prenait la fumée et s'en enivrait de telle façon jusqu'à être aliéné de son entendement et comme extasié ; se laissant tomber à terre, où il gisait la plupart du jour ou de la nuit avec un entier assoupissement des sens et destitué de tout mouvement. Alors il faisait croire qu'il avait conféré avec le diable, et rendait ses oracles, trompant ainsi ces malheureux Indiens.

« Les médecins de ses pauvres barbares s'en servaient aussi pour se mettre en communication avec les dieux ; et, tournant le corps du malade trois ou quatre fois, le frottaient avec les mains. Ces médecins étaient en même temps le plus souvent des prêtres.

« Pline dit vrai, que tous les animaux, excepté l'homme seul, connaissent ce qui leur est salutaire.

« Aussi, remarque très bien Sénèque : « L'une des causes de nos malheurs, dit-il, est que nous nous conformons aux exemples et ne nous réglons pas par la raison ; mais nous nous laissons emporter par la coutume. Il n'y a plus d'espoir de remède quand ce qui était vicieux est converti en coutume. »

« Le tabac est employé en poudre pour débarrasser le cerveau que l'on suppose être le point de départ de toute pituite et toute humeur strumeuse ; mais la question est de savoir si la fumée de tabac reçue dans le ventricule peut tirer les humeurs superflues du cerveau.

« L'opinion affirmative a des raisons très puissantes, dont la première est tirée d'Hippocrate, aph. 30, livre VII, où il tient que les excréments écumeux que l'on rend aux diarrhées découlent du cerveau.

« L'opinion négative se sert pour argument de ce qui est enseigné par Aristote en sa première section des *Problèmes*, question 42, « que les médicaments reçus dans l'estomac se dissolvent et pénètrent dans les veines par les mêmes voies que les aliments, là où, ne pouvant être cuits, ils demeurent en leur entier, par leur propre vertu, et peu après, s'en retournant, ramènent quant et eux ce qu'ils rencontrent ; et c'est ce qu'on appelle purgation.

« Or est-il qu'il ne paraît aucun conduit par lequel le purgatif puisse atteindre et être porté jusqu'à l'humeur qu'il doit purger par élection. L'humeur donc enclose dans la poitrine et le cerveau ne pourra être vidée par le tabac comme par le purgatif.

« Le docte Fernel, au troisième livre de sa *Méthode*, chapitre 7, semble vouloir défendre cette sentence d'Aristote.

« Il faut donc remarquer, pour l'explication de ce doute, que le plus grossier de cette fumée ne sort point de l'estomac pour purger l'humeur peccante ; mais y est retenu et s'attache aux intestins, d'où il attire l'humeur avec laquelle il a plus de familiarité.

« Autre question : savoir si le cerveau peut être desséché par le tabac ? De ceci nous en avons beaucoup de preuves.

« L'huile de tabac ôte la rougeur du visage, en étant frotté ; l'herbe pareillement, cuite dans du petit vin qui ne porte guère d'eau, mise entre deux linges fort déliés et ainsi appli-

quée, a le même effet, comme aussi le suc et sa crasse, y ajou-
tant quelque peu d'onguent rosat, mêlé avec eau de roses. Il
faut toutefois, auparavant, purger le malade avec des pilules
céphaliques, comme sont les pilules dorées.

« On l'emploie pour les vers du cerveau, la teigne, dartres,
poux, phtyriase, maladies des poux. On l'emploie sous forme
de cendres, sous forme de cristaux, par distillation à la cornue. On l'emploie en fumigations, en lotions, pour les cata-
ractes des yeux ; pour atténuer les cicatrices des yeux; pour
les fistules lacrimales ; pour les fluxions qui tombent sur les
yeux; pour rendre bonne vue ; contre la surdité, à l'aide des
fumigations avec un entonnoir, ou l'huile de tabac dans
l'oreille.

« Les docteurs associent le tabac, pour le rendre plus puissant,
à la poudre de nids d'hirondelles, médicament dont la célébrité est aussi grande que celle du tabac. Pour faire cette pre-
paration, il faut premièrement leur couper la tête, afin que le
sang leur découle sur les ailes ; ayant jeté du sel dessus, les
mettre dans un pot vernissé qui ait la bouche étroite, bien
ouverte et lutée avec le lutum de sapience, jusqu'à ce qu'elles
soient brûlées. Les cendres qui en resteront doivent être gardées.

« Ceci est tiré du *Grand Luminaire.*

« Galien et Serapion donnent aussi cette façon de les brûler ;
mais les médecins modernes, non contents des cendres seules,
ont mis en usage tout le nid pilé, avec les plumes, crasses et
fiente, qu'ils font cuire dans de l'eau et du vin mêlés ensemble, et puis les passent par un tamis.

« On fait aussi des confections très salutaires pour la phthisie,
pour nettoyer et agglutiner les ulcères des poumons, pour les
crachements de sang, la faiblesse d'estomac, le cancer, la syphilis, la peste. Il est curatif, préservatif. On associe le tabac
aux lombrics et à la hure de cochon comme remède pour la
rage. »

Vers la fin du dix-septième siècle, le docteur Nicolas Lemery, de l'Académie royale des sciences, dans son *Traité de Chimie,* disait du tabac, page 627 de la douzième édition :

« Le tabac étant mâché ou pris en fumée, de temps en temps, décharge fort le cerveau ; mais si l'on en use trop souvent, il cause plusieurs maladies, comme la paralysie et l'apoplexie.

« Il fait mourir les serpents, les vipères, les lézards et les autres animaux semblables, si, leur ayant percé la peau, on en introduit dedans un petit morceau, ou si l'on leur en fait recevoir la fumée.

« Le tabac est rempli de soufre et de sel volatil si pénétrant, que d'abord qu'il est dans l'estomac il en picote les fibres et il excite le vomissement.

« L'huile de tabac est un si grand vomitif que, si l'on met quelque temps le nez sur la fiole dans laquelle on la garde, on vomit.

« Je fis un jour une petite incision sur la peau de la cuisse d'un chien, et, ayant mis une très petite tente imbue d'huile de tabac, l'animal fut purgé un moment après, par haut et par bas, avec de grands efforts. »

D'après ce chimiste, on emploie aussi le tabac en l'associant, pour le traitement d'une foule de maux, à l'huile et à l'esprit de tête humaine.

« Quoique la teste humaine, dit-il, page 723, contienne une cervelle fort imbibée de pituite ou de phlegme visqueux, elle ne laisse pas d'estre le réservoir des esprits les plus subtils du corps, qui s'y subliment continuellement ; ainsi l'on doit être persuadé qu'elle renferme en soy plusieurs remèdes très utiles.

« La teste qu'on veut employer en médecine doit être séparée du corps d'un jeune homme vigoureux, sain, nouvellement mort de mort violente, et qui n'ait point esté inhumée, afin qu'elle soit demeurée empreinte de tous ses principes actifs, dont une partie, la plus volatile, se serait dissipée dans la terre. »

On pourrait peut-être pardonner à ce temps d'ignorance et de superstition d'avoir introduit dans la matière médicale la graisse de pendus, à laquelle le vulgaire attache encore de nos jours des vertus merveilleuses; mais le tabac associé à l'huile et à l'essence de tête d'homme distillée à la cornue, comme on faisait des crapeaux et des vipères, pour guérir les malades, n'est-ce pas le dernier degré d'aberration du sens humain dans les folles pratiques de l'alchimie?

Voilà un aperçu des théories et des formules où ont enfin conduit, pendant deux siècles de superstition et d'ignorance, les discussions des doctes sur les qualités merveilleuses du tabac. Aidé de la protection de la reine de France, s'associant, pour faire sa grande fortune curative, aux remèdes favoris d'alors : huile de tête humaine, lombrics, cloportes, nids d'hirondelles, album græcum (excréments de chiens), il était parvenu dans l'opinion du monde au faîte de sa puissance.

Honoré des privilèges de tous les gouvernements, qui lui décernaient un brevet de vertu, en protégeant les spéculateurs qui brocantaient, par son aide, sur la santé publique, il avait été admis à l'insigne honneur d'entrer dans la Thériaque.

De même que, dans ce bon temps, on cherchait le moyen de faire de l'or avec tout, par la pierre philosophale, qui devait être, si on l'avait trouvée, le procédé qu'employa Dieu pour faire le monde de rien, on cherchait aussi le remède qui devait guérir tous les maux.

La panacée universelle, que la reine Catherine croyait avoir trouvée dans le tabac, ne répondant plus aux grandes espérances qu'on en avait conçues, quand il fit son entrée si bruyante dans le monde, on revenait aux anciennes drogues dont l'expérience ou la crédulité avaient constaté les vertus.

La pierre philosophale de la médecine, ou la panacée universelle si longtemps rêvée, se trouvait alors représentée par la Thériaque. La thériaque était la réunion de toutes les substances reconnues pour avoir des propriétés curatives sur telles ou telles maladies, et condensées dans un seul remède, désigné sous le non générique d'Electuaire. Les drogues admises à l'honneur de faire partie de la thériaque se comptaient alors par centaines.

Sous le ministère Guizot, en 1837, une commission de savants académiciens fut chargée de rédiger un nouveau *Codex* de la matière médicale et pharmaceutique de France, plus conforme aux sciences médicales et aux lumières du temps. Elle ne voulut pas immoler tout d'un coup toutes ces vieilles superstitions populaires qui avaient donné à la thériaque, pour guérir les maladies, presque autant de foi et de confiance qu'on en avait autrefois dans la sorcellerie et la magie, auxquelles elle avait succédé. On conserva sa formule, qu'on réduisit à soixante-douze éléments médicinaux seulement.

Quand le tabac entra dans la thériaque comme remède majeur, il jeta la discorde dans tous les éléments bénins qui la composaient. Elle avait été, dans le principe, si sagement combinée, que toute maladie, qu'elle fût d'essence chaude ou froide, strumeuse ou bilieuse, etc., etc., y rencontrait toujours un adversaire spécifique pour la combattre.

La médecine populaire était alors dans sa plus grande simplicité. Suivant l'intensité de la maladie, on prenait chez le droguiste pour deux, quatre ou six sous de thériaque, comme aujourd'hui on y prend de l'orge ou du tilleul ; et l'on se guérissait plus ou moins, sans l'intervention du médecin.

Un jour la thériaque se refusa à guérir les maladies. Toutes s'aggravaient, au lieu de s'améliorer par son administration ; la confiance populaire décroissait ; l'article se vendait moins ; les docteurs avisèrent.

La thériaque, dont les manipulations étaient fort compliquées, se faisait une fois l'an, avec grande solennité, en réunion et sous la surveillance des alchimistes et des droguistes les plus réputés en science. Les plaintes contre son infériorité et ses insuccès arrivaient de toutes parts au docte conciliabule, qui s'empressa d'en rechercher les causes.

Le tabac avait déjà été pris plusieurs fois en flagrant délit d'avoir causé, de par le monde, des morts subites, comme de nos jours le chloroforme. Il fut considéré comme suspect et perturbateur des vertus curatives de l'*électuaire de sapience*, qui, délivré de la présence de cet intrus, dangereux parasite qui le discréditait, reprit toute la faveur que le tabac lui avait accidentellement fait perdre.

C'est ainsi que l'idole des Indiens, le favori de la reine, descendait, descendait toujours, perdant de plus en plus de ses prestiges. Ne pouvant plus être ni dieu ni panacée, il se retrancha dans la mode et, comme tout ce qui déchoit, il tomba dans le vice.

Le tabac qui, du temps de Catherine de Médicis, avait eu tout crédit à la Cour, était entré dans les bonnes grâces des grands seigneurs. Il était devenu pour ainsi dire une livrée de courtisans. On ne paraissait dans le monde officiel qu'avec sa petite boîte garnie d'herbe à la reine. Ses ennemis l'avaient tellement battu en brèche, pour ses méfaits, qu'on n'osait plus ni l'ingérer dans l'estomac, ni l'introduire dans les yeux et les oreilles, sous aucune forme que ce fût. On le portait en amulette.

C'est alors que, pour lui donner un rôle d'utilité plus expressive, on s'imagina de l'introduire dans le nez, lui créant par là un emploi et un attribut auxquels les sauvages n'avaient jamais pensé.

Le nez l'adopta mieux que l'estomac. Son principe âcre et irritant produisait sur la muqueuse olfactive une telle surexcitation que les liquides y arrivaient aussi abondants qu'ils affluent aux yeux, pour les débarrasser de tout corps étranger qui les gêne.

A ce phénomène de sécrétion de liquides se joignait une sensation de vertige et d'ivresse, dont on ne soupçonnait pas alors la cause toute vénéneuse, et que l'on considérait comme une action mécanique de la poudre allant chercher, pour les extraire, les humeurs strumeuses du cerveau, conformément au doctes théories du médecin Leander, que j'ai citées plus haut.

Alors les cerveaux sains ne devaient pas exister, d'après la conviction des priseurs ; tous avaient leurs strumes, leurs humeurs peccantes dont il fallait les débarrasser. Et les strumes coulaient toujours ; plus on en tirait, plus il y en avait. Les nez des amateurs étaient autant d'exutoires internes qui, comme les sainbois, les mouches et les cautères sur les bras, sécrètent des sérosités muqueuses aussi longtemps qu'on les irrite avec des onguents.

Le moulin à tabac et à la tabatière étaient encore bien loin dans l'avenir. L'art de priser était dans son enfance. Les amateurs avaient une petite râpe en métal, avec laquelle ils convertissaient la plante en poudre, au fur et à mesure de leurs besoins ou de leur fantaisie ; on râpait la carotte sur une petite gouttière en bois ou en ivoire, et on en offrait à son entourage, avec tout le cérémonial de l'étiquette et du bon ton.

Molière, dans la peinture de ses marquis petits-maîtres, les présente le nez, les lèvres et le jabot barbouillés de tabac, de cette herbe puante dont l'usage, disait une femme célèbre de ce temps, ne pouvait durer.

Le tabac s'infiltra aussi dans les mœurs d'alors par le côté faible du luxe. La petite boîte qui le contenait était devenue une dépendance nécessaire de la toilette, un objet d'ornement, comme la montre ou le lorgnon. Ceux qui le portaient comme curatif ou talisman, en mettaient les feuilles et les fleurs dans des boîtes du genre de celles que l'on conserve religieusement, et qui contiennent, sous un verre, des reliques d'origine sainte ou précieuse. On l'enfermait aussi dans de petits médaillons semblables à ceux où nous portons des portraits de famille ou des objets chers à notre affection ou à nos souvenirs.

Ceux qui le mettaient dans le nez l'avaient sous forme de bâtons roulés, renfermés avec la râpe dans des boîtes plus ou moins luxueuses, que l'on laissait sortir à moitié de la poche du gilet, avec une ostentation toute coquette. Tout le luxe que l'on étale ordinairement aux doigts, dans des anneaux de métal ornementés de ciselures et de pierreries, se reporta sur la boîte à tabac, qui devint un joyau indispensable à la garde-robe de tout gentilhomme élégant.

La tabatière et l'usage du tabac se multiplièrent puissamment et grandirent en importance par la forme du cadeau. Les souverains, les grands personnages s'en servaient avec des inscriptions honorifiques, pour témoigner de leur haute estime ou de leur reconnaissance pour des services rendus.

Dans ces temps-là, la tabatière avait son rôle diplomatique. C'est en s'offrant réciproquement une prise que les grands dignitaires s'accostaient et entraient, sans avoir l'air d'y attacher de l'importance, dans la discussion des points les plus délicats à aborder.

C'est alors que la boîte à tabac, en faveur chez les grands de la terre, s'éleva à toute la hauteur d'un objet d'art, atteignant parfois des valeurs inimaginables.

Ah ! si le dieu des sauvages de l'Amérique n'avait pas été un faux dieu, s'il avait pu avoir conscience des honneurs qu'on lui rendait, comme il se serait réjoui de se voir choyé, mitonné, dans ces petits bijoux de boîtes, tout or et diamants, comme jamais aucun autre culte n'en a inspiré à l'esprit des hommes !

Et dire que toutes ces richesses artistiques n'étaient mises en œuvre que pour loger pour deux sous d'herbe à la reine !

Le peuple, qui voyait les seigneurs s'offrir avec ostentation la prise de tabac dans leurs boîtes d'or et d'argent, conçut nécessairement une haute idée de la poudre que ces messieurs se mettaient dans le nez. Il voulut en faire autant. On fabriqua pour lui la tabatière en buis, en corne de bœuf, en carton-pierre, en écorce de cerisier et de bouleau.

Les plus modestes, les jeunes femmes et les jeunes filles

surtout, qui ne voulaient pas paraître avoir des défauts, comme si leur haleine parfumée de tabac ne les trahissait pas, prisèrent dans le cornet de papier de la boutique. Tous les vieux manuscrits, tous les vieux imprimés disparurent alors en cornets à tabac. Que d'œuvres précieuses de l'esprit humain ont dû s'anéantir dans cette grande hécatombe !

C'est ainsi que, pour faire les uns comme les autres, grands et petits, tout le monde prisa. C'est l'histoire des moutons de Panurge, spirituelle allégorie de la puissance entraînante de l'exemple sur les êtres faibles : un de ses moutons étant accidentellement tombé dans l'eau, tous les autres le suivirent et s'y noyèrent.

CHAPITRE V

Il y avait déjà bien cent ans que l'on prisait pour se préserver des maladies dont le point de départ, au dire de la science d'alors, était toujours le cerveau, qui les engendrait et les envoyait sous forme d'émanations malsaines à tous les organes, et les maladies n'en tourmentaient pas moins la pauvre humanité. Elle avait certainement en plus à souffrir des maux que lui causait la prétendue panacée. L'herbe de la reine se trouvait donc, par cette longue expérience, considérablement ébranlée dans la haute réputation que sa marraine lui avait faite. Elle vivait sur son ancien crédit ; elle ne faisait plus de conquêtes. Ses premiers adorateurs en usaient toujours, mais avec cette confiance tiède qui se traduit généralement par ces mots : « Si ça ne fait pas de bien, ça ne fait pas de mal. » La foi s'éteignait, et il ne restait plus que l'habitude.

Le règne du tabac, dépouillé de son prestige de panacée, et abaissé au rang d'un usage malpropre, semblait près de finir, quand les luttes académiques recommencèrent au sujet de ses vertus curatives. Les brochures pour et contre surgirent encore de toute part. C'était la mise en jeu de l'intérêt contre la raison, après avoir été, dans le siècle précédent, le conflit des superstitions les plus opposées.

Le parti de la raison comptait dans ses rangs les médecins, dont la voix n'avait encore que bien peu d'autorité, par le faible prestige de leur origine et par les sarcasmes plus ou moins piquants dont les poursuivaient de malicieux écrivains, au sujet de leur art encore problématique.

> Quoi qu'en disc Aristote et sa docte cabale,
> Le Tabac est divin ; il n'est rien qui l'égale.

On leur répétait aussi toujours, pour paralyser leur opinion : Hippocrate dit : Oui, et Gallien dit : Non.

Le parti de l'intérêt était, au contraire, tous ces marchands satisfaits, enrichis de tous les régimes qui leur concèdent des monopoles à l'ombre desquels ils convertissent paisiblement leurs sous en bons écus d'argent. La ligue de l'intérêt l'emporta ; l'opinion du public, encore une fois égarée, se préoccupa du tabac qu'elle semblait avoir délaissé.

En ces temps-là, les Alchimistes et les charlatans vendaient le tabac sur les places publiques, en voiture, avec fifres, timbales et grosse caisse, comme de nos jours on les voit encore débiter le thé Suisse et autres orviétans à guérir tous les maux.

« Ce n'est pas par le cerveau, disaient ces novateurs, qu'il faut attaquer les maladies ; c'est par l'estomac. C'est dans ce ventricule, qui reçoit l'aliment, que fermentent toutes les humeurs peccantes, résidu impur de la digestion. C'est donc là qu'il faut porter le correctif, la panacée. » Et, à l'appui de leur opinion et de leurs théories, ces doctes invoquaient gravement la science et les usages des Indiens, qui ne prisaient pas le tabac, mais qui en recevaient la fumée par la bouche et allaient même jusqu'à l'avaler.

C'est alors que les sectes des fumeurs et des chiqueurs prirent naissance dans un conflit d'opinions les plus extravagantes. Les premiers fumeurs apparurent sous Louis XIII.

Les marins fréquentaient de plus en plus les côtes de l'Amérique et, par ce penchant naturel à tous les voyageurs, ils aimaient à reproduire dans leur pays ce qui les avait le plus frappés dans leurs expéditions lointaines. Ils fumaient donc, pour imiter les Indiens.

Le petit appareil des sauvages, à la bouche d'un matelot, distillant la fumée suffocante du tabac, était bien loin d'égaler l'élégance et le bon ton de la boîte à priser. Aussi les marins ne trouvaient-ils que bien peu d'imitateurs parmi les fanatiques du tabac.

Il fallait à la pipe, pour faire son entrée dans le monde, un type humain quelconque qui la couvrît de sa popularité ou de son prestige, comme Catherine de Médicis avait couvert la plante de Nicot.

Alors parut Jean-Bart.

Disons ce que fut ce vaillant capitaine, afin de faire mieux comprendre de quelle influence a été son exemple dans le succès du tabac à fumer et de la pipe.

Jean-Bart était un enfant du peuple, élevé au rude métier de la navigation du commerce. Il servit surtout dans la marine hollandaise, qui était alors la plus florissante du monde. Il avait fait, dans sa jeunesse, bien des voyages sur différents points de l'Amérique, où les Hollandais avaient fondé de riches colonies. Il avait pris, par imitation des Indiens, l'habitude de fumer, qu'il cultivait sur les gaillards des vaisseaux, dans les heures d'oisiveté et d'ennui des longues traversées.

La guerre venait d'éclater entre la France, d'un côté, et la Hollande alliée avec l'Angleterre, de l'autre; et, en bon patriote, il vint offrir à son pays la valeur de son courage et de son expérience consommée dans les pratiques de la mer.

Né dans la roture, par conséquent indigne de servir comme officier sur les bâtiments du roi, il se fit capitaine de corsaire. Il se signala par tant de traits de courage et d'audace, que Louis XIV lui donna une commission pour croiser dans la

Méditerranée. Il fit un mal considérable aux deux marines alliées de Hollande et d'Angleterre.

Appelé à croiser dans la Manche, il avait fait sur les ennemis de nombreuses prises qu'il avait conduites à Bergen, en Suède, où il était rentré pour ravitailler et radouber son navire.

Il fut suivi dans ce port de relâche par un navire de guerre anglais, mis à sa poursuite. Le capitaine de ce navire rechercha l'occasion d'entrer en pourparler avec son redoutable ennemi, le commandant du corsaire français. Un jour, il l'aborda sur une place publique :

— N'êtes-vous pas *monsieur* Jean-Bart? dit l'officier anglais en l'accostant.

— Le capitaine Jean-Bart lui-même, tout prêt à vous servir, monsieur, quand je saurai à qui j'ai l'honneur de parler,

— Au commodore anglais, qui vous donne la chasse, pour couler bas votre corsaire.

— Que ne forciez-vous de voilés pour m'atteindre et me faire part de vos intentions avant ma rentrée au port, nous aurions déjà vidé la partie! Mais je vais bientôt sortir, et je vous attendrai en pleine mer. Au revoir, commodore; à six milles au large, le jour où j'appareillerai.

— Capitaine, j'aime ce langage d'un brave ; j'accepte votre cartel, mais à condition que vous acceptez le déjeuner à mon bord.

— Merci, commodore ! Deux ennemis comme nous ne doivent plus se parler qu'à coups de canon ; au revoir, en mer.....

— Notre présence ici, en port neutre, sous pavillon ami de nos deux nations, est un armistice ; l'armistice, tant qu'il dure, fait, des ennemis, des amis.

— Commodore, devant des sentiments si nobles que je partage, parce qu'ils partent du cœur, j'accepte votre déjeuner, je suis pour aujourd'hui votre hôte ; demain je redeviendrai votre ennemi.

Et les deux commandants se rendirent à bord du vaisseau anglais.

L'équipage du corsaire avait vu son capitaine monter sur le pont de l'ennemi. Que se passait-il qui pût expliquer cet événement? L'attention de tout le monde était intriguée et en éveil ; toutes les longues-vues se braquaient, comme des sentinelles en vigie, sur les gaillards de l'anglais.

Jean-Bart, qui avait, comme tous les braves, le cœur généreux et droit, était bien loin de se défier des galanteries de la puissante Albion. Il tomba dans un infâme guet-apens. A peine fut-il sur le pont que couvrait le pavillon d'Angleterre, que le commodore, se sentant fort au milieu de son équipage, dit à son invité, venu tout confiant et sans armes :

« Misérable ! j'ai juré de te ramener mort ou vif à Plymouth ; je te tiens vivant, tu es mon prisonnier..... A moi, mes hommes !... C'est le capitaine du corsaire français, c'est Jean-Bart! Saisissez-le !... »

On faisait à bord du navire anglais l'inspection des poudres. Plusieurs barils ouverts étaient gardés à vue par des marins, sur le pont. Jean-Bart avait à la bouche sa pipe allumée, dont il tirait de longues bouffées, en frémissant d'indignation et de colère. Une de ces grandes idées qu'inspirent la résolution et le courage, dans les moments suprêmes, l'illumina soudain. Plutôt que d'être prisonnier par la trahison, il va s'ensevelir sous les flots, entraînant avec lui tout cet équipage de lâches.

L'idée aussitôt conçue, il se fraye un passage au milieu des matelots, arrive sur les poudres ; et prenant à la main sa pipe allumée, en guise de torche, il va faire sauter le navire. A la vue de tant de résolution et d'audace, l'équipage effrayé se disperse et se sauve, pour se soustraire à la catastrophe qui le menace. La voix de Jean-Bart tonne, menaçante, sur ce pont de navire qui lui appartient et qu'il dépend de lui d'anéantir.

L'équipage du corsaire, qui observait, entend l'appel de son capitaine ; il vole à son secours, aborde, la hache à la main, le navire anglais, délivre son commandant et coule bas, dans le port même de Bergen, ce navire qui, violant à la fois les lois de la courtoisie militaire et de l'hospitalité d'un port neutre, venait de jeter sur son pavillon, par un acte de lâcheté, une de ces taches qui y restent toujours.

Jean-Bart, jugeant que le guet-apens où il avait failli succomber n'était pas suffisamment puni par la destruction du navire où un acte si bas avait été commis, résolut d'en tirer une vengeance plus éclatante.

Les Anglais et les Hollandais bloquaient le port de Dunkerque; Jean-Bart quittant Bergen, passa, avec son corsaire, au travers de leurs escadres. Il gagna les côtes de l'Angleterre, débarqua à New-Castle avec son équipage de braves, et infligea à la ville le châtiment que méritait la trahison de Bergen.

Au moment où notre marine subissait de pénibles revers, l'héroïsme et les succès de Jean-Bart apportaient quelque compensation à notre amour-propre national profondément blessé. Les exploits du Malouin, car c'était sous ce nom qu'on le connaissait le plus, parce qu'il était de Saint-Malo, étaient à l'ordre du jour. L'engouement populaire s'était épris de cet enfant du peuple qui, sur un frêle corsaire, battait nos ennemis, tandis que les officiers de grands noms et à grands titres, sur de superbes vaisseaux, ne savait pas trouver le secret de les vaincre.

Louis XIV voulut le voir. Jean-Bart se rendit à la Cour du Roi-Soleil. L'*astre* était à son déclin; la gloire de ses beaux jours pâlissait. « Jean-Bart, lui dit le roi, vous êtes un brave; je suis content de vous; vous avez bien mérité le grade que je vous donne de capitaine de mes vaisseaux. »

Le titre que recevait Jean-Bart lui donnait rang à la Cour, au milieu de ces brillants états-majors de princes, de ducs et de marquis qui dédaignaient la bassesse de son origine et jalousaient sa popularité et sa gloire. Jean-Bart était devenu le héros à la mode de la nation. Original dans ses manières, chamarré d'or et d'argent, il portait toujours, comme complément de sa tenue, la pipe, devenue légendaire, qui avait joué un si beau rôle sur les barils de poudre du pont des Anglais.

Il la fumait *crânement* partout où ils paraissait en public. La pipe de Jean-Bart était devenue une fantaisie d'imitation, comme le furent plus tard le gilet blanc de Robespierre, le jabot de Mirabeau, la chemise rouge de Garibaldi, etc.

Tout le monde se prit à fumer, comme le Malouin. Les robustes fumaient le tabac; les faibles ou petits crevés du temps, les enfants, fumaient des herbes quelconques ou de l'anis ; mais chacun portait la pipe à la Jean-Bart.

On peut dire que Jean-Bart a créé le genre de pose à la pipe, qui a fait le grand succès du petit appareil fumigatoire des Peaux-Rouges et des Caraïbes de l'archipel des Antilles, ces enfants sauvages de l'humanité qui, dans la simplicité de leur esprit, l'avaient inventé pour un culte.

La pose à la pipe, c'est l'usage qu'on en fait sans lui attacher plus d'importance que de faire comme tout le monde, et même mieux que tout le monde, avec une certaine attitude prétentieuse qui a l'air de vous dire : « Regardez comme ça me va bien ! »

Bébé, avec son cigare de chocolat à la bouche, pose en enfant terrible. Les *biches*, dans les kiosques des promenades publiques, la cigarette au bout de leurs petits doigts blancs, culottés comme des pipes, posent en femmes fortes. Les Gavroches et les Titis, qui fument le cigare à deux sous de la régie, posent en gandins des boulevards, qui fument le havane. L'apprenti, dans l'atelier, sa pipe entre les dents, pose en compagnon du devoir. Le conscrit, dans la caserne, fume, malgré les soulèvements de son estomac, sa pipe, qu'il n'avait jamais connue aux champs, et pose comme un vieux grognard de caporal à quatre chevrons.

Et, pour finir par un grand trait toutes ces peintures de la pose à la fumée de tabac, Napoléon III, à Sedan, dans sa calèche découverte, pose, par son cigare, en homme de caractère qui se met au-dessus de sa mauvaise fortune, quand il traverse, à toutes guides, les rangs de son armée, pour porter à Guillaume de Prusse l'épée de la France, qui n'était que blessée sur un champ de bataille où il l'avait follement entraînée, et d'où elle aurait pu se relever et vaincre, s'il n'avait pas désarmé et livré ses soldats, qui ne demandaient qu'à mourir pour la défendre.

Si la mise en scène de Jean-Bart, un matelot parvenu, menaçant de faire sauter par le feu de sa pipe un perfide vaisseau de l'Angleterre, a pu répandre parmi nous l'usage imitatif de la pipe, le tableau de l'histoire qui représente un Empereur français cherchant à couvrir sa lâcheté de la fumée de son cigare, est bien fait pour repousser de nos lèvres ce petit appareil de pose dont la fantaisie, née d'une action d'éclat glorieuse pour le pays, devrait finir après un acte de honte qui a si profondément humilié la nation.

Jean-Bart, d'une constitution primitivement robuste, mourut en 1702, à l'âge de 52 ans, de phthisie des poumons. Le grand usage qu'il faisait de la plante de Nicot, d'après les effets que l'on en connaît aujourd'hui, devait amener chez cet intrépride marin cette fin prématurée qui brisa beaucoup trop tôt une carrière si valeureusement commencée. Il a subi la loi d'abréviation de l'existence qui frappe fatalement les adorateurs du tabac. La marine française a souvent honoré sa mémoire, en posant sur la proue de plusieurs vaisseaux, à qui elle donna son nom, le buste du vaillant capitaine de Louis XIV. En 1845, la ville de Dunkerque lui a érigé une statue durable, qu'elle doit au ciseau de David d'Angers.

La pipe de Jean-Bart, qui avait si fortement passionné le peuple, ne lui donnait auprès des grands qu'un ridicule dont ils se servaient volontiers pour abaisser le mérite du capitaine de vaisseau parvenu. Autant le petit monde aimait à singer le Malouin, autant la noblesse et les gros bourgeois affectaient de repousser avec dédain cette habitude malpropre de celui qu'ils appelaient l'ours de mer, et qui ne pouvait convenir qu'à des manants et des mal-élevés.

Jean-Bart mort, la pipe, n'ayant plus de patron haut placé, pour la soutenir, tomba tellement en défaveur que, sur le pont des vaisseaux où elle avait été primitivement cultivée, les matelots fumeurs, qui n'étaient alors que les rares *balochards* ou mauvais sujets du bord, étaient tenus d'aller *piper* à la poulaine, c'est-à-dire au lieu le moins noble et le plus retiré de l'avant du navire, pour que leurs bouffées incongrues ne vinssent pas incommoder messieurs de l'État-major.

La pipe et le tabac, alors généralement répudiés par le beau sexe et le bon ton, s'étaient réfugiés loin du monde, dans la marine et dans l'armée, où ils ne servaient plus que de distraction à l'ennui et de passe-temps à l'oisiveté de la vie militaire.

Après les guerres de Louis XIV, le dix-huitième siècle, qui fut presque une ère de paix générale, laissait peu d'importance, dans l'esprit public, à tous les gens d'armes, dont les usages se renfermaient dans la caserne. L'armée, par ses mœurs, était, pour ainsi dire, un corps à part dans le pays.

Le *civil*, sans enthousiasme pour le *militaire*, le regardait fumer avec curiosité, et ne l'imitait pas.

Mais après 93, tout changea. L'armée, sortant de sa longue inaction, eut pour théâtre les champs de bataille, où elle défendait les principes de la révolution et l'indépendance du territoire. La nation enthousiaste s'identifiant avec elle, on prit partout les allures militaires; et, comme les militaires, on fuma. C'était cent ans plus tard, mais dans des proportions infiniment plus grandes, une réédition de l'effet qu'avait produit Jean-Bart.

De 93 à 1815, la nation vécut, pour ainsi dire, dans les camps. Tous les hommes portèrent la tenue militaire, et la pipe devint, pour beaucoup d'entre-eux, le complément indispensable ou à la mode de l'équipement.

L'Empire renversé, l'élan révolutionnaire de la nation s'arrêta devant la restauration de principes politiques ayant pour base le trône soutenu par l'autel. L'armée qui avait, aux jours de révolte populaire, abandonné la cause du droit divin pour servir la révolution d'abord et un usurpateur ensuite, tomba dans un profond discrédit. Toutes ces valeureuses légions, qui avaient lutté si longtemps contre la coalition de l'Europe, ramenant dans ses fourgons l'ancienne monarchie et l'ancien régime que 93 avait renversés, tous ces vieux débris de glorieuses batailles, on ne les appelait plus que les brigands de la Loire, parce qu'ils étaient concentrés sur les bords de ce fleuve, où on devait bientôt les désarmer.

On licencia ces braves gens ; beaucoup d'entre eux ne gardèrent, de tout leur fourniment militaire, que la vieille pipe, compagne fidèle de leurs fatigues, qui les avait distraits bien souvent par sa fumée des ennuis du bivouac. Ils rentraient au foyer de la famille, y apportant une habitude dont il leur aurait été difficile de se sevrer, tant le tabac enchaîne et lâche si rarement celui qu'il a une fois saisi. D'ailleurs, ils sentaient toujours une certaine volupté à téter la boufarde, qui rappelait leurs beaux jours, quand ils étaient soldats.

— « Celle-là, disaient ces vétérans de la gloire aux bons villageois qui les regardaient fumer, je l'avais à telle bataille. »

Et ils la pendaient religieusement au clou d'honneur du manteau de la cheminée. C'était tout leur trophée ! tout ce que leur avaient légué tant de fatigues et de victoires !

La Restauration avait amené avec elle une sorte de renaissance dans les mœurs de la nation. Le laisser-aller des temps d'émancipation populaire avait fait place au recueillement, à l'étiquette, au bon ton, dont l'exemple était donné par toute cette noblesse qui avait disparu ou qui s'était effacée devant la Révolution, et qui venait, après les dangers et l'orage, reprendre, avec sa vie de privilèges et de châteaux, l'ascendant et l'autorité de son ancienne domination sur le pays.

La pipe des soldats de *Bonaparte* fut peu du goût de nos réformateurs. Elle rappelait trop, par son origine militaire, le règne du soldat parvenu, de l'usurpateur dont Waterloo les avait délivrés. Elle était alors plus que malséante, elle était séditieuse. Repoussée de partout, elle se retirait, comme pour se cacher, dans de petits cafés de rang très modeste, où se donnaient rendez-vous les *vieux de la vieille*, et que surveillait la police, toujours à l'affût des conspirations militaires, dont les bruits venaient souvent troubler Louis XVIII et Charles X sur un trône où les avaient replacés nos ennemis.

Tout fumeur était alors considéré comme un frondeur de l'autorité. Dans toutes les situations de la vie d'un jeune homme, il n'existait pas pour lui de recommandation plus défavorable que celle que lui donnaient une haleine ou des vêtements parfumés au tabac. On le flairait, pour savoir les lieux qu'il hantait, avant de se fixer sur le degré de considération et de confiance qu'on devait lui accorder.

1830 arriva. La France, en renversant la dynastie que la coalition victorieuse, quinze ans auparavant, lui avait imposée, venait de jeter, par cette nouvelle révolution, un défi à l'Europe. Tous les hommes se firent spontanément soldats. Jamais la nation n'avait eu un aspect plus militaire; tout le pays n'était qu'un camp. Alors sortirent de leurs retraites tous ces vieux culotteurs de pipe de l'Empire, caporaux ou sous-lieutenants licenciés de 1815, et qui prirent bravement des épaulettes de capitaines et de commandants des gardes nationales improvisées.

A la place d'une République, à qui revenait naturellement l'héritage d'un trône renversé une seconde fois par le mécontentement de la nation, nous nous étions donné une royauté bourgeoise. La nouvelle Cour, au lieu de laisser le peuple arriver jusqu'à elle dans l'imitation des mœurs, descendit jusqu'au peuple. Le roi Louis-Philippe cherchait l'affection de ses sujets dans la simplicité de ses manières. Il sortait à pied dans les foules, le parapluie sous le bras comme tout le monde, donnant la poignée de main et la prise de tabac à tout venant.

Ses jeunes fils, élevés au contact des enfants du peuple, faisaient de beaux officiers supérieurs de vingt ans, fumant le cigare, pour se donner un genre, avec tout l'aplomb, des vieux généraux de l'Empire. C'étaient des modèles de tenue militaire, que l'armée cherchait à copier, ainsi que toutes ces légions de soldats citoyens de tout âge, paradant sur les places publiques des villes, des villages, des hameaux, pour apprendre à marcher à l'ennemi.

Il y avait plus de corps-de-garde que de mairies. On montait la garde partout, et partout on voyait les zélés militaires s'étudiant à surmonter la nausée narcotique du tabac, pour mieux apprendre, à endurer les fatigues de la guerre, toujours en perspective, croyaient-ils.

La pipe et le cigare, par l'égalité et la fraternité qui confondaient tous les citoyens, avaient fait invasion dans toutes les classes de la société. Ceux qui se rappelleront ce temps n'auront pas oublié ces petites scènes de ménage où la fumée du tabac aurait causé bien des divorces, si la législation l'avait permis. Les dames accordaient aux messieurs la liberté de la pipe et du cigare quand ils étaient en tenue et en service militaire. Elles allaient même jusqu'à trouver parfois, pour quelques-uns, que cela leur allait bien ; mais elles luttaient de toute leur exigence pour les reléguer au corps-de-garde, au café ou en plein air.

On contesta toujours à la fumée de tabac le droit d'hospitalité sous le toit de la famille. C'était incommode, inconvenant, sans gêne et de mauvais goût. D'ailleurs, la reine et les princesses ne permettaient pas de fumer à la Cour ; c'était par trop de mauvais ton. La pipe et le cigare n'étaient pas admis aux jardins des Tuileries, du Luxembourg et dans toutes les dépendances du domaine de la couronne affectées au public.

De cette époque, la consommation du tabac, comparativement modérée jusqu'alors, commença à s'accroître dans des proportions considérables. On en usait pourtant avec une certaine réserve, l'usage du cigare n'était que toléré ; il était encore loin de faire son entrée dans le bon ton, et de devenir presque obligatoire.

1848 nous surprit. Il provoqua dans le pays le même accès de fièvre militaire qui avait marqué l'avènement de la monarchie de la branche cadette. La Révolution de février, qui bannissait deux dynasties, en rappelait une de l'exil.

Louis-Napoléon vint en scène. Le prestige légendaire de son oncle l'avait fait président de la République ; il se fit Empereur.

Il composa sa Cour de tous ces dandys politiques, disciples du *High life* et du *Sport* d'Angleterre, qui avaient comploté avec lui, dans des rêves d'orgies, les campagnes de Strasbourg et de Boulogne ; tous prisonniers d'État, pour crime de haute trahison, sous la monarchie de Louis-Philippe ; habitués à chercher dans l'ivresse du tabac des consolations à leur captivité. C'étaient tous des fumeurs émérites, dont la pipe et le cigare semblaient être le blason ; car ils les accompagnaient partout.

La moustache et le cigare de l'Empereur fanatisèrent bientôt la nation, dans laquelle il avait su, du reste, se créer de vives sympathies qui n'ont pas survécu au déshonneur de sa chute. Partie de si haut, la contagion de l'exemple n'eut plus de bornes.

Les beaux jours du tabac, à la Cour de Catherine de Médicis, reparurent à la Cour de Napoléon III. Si son règne, comme panacée universelle ou comme inspirateur des magiciens et des sorciers est passé, il trône en souverain absolu de la mode et du bon ton. Ceux qui ne sacrifient pas à son culte sont une minorité *arriérée*. La pipe, le cigare, la cigarette et la chique sont partout, passent partout, avec une autorité prétentieuse qui à l'air de vous dire : Si je vous incommode, c'est à vous de vous retirer. Il n'est qu'un seul asile qu'ils n'aient pas encore osé franchir ; c'est le seuil de l'église, encore la chique et la prise ne le respecte-t-elle pas.

Et l'État, par cupidité d'argent, ce qui est douloureux à dire. couvre de son haut patronage ces futilités malsaines. Il vend à qui en veut, même aux enfants qui n'ont pas la raison, sans leur dire ce que c'est, une drogue que l'ignorance superstitieuse du Moyen Age a pu considérer comme bonne à guérir tous les maux ; mais que l'expérience des siècles et le creuset de la science ont ramenée à sa valeur réelle, en la réléguant au rang des plus subtils poisons.

CHAPITRE VI

ON DÉCOUVRE DANS LE TABAC DES PROPRIÉTÉS MORTELLES.

L'engouement qui avait accompagné le tabac dès son entrée dans nos usages, les idées préconçues que l'on s'était faites de ses grandes vertus, n'ont jamais permis à la foule ignorante ou prévenue de ses consommateurs d'attacher une sérieuse importance à ses vices. Comme il avait ses amis et ses ennemis, si, ce qui devait lui arriver bien des fois, on le surprenait tuant le malade, au lieu de le guérir, on attribuait volontiers la terminaison fatale à la violence de la maladie elle-même, plutôt qu'à l'action du remède. Tout ce qui se portait au dossier des accusations de mort formulées contre lui était attribué à la médisance, à l'envie, qui s'attachent toujours à dénigrer ce qui est bon.

Cependant les faits parlaient de plus en plus haut et venaient attester que la panacée de la reine n'était rien autre chose qu'un dangereux poison.

Santeuil, un de nos célèbres poètes, qui écrivait en latin, et qui était assez partisan de la prise, se trouvait comme convive dans un festin. Quelques amis, dissidents du tabac, sans doute, voulant lui faire une farce, qu'ils croyaient inoffensive, en mirent, à son insu, une prise dans un verre de vin d'Espagne qu'on lui offrit. A peine eut-il bu ce fatal breuvage, qu'il entra dans les convulsions d'une atroce agonie, qui se terminina bientôt par la mort, au milieu de ses amis, qui venaient de l'empoisonner, quand ils ne croyaient faire qu'une plaisanterie pour rire, à l'occasion de la plante à la mode.

Les annales de l'histoire et des sciences abondent en faits semblables. Nous n'en citerons que quelques-uns pour établir que le tabac tue, sous quelque forme et par quelque voie qu'on l'absorbe.

On lit dans le *Dictionnaire des sciences médicales*, tome LIV 1821 : « On trouve dans les éphémérides d'Allemagne qu'une personne ayant jeté méchamment un petit morceau de tabac dans un vaisseau où cuisaient des pruneaux, tous ceux qui en mangèrent furent surpris peu à peu d'anxiété, de défaillances et de vomissements si énormes, qu'ils pensèrent tous en périr. »

Murray rapporte l'histoire de trois enfants qui furent pris de vomissements, de vertiges et de sueurs abondantes, et qui moururent en vingt-quatre heures, au milieu des convulsions, pour avoir eu la tête frottée avec un liniment composé de tabac, dont on s'était servi pour guérir la teigne. Comme François II, dont nous avons déjà parlé.

Bouchardat, dans son *Traité de Thérapeutique*, cite une observation rapportée par M. Tavignot. C'est un cas de mort qui suivit l'administration du tabac en lavement. Les symptômes qui furent subits se succédèrent avec une effrayante rapidité. Il se manifesta de la pâleur avec stupeur, de la gêne de la respiration qui fut toujours croissante ; une abolition complète de l'intelligence. A ces accidents se joignit un tremblement convulsif des bras d'abord, des jambes, puis de tout le corps, qui augmenta pendant dix minutes, et auquel succéda un état de prostration extrême. Le coma et la résolution de tous les membres terminèrent l'agonie ; en douze minutes, tout fut fini. Il n'y avait pas eu de vomissements.

Le *Journal de Chimie médicale*, tome XV, rapporte le fait suivant : « Un jeune homme de dix-sept ans était venu voir son oncle, attaché au service d'une ferme, où il occupait une chambre étroite et peu aérée. L'oncle rentra le soir, en compagnie de deux camarades, et tous trois se mirent à fumer jusqu'à minuit. L'atmosphère de la chambre était tellement chargée de fumée de tabac que l'on se voyait à peine. Les deux compagnons s'étant retirés, l'oncle se mit en mesure de se coucher auprès de son neveu; mais, au moment où il entrait dans son lit, il s'aperçoit que le pauvre enfant est tout froid. Il appelle de tous côtés; l'on accourt, et, après quelques heures d'efforts continuels pour le rappeler à la vie, il succomba à tous les accidents d'apoplexie et de congestion célébrale, causés par la fumée du tabac qu'il avait respirée. »

Le public, toujours indifférent à ce qui devrait l'intéresser le plus, s'inquiétait fort peu si le tabac que prenait si grand soin de lui préparer la régie était ou n'était pas un poison, quand un grand drame judiciaire vint dessiller ses yeux et faire tomber le cigare et la pipe des lèvres de beaucoup de leurs adorateurs fervents.

Le 15 juin 1851, la cour d'assises de Mons, en Belgique, jugeait deux grands criminels accusés d'empoisonnement. C'étaient les époux Bocarmé.

Les débats de cette affaire, qui a eu un immense retentissement par la nouveauté du poison employé, ont duré du 25 mai au 15 juin. Ils éclairent avec tant d'autorité la question du tabac, que nous transcrivons dans leur entier les détails de ce crime, tels que les ont publiés les annales judiciaires de l'époque.

De l'acte d'accusation faite devant la Cour, il résulte que Hippolyte Visart, comte de Bocarmé, âgé de trente-deux ans, et Lydie Fougnies, âgée de trente-deux ans, son épouse, demeurant à Bury, au château de Bitremont, ont, de concert, empoisonné Gustave Fougnies, leur beau-frère et frère.

Bocarmé appartenait, par sa naissance, à une des premières familles du Hainaut. Il avait épousé la fille d'un riche épicier, qui n'avait qu'un frère, amputé de la jambe droite et d'une faible constitution, Bocarmé avait, dans son mariage, spéculé sur l'héritage que lui apporterait la mort prochaine de son beau-frère. Il s'était fait faire testament par sa femme Lydie, pour s'assurer de ses biens. Mais Gustave ne mourait pas assez vite, et il avait même formé le projet de se marier.

Ce fut dans cet état de choses que Gustave Fougnies mourut subitement au château de Bitremont, chez les accusés, qui l'avaient invité à dîner.

Les accusés prétendirent qu'il était mort d'apoplexie. Cependant l'état du cadavre indiquait une mort toute différente ; une substance toxique paraissait avoir été employée pour la perpétration du crime.

Quelle était cette substance ? Les médecins légistes furent appelés à élucider la question. M. Stas, savant professeur de Bruxelles, fut chargé de l'expertise. Ses recherches l'amenèrent à conclure que Gustave Fougnies était mort empoisonné à l'aide de la *nicotine*.

L'enquête a constaté que Bocarmé avait été, sous le faux nom de Bérant, chez Lopens, professeur de chimie à l'école industrielle de Gand, pour s'instruire près de lui sur la manière d'extraire l'huile essentielle du tabac, *dont les sauvages de l'Amérique empoisonnaient leurs flèches*, comme il l'avait vu dans son pays, aux colonies, où il avait été élevé.

Lopens lui fit faire des expériences dans son laboratoire, et il parvint à obtenir de la nicotine pure.

De retour chez lui, Bocarmé fabriqua une grande quantité de poison. Il s'exerça sur des animaux pour en étudier l'emploi et les effets. Il l'appliqua, le 20 novembre, sur Gustave.

Lydie Bocarmé, qui connaissait les dispositions de son mari à l'égard de son frère, aurait pu empêcher le crime, au moins en en prévenant Gustave. Elle ne l'a pas fait, dit-elle, parce qu'elle était dominée par son mari.

La Cour, prenant en considération les motifs allégués par

Lydie, l'a renvoyée de l'accusation, et Bocarmé, reconnu coupable, a été condamné à la peine de mort.

M. Stas, dans les questions que l'accusation avait posées à résoudre, conclut : « D'après les résultats nombreux et incontestables fournis par l'analyse chimique des organes de Gustave Fougnies, je conclus qu'il y a eu chez le défunt ingestion de matières vénéneuses. Ces matières sont de la NICOTINE, alcali organique existant dans le tabac, *et un des poisons les plus violents connus.* »

PREMIÈRE EXPÉRIENCE. — Pour confirmer cette opinion, M. Stas a pris, dans les organes de Gustave, une gouttelette des liquides qu'ils contenaient, avec un tube effilé et capillaire. Il touche avec ce tube la langue d'un linot. Au bout de quelques instants, l'oiseau secoue la tête et éprouve des convulsions tétaniques. Il meurt au bout de deux minutes quarante-cinq secondes, en tombant sur le côté droit.

DEUXIÈME EXPÉRIENCE. — Une gouttelette infiniment petite, telle qu'il est possible d'en obtenir avec un tube effilé et capillaire, est appliquée sur la langue d'un autre linot. Immédiatement il secoue la tête, a des convulsions tétaniques comme le précédent ; il meurt au bout de trente secondes, en tombant sur le côté droit.

TROISIÈME EXPÉRIENCE. — Une gouttelette est mise sur la langue d'un pigeon assez vigoureux, une partie du liquide est projetée au dehors par la secousse que l'animal imprime à sa tête. Au bout de quelques secondes, il a des convulsions tétaniques et meurt en une minute et demie.

La justice avait été mise sur la voie des substances employées par Bocarmé pour empoisonner son beau-frère par la découverte, dans la maison, de divers appareils de laboratoire de chimie, et, entre autres, de feuilles de tabac.

La science savait déjà que le tabac contenait un principe excessivement vénéneux ; mais elle ne l'avait pas encore bien défini et bien élaboré.

M. Stas voulant, avant tout, connaître la puissance destructive de la plante qu'il supposait avoir été employée pour la perpétration du crime, opéra lui-même sur elle, par analyse chimique, et en obtint un produit avec lequel il fit les expériences qu'il relate ainsi qu'il suit :

PREMIÈRE EXPÉRIENCE. — Chien de taille moyenne, vieux, maigre, d'une faible constitution. On verse sur la langue, au moyen d'une pipette, de la nicotine pure. A peine le poison est-il en contact avec la langue, que celle-ci prend une teinte violacée : l'animal s'agite, mâchonne et fait des efforts comme pour rejeter le liquide ingéré. Il tombe immédiatement du côté droit; il est pris de convulsions tétaniques; la colonne vertébrale se raidit; le cou et la tête se courbent vers le dos ; les membres antérieurs et postérieurs s'étendent alternativement, ainsi que la queue; les pupilles sont dilatées, les convulsions gagnent en force ; la colonne vertébrale et les quatre membres s'étendent, la queue se courbe, et l'animal expire. Entre l'administration du poison et la mort il s'écoule trente secondes, et à peine la dernière expiration est terminée, qu'il survient un relâchement dans tout le système musculaire de la vie animale.

DEUXIÈME EXPÉRIENCE. — Chien adulte, de taille moyenne, d'une forte constitution. On laisse couler sur la langue de la nicotine pure. La langue prend la teinte violacée que l'on avait aperçue dans l'expérience précédente. Il y a émission d'urine ; l'animal ne tarde pas à tomber sur le flanc droit et à présenter la série de mouvements convulsifs dont j'ai parlé, avec cette différence que les accès sont plus violents et que la durée s'en prolonge davantage. La mort survient au bout d'une demi-minute.

C'est par ces premières expériences, les seules qui avaient été faites jusque-là, et au grand jour, sur les propriétés du tabac, que ce guérisseur prétentieux de nos maux, ce générateur de sensations à la mode, déposa enfin bruyamment tous les titres qu'il avait usurpés, pour venir prendre un rang plus humble dans la médecine légale, sous la surveillance de la haute police, à côté des poisons les plus traîtres et les plus actifs, dont se servent les pervers pour accomplir leurs crimes : le vert-de-gris et la mort-aux-rats.

A tous ces faits, acquis depuis longtemps à la science et à l'histoire, j'en ajouterai deux autres puisés dans ma pratique :

Première observation. — En 1855, les Chinois envahissaient la Californie en quantité beaucoup plus considérable que n'auraient désiré les Américains, à qui ils venaient faire concurrence pour le travail et les industries lucratives. Les Américains leur étaient donc instinctivement hostiles. Un petit groupe de ces Asiatiques, au nombre de cinq, venait de s'établir pour faire en communauté le commerce du tabac et la fabrication des cigares. Deux d'entre eux vinrent m'appeler la nuit, en me disant qu'on avait massacré leurs camarades, qu'ils les croyaient tous morts.

J'arrivai dans une petite maison composée de trois pièces communiquant par des portes ouvertes, et me trouvai en présence de trois corps : deux étaient sans vie et gisaient étendus dans de petites couchettes, superposées l'une à l'autre, comme dans les navires affectés aux passagers. Un troisième, immobile sur le plancher, faisait de grandes aspirations à de longs intervalles. Les deux cadavres étaient encore chauds. Aucune marque de violence ne paraissait sur eux. Les yeux étaient entr'ouverts et fixes, la pâleur était extrême.

Ce qui me frappa, moi et le public du quartier mis en émoi par cet événement, où l'on avait cru tout d'abord voir un crime, fut une odeur de tabac des plus prononcées qui, bien que toutes les portes fussent ouvertes, nous rendait presque impossible le séjour dans l'appartement.

Voici ce qui était arrivé :

Les Chinois avaient transporté dans la journée, à leur demeure, qui était aussi leur atelier, deux fardeaux de tabac d'un poids total de soixante kilogrammes environ. Un de ces paquets avait été ouvert et des feuilles préparées à l'humidité, pour être roulées en cigares le lendemain.

Deux des associés étaient sortis dans la soirée, laissant les trois autres, qui s'étaient endormis sur leurs couchettes. C'est dans cet état, les portes étant fermées, que les émanations narcotiques du tabac les surprirent, les frappèrent de stupeur et de paralysie, les mettant dans l'impossibilité de chercher leur salut dans la fuite.

Le Chinois qui donnait encore signe de vie, fut porté dans la rue, au grand air. On le frictionna avec du whiskey. Il fut très long à rappeler à la vie et conserva, après cet accident, un état d'hébétude et de faiblesse de la sensibilité générale. Il n'a pas pu rendre compte de ce qui s'était passé en lui ; d'après la disposition de ses vêtements, on a dû supposer qu'il était aussi dans sa couchette, dont il serait tombé, en se débattant dans les convulsions, ou en sautant pour chercher à fuir l'asphyxie dont il avait senti venir les étreintes.

2ᵉ OBSERVATION. Une dame irlandaise, mère d'une nombreuse famille, voulait débarrasser ses enfants de vers ascarides, contre lesquels elle avait employé plusieurs traitements infructueux. Elle avait entendu dire que le tabac, en lavements, était un moyen infaillible pour faire périr ces petits vers, qui se tiennent surtout dans le bas intestin des enfants.

Elle partagea, entre deux de ses fils, un de douze et l'autre de dix ans, le contenu d'une seringue en étain d'un demi-litre environ. Un troisième enfant, âgé de sept ans, s'était enfui quand sa mère préparait la part qui lui revenait dans le lavement. Elle courut après lui, et le ramena bientôt à la maison. Quelle fut la terreur de cette malheureuse mère, quand elle vit ses deux enfants se tordre sur le plancher, dans les convulsions atroces d'une douleur muette ! Elle court effarée chez ses voisins, pour chercher du secours. On m'appelle, j'arrive à la hâte. Ses deux fils étaient morts ! Dix minutes s'étaient à peine écoulées entre l'administration des lavements et le dernier signe de vie.

Le tabac était encore dans le vase où la malheureuse femme avait fait l'infusion. C'était le même que fumait son mari.

J'ai pu évaluer qu'elle avait mis à peu près quinze grammes de tabac dans six cents grammes d'eau.

Je n'ai jamais vu douleur de mère plus déchirante. Pauvre femme qui, dans la pensée de bien faire, venait de faire mourir les deux aînés de ses enfants ! Voilà pourtant où conduit l'ignorance des choses qui semblent les plus usuelles. On fume le tabac par la bouche, on le chique, on le prise en poudre par les narines ; pourquoi ne le prendrait-on pas en lavement ?

On s'en garderait bien, d'abord si l'on savait que c'est un poison ; et si l'on savait de plus que l'activité des poisons est en rapport avec la rapidité de leur absorption, et que l'intestin est la partie la plus absorbante de tout notre organisme.

CHAPITRE VII

LE TABAC EMPLOYÉ DANS LA FABRICATION DU CURARE,
POISON DES INDIENS.

***

Nous avons dit, dans le courant de ce travail, que les sauvages du Nouveau-Monde employaient le Petun, disons le tabac, pour empoisonner leurs flèches. Bocarmé, qui avait vécu longtemps parmi eux, aux colonies, n'ignorait pas cette particularité des usages des Indiens. Aussi il spéculait, en méditant son crime contre son beau-frère, sur l'incertitude de l'impunité qui en résulterait pour lui, parce qu'il dérouterait la justice, par l'emploi d'un poison jusqu'alors inconnu.

C'est dans cette pensée qu'il se rendit à Gand et demanda, sous un faux nom, au chimiste Lopens, de lui faire connaître un procédé pour extraire du tabac l'huile essentielle *dont les sauvages de l'Amérique empoisonnent leurs flèches*. C'est ce qui fut établi dans le procès dont nous avons parlé plus haut.

J'ai été en position de confirmer moi-même ce fait des habitudes des Indiens. Une occasion toute fortuite que je vais raconter me permit d'assister à la préparation du CURARE, nom sous lequel nous désignons ordinairement leur mystérieux poison, qu'ils appellent, eux, de différentes manières, suivant les localités qu'ils habitent. Ils le composent presque partout d'une façon uniforme quant aux substances toxiques qu'ils emploient ; ils ne varient guère que dans les procédés pour l'obtenir et le conserver.

Quand les Américains prirent possession de la Californie, en 1848, ils trouvèrent ce territoire couvert d'une grande quantité de tribus indiennes vivant dans les vallées fertiles et ombragées qu'arrosent les grands fleuves de cette contrée.

Le premier soin des nouveaux arrivés fut de chasser ces pauvres indigènes des lieux qu'ils occupaient, pour s'en emparer et y planter leurs tentes d'abord, et plus tard y faire leurs établissements définitifs pour l'agriculture et le commerce.

Sur les bords du Mendocino, qui coule entre la Californie et l'Orégon, ces tribus étaient très compactes. Elles y vivaient de glands, doux comme nos châtaignes, que donnent abondamment des forêts de chênes séculaires. Elles avaient en plus la pêche, la chasse et des fruits variés que la terre produit sans culture dans ces régions tempérées.

En leur prenant leur territoire, leurs cabanes de terre et de branches d'arbres, on leur prenait aussi leurs moyens d'existence.

Et quels droits pouvaient avoir à la vie des populations incultes ?...

On les refoula par la force, la terreur et la persécution, dans les gorges des montagnes, où la misère et la faim leur faisaient une guerre aussi impitoyable que leurs envahisseurs.

Dans le dénûment extrême où elles se trouvaient, pressées par la faim, il arrivait parfois à ces créatures malheureuses de descendre furtivement la nuit, comme des ombres, dans leurs anciennes vallées converties en vastes plaines de maïs, et de commettre quelques larcins dans ces riches cultures.

Voler quelques épis à ceux qui leur ont volé tout ce que leur avait donné Dieu.., quel crime épouvantable ! Aussi, le châtiment ne devait pas se faire longtemps attendre. Les colons qui avaient souffert de cette espièglerie des Indiens firent un appel aux armes pour châtier ceux qu'on appelait des malfaiteurs.

Des volontaires, venus de tous côtés, se serrent en bataillons pour aller faire la chasse aux Indiens, comme dans nos vieux pays d'Europe les braconniers s'assemblent en partie de fête pour faire la chasse aux loups, quand leur effronterie les pousse jusqu'à venir enlever les moutons dans les bergeries.

Dans cette mémorable campagne, chaque volontaire s'érigeant en défenseur de la propriété, a pu faire largement l'épreuve de son rifle ou de ses revolvers sur de pauvres êtres humains qui n'avaient, pour se défendre, qu'un arc, des flèches, une lance et une massue ; toutes armes inutiles contre des ennemis qui les tuaient à cinq cents mètres de distance, quand leurs flèches à eux n'atteignaient pas à cinquante.

Les Indiens ne purent tenir devant cette légion de braves. Ils furent massacrés. Cependant on en conserva quelques centaines comme trophée de victoire. Les triomphateurs choisirent, parmi ces prisonniers de guerre, de jeunes filles, de jeunes garçons, dont ils firent leur propriété, par droit de conquête. Ils ramenèrent de leur expédition un troupeau humain où les femmes, les enfants et les vieillards étaient en plus grand nombre, les jeunes hommes ayant préféré la mort en combattant, à l'humiliation de se rendre à leurs cruels ennemis.

Les vainqueurs conduisirent ces sauvages sous leur escorte armée, pour les montrer triomphalement dans les centres déjà conquis à la jeune civilisation. Ils étaient liés deux à deux avec de la corde ; des tambours battaient la marche en tête de la colonne. C'est ainsi que je les vis traverser les principales rues de San-Francisco. L'exhibition terminée, on alla les parquer sur le bord de la mer, à la baie du Nord, à l'entrée du goulet. Des cordes attachées à des pieux formaient une enceinte en demi-cercle, gardée par des hommes armés. De l'autre côté du cercle, la mer opposait sa barrière aux captifs.

Quand les femmes et les enfants, couchés sur les sables de la grève, se reposaient des fatigues de leurs marches forcées, on prenait les plus valides des hommes, ceux aux allures les plus viriles, pour les conduire en spectacle au milieu des rues populeuses, par groupe et à tour de rôle.

Je dois dire que, dans toutes ces foules qui se pressaient autour d'un spectacle si étrange, après l'entraînement de la curiosité passé, un sentiment d'humanité et de confusion, je dirai presque de honte, semblait serrer les âmes.

Au milieu de ces indigènes, aux costumes et aux tatouages les plus variés, tous dépouillés de leurs armes, qui font le plus bel ornement des Indiens, ressortait un homme, remarquable par sa haute taille et la vigueur de ses muscles. Sa chevelure, épaisse et rude comme la crinière d'un étalon sauvage, retombait sur ses larges épaules. Elle était relevée sur son front par un bandeau en nattes tressées avec des plumes d'oiseaux et des coquillages. Deux petites plumes de couleur bleu ciel traversaient le lobe de ses oreilles, d'où pendaient deux longues dents de tigre.

Une coquille nacrée, en forme de limaçon, mince et allongée, traversait la cloison des narines et venait former sur la lèvre supérieure une sorte de moustache ressortant avec originalité sur cette face bronzée. Une peau d'ours noir enveloppait son torse. Il marchait appuyé sur un bâton, dans une attitude dénonçant la souffrance.

Il répondait par des attentions toutes paternelles à la vénération que semblaient avoir pour lui surtout les femmes et les enfants. Il commandait les guerriers qui avaient soutenu l'attaque des blancs, pendant que son frère, chef de la tribu, protégeait vers le désert la retraite de ceux qui avaient échappé à la surprise de leurs ennemis.

Les malheureux restèrent ainsi trois jours sur la place, exposés aux regards d'une foule curieuse ; puis on les déporta dans les *réservations*.

Les réservations ou réserves sont des points éloignés des centres de colonisation, que la nature a rendus faciles à garder par des postes militaires espacés à de courtes distances, et où les Américains parquent les indigènes qui sont turbulents ou hostiles, et qui n'en peuvent sortir sans s'exposer à tomber sous la balle des sentinelles.

Le gouvernement de l'Union semble bien assurer à ces malheureux des moyens d'existence et des vêtements contre le froid, comme il ferait à des prisonniers déportés, ou comme on donnerait une indemnité viagère à celui dont on possède les biens. Mais les rares distributions ou l'insuffisance de ces subsides font que ces pauvres êtres humains, privés de la liberté d'aller demander à la nature une existence plus libérale que celle qu'on leur donne, s'éteignent rapidement dans la misère et la dégradation les plus profondes.

C'est souvent ce manque aux engagements qu'on a pris envers eux, et les mauvais traitements auxquels ils sont en butte qui les poussent à la révolte ; et ils vont par bandes plus ou moins nombreuses porter le meurtre et l'incendie dans les habitations dispersées des colons.

C'est alors qu'interviennent les soldats de l'Union. Et ces guerres de montagnes et de broussailles, qui détruisent dans les deux camps de grandes quantités d'hommes, ne cessent sur un point du territoire que pour recommencer sur un autre.

Après un court séjour sur la baie de San-Francisco, on embarqua les Indiens pour leur destination définitive, la *réservation*. Plusieurs d'entre eux manquaient quand on les compta.

Il paraît qu'à la faveur de la nuit ils avaient trompé la vigilance de leurs gardiens et avaient repris la vie de liberté et d'indépendance à laquelle ils semblaient ne devoir plus jamais retourner. On s'en préoccupa peu ; on ne les rechercha point, car c'eût été peine inutile. D'ailleurs, le sentiment général, après un pareil triomphe des vainqueurs, était que tous ces malheureux auraient bien dû en faire autant. Mais que peuvent des vieillards, des femmes et des enfants contre l'oppression et la brutalité de la force ?

Il y avait, à quelques lieues de San-Francisco, dans les gorges profondes des montagnes qui avoisinent la baie, dans la Canada de la Merced, un petit groupe d'indigènes, moitié indiens pur sang, moitié croisés avec les Espagnols qui occupèrent les premiers le pays. Ces braves gens avaient quelques troupeaux qui leur donnaient du lait, des fromages et des veaux, qui, avec de la volaille et le gibier, leur faisaient entretenir avec la ville quelques relations de commerce.

J'avais, un jour, dans mes promenades à cheval, au milieu de cette nature sauvage et luxuriante dont les hommes n'avaient pas encore altéré l'aspect primitif, découvert cette petite colonie, comme on découvre une oasis dans le désert. De jeunes chevaux paissaient dans de hauts pâturages. Don Louis, c'était le nom du chef de la modeste ferme, avait pour ses élèves des soins tout paternels. Aussi, je lui laissai en sevrage un petit rejeton né d'une jument de race anglaise, importée d'Australie, que je montais dans cette promenade, que je faisais pour voir folâtrer mon poulain au milieu des herbages.

Don Louis et moi étions devenus de véritables amis. Aussi, j'allais parfois, dans mes moments de loisir, visiter mon pensionnaire, à qui la vie des prairies convenait beaucoup mieux que la solitude de l'étable.

Un jour que je faisais à la vallée ma promenade habituelle, don Louis me dit :

« — Docteur, j'ai ici un malade ; je voudrais bien que vous le vissiez, pour me dire si l'on peut le guérir. »

Il me conduisit à sa case, où, au milieu d'un groupe d'Indiens et de métis, je crus reconnaître le personnage qui avait fixé mon attention, quelques semaines auparavant, au milieu des prisonniers indiens amenés à San-Francisco. C'était le malade que me présentait don Louis.

Il comprenait et parlait fort bien la langue de Cortès.

« — Je vous ai vu, lui dis-je en espagnol, parmi les Indiens du Mendocino déportés aux réserves.

« — Non, dit-il, avec assurance ; vous vous trompez ; je suis un des gardiens des troupeaux de Don Louis. »

Et je fixais toujours mon homme, m'attachant surtout à reconnaître qu'il avait un trou à la cloison des narines, ce qui est une marque de distinction réservée aux seuls dignitaires des tribus.

Il avait quitté son simple costume de la vie libre, et était accoutré de vieux vêtements européens. Il n'avait aucun ornement sur la tête : plus de dents de tigre aux oreilles ; plus de coquille au nez ; plus de bandeau de plumes sur le front ; c'était un souverain déchu et devenu berger.

Je n'insistai pas à le reconnaître.

« — Qu'avez-vous, mon ami, lui dis-je, qui nécessite les soins d'un médecin ?

« — Je suis blessé. »

Et il me découvrit sa cuisse gauche. Elle était démesurément tuméfiée ; une sanie purulente sortait d'une petite ouverture.

« — C'est une balle qui vous a blessé ? lui dis-je.

« — Non !...

« — Alors, qu'est-ce que c'est ? »

L'Indien, embarrassé, ne savait que répondre.

Don Louis avait fait sortir tout le monde ; nous n'étions plus que trois dans la cabane : le patron, le blessé et moi.

« Pepo, lui dit Don Louis, le docteur t'a reconnu ; dis-lui la vérité. Ce n'est pas un Bostonien, lui (un Américain). C'est un Français. Il sera bon pour toi ; il ne dira pas qui tu es ; il te guérira. Et tu retourneras vers tes amis, là-bas. »

Et il lui montrait la région d'où il était venu.

Pepo détourna la tête pour cacher de grosses larmes qui roulaient dans ses yeux ; puis, se remettant de son émotion profonde, il me tendit la main.

« — Oui, c'est moi, me dit-il. Je n'ai pu trouver la mort avec mes amis et mes frères, en combattant les exterminateurs de notre race. Je n'ai pu fuir avec le reste de ma tribu, échappé au massacre et à la captivité ; j'étais blessé, ils m'ont pris. Ils m'ont lié comme nous lions les ours que nous laçons dans la montagne ; ils nous ont enlevé nos armes ; nous n'avions plus qu'à périr misérables ou à chercher, au milieu des flots, la mort ou la liberté. Nous nous sommes confiés à la mer, trois de mes hommes et moi ; la mer nous a sauvés.

« Tous les jours, on nous apportait, sur la grève où vous nous avez vus, de l'eau à boire, dans des tonneaux qu'on nous laissait la nuit. Nous prîmes deux de ces tonneaux que nous liâmes ensemble sur deux bois, à l'aide des cordes qui servaient à nous attacher dans les marches. La marée montant sur le sable vint les prendre pour les emporter avec nous. Soutenus sur les bouts de bois de ce radeau flottant, nous le dirigeâmes en nageant au milieu des courants et des écueils. La marée descendante nous jeta sur cette côte, où nous avons trouvé ce frère (montrant Don Louis) qui nous a sauvés. Mes compagnons d'infortune sont partis pour rejoindre nos amis de là-bas. Moi, je n'ai pu les suivre ; car je souffre, et ma jambe refuse de me porter. »

Et cet homme, dont l'âge et le malheur avaient ridé profondément le front, me prit convulsivement la main qu'il pressa sur ses lèvres, en pleurant comme un enfant.

Pepo guérit. Sa blessure n'avait de gravité que par les grandes fatigues qu'il avait endurécs dans des marches forcées. Après l'extraction d'une balle morte logée dans l'épaisseur de la cuisse, il se disposait tous les jours, à mesure qu'il devenait plus fort, à prendre la campagne et à traverser un vaste territoire couvert de ses ennemis, pour rejoindre les vallées du Mendocino, dont on l'avait violemmment arraché.

Il avait refait son armure, à laquelle il avait ajouté un grand couteau-poignard que lui avait donné Don Louis, et dont il se servait, avec beaucoup d'avantage et d'adresse, pour confectionner son arc, ses flèches, son casse-tête. Tout était prêt ; il aimait à y travailler devant moi, quand j'allais rendre ma visite au modeste *rancho* (ferme des Indiens).

Un jour, j'arrivai plus tôt que d'habitude. J'étais parti de grand matin pour voir, du sommet des montagnes, un des spectacles les plus grandioses qu'il soit donné à l'homme de contempler. C'est d'attendre la sortie de ce vaste Océan qu'agitent rarement les tempêtes, le soleil quand il vient, par ses premiers rayons, condenser les épais brouillards qui baignent les forêts et que la brise chasse en rivières de feu dans le fond des vallées.

Je surpris Pepo dans une partie retirée de la cabane, occupé à un travail qui absorbait toute son attention. Il broyait des herbes sur une pierre de granit dont les indigènes se servent pour réduire en farine les grains de maïs ou les glands doux, dont ils font leur nourriture principale. Une odeur pénétrante me saisit à la gorge, en serrant ma poitrine.

« — Que faites-vous donc là, Pepo? lui dis-je.

« — Je prépare un remède pour ma jambe. Je veux qu'elle devienne forte bien vite; j'ai besoin de m'en aller. Déjà l'on doit savoir là-bas que je ne suis pas mort, et l'on m'attend. »

Je pris quelques-unes des plantes qu'il écrasait ainsi. C'étaient des jeunes tiges d'un laurier qui croît abondamment dans ces contrées. Il a les dimensions et le port majestueux d'un grand chêne. Quand le soleil plonge ses rayons au milieu de son épaisse verdure, aussi dangereux que le mancenillier, il frappe de vertige le voyageur confiant qui vient chercher la fraîcheur et le repos sous son ombrage.

« — Mais, Pepo, lui dis-je, vous allez avec ça vous faire venir des plaies à la jambe. Cette plante est aussi brûlante que des vésicatoires. »

Et Pepo, souriant avec malice, me répondait :

« — *Bueno, muy bueno* (c'est bon, c'est très bon). »

Plus je mettais d'insistance à le dissuader d'employer cette substance pour sa jambe, plus il souriait. Et sortant tout à coup de la discrétion qu'il aurait voulu garder auprès de moi, en me montrant ce qu'il faisait, il me dit, d'un ton qui ressemblait presqu'à de la colère :

« — Avec ça, en me montrant ses armes pendues à un pieu, je ne suis qu'un enfant qui ne peut que blesser ses ennemis. Avec ça, en me montrant la plante qu'il broyait, je suis un homme, car je les tue.

« — C'est donc là, Pepo, du poison pour vos flèches? Eh bien, j'avais raison de vous dire que ça ferait mal à votre jambe.

« — Oui ! Celui-ci, c'est le poison qui tue la tête. Ceux-là, en me montrant deux petits tas d'herbes déjà broyées, sont les poisons qui tuent le cœur et les jambes. »

Dans les herbes qu'il désignait comme devant tuer le cœur, je reconnus le tabac indigène, qui croît en abondance dans les vallées ombragées de grands arbres. Et celle qu'il disait devoir tuer les jambes était une sorte de clématite ou liane que les Américains appellent *oak poison* (poison du chêne), parce qu'elle croît abondamment au pied de ces arbres et tresse dans leurs branches épaisses ses rameaux longs et flexibles, comme toutes les plantes de cette famille grimpante.

Les indigènes l'appellent *hyedra* (hydre, serpent). Sa puissance vénéneuse est si grande qu'elle agit même à distance sur ceux qui sont plus susceptibles d'en ressentir l'influence. Leur face et certaines parties du corps les plus cachées se boursouflent, comme si elles étaient atteintes d'érysipèle vésiculeux ou de petite vérole.

L'opération à laquelle procédait Pepo intéressait au plus haut degré ma curiosité. Allais-je assister à la fabrication de ce mystérieux *Curare*, dont tant d'expériences ont constaté les propriétés affreusement mortelles, sans que jamais la science ait pu pénétrer les secrets de la composition occulte ?

Pepo, tant était grande sa reconnaissance pour les soins que je lui avais donnés, n'avait plus rien à me cacher. Quand il eut fini d'écraser sur la pierre les tiges tendres de son laurier, il mêla bien ensemble les trois lots de ses plantes toutes baignées dans leurs sucs.

Il avait préparé à l'avance, avec des branches de saule adroitement tressées, une sorte de panier, rond comme un petit tonneau à un seul fond, d'une capacité de quarante litres environ. Ce panier était fixé sur une planche qui lui servait de socle ou de support. Une rainure profonde, taillée au couteau dans cette planche, en encadrait les bords et venait se terminer, à un des angles, en forme de gouttière ou de déversoir.

Pepo posa dans ce panier toutes ces herbes, qu'il prenait soin de ne pas toucher à la main, et qu'il remuait avec deux petites fourches de bois. Il paraissait également éviter de respirer un air qui avait passé sur elles. Comme diraient les marins, il se tenait au vent de sa besogne. Avec la tête de sa massue, il tassa alors vigoureusement, comme avec un pilon dans un mortier, cette pulpe végétale dont le jus découlait au travers du panier et ruisselait dans les gouttières de la planche, d'où il tombait dans une calebasse en forme de plat.

Quand le tassement avec la massue eut fait sortir de cette masse humide les premiers sucs, l'Indien chargea les herbes avec de grosses pierres et laissa s'écouler lentement le reste du liquide que pouvait encore en extraire cette forte pression.

Après quelques heures de ce travail, il avait obtenu de ses plantes près d'un litre de liquide vert brun, épais et visqueux, qu'il appela la MÈRE DU POISON. Il répartit ensuite cette matière, d'odeur nauséabonde et vireuse, dans un grand nombre de coquilles d'une grosse moule nacrée, abondante sur la côte, et les exposa à l'action d'un vent frais, en plein air et à l'ombre.

C'était la partie la plus délicate de l'opération. La mère devait rester au moins pendant huit jours dans ces coquilles, où elle se desséchait graduellement, en la préservant bien de l'humidité des brouillards et de la nuit. Une fois desséchée, on recueillait dans chaque coquille, comme dans une cornue qu'on aurait chauffée au feu pour la distillation, une pâte de consistance gommeuse, très adhérente, qui était le *Veneno*, le Poison, le CURARE.

A ma visite suivante, Pepo me montra, avec un sentiment de satisfaction et d'orgueil, comme un homme qui a réussi dans une entreprise difficile, une boule grosse comme un petit œuf, qu'il tenait renfermée entre les deux valves d'une coquille. C'était tout ce qu'il avait extrait de *Veneno* de l'opération à laquelle j'avais assisté la semaine avant.

« Ah ! me dit-il, si les Bostoniens n'avaient pas, comme le

Dieu d'en haut, le feu avec lequel ils nous exterminent, sans que nous puissions les voir ni les atteindre, j'aurais là de quoi les anéantir tous.

« S'il nous ont fait tant de mal, c'est que, depuis qu'il nous ont pris notre terre, en nous refoulant dans la montagne, nous ne trouvons plus dans nos retraites glacées nos bons Génies qui nous protégeaient, en nous donnant le poison pour nous défendre. Les Manitous (voir page 29) ne vivent pas où il fait froid ; et, pour ne pas mourir avec nous, ils ne veulent pas nous suivre. Nous ne les trouvons plus qu'avec peine quand nous les avons cherchés longtemps.

« Mais, après tout, mes malheurs m'auront été moins grands, puisqu'ils m'ont conduit ici, où j'ai trouvé, pour ma tribu, le poison de la vengeance, et, pour moi, les moyens d'échapper aux méchants qui me poursuivront encore avant que j'aie pu rejoindre mes frères dont il m'ont séparé.

« — Alors, lui dis-je, c'est donc là, Pepo, ce que nous appelons nous, le CURARE, ce poison que vous mettez sur vos flèches et qui tue les hommes et les animaux dont il touche les chairs ? Moi aussi, maintenant, je saurai faire le curare. »

Pepo se mit à rire avec toute sa bonhomie. Il répétait malicieusement : *Curáré !... curáré !...* en accentuant fortement l'expression, et me faisant comprendre que je ne prononçais pas bien le mot, espagnol : *Curáré* et non *curare*, qui veut dire soigner, guérir, cure, remède.

Quand ils appliquent ce mot de guérir à l'action du poison, ils veulent dire, par antiphrase : Tuer.

Pepo me donna alors l'explication de l'origine du mot *curare*, que j'étais bien loin de connaître, comme il s'en aperçut.

Cette explication, la voici :

Quand les Espagnols envahirent l'Amérique, les Indiens n'avaient d'autre moyen à leur opposer pour se débarrasser d'eux, que l'empoisonnement. La haine des PEAUX-ROUGES pour leurs envahisseurs était si profonde, leur besoin de vengeance si vivant, que la première parole qu'ils apprenaient à

7

leurs enfants à prononcer était le mot *petun* (tabac, poison). La première pensée que concevait leur raison était la mort contre les étrangers.

C'était dans les maladies surtout qu'ils avaient le plus d'occasion de les approcher, comme devant connaître mieux qu'eux les affections du pays et les remèdes pour les traiter.

Alors, sous prétexte de les soigner et de les guérir, on les empoisonnait. De là vint l'usage de l'expression *curâré*, parmi les Indiens, quand ils voulaient dire empoisonner, tuer.

Chez les sauvages, comme parmi les civilisés, même de notre temps, les bonnes femmes ont toujours eu des secrets pour guérir. Aussi c'était elles qui étaient chargées d'administrer le *curâré*, ou la cure, à tous les malades, — qui succombaient naturellement en leurs mains.

Et la mort, effectuée par la vieille empoisonneuse, ne manquait pas d'être mise par elle sur le compte du *Vomito negro*, de la Fièvre jaune, des Coups de soleil et tant d'autres maladies qui paraissaient décimer les blancs dans ces nouvelles contrées; tandis que c'était le *curâré* ou la panacée indienne qui les expédiait dans une autre vie.

Plus tard, quand les Européens s'aperçurent que les indigènes, au lieu de les guérir avec leur prétendue panacée, les tuaient, ils conservèrent le mot *curâré*, qu'ils prononcèrent *curare* sans accents, pour désigner le poison des Indiens.

C'est là l'origine très vraisemblable du mot *curâré*, telle qu'elle m'a été judicieusement développée par Pepo.

Les mêmes explications établissent aussi comment un affreux poison, le petun ou tabac, qui est un des éléments les plus actifs du curare, avait envahi l'Europe, sous le titre pompeux de panacée des Indiens.

C'était sous sa forme végétale et naturelle que les Indiens l'employaient dans leur médication meurtrière des blancs. Pour toutes leurs maladies, de quelque nature qu'elles fussent, c'était toujours le tabac employé par toutes les voies et sous toutes les formes, pour arriver plus sûrement à les faire périr.

Voilà pourtant l'origine de cette fameuse panacée unive
selle, qui révolutionna plusieurs siècles !

Quelle mystification pour nous, Européens ! Plus primitifs
dans nos croyances médicales que les sauvages d'Amérique,
nous acceptâmes des Caraïbes, des Peaux-Rouges, comme devant prévenir et guérir tous nos maux, et nous idolâtrons encore aujourd'hui une herbe qui n'a jamais été, entre leurs
mains, qu'un agent de destruction contre nous ; en qui toute
notre science n'a jamais pu découvrir une vertu curative ; mais
où, par contraire, et depuis un quart de siècle seulement,
elle a trouvé, tout étonnée, le plus perfide des poisons.

Ainsi donc Curare, Petun, Panacée, Tabac ne doivent plus
être considérés aujourd'hui que comme exprimant une même
chose, menant au même résultat : La mort violente par intoxication.

Les Indiens, au milieu desquels se trouvait alors Pepo,
avaient, au contact de la civilisation des blancs, parmi lesquels
ils vivaient et trafiquaient depuis quelques années, perdu la
tradition de l'arc, des flèches et du poison : cette armure naturelle de l'homme primitif. Ils ne connaissaient plus que le
revolver et le rifle, dont ils étaient très maladroits à se servir.
Aussi Pepo, un jour que j'étais là, se plut à leur donner une
idée de son adresse et de la puissance meurtrière de ses flèches.

Depuis l'occupation des Américains, le gros gibier avait
abandonné ces parages, où il ne trouvait plus assez de solitude.
Mais des bandes sans fin d'oiseaux de mer, et surtout des pélicans, aussi grands que des cygnes, traversaient à chaque
instant la presqu'île qui sépare la baie de la pleine mer. Pepo,
embusqué dans les rochers, à mi-côte de la montagne, leur
lançait au passage, et à de grandes distances, ses flèches empoisonnées ; et ils tombaient comme foudroyés, au milieu des
herbes du vallon où nous courions les ramasser.

Sept ou huit de ces énormes oiseaux étaient là, dans un

monceau, roidis comme si des barres de fer avaient instantanément remplacé leurs os.

Pepo trouva bientôt moyen d'utiliser un si large butin. Il
les réserva pour en prendre les peaux, qu'il voulut emporter à
sa tribu, en souvenir de sa captivité et de son voyage au pays
des Bostoniens.

« — S'ils ne m'ont pas tué ma femme et mes filles, dit-il,
avec un accent de profonde douleur, elles s'en feront des vêtements et des parures. »

Pepo, malgré le succès de sa chasse, ne paraissait pas content ; il trouvait qu'il n'y avait aucun mérite pour lui d'abattre
ces gros oiseaux, dont le vol aussi lourd que paresseux per-
mettrait presque de les atteindre avec des pierres. Il aurait
voulu, pour montrer son adresse, frapper à la course un che-
vreuil, un lièvre, un lapin ; mais il aurait fallu chercher longtemps avant d'en trouver.

« — Ce n'est pas votre adresse, Pepo, lui dis-je, dont je suis
le plus satisfait ; c'est la qualité de votre *Veneno*, que j'aime
à constater.

« — Oh ! oui, il est bon et bien réussi. Il tuerait tout aussi
bien un ours ou un taureau qu'il tue ces oiseaux-là. Allons du
côté de la mer, nous verrons peut-être une antilope ou un che-
vreuil, ou quelque autre chose qui soit gros et qui coure vite. »

La mer était à trois milles de la petite ferme. Don Louis
envoya quatre Indiens à cheval faisant la battue dans les bois,
pour rejeter les bêtes, s'il s'en trouvait quelques-unes, dans le
vallon où nous nous promenions lentement. Au grand désespoir de Pepo, qui avait toujours l'œil au guet et l'arc à la
main, rien ne traversait la vallée.

Nous arrivâmes ainsi, tout en cheminant, vers la grève. La
mer était tranquille, des oiseaux de toutes variétés cherchaient
près des côtes, à la marée descendante, leur nourriture de tous
les jours. Des phoques, qui les chassaient, montraient de temps
en temps, au milieu d'eux, comme autant de têtes d'hommes,
leurs larges fronts et leurs gros yeux. Sur des roches peu

avancées dans l'eau grouillaient ces animaux difformes, ressemblant par la bigarrure de leurs couleurs et la grosseur de leur corps à des troupeaux de porcs, étendus les uns près des autres, tant ils étaient nombreux.

Pepo, qui n'avait jamais habité la côte, ne connaissait pas ces amphibies, moitié bête, moitié poisson, qu'on appelle veaux marins, et il semblait curieux de les voir de plus près. Aussi, à toute portée de son arc, il décocha vigoureusement sur eux plusieurs de ses flèches, au moment où ils paraissaient hors de l'eau. La bête plongeait et ne se montrait plus.

Pepo désespérait de la valeur de ses flèches contre ces monstres de la mer, quand la vague en rejeta à la côte, sans vie, trois énormes, sur cinq ou six qu'il avait tirés.

Don Louis, de son côté, avec son rifle, leur envoyait des balles. Le monstre emportait le plomb et ne revenait plus. Et Pepo, content de la supériorité de son tir, disait en souriant :

« — Ils me connaissent mieux que vous, puisqu'ils me rapportent mes flèches. »

Et, pendant que mes deux Indiens plaisantaient, moi, je faisais des réflexions sérieuses sur cette puissance d'un poison, ayant pour base le tabac, qui tuait, par une simple piqûre, ces êtres dont l'organisation animale était si inférieure que les balles qui les traversaient ne semblaient leur porter aucune atteinte.

Après ce petit amusement, dont les phoques du rivage avaient fait tous les frais, nous reprîmes le chemin de la ferme. Pepo, que nos compliments sur son adresse avaient beaucoup flatté, voulut nous donner des preuves plus méritantes de la précision de son coup d'œil et de la puissance de ses flèches, en prenant pour but de son tir des points de mire plus mobiles et moins volumineux que les pélicans et les phoques.

Il braconna, chemin faisant, les petites perdrix du pays, le colin à gorge noire et à aigrette sur la tête, qu'il tirait au passage, dans leur vol saccadé et rapide. En chasseur prévoyant, il préparait ainsi de quoi faire la collation au retour.

« — Oh ! je ne mangerai pas de ces oiseaux qui sont morts empoisonnés, lui dis-je, ça doit être pour le moins un aliment très malsain.

« — Ne le croyez pas, dit Pepo : le poisson qui a tué leur vie n'a pas altéré leur corps. La vie est distincte du corps, puisqu'elle s'en va et que le corps reste. Les trois Génies de mes plantes sont beaucoup plus puissants que le Génie qui vit dans le corps de ces animaux. Ils vont le chercher partout où il habite, dans le cœur, dans la tête, dans les jambes et les ailes. »

La théorie de Pepo sur la vie et sur l'action des poisons sur l'organisme m'amusait beaucoup.

« — Alors lui dis-je, vous connaissez le Génie qui va à la tête, celui qui va au cœur, celui qui va aux jambes?

« — Oui ; *petun* (tabac), le plus puissant, va au cœur ; *lauro* (laurier) va à la tête ; *hyedra* (serpent) arrête les jambes. Chacun de mes trois Génies, séparément, pourrait donner la mort, mais pas aussi vite. Le Génie de la bête, avant de quitter le corps, l'emporte et le cache ; mais il ne peut pas le faire quand ils sont trois contre lui ; parce que trois sont toujours plus fort qu'un. »

Les idées de Pepo, en matière si abstraite, me parurent si originales que je voulus chercher à sonder un peu toutes ses croyances. Je le questionnai sur leur ancien usage de manger leurs ennemis, ce qui leur arrive parfois encore, malgré les quelques pas qu'ils auraient dû faire dans la civilisation.

« — Pourquoi, lui dis-je, mangiez-vous autrefois vos semblables ?

« — Parce que les hommes qui sont d'une autre couleur que nous sont les enfants du soleil. Ils viennent du pays qu'il habite, quand nous ne le voyons pas. Ils ont en eux des Génies plus puissants que ceux qui nous animent ; et c'est pour fixer ces Génies avec nous que nous les faisons pénétrer en nous-mêmes, comme nous pénètre l'aliment qui nous soutient et nous fortifie. »

Pepo avait dans sa jeunesse reçu l'instruction que les missionnaires espagnols étaient venus apporter à ces idolâtres pour les convertir au christianisme. Il se rappelait le mystère de l'Eucharistie, par lequel on lui disait qu'il nourrirait son âme des qualités divines, s'il recevait en lui le corps du Dieu fait homme incarné dans la sainte hostie.

Et il ajoutait:

« — Puisqu'on nous disait qu'en mangeant le fils de Dieu nous deviendrions meilleurs, pourquoi n'aurions-nous pas mangé, dans la même intention, des hommes que nous croyions plus élevés que nous dans la perfection ?

— « Mais nous nous étions trompés ; ce que nous croyions perfections en eux n'était que des vices ; c'étaient de mauvais Génies de destruction et de convoitise. Ils avaient la puissance de la mort et la haine ; ils s'en servirent pour exterminer notre race, qu'ils poursuivent dans ses derniers rejetons.

« Ils nous ont pris la terre que Dieu nous avaient donnée, et, comme ils n'osent pas nous détruire en entier et d'une seule fois, ils nous tuent en détail.

« Que leur avions-nous fait, quand ils sont allés là-bas pour nous prendre encore les mauvaises terres où nous vivions retirés, malheureux et tranquilles ? Pendant des jours et des nuits ils ont massacré mes frères, dont les corps sont restés la pâture des bêtes fauves. Ceux qui ont survécu à leur cruauté sont errants dans des pays où je ne saurai peut-être jamais les retrouver.

« Et ceux qu'ils ont pu prendre vivants, comme ils m'ont pris moi-même, qu'en auront-ils fait? Ils les ont transportés sur la mer, pour les parquer dans leurs réserves, où, en les privant de la liberté et de l'aliment nécessaire, ils les vouent à une extinction lente, mais certaine.

« Ils versent dans le sein de nos filles et de nos femmes, qu'ils prennent par la violence ou par les séductions qui triomphent de la misère, des poisons si subtils qu'elles ne peuvent plus reproduire notre race dégénérée et stérile.

« Ils distillent de la plante qui nous avait été donnée par le Créateur pour vivre (le maïs) une liqueur qu'ils nous donnent en profusion, au lieu de notre aliment naturel. Ils brûlent notre vie par cet âcre poison, le whiskey, qui nous tient étendus sur la terre, comme ces troupeaux d'animaux immondes que nous voyions tout à l'heure entassés sur les rochers de la mer.

« Est-ce donc pour vivre et mourir ainsi dans l'abrutissement des bêtes que l'Éternel nous a créés, qu'il nous avait donné une patrie si belle que tous les méchants l'envient, et qu'ils viennent de toutes parts pour nous la prendre, sans rien nous en laisser?

« Oh ! Dieu les punira !... Ils subissent eux-mêmes déjà l'influence des maux dont ils veulent nous faire périr. Toutes les misères, toutes les humiliations qu'ils m'ont infligées quand ils me montraient à leurs femmes, à leurs enfants, comme nous montrons aux nôtres les ours que nous laçons dans la montagne, j'en supporterai agréablement le souvenir, parce que, dans ces jours de souffrance, j'ai eu l'occasion de voir mes ennemis de près.

« Je ne les crains plus autant, maintenant que je les connais. Ils n'ont de plus que nous que la supériorité de leurs armes. Le feu et le fer sont plus puissants que le poison et le roseau. Mais nos bons Génies sont parmi eux qui nous vengent. Dès qu'ils ont mis le pied sur notre terre, ils y ont été pris par deux serpents aussi grands que le monde, qui les enlacent de plus en plus, pour ne les lâcher que quand ils seront éteints.

« Maïs et Petun les puniront d'avoir détruit notre race, au lieu de la conduire par la douceur et par l'amour, comme les parents conduisent leurs enfants, comme les aînés de la famille conduisent leurs jeunes frères, au grand but qui n'est connu que de Dieu, et auquel sont appelées à concourir, à titre égal, toutes les races de l'humanité, à quelque variété, à quelque âge qu'elles appartiennent.

« Mais ils ont jugé plus facile de nous tuer que de nous instruire. Et pourtant Dieu, qui nous avait créés si loin d'eux, avait ses desseins dans l'avenir de notre race.

« Dans les secrets profonds de la Providence, nous étions, pour les races humaines qui s'éteindront dans les vieux mondes, ce que sont ces jeunes chênes pour ces vieux troncs abattus par les âges et que la terre reprend après les avoir nourris. Les jeunes remplaceront les vieux ; et, dans cette succession éternelle des arbres comme des hommes, leur vie s'use toujours, et ils ne s'éteignent jamais.

« Ces cruels ennemis, si fiers de leur armure, ils ont à peine la force de la porter ; leurs corps d'hommes ne sont pas si développés que les corps de nos enfants. Leurs chairs se sont desséchées sur leurs os ; car Maïs et Petun les tuent incessamment et nous vengent. Ils les engourdissent dans des torpeurs qui n'ont d'égales que celles de la mort.

« C'est ainsi qu'ils étaient tous quand nous nous sommes dérobés à leur garde, mes amis et moi. Nos bons Génies les tenaient enchaînés sous leur puissance, dans le sommeil de l'ivresse.

« Debout, sans pouvoir marcher, comme des bêtes qu'auraient piquées nos flèches, les yeux ouverts, sans pouvoir rien distinguer, ils nous laissèrent, sans aucun empêchement, confier notre vie au hasard des flots, qui nous ont rendus à la liberté en nous sauvant. »

Pepo venait d'épancher, sans colère, tout ce qu'il avait sur le cœur contre ses ennemis. Ce vieil enfant de la nature sentait si profondément les malheurs de sa race, qu'il les retraçait dans des tableaux frappants de vérité. Il y avait dans le calme de sa physionomie quelque chose de prophétique et d'inspiré quand, avec cette imagination ardente des êtres primitifs, il comparait à deux serpents dont les replis enlacent le monde, ces deux poisons : la nicotine du tabac et l'alcool du maïs, partis de l'Amérique pour venger le Nouveau-Monde des cent cinquante millions d'hommes qui y vivaient paisiblement avant qu'on les eût connus, et que les Européens y ont presque détruits, depuis que Christophe Colomb leur a montré les routes de ces vastes contrées.

Pepo partit à la recherche des débris de sa tribu, dispersée dans des solitudes qu'il n'avait jamais connues, et dont le séparait une distance de plus de dix jours de marche. Comment aura-t-il traversé ce pays occupé çà et là par des groupes de colons, toujours sur le qui-vive, toujours prêts à faire la chasse à l'Indien ?

Il avait tout ce qu'il lui fallait pour mener à bonne fin une semblable entreprise : la force physique, le courage moral et la confiance qu'il puisait dans son armure bien complète et dans la qualité supérieure de son poison, dont il s'était largement approvisionné.

Don Louis n'en entendit plus jamais parler. Et, en 1871, quand je retournai en Californie, après une absence de huit ans, un de mes premiers besoins fut d'aller visiter la vallée des Indiens.

A la place de la pauvre chaumière, à moitié cachée dans les chênes, s'élevait une maison de bois coquettement peinte en blanc, avec toutes les dépendances et le matériel d'une grande vacherie. J'y demandai Don Louis, le patron du rancho des Indiens qui avait existé là : on ne le connaissait pas.

J'ai pensé que le pauvre métis avait eu le même sort que tous les indigènes. Son droit d'occupant aura été primé par le droit du plus fort. Contraint d'abandonner cette terre qu'il avait fécondée par son travail, il aura été chercher, en des contrées lointaines, quelques ravins cachés à la convoitise des *settlers* (colons), où lui et ses troupeaux auront trouvé une existence précaire.

Ils y attendront le jour où le flot montant de ce qu'on appelle là-bas la civilisation, viendra les refouler encore, jusqu'à extinction de la petite colonie indienne dont il s'était fait le patriarche et le mentor, sans que sa qualité de métis, qui aurait dû servir de trait d'union et de conciliation entre les deux races d'Amérique et d'Europe, ait pu le protéger contre la cupidité et l'injustice des envahisseurs.

CHAPITRE VIII

LES GOUVERNEMENTS CHERCHENT A ARRÊTER
L'ENVAHISSEMENT DU TABAC.

Les propriétés vénéneuses du tabac, si incontestables aujourd'hui, avaient été constatées, à différentes époques, après son introduction dans les habitudes européennes, par les gouvernants plus préoccupés de la santé de leurs sujets que de faire argent de leur ignorance et de leurs vices par des impôts fantaisistes.

Quand les charlatans et les spéculateurs sur la crédulité publique, d'un côté, les philanthropes et les savants, d'un autre, étaient aux prises, dans leurs discussions et leurs pamphlets, pour savoir si le tabac était salutaire ou pernicieux, Jacques 1er, roi d'Angleterre, voulut, par lui-même, éclaircir une question qui avait tant d'importance, non seulement pour son royaume, mais encore pour l'humanité entière.

Il fit, lui aussi, son livre sur le tabac (1). Sa position de monarque et d'arbitre entre des opinions si opposées, car il s'agissait de savoir si le tabac guérissait ou tuait, devait assurer l'impartialité de sa sentence, au milieu de tant de controverses et d'arguments superstitieux ou subtils.

Ses conclusions motivées furent : « Que le tabac était meur-

____

(1) *Réfutation du Tabac*, prouvant que le tabac est une cause de cachexie (*Scurvy*). Londres, 1672, par Jacques 1er, roi d'Angleterre.

trier pour les peuples », et il en proscrivit l'usage parmi ses sujets, par des lois très sévères.

En 1624, le pape Urbain Vincent frappait des peines corporelles et d'excommunication ceux qui useraient de cette substance, *aussi dégradante pour l'âme que pernicieuse pour le corps.*

La reine Élisabeth défendit d'en user dans les églises, et autorisa les bedeaux à confisquer les tabatières à leur profit.

A l'exemple de ces souverains, les gouvernements d'Europe frappèrent de proscription, dans leurs États respectifs, la panacée universelle des Indes, qui ne guérissait rien, et qui engendrait, au contraire, beaucoup de maux.

Il n'y a pas jusqu'aux souverains de la Perse et de la Turquie qui menacèrent de leur couper le nez d'abord et de la peine de mort pour récidive, ceux qui faisaient usage de cette drogue dangereuse, surtout pour les peuples d'Orient, à organisation nerveuse et des plus impressionnables à l'action des poisons végétaux.

Christian IV, roi de Danemark, condamnait les consommateurs de tabac à des amendes pécuniaires et à la peine du fouet; correction qu'il jugeait en rapport avec les peccadilles de ces grands enfants, qui s'appellent des hommes, et qui dissipent leur temps à jouer à la fumée d'une herbe malsaine, comme les enfants jouent aux bulles de savon qu'ils soufflent en l'air.

En 1689, dans la Transylvanie, une ordonnance menaça de la perte de leurs biens ceux qui planteraient du tabac, et frappa d'une amende de trois florins jusqu'à deux cents, ceux qui consommeraient cette plante pernicieuse.

Le gouvernement français n'a pas toujours poussé à la consommation lucrative du tabac. Quelques années après la mort de Catherine de Médicis, dont le funeste patronage avait fanatisé la France pour l'herbe à guérir tous les maux, le premier acte de notre législation sur le tabac fut un décret de 1600, qui en interdisait l'usage comme pernicieux.

Mais que pouvait faire ce décret de prohibition contre des croyances au merveilleux que la superstition avait si profondé-

`ment enracinées dans l'esprit des masses ignorantes et fanatiques de ces temps-là ?

Il n'eut pas plus d'effet que les foudres de l'Eglise tonnant, à cette époque, contre les sorciers, les devins, les magiciens et ceux qui les consultent. Aussi fallut-il recourir à la pénalité. Une ordonnance de la police de Paris, en date du 30 mars 1635, disait : « Sont faites défenses à toute personne, sous quelque prétexte que ce soit, vendant bière ou autres breuvages, de vendre du tabac ni retirer aucuns pour en user dans leurs maisons, à peine de prison et de fouet. Défendons à toutes personnes de vendre du tabac, sinon aux apothicaires, et par ordonnance du médecin, à peine de 80 livres parisis. » (Delamarre, *Traité de police*, tome Ier, page 138.)

S'il est vrai que l'usage du tabac ait été une mystification et une calamité pour les sociétés humaines, l'histoire n'aura-t-elle pas le droit de demander avec sévérité à ceux qui les gouvernent pourquoi, après avoir entravé par des rigueurs administratives les tendances des peuples à sacrifier au dieu Tabac, quand les dangers de ce culte n'étaient alors qu'entrevus et peut-être incertains, pourquoi ils n'ont rien fait ensuite, depuis près de deux siècles, pour arrêter tant d'écarts, remédier à tant d'erreurs ?

Ils ont au contraire protégé, sous les mesures les plus exceptionnelles, un agent de démoralisation et de dégradation physique, après que les révélations du temps, les conseils de l'expérience, les analyses de la science leur disaient : « La plante que vous favorisez, que vous présentez à la consommation des masses, sous les formes les plus séduisantes pour elles, et les plus lucratives pour vous, n'est rien autre chose que le plus affreux des poisons. »

CHAPITRE IX

Nous avons exposé succinctement tout ce que le temps, l'expérience et la tradition nous ont appris sur le tabac ; revenons à ce que nous en dit la science, qui doit être le juge en dernier ressort dans cette cause si longtemps débattue.

Nous extrayons les détails suivants des études médico-légales sur l'empoisonnement, par le docteur Tardieu, professeur de médecine légale à la Faculté de Paris :

« L'empoisonnement par le tabac mérite une place distincte parmi les empoisonnements auxquels peuvent donner lieu les plantes de la famille des solanées. Depuis l'introduction en Europe de cette substance dont l'usage, sous les formes si diverses que l'on connaît, s'est si prodigieusement développé, des cas nombreux d'empoisonnement se sont produits par l'usage tant interne qu'externe des feuilles de tabac ; la plupart accidentels ou causés par des erreurs ; quelques-uns cependant dus à des crimes. Souvent la mort en a été la suite, et il n'est douteux pour personne que le tabac doive être rangé parmi les poisons les plus redoutables.

« En 1667, ses qualités vénéneuses étaient déjà bien clairement constatées. Un sieur Baillard publiait à Paris, en 1693, un Mémoire sur le tabac employé en médecine, où l'on trouve ce passage : « Quelques-uns néanmoins, pour prouver qu'il « est vénéneux, objectèrent l'expérience de certaine quintes-

« cence de tabac qui fut apportée de Florence à Paris, il y a
« quelque temps, dont une seule goutte introduite dans une
« piqûre faisait mourir à l'heure même. »

« Il est difficile de ne pas voir là l'indication formelle de la
nicotine.

« Lorsqu'une décoction de feuilles ou de poudre de tabac a
été administrée, soit par la bouche, soit par le rectum, les
effets s'en font sentir presque instantanément. Au bout de
quelques minutes, de deux à sept environ, les individus empoisonnés sont pris de vertige, de douleurs abdominales très
aiguës, de nausées, de vomissements pénibles. Ils sont d'une
extrême pâleur et tombent dans une sorte de stupeur d'où ils
sortent par moment, poussent des cris et sont en proie à des
convulsions générales ou partielles. Leur respiration devient
stertoreuse, embarrassée, et ils succombent en un quart
d'heure ou vingt minutes, quelquefois plus tôt.

« Les cadavres de ceux qui ont ainsi péri présentent une remarquable pâleur de tous les tissus. On ne trouve d'ailleurs
dans les organes, dans le tube digestif notamment, que quelques suffusions sanguines, quelques taches ecchymosiques.
Le sang est noir et fluide ; il n'y a aucune lésion appréciable. »

Dans le *Dictionnaire des Sciences naturelles*, 1825, article
Tabac, on lit :

« En 1809, Vauquelin analysait le tabac et y entrevoyait
la nicotine. Il y trouvait une matière animale albumineuse,
du malate de chaux, avec excès d'acide, de l'acide acétique,
du nitrate de potasse, du muriate d'ammoniaque *et un principe âcre particulier*.

« La saveur âcre et la volatilité tout à fait particulières de
ce corps semblent indiquer que c'est un principe qui appartient exclusivement au genre nicotiane, et qui, par cela
même, est nouveau, puisque les chimistes qui ont donné l'analyse de cette plante n'en ont point parlé, à notre connaissance. »

En décembre 1813, la *Bibliothèque britannique* publia un travail des docteurs Wilson, Brodie et Emmest, où ils placent au nombre des poisons végétaux l'huile empyreumatique que l'on retire par la distillation des feuilles de tabac.

En 1828, Posselt et Reimann extrayaient la nicotine de différentes espèces de nicotiana.

La nicotine avait été signalée en 1836 par MM. Boutron, Chailard et Henri.

En 1842, M. Barral s'en occupa. Il l'obtint à l'état de pureté, en décrivit les caractères, en constata les propriétés toxiques dans un Mémoire qu'il présenta à l'Académie des sciences, le 30 janvier 1842.

L'Académie de Médecine, dans sa séance du 22 mai 1845, eut à s'occuper officiellement du tabac dans les circonstances assez singulières que voici :

Quand la science attestait de toutes parts les propriétés délétères de l'herbe de la Régie, quelques médecins attachés à des manufactures de tabac, dans un mouvement de zèle, sans doute, émirent, dans des rapports à leurs chefs de service, l'opinion que la fabrication du tabac, loin d'être nuisible à la poitrine, comme on pouvait le croire et comme on l'en a accusée, serait, au contraire, tout à fait inoffensive, et même, jusqu'à un certain point, favorable aux poitrines faibles.

L'un d'eux allait même jusqu'à penser que le travail de cette fabrication est capable d'arrêter le développement de la phthisie chez les personnes qui y sont disposées ; et, qui plus est, de la guérir quand elle existe.

C'était ramener les beaux jours de la panacée tant discréditée de la bonne reine Catherine, que l'administration se reprochait peut-être de répandre avec tant de profusion au milieu de ses consommateurs fidèles et crédules. Aussi la Régie saisit-elle l'occasion de communiquer à l'Académie la bonne nouvelle de la découverte faite dans ses ateliers.

Le tabac guérit la phthisie !... Quel succès, si c'était vrai ! Tout le monde allait en consommer pour se préserver d'une fin si terrible. La phthisie...., la plus meurtrière, la plus incurable de toutes les maladies, guérie par le tabac !... Mais c'était la revanche la plus éclatante, la plus glorieuse que l'on pouvait faire prendre à l'herbe de Nicot contre tous ces sceptiques, tous ces détracteurs qui s'entendent pour lui trouver toutes sortes de vices !...

Aussi, le 2 mai 1843, une lettre ministérielle invitait l'Académie à s'occuper du tabac sous le rapport, entre autres, *de ses propriétés curatives de la phthisie.*

L'Académie ne fut point dupe de cette démarche de la Régie. Elle lui fit l'effet de tous les propriétaires de remèdes patentés qui s'adressent à elle pour avoir un avis favorable sur les qualités de la drogue qu'ils présentent au public, dont il leur est ainsi plus facile d'obtenir la confiance et l'argent.

La question, d'ailleurs, intéressait à un trop haut point la santé publique et la considération de l'Académie elle-même, mise en demeure de la juger, pour que ses honorables membres se sentissent disposés à la complaisance ou à la faiblesse en faveur du Gouvernement, se faisant l'avocat de la cause du tabac.

L'Académie donna à la question plus d'étendue que ne s'était proposé le ministre. Elle étudia en entier la manutention du tabac.

Le docteur Mélier, dans un travail remarquable de vérité et de franchise, exposa toutes les impressions qu'il avait recueillies, pendant près de deux ans d'observations consciencieuses et suivies, à la manufacture du Gros-Caillou, à Paris. Et, loin de pouvoir constater des effets salutaires en faveur du tabac, il n'y rencontra que des affections et des dangers. Et les conclusions de son rapport engagent le Gouvernement à protéger la santé des travailleurs, *qui est compromise et qui souffre dans cette industrie malsaine.*

Nous avons cherché partout si ce rapport, qui jetait un grand jour sur un sujet si important à la santé et à la moralité publiques, avait été publié par le Gouvernement qui l'avait provoqué, inconsidérément peut-être. Nous n'en avons trouvé aucune trace dans les organes officiels, que lit tout le pays, qui était pourtant bien intéressé à le connaître.

L'administration de la Régie eût été moins discrète, sans doute, si le rapport de l'Académie avait confirmé ses espérances dans les vertus curatives de la plante qui fait l'objet de ses spéculations autant politiques que mercantiles.

Que le tabac guérisse ou qu'il tue, le public est aussi intéressé d'un côté comme de l'autre à le connaître. Aussi nous allons reproduire ici les passages de ce travail, qui résument l'opinion des juges les plus compétents sur la matière, et qu'il importe aux clients de la Régie de bien méditer.

« L'emploi de la vapeur, dit le docteur Mélier, à presque tous les détails de la fabrication, en écarte les hommes du contact immédiat et rend l'industrie moins malsaine.

« *A priori*, il est difficile de concevoir qu'il puisse être complètement indifférent de séjourner au milieu des émanations d'une plante de la famille des solanées ayant des propriétés aussi actives que celles qui distinguent la nicotiane, surtout quand on songe à la composition chimique de cette plante et au principe qu'elle contient, la nicotine, ce poison violent, d'une énergie singulière, et jusqu'à un certain point comparable à celle de l'acide prussique ; qui produit sur les animaux les phénomènes les plus remarquables et tue à la dose de quelques gouttes, ainsi que nous nous en sommes assuré dans une série d'expériences qui constatent combien sont prompts et violents les effets de la nicotine.

« A peine quelques gouttes sont-elles administrées à un animal, que les phénomènes les plus remarquables se manifestent, phénomènes qui tous démontrent une action sur le système nerveux, ainsi que l'avait déjà établi M. Orfila dans la dernière édition de sa *Toxicologie.*

« Quelle que soit d'ailleurs la voie par laquelle on introduise la nicotine, que ce soit par une plaie, sur la muqueuse buccale, dans le sang ou par l'estomac, ses effets sont à peu près les mêmes. C'est toujours, et presque sur-le-champ, un trouble particulier de la respiration, une agitation violente et convulsive du diaphragme, qui donne lieu à un soufflement singulier ; puis viennent des mouvements variés des muscles et des phénomènes convulsifs tétaniques, des vomissements, des évacuations alvines, des urines abondantes, de la salivation.

« Afin de mieux observer ces accidents et leur marche, nous nous sommes borné aux doses les plus petites, évitant ainsi de produire la mort, qui serait pour ainsi dire instantanée, si la dose était un peu élevée. Malgré ces précautions, plusieurs animaux ont succombé dans l'expérience.

« Pour les ouvriers qui débutent dans la fabrique, la première impression a toujours quelque chose de plus ou moins pénible ; et ils ont tous, ou presque tous, une certaine difficulté à s'y habituer ; beaucoup même ne peuvent s'y faire et sont obligés de quitter la manufacture. Nous avons su que, sur cinq qui y étaient entrés vers le temps de l'une de nos visites, un seul avait pu y rester. Ils éprouvent, en général, une céphalalgie plus ou moins intense, accompagnée de mal de cœur et de nausées ; ils perdent l'appétit et le sommeil ; souvent il s'y joint de la diarrhée.

« Impossible de nier ces effets des premiers temps passés dans la manufacture. M. Hurteaux, médecin de la manufacture de Paris, n'a pas manqué de les signaler dans ses rapports. Ils sont constamment et plus fréquents et plus prononcés sur les femmes que sur les hommes. Malgré une acclimatation apparente, à la suite de la persévérance à supporter tous ces premiers symptômes d'intoxication, les ouvriers continuent de subir l'action du tabac et les effets qu'ils en ressentent sont dans une sorte de rapport d'intensité avec les circonstances de la fabrication ; et spécialement avec la chaleur, la fermentation et la poussière, augmentant ou diminuant avec elles, et finalement, produisant à la longue, sur un certain nombre d'ouvriers, un changement profond, très intéressant à observer, tout spécial, et qui mérite d'être soigneusement étudié.

« Il consiste dans une *altération particulière du teint*. Ce n'est pas une décoloration simple, une pâleur ordinaire ; c'est un aspect gris, avec quelque chose de terne ; une nuance mixte qui tient de la chlorose et de certaines cachexies. La physionomie en reçoit un caractère propre auquel un œil exercé pourrait, jusqu'à un certain point, reconnaître ceux qui ont longtemps travaillé le tabac. Car il faut dire que ce FACIES ne s'observe que chez les anciens de la fabrique, chez ceux qui y ont beaucoup séjourné et ont passé par tous les travaux qui s'y font. M. Hurteaux estime qu'il ne faut pas moins de deux ans pour qu'il se produise. C'est alors que l'acclimatement est complet.

« Qu'indiquent de pareils changements, et que s'est-il passé chez les ouvriers qui les présentent ? Nous sommes très porté à croire qu'il y a eu chez eux, à la longue, une modification du sang, et que c'est à cette modification, conséquence elle-même de l'action lente et prolongée du tabac, qu'il faut attribuer leur physionomie particulière.

« Si nos conjectures sont fondées, il doit y avoir une absorption du tabac ou de certains de ses principes ; disons le mot ; une sorte d'intoxication et, par suite, les effets que nous avons signalés.

« Ces effets, au reste, ne sont pas les seuls qui indiquent l'absorption ; elle est rendue palpable par tout ce qui se passe chez les ouvriers, dès qu'ils entrent dans la fabrique ; par les maux de tête qu'ils éprouvent, par les vertiges et l'insomnie, par les nausées ; mais surtout par la diarrhée.

« M. Hurteaux a fait une remarque qui serait d'un grand

intérêt si elle était confirmée par des observations suivies :
c'est que, quand on saigne des ouvriers de la manufacture, il
est rare, nous a-t-il assuré, que le sang présente une couenne,
ou bien il n'en présente qu'une faible, et le caillot est ordinairement mou.

« Le sang serait-il donc modifié à ce point qu'une partie de
la fibrine aurait disparu ? M. Hurteaux est porté à le croire. Il
observe à ce sujet, et comme une chose qui tendrait à le prouver, que les ouvriers employés au tabac sont fréquemment
atteints de congestions ; et que ces congestions ont toujours
quelque chose de plus ou moins passif et réclament rarement
la saignée. Les femmes y sont plus sujettes ; et elles seraient
révélées chez elles, au dire de notre confrère, par des règles
abondantes et plus rapprochées qu'à l'ordinaire, constituant
souvent de véritables pertes.

« Tout se réunit donc pour établir, de la part du tabac, une
action incontestable sur les ouvriers qui le travaillent.

« Il y a chez eux des effets physiologiques bien certains, et
tels que l'on devrait les attendre de la substance dont il s'agit,
et d'après ses propriétés connues : effets primitifs et plus ou
moins passagers, se révélant dès l'abord chez les débutants, et
que l'habitude diminue ; effets consécutifs, plus profonds, qui
se manifestent à la longue et ont des caractères spéciaux qui
semblent attester une action sur le sang.

« Nous avions remarqué, en visitant l'atelier des cigarières,
plusieurs vases de fleurs, des bouquets, dont ces femmes
aiment à s'entourer. On nous dit qu'en général les fleurs se
conservaient peu, se fanaient promptement. Cette remarque
nous donna l'idée de rechercher ce que produirait sur des
plantes l'atmosphère des ateliers à tabac.

« Nous fîmes déposer en conséquence, le 14 octobre 1843,
un oranger dans une des salles de fermentation. La température, indiquée par un thermomètre suspendu à l'arbuste, était
de 25° centigrade. Au bout de six jours, cet oranger avait
perdu ses feuilles ; une seule lui restait, et ses pousses étaient

comme séchées ; il paraissait mort. Il en était de même d'un pied de chrysanthème placé à côté de l'oranger.

« Une autre fois, un oranger en pot, ayant deux petites oranges du volume d'une noix, un rosier du Bengale et une primevère de Chine furent placés, le 15 décembre 1844, sur une tablette, en face du jour, dans une salle de fermentation, où le thermomètre marquait 14°. Un contremaître fut chargé de les arroser. Le 19 au matin, c'est-à-dire au bout de quatre-vingt-seize heures, nous visitons ces plantes. Le rosier paraît mort, feuilles et fleurs sont fanées ; une petite secousse imprimée à la tige les fait tomber. Il en est de même de la primevère (1).

« C'est dans l'atelier des cases que viennent les diarrhées abondantes, l'insomnie et une agitation fatigante, la perte de l'appétit, les nausées, l'amaigrissement, et finalement le teint gris dont nous avons parlé. Le travail y est tellement pénible qu'il ne saurait y être longtemps continué. Heureusement qu'il n'a lieu qu'à de certains intervalles. On a soin, en outre, de changer les ouvriers et d'alterner avec d'autres ateliers. On n'y emploie, du reste, que les hommes les plus forts et les mieux acclimatés.

---

(1) On pourrait rapprocher de ces faits le dépérissement rapide et la mortalité sans pareille des arbres dans les quartiers des grandes villes les plus fréquentés par les fumeurs. Les Tuileries perdent tous les jours leurs beaux marronniers, depuis qu'on y fume ; et l'administration lutte sans succès pour le reboisement des boulevards ou des places publiques, surtout dans le voisinage des cafés. Car là règne, sans discontinuer, une atmosphère de fumée de tabac qui tue la végétation, comme le ferait le voisinage des fours à chaux, par exemple, par l'acide carbonique qui s'en dégage.

Ce sont surtout les marronniers et les tilleuls qui souffrent le plus de cet empoisonnement chronique. A peine leurs feuilles sont-elles épanouies, au printemps, qu'on les voit jaunir et tomber au moindre souffle des brises de juillet. En août et septembre, ils sont tout chauves, comme au milieu de l'hiver, dans un état de mort apparente qui contraste bien tristement avec la verdure fraîche et luxuriante des arbres qui vivent loin de nous, dans les bois, où notre civilisation ne gâte pas leur atmosphère.

A Dublin, à Edimbourg, à Londres, ces trois capitales du royaume

« Ils y maigrissent et changent rapidement. Nous y avons vu un ancien militaire, très bel homme, âgé de vingt-neuf ans, sortant du 1er régiment de lanciers. A son entrée dans la manufacture, il y a un an, il était frais, il avait de l'embonpoint; aujourd'hui, il est maigre, son teint prend la nuance terne dont nous avons parlé; il trouve en outre qu'il a perdu de ses forces. Un autre nous a dit avoir maigri de dix livres en peu de temps. Que la fatigue soit pour quelque chose dans ce résultat, nous le croyons sans peine; mais le tabac y a certainement aussi une grande part.

« Le Gouvernement, en appelant l'attention des corps savants sur l'industrie des tabacs, avait été poussé par la pensée que cette industrie était favorable à la guérison de la phthisie pulmonaire.

« Cette idée lui avait été suggérée par les rapports de plusieurs de ses médecins dans les manutentions, qui lui signalaient qu'ils n'avaient pas l'occasion d'observer la phthisie parmi les ouvriers.

---

uni d'Angleterre, il est défendu de fumer dans presque tous les parcs, dans l'intérêt de la conservation des arbres, bien plus que par convenance et bon ton.

Je visitais un jour le beau jardin botanique de Kew, près de Londres. Dans des serres, qui sont de véritables palais de cristal, se trouvent de riches collections de plantes exotiques. A toutes les portes de ces serres, sur toutes les murailles, on lit en gros caractères : *Il est expressément défendu de fumer*.

— Pourquoi cette mesure si sévère? demandai-je au conservateur de ces serres.

— Si l'on fumait ici, monsieur, toutes nos plantes périraient bien vite. Avec la chaleur et l'humidité qui règnent dans les serres, l'absorption des végétaux est très active, et la fumée de tabac, pénétrant leurs feuilles et leurs tiges, les tuerait en peu de jours.

Quel enseignement pour les fumeurs, dans ces précautions que prennent des jardiniers pour empêcher le poison du tabac de flétrir la fraîcheur de leurs plantes, de les faire périr même! Eux, ils s'inquiètent peu de saturer des émanations de leurs pipes l'air des appartements où respirent de jeunes enfants dont l'organisme doit souffrir, tout au moins comme des plantes, de l'absorption de vapeurs si malsaines.

« De là la conclusion que le tabac pourrait bien être un *spécifique* pour la cure de cette maladie. Mais, si la phthisie ne s'observe pas, ou presque pas, chez les ouvriers des manuactures, c'est que, pour ces ouvriers, on prend les constitutions les meilleures, tout individu suspect d'avoir quelques germes de maladie n'étant pas admis dans les ateliers.

« Et pourtant, sur les tableaux qui accompagnent les rapports des médecins à l'administration centrale, il y a loin d'y avoir unité de sentiments parmi les médecins de ces divers établissements. Car sur ces tableaux on voit figurer un certain nombre de cas de phthisie. Pour 1842, il y en a eu trois à Paris, cinq à Morlaix, deux à Marseille. La phthisie n'y est donc ni inconnue, ni très rare.

« Nous avons interrogé notre confrère M. Hurteaux. Il n'est pas de ceux qui admettent que le travail du tabac ait une action salutaire sur la poitrine. Il serait plus porté à le regarder comme nuisible, d'après cette remarque consignée dans le rapport : qu'une épidémie de bronchite ayant régné au Gros-Caillou, elle parut sévir avec plus d'intensité et dura plus longtemps sur les ouvriers de la manufacture que sur la population du dehors.

« De notre côté, nous croyons avoir constaté que la plupart des ouvriers âgés, attachés à la manufacture, ont l'haleine courte, sont comme asthmatiques.

« Mais voici qui semble plus positif : une femme de vingt-cinq ans fut admise dans l'atelier des cigarières. Elle avait depuis quelque temps une toux sèche, mais aucun symptôme caractéristique de la phthisie. Quelque temps après son admission, la toux persistant toujours et la malade maigrissant, on l'ausculta avec soin ; et il se trouva que la phthisie était confirmée. Il y avait une caverne dans le poumon. J'ai vu moi-même cette malade chez elle. Elle est allée mourir à l'hôpital.

« Ici, comme on le voit, le travail du tabac n'a ni prévenu la phthisie, ni seulement ralenti sa marche. »

Le docteur Mélier, dans tout son rapport, n'est pas toujours si pessimiste et si rigoureux contre le tabac que nous l'avons fait ressortir. A côté des effets délétères de la panacée des Indes, il pose comme compensation, et pour lui conserver les faveurs qu'elle mérite, ses propriétés curatives de la gale.

« Cette maladie de la peau n'a jamais été constatée au milieu de cette industrie où les ouvriers transpirent beaucoup et ne sont pas toujours, par la nature de la profession elle-même, dans les conditions d'une propreté exquise. »

Cela ne doit pas paraître étonnant ; car comment l'acarus de la gale, ce parasite miscroscopique qui vit sous notre épiderme, qu'un peu de graisse et de soufre fait périr, pourrait-il vivre et se reproduire dans un milieu où périssent les plantes, et où l'homme a tant de peine à ne pas succomber ?

« Nous maintenons, dit encore le docteur Mélier, que cette fabrication, malgré tous ses perfectionnements d'aujourd'hui, exerce une action incontestable sur la santé des ouvriers. Quiconque l'observera sans prévention sera forcé de le reconnaître.

« Au reste, nous ne sommes pas les seuls à penser ainsi. Un médecin fort éclairé, honorablement placé dans la science, M. le docteur Pointe, attaché à la manufacture de Lyon, a signalé, dans un très bon Mémoire publié à peu près à la même époque que celui de Parent, la plupart des effets que nous avons constatés. (*Observations sur les maladies des ouvriers employés dans les manufactures de tabac*. Lyon, 1828.) On connaît sur le même sujet l'opinion de notre savant collègue M. Mérat, très explicitement exprimée dans son article *Tabac* du grand *Dictionnaire des sciences médicales*. »

Dans la discussion de ce rapport, quant à la coloration qu'on remarque chez les travailleurs du tabac, M. Gérardin l'a comparée à celle qui résulte des altérations des organes digestifs.

M. Londe demande à ce qu'il soit ajouté aux conclusions du rapport : « Nonobstant les améliorations apportées dans la manutention des tabacs, la fabrication est loin d'être sans inconvénients. »

M. Desportes dit : « Puisque les ouvriers de toute espèce continuent à souffrir de l'action du tabac qu'ils manipulent, il est indispensable que M. le Rapporteur donne des conseils nouveaux à ce sujet. Il est dans l'ordre des idées de s'occuper de la recherche d'un contre-poison de l'action toxique du tabac. »

Trouver un contre-poison du tabac!... Pouvait-on dire à la Régie, d'une manière plus adroite et plus convenante que l'a fait M. Desportes, qu'elle devait s'abstenir de ce commerce qui fait que, sous sa protection paternelle, des milliers d'ouvriers s'empoisonnent pour fabriquer le poison de tous les jours qu'elle débite à la nation ?

Car la première condition de ne pas avoir besoin de contre-poison, c'est de ne pas s'empoisonner soi-même. Et le contre-poison du tabac n'aura été trouvé qu'au jour où les hommes, confus de leurs faiblesses, auront répudié ces vieux enfantillages que nous ont légués les siècles de superstition et d'ignorance ; au jour où ils renonceront à singer, avec une pipe et du tabac, reliques de la sorcellerie et de la magie, les sauvages que découvrirent Christophe Colomb et Cortès ; au jour où une administration ayant plus à cœur la *conservation publique que ses recettes budgétaires*, fera écrire sur tous les paquets de tabac que voudront consommer les passionnés et les crédules, ce mot révélé par la science : POISON!...... mot que l'on oblige les pharmaciens et les droguistes, sous peine d'amende, à mettre en grosses lettres sur toute enveloppe contenant une substance toxique, qu'elle s'appelle belladone, datura, aconit, opium, arsenic, nicotine ou tabac.

Mais, va objecter la Régie, si vous dites au peuple que le tabac est un poison, il n'en consommera plus, et nous n'aurons plus les beaux millions que nous apporte, par centaines, le doux passe-temps de regarder monter en l'air de la fumée, en crachant ses pituites et ses strumes, comme au bon temps où l'herbe à la reine guérissait tous les maux.

L'objection est majeure. Mais, il m'en souvient, cette objection d'intérêt fiscal était la même, au temps où les hommes sensés s'émurent de tous les désordres causés dans la société par une institution immorale : La loterie, qui ruinait, au bénéfice de l'État, des milliers de familles ; engendrait la folie, par spéculation manquée ; poussait au suicide, par désespoir et par honte.

Cette séduisante sirène aux yeux d'or étalait alors, comme une tentation à la faiblesse du peuple, ses numéros gagnants, dans les mêmes boutiques où s'étale aujourd'hui, dans le même but de séduction, le tabac, sous toutes ses formes.

La loterie, qui faisait quelques riches et infiniment de pauvres, a bien disparu de nos mœurs dès que l'État ne l'a plus patronnée et exploitée. Pourquoi le tabac ne disparaîtrait-il pas ainsi ? Il ne fait jamais de riches, lui, parmi ceux qui en usent ; il ne fait que des pauvres, qui se privent souvent de pain pour l'acheter : car tout poison qui engourdit la vie, calme la faim au détriment des énergies du corps. Il répand dans l'humanité une grande partie des misères qui l'affligent aujourd'hui.

Après ces quelques réflexions, qu'un peu de sévérité peut-être n'empêche pas d'être justes, reprenons les données de la science sur les propriétés vénéneuses du tabac.

Dans les *Annales d'hygiène publique et de médecine légale*, année 1847, tome XXXVIII, on trouve un extrait du *London medical Gazette*, tome III, 1846. M. Guérard y traduit ainsi un article de M. le docteur Wright sur l'action physiologique du tabac :

« Ce n'est pas toujours le cœur qui montre tout d'abord l'action sédative du tabac. J'ai vu l'extrême prostration des forces caractérisée par la dilatation de la pupille, le relâchement et la résolution des membres, l'émission involontaire de l'urine et l'issue des matières fécales, alors que, proportions gardées, le cœur se trouvait à peine affecté. Il n'est donc pas exact, d'après mon expérience propre, d'expliquer les effets sédatifs du tabac par une diminution de force et de fréquence dans l'action du cœur.

« Cet agent a une influence directe sur le système nerveux, et indirecte sur l'organe central de la circulation. L'action du tabac sur l'homme me paraît absolument la même que sur les animaux inférieurs à lui. Il ne m'a jamais été possible de découvrir qu'il pût affecter le cerveau en tant qu'organe de l'intelligence, autrement qu'en en diminuant l'action.

« Mes observations et mes expériences tendent toutes à prouver que l'état de souffrance des fonctions intellectuelles, par suite de l'action du tabac sur l'économie, est toujours dû à un trouble dans la circulation consécutif à l'influence dépressive du narcotique. Néanmoins, une excessive prostration peut avoir lieu sans altération considérable de l'intelligence.

« Suivant mes observations, l'huile essentielle de tabac, obtenue au moyen de l'éther, donne lieu aux mêmes effets physiologiques que l'infusion aqueuse. Toute action stimulante produite par l'huile empyreumatique est due à quelque matière irritante engendrée sous l'influence de la chaleur. (Il entrevoit la nicotine.)

« Des chiens auxquels on administre de 13 à 32 centigrammes de tabac mêlés avec les aliments tombent peu à peu dans l'affaissement, puis dans un marasme complet, et finissent par périr d'épuisement.

« J'ai observé, en particulier, l'intermittence d'action du cœur ; habituellement la paralysie des extrémités postérieures, la perte apparente des *facultés génitales* et un éloignement absolu pour les approches sexuelles. Les testicules se ramollissent et se ratatinent, et les muscles volontaires subissent la même altération. Les poils deviennent d'abord rudes, puis ils tombent ; les pupilles sont dilatées, les yeux larmoyants, et

finalement baignés d'un pus ichoreux. L'ulcération gangre-
neuse des paupières et la cécité se montrent ordinairement
dans les derniers temps de la vie.

« Après la mort, le sang reste toujours fluide et dépourvu
de fibrine, et surtout *pauvre en globules rouges*. Le cœur est
pâle, mou, d'un volume moindre que dans l'état naturel. On
n'observe pas de raideur cadavérique, et la putréfaction marche
avec rapidité.

« Dans le cours des expériences, les gencives se gonflent et
saignent de bonne heure, les dents s'ébranlent et parfois
même se détachent. La membrane muqueuse de la bouche, du
nez, de la trachée, est plus molle, plus tuméfiée et plus vasculaire que de coutume.

« En surveillant avec soin les effets sur l'homme de l'usage
longtemps prolongé du tabac, je suis arrivé à n'en reconnaître
aucun qui ne soit lié d'une manière immédiate ou éloignée
à l'influence physiologique signalée plus haut. J'attribue à
cette cause une foule d'accidents que j'ai vu apparaître chez
des individus d'une constitution forte, robuste et nerveuse, à
la suite d'un usage désordonné du tabac ; et même après un
emploi plus modéré, chez des sujets moins favorisés sous le
rapport physique.

« Le système nerveux, comme je l'ai dit, en reçoit les principales atteintes. Plusieurs sont devenus obtus ; le caractère
est irritable, indécis, sans énergie ; les muscles des mouvements volontaires *perdent leur vigueur*, et les sécrétions se
dépravent. Je n'ai jamais rencontré une seule exception à ce
fait que chez les fumeurs la voix change de ton, sans doute
par suite du relâchement des tissus ; ou qu'elle est enrouée et
comme voilée par une sécrétion muqueuse excessive.

« J'ai vu plus d'une fois l'usage fréquent du tabac à fumer
donner lieu à une toux nerveuse d'irritation, avec ou sans
augmentation de la sécrétion de la membrane muqueuse tra-
chéo-bronchique. Cet usage trouble à mon avis les fonctions
du système nerveux et spécialement dans ses rapports avec les

organes des sens et ceux de la reproduction et de la digestion.
Je crois avoir reconnu qu'il produit l'atonie et toutes les conséquences qui en dérivent.

« J'ai vu beaucoup de cas dans lesquels il m'était impossible de prouver que l'emploi habituel du tabac n'eût été suivi
d'aucun inconvénient. J'en ai rencontré un beaucoup plus grand
nombre où cet emploi avait entraîné des résultats fâcheux.

« Enfin, je ne connais *pas un seul exemple* d'avantages dus
à cette pratique, si elle en a, qui n'eussent pu être obtenus
par des moyens moins dangereux. »

Le 10 février 1851, le docteur Ed. Robin présentait à l'Académie des sciences la Note suivante :

« Il existe une classe nombreuse de poisons dans lesquels
le pouvoir antiputride, c'est-à-dire le pouvoir de s'opposer à la
combustion lente des matières organisées, *dès lors à la respiration*, est parfaitement en rapport avec le pouvoir toxique
qu'ils exercent sur les animaux et même sur les végétaux.
L'expérience suivante tend à montrer que la nicotine appartient à cette classe.

« Cet alcali, dont le pouvoir toxique ne saurait être comparé
qu'à celui de l'acide prussique, possède aussi un pouvoir antiputride qui n'est comparable qu'à celui de cet acide. Dès
l'instant où la vapeur que la nicotine répand aux températures
ordinaires, dans un vase, est en contact avec les matières animales, l'action de l'oxygène sur elles est entièrement paralysée.
Elles résistent indéfiniment à l'état où les a trouvées la vapeur
de l'alcali. Leur couleur seulement est un peu changée ; elle
acquiert une nuance rouge plus vive. »

La communication de M. Robin est accompagnée d'un petit
flacon contenant un morceau de chair conservé par ce procédé
depuis quatre mois.

Après l'empoisonnement de Fougnies par Bocarmé, à l'aide
de la nicotine, qui fit tant de bruit dans le monde, par la nou-

veauté du poison employé pour ce crime (voyez page 79),
M. Orfila, professeur de médecine légale à la Faculté de Paris,
répéta les recherches qui avaient été faites par le professeur
Stas, de Bruxelles. Comme lui, il a extrait la nicotine du tabac :
il a fait toutes les expériences foudroyantes par lesquelles cet
alcali végétal révélait ses propriétés toxiques. L'illustre chimiste, à la séance de l'Académie du 24 juin 1851, communiqua des observations tendant à démontrer toutes les propriétés
toxiques du tabac.

Devant cette énumération de propriétés vénéneuses et formi-
dables, qu'on était loin de soupçonner dans la plante qui fait
les délices de tant d'ignorants abusés, M. Roux, prévoyant que
les individus qui font usage du tabac absorbent une quantité
de nicotine assez grande pour que leurs organes en soient à
la longue imprégnés et que l'économie puisse en être affectée,
saisit cette occasion pour faire une piquante sortie contre le
tabac, et pour demander que l'Académie s'emparât de cette
question, à laquelle l'avenir de la civilisation, dit-il, est intéressé. Il insista sur sa proposition, sur laquelle l'Académie
crut devoir passer outre.

Rendons hommage au digne professeur Roux, qui a si bien
compris, dans cette circonstance, son devoir d'académicien et
de philanthrope. Ses observations judicieuses honorent son
caractère indépendant. Devant une question d'un grand
intérêt d'hygiène publique, où il s'agissait d'éclairer son pays
sur des erreurs dangereuses et funestes, il n'a pas, comme ses
collègues qui ont rejeté sa proposition, pesé ce que dirait
la Régie si l'opinion des académiciens, en tranchant une
question si obscure et si controversée, venait à faire baisser
dans ses coffres le chiffre toujours montant des produits du
tabac.

Pelouze, dans son *Traité de Chimie*, s'exprime ainsi au
sujet de la nicotine :

« La nicotine est très vénéneuse ; ses vapeurs sont si irritantes qu'on a peine à respirer dans un appartement où on en a vaporisé une goutte.

« On retire près de sept grammes de nicotine de cent grammes de tabac de Virginie, qui est celui qui en contient le moins ; le tabac du Lot en contient huit pour cent. »

Le docteur Tardieu, dans le *Dictionnaire d'Hygiène publique* 1854, article *Tabac*, dit :

« De tous les travaux que nécessite la préparation du tabac, celui du tabac à priser en fermentation est le plus pénible. Que l'on se figure les émanations qui se dégagent quand on ouvre ces espèces de grandes boîtes ou cases, et ce que doit éprouver un homme obligé de s'y tenir, une pelle à la main, pour remuer la poudre encore brûlante et en remplir des hottes ou des sacs. On est là dans une atmosphère tout à la fois âcre et infecte qui pique les yeux, irrite la pituitaire, prend à la gorge et vous suffoque. L'hygiène voudrait que l'on pût affranchir les ouvriers d'un si rude travail que font, dans toute la manufacture de Paris, huit cents femmes et cinq cents hommes environ. »

On lit dans la *Gazette médicale de Paris*, année 1855 :

« Le docteur Van Praag, qui a fait des expériences physiologiques sur la nicotine, conclut : « En résumé, l'action de la nicotine est d'abord excitante, puis déprimante, aussi bien sur l'appareil circulatoire que sur la respiration et le système nerveux. »

M. Claude Bernard, professeur de chimie au Collège de France, dans sa 27ᵉ leçon, en 1856, disait, en parlant du principe vénéneux du tabac :

« La nicotine est une substance qui se retire du tabac. Cet alcaloïde est un des poisons les plus violents que l'on connaisse. Quelques gouttes tombant sur la cornée d'un animal le tuent presque instantanément.

« La nicotine, par l'apparence symptomatique de ses effets et par son activité, se rapproche beaucoup de l'acide prussique. Voici un lapin qui a été empoisonné par l'instillation dans l'œil de deux à trois gouttes de cette nicotine, qui est déjà un peu altérée au contact de l'air. Il a succombé très rapidement.

« Tous les animaux sont atteints par son action. Nous l'avons essayé sur des mammifères, des oiseaux, des reptiles, toujours avec le même résultat et toujours déterminant des symptômes analogues.

« Par quelque voie qu'on administre la nicotine, qu'on l'introduise dans le canal intestinal, sous la peau, dans une plaie, qu'on l'instille sur la conjonctive, l'animal est foudroyé. Il meurt avec des convulsions excessivement violentes. Les chevaux sont dans un état effrayant, et bien qu'ils restent debout sur leurs jambes raidies, ils sont comme furieux, se cabrent, se couchent et sont agités de mouvements désordonnés.

« Voici une grenouille dans la bouche de laquelle nous introduisons quelques gouttes de ce poison. Vous la voyez immédiatement prise d'un tremblement musculaire et périr.

« L'action de la nicotine porte sur les nerfs, sur les muscles et surtout sur le système vasculaire.

« Lorsqu'on place sous le champ du microscope la membrane interdigitaire d'une grenouille vivante, on voit la circulation se faire dans le réseau capillaire de cette membrane. On assiste à l'arrivée du sang par les canalicules artériels, et à son retour par les branches d'origine des veines.

« Si, pendant cette observation, on vient à empoisonner la grenouille avec la nicotine, on voit se produire immédiatement une dépression du système artériel, dont les vaisseaux se rétrécissent de façon à se vider complètement. Le cœur continue cependant à battre ; il semble que seul le système capillaire ait subi l'action du poison.

« Le curare, la strychnine, le sulfocyanure de potassium,

que nous avons étudiés jusqu'ici, ne nous ont rien offert de semblable à cet arrêt de la circulation par la nicotine. Le cœur continuant à battre, les veines cessent de charrier le sang, et cependant elles sont pleines. Si la dose de poison a été suffisamment faible pour ne pas amener la mort, on voit la circulation se rétablir graduellement et l'animal recouvrer la santé.

« Cette action sur le système artériel et capillaire peut expliquer l'espèce de tremblement qu'on voit dans les muscles, tremblement ou frémissement musculaire qui se produit quelquefois quand, par une ligature, on empêche le sang d'arriver dans un muscle.

« Lorsque la nicotine est très active et qu'on en donne une quantité suffisante pour produire ce qu'on peut regarder comme un excès d'action, on observe d'autres phénomènes : chaque muscle devient le siège d'une *convulsion* telle, qu'il peut rester dans un état tétanique permanent.

« Lorsque la dose de la nicotine est faible, des phénomènes singuliers se montrent du côté du poumon et du cœur. La respiration s'accélère, devient en même temps plus large, et les pulsations du cœur augmentent d'énergie. On peut se convaincre que cette action est portée au poumon et au cœur par les nerfs ; car, quand on a coupé le pneumo-gastrique, elle ne se manifeste pas.

« Chez un chien adulte, d'assez forte taille, à jeun, on a administré trois gouttes de nicotine dans une plaie sous-cutanée faite à la partie interne de la cuisse.

« Avant l'administration du poison, l'animal avait 115 pulsations et 28 respirations par minute. Une ou deux minutes après l'introduction du poison, l'animal titubait, tenait les oreilles fortement relevées en arrière. Il était comme essoufflé, et les respirations, très pénibles, étaient abdominales et diaphragmatiques. Alors l'animal avait 322 pulsations et 42 respirations par minute.

« Après huit minutes, on observa des vomissements de mucosités blanchâtres. Quand l'animal marchait, il était comme aveugle, et le globe oculaire semblait renversé.

« Mais, en examinant de plus près, on voyait que c'était la troisième paupière qui était entièrement tendue et recouvrait les deux tiers internes et inférieurs de l'œil, de telle façon que l'animal n'y voyait pas.

« Les expériences que nous avons faites nous portent à conclure qu'après la section des nerfs vagues, la nicotine n'exerce plus son action excitante ni sur le cœur ni sur le poumon, ce qui semble-montrer que c'est par l'intermédiaire des nerfs pneumo-gastriques que cette substance agit sur les organes de la respiration et de la circulation. »

Le 30 mai 1864, M. le docteur Decaisne présentait à l'Académie des sciences le résultat d'observations de vingt et un cas de maladies du cœur, sur des sujets de vingt-sept à quarante-deux ans, constatés sur quatre-vingt-huit fumeurs, filateurs et carriers. Cette communication en appela une autre de la part de M. Bernard, qui, le 11 juillet suivant, racontait que tout récemment un contrebandier se couvrit le corps de feuilles de tabac qu'il voulait soustraire au payement de l'impôt. Le tabac, mouillé par la sueur, excita par la peau un véritable empoisonnement.

Dans la séance du 1er août suivant, M. Gallavardin communiqua des documents extraits des *Archives médicales*, d'où il résultait que tous les hussards d'un escadron, grands fumeurs, cependant, s'étant enveloppé le corps de feuilles de tabac, dans l'intention de frauder, éprouvèrent les mêmes symptômes d'empoisonnement que le contrebandier cité par M. Bernard.

L'auteur cite neuf autres cas d'empoisonnement par l'usage externe du tabac en feuilles, en poudre, en suc ou en liniments; d'où l'on conclut que le tabac appliqué sur la peau, dénudée ou non, peut produire tous les symptômes d'intoxication que l'on observe chez les personnes qui l'absorbent par d'autres voies.

Le 21 février 1865, le docteur Jolly, dans une communication à l'Académie de médecine, disait, à l'occasion du tabac :

« L'hygiène, pour accomplir sa destinée, a besoin aussi d'explorer toutes les régions sociales ; de s'immiscer aux mœurs contemporaines. Elle a besoin même de pénétrer jusque dans le cœur de la famille, pour y découvrir les influences physiques et morales que la civilisation y introduit chaque jour, et qui peuvent être pour elle autant de sujets d'étude, dont l'importance ne pourrait être méconnue, bien qu'elle n'ait pas toujours été suffisamment comprise.

« Pour justifier cette vérité, je ne prendrai qu'un seul fait comme exemple, mais un fait bien patent, s'il n'est le plus patent et le plus vulgaire de tous :

« Une plante à la fois âcre, fétide et vénéneuse, que repoussent également son odeur et sa saveur, qui frappe de vertiges, de nausées, de vomissements et d'une sorte d'ivresse tout ceux qui l'approchent ou en reçoivent le contact pour la première fois ; une plante qui finit par jeter dans la torpeur, la paralysie même, ceux qui ont le triste courage de surmonter ses premiers effets, pour se condamner à l'habitude plus triste encore de son usage, et qui, en raison même de ses propriétés vénéneuses, aurait dû rester sous clé dans les officines de la pharmacie, pour y attendre les rares applications qu'elle peut fournir à la thérapeutique, en un mot, le *Tabac*, voilà ce qu'un peuple sauvage a légué à l'Europe civilisée, comme fruit précieux de sa conquête.

« Voilà ce qu'au XIXᵉ siècle la société française a trouvé de mieux pour divertir ses loisirs et charmer ses ennuis, pour parfumer ses rues, ses promenades, ses salons, ses boudoirs, et, j'ose à peine le dire, jusqu'à sa couche conjugale.

« Voilà le sujet que je me propose aujourd'hui d'étudier devant l'Académie, comme un de ceux qui intéressent au plus haut degré la santé publique, la science et l'administration sanitaire.

« C'est en voyant chaque année, d'après les statistiques officielles, s'accroître, avec le revenu fiscal du tabac, toutes les

maladies des centres nerveux : les myélites chroniques, les pa-
ralysies, certaines maladies cancéreuses, etc.; c'est en voyant
les hôpitaux, les maisons de santé se peupler de plus en plus
de ces diverses affections, et toujours dans des rapports
directs avec le chiffre croissant du revenu du tabac ; c'est sous
l'impression d'une autre coïncidence non moins saisissante,
celle du mouvement, jusqu'alors progressif de la population,
s'arrêtant devant le chiffre toujours ascendant de la consommation du tabac, que je me suis demandé s'il n'y avait pas là
un grave sujet d'étude et de méditation pour la médecine ; si
l'hygiène, à son tour, n'avait pas aussi à compter avec le fisc;
et si les deux cents et quelques millions que le trésor encaisse
annuellement, comme produit de la consommation du tabac,
pouvaient racheter le dommage qu'il cause à la santé publique.

« On sait d'ailleurs que, depuis longtemps, les propriétés
vénéneuses du tabac ont pu être constatées par la science et
l'expérience.

« On trouve dans tous les auteurs qui ont écrit sur le tabac,
dans Murray, Zimmerman, Lassone, Macartheney, Bischoff,
Moutain, Orfila et tant d'autres, une foule de faits d'empoisonnements, soit comme résultats imprévus d'application thérapeutique interne ou externe, soit comme cas d'homicides
volontaires ou involontaires.

« Un grand nombre de philosophes et de médecins s'éle-
vèrent contre un usage qui avait déjà des conséquences si
funestes. Néandier, Marber, Baillar, Broussac, Trevoux, Hec-
quet, le père Labat, Fagon, premier médecin de Louis XIV,
Langoult, lancèrent leurs anathèmes contre la plante vénéneuse, et le tabac n'en continua pas moins sa marche toujours
progressive et toujours envahissante, comme pour prouver encore au monde tout ce que la puissance de l'imitation peut sur
l'esprit humain, je dirai presque sur les destinées d'une nation.

« Le tabac, selon Wislon, Brodie, Mélier, Orfila, Bernard,
Decaisne, affecte spécialement les centres nerveux. Il frappe le
cœur de paralysie, et peut ainsi donner lieu à une syncope

mortelle. Plusieurs cas d'angine de poitrine observés par notre honorable collègue M. Beau, dans son service clinique de l'hôpital Necker, chez les fumeurs de tabac, viennent encore confirmer l'expérimentation physiologique et justifier l'action spéciale de cette substance sur l'innervation du cœur. »

Deux conditions majeures agissent dans le phénomène de tout empoisonnement : 1° la force du poison ; 2° la quantité qui en est absorbée. Or, c'est en vain que les fumeurs chercheraient à se persuader qu'un peu de fumée de tabac, qui pénètre leur organisme, ne saurait avoir sur lui des effets bien sensiblement délétères.

La quantité de nicotine contenue dans la fumée de tabac est énorme, comme l'a ingénieusement calculé un chimiste distingué, M. Malapert, pharmacien à Poitiers.

Les *Annales d'hygiène*, t. XLVIII, p. 328, année 1852, reproduisant un article du *Bulletin de la Société de médecine* de Poitiers, mai 1852, disent :

« M. Malapert s'est chargé de rechercher la quantité de nicotine qui passe par la bouche d'un fumeur, pendant la combustion d'un poids déterminé de tabac.

« A cet effet, il a construit l'appareil suivant :

« Un creuset rond, de terre, a été troué dans le fond et muni d'un tube de verre recourbé, que l'on a fait plonger presque au fond d'un flacon à deux tubulures, de soixante centilitres de capacité. De la seconde tubulure partait un autre tube recourbé en siphon, qui se rendait au fond d'un deuxième flacon, semblable au premier ; et celui-ci communiquait de la même manière avec un troisième flacon également bitubulé, renfermant une petite quantité d'eau aiguisée d'acide sulfurique. Enfin, ce dernier flacon était mis en communication avec la partie supérieure d'un grand vase de fer-blanc, portant inférieurement un robinet, et rempli d'eau.

« On voit qu'en ouvrant ce robinet, l'eau s'écoulait, et l'air destiné à la remplacer ne pouvait arriver dans le vase aspira teur, hermétiquement fermé, qu'en passant par le creuset, faisant fonction de fourneau de pipe, et de là, par les tubes de communication, dans les trois flacons placés en avant du susdit vase.

« L'appareil étant ainsi disposé, on remplit le creuset de tabac à fumer, de la manufacture de Tonneins, après avoir eu la précaution de le soutenir inférieurement au moyen d'un disque de toile métallique. Le robinet fut ouvert, et la combustion du tabac s'effectua comme dans une pipe ordinaire.

« 200 grammes de tabac brûlés dans l'appareil laissèrent un résidu de cendres pesant 36 grammes. Il s'était donc formé 164 grammes ou 82 p. 100 de vapeurs. Le tiers environ de cette quantité était condensé à l'état liquide dans le premier flacon. Le deuxième flacon était seulement humecté et terni par des matières pyrogénées. La vapeur qui avait traversé le troisième flacon, où se trouvait l'eau acidulée, avait une odeur désagréable, qui ne rappelait nullement celle du tabac, au sortir de la pipe.

« La liqueur du premier flacon était formée d'eau de goudron, d'huile empyreumatique, de carbonate d'ammoniaque. On la traita successivement par l'acide sulfurique, la potasse et le chlorure de calcium desséché, et l'on en retira 17 grammes de nicotine, c'est-à-dire 8,50 p. 100 du tabac employé.

« L'eau acidulée du troisième flacon n'en renfermait qu'une petite quantité, évaluée par l'auteur à 30 ou 40 centigrammes. Quant au deuxième flacon, un accident n'a pas permis d'analyser ce qu'il contenait. Mais on peut admettre, sans exagération, qu'il pouvait encore s'y trouver environ de 60 à 70 centigrammes de nicotine, ce qui porterait à 9 p. 100 la quantité de cet alcaloïde. »

Cette propriété qu'a la nicotine contenue dans la fumée de tabac, de se déposer, en se condensant, sur les parois froides du verre, est exploitée en Amérique, dans certaines manœuvres criminelles, pour enlever à un homme sa conscience et sa liberté et commettre ainsi les attentats les plus graves.

Là où la vie est facile à gagner pour tout le monde, le rude métier de la navigation trouve peu d'hommes disposés à le faire, malgré les salaires élevés qui y sont attachés.

Et pourtant la marine a besoin de matelots. Les navires sont parfois si nombreux dans les ports, qu'à défaut de marins volontaires pour les équiper, on s'en procure par la surprise et la force.

Des bandes de vauriens, qu'on appelle des embaucheurs, traitent avec les capitaines du commerce pour leur livrer à bord, au moment où ils lèvent l'ancre, le nombre d'hommes qu'ils désirent. Ces trafiqueurs de chair humaine, dès qu'ils voient sur les quais un homme qui leur convient, le séduisent par toute sorte de politesses et finissent par l'emmener dans quelque cabaret où ils ont des complices.

On demande à l'invité ce qu'il veut boire, et on le sert dans un verre qu'il voit prendre sur le comptoir. Ce verre est renversé; il paraît propre, et rien ne pourrait faire supposer que le malheureux qui va s'y désaltérer y laissera toutes ses facultés de sentir, et approchera aussi près qu'on peut le faire de la mort, sans mourir.

Qu'a-t-il fallu pour donner à ce verre des propriétés si mystérieuses et si terribles ? Une chose des plus simples : lâcher dans son intérieur, avant de s'en servir, quelques bouffées de fumée de tabac tirées d'un cigare ou d'une pipe : et le verre est empoisonné ! Il contient sur ses parois une pellicule invisible de nicotine pure, qui se dissout dans le liquide, quel qu'il soit, qu'aura demandé la victime.

Le pauvre diable boit sans la moindre suspicion, sans trouver la saveur du tabac au milieu de l'épaisse fumée dont ses ravisseurs ont soin de l'inonder.

Sitôt qu'il a dans l'estomac ce breuvage diabolique, on l'emmène de la taverne. L'ivresse narcotique le saisit, obscurcit sa vue, engourdit sa raison; il perd tout sentiment de lui-même.

Un canot l'attend sur le quai; on l'embarque comme on ferait d'un ivrogne ordinaire. Et c'est un homme empoisonné, presque un cadavre, que l'on hisse à bord au bout d'une corde, et qui ne sortira de sa léthargie nicotique qu'en pleine mer, sur le pont d'un navire, pour y faire le service, sans pouvoir se rendre compte comment il est arrivé là.

C'est ce que l'on appelle, sur la terre de la libre Amérique, *shanghayer* un matelot.

Combien, de par le monde, de morts subites qui déroutent la science et la justice, ne doivent-elles pas avoir pour cause ce moyen si facile de commettre des crimes?

Quand les Indiens empoisonnent les Européens, c'est souvent avec des fruits, des oranges surtout, sur lesquelles ils lâchent des bouffées de tabac dont la nicotine se condense sur leurs surfaces fraîches, et donne ainsi la mort à ceux qui les mangent.

Ces odeurs par les empyreumatiques, que les fumeurs portent sur toute leur personne, qui vous saisissent à la gorge, quand vous entrez dans un estaminet, c'est la nicotine condensée partout qui les donne. Les draperies des wagons fumoirs, dans les chemins de fer, en sont tellement saturées, que les plus forts culotteurs de pipe ne veulent pas s'y renfermer. Ils s'y sentent asphyxiés, et demandent par grâce à fumer partout. Avec des proportions si considérables de nicotine existant dans le tabac, si les fumeurs ne se tuent pas immédiatement, par les bouffées qu'ils tirent de leur cigare ou de leur pipe, qui contiennent pourtant bien plus de poison qu'il n'en faudrait pour les faire mourir, s'il était condensé et s'ils l'absorbaient en entier, c'est pour la raison que voici : par la combustion du tabac, la nicotine arrive à la bouche toute distillée, mais à l'état de vapeur chaude. Elle se dilate considérablement dans l'air chaud et raréfié lui-même qui forme la fumée. Des molécules presque imperceptibles se trouvent donc en contact avec la membrane muqueuse, qui, très chaude elle aussi, ne les condense pas pour les absorber en quantité sensible; ce qui fait que leur action délétère est plutôt lente qu'instantanée.

Il en serait bien autrement si la bouche était froide; la nicotine s'y condenserait, et pour peu que la fumée y séjournât, le fumeur tomberait foudroyé, comme le sont les animaux à sang froid, les lézards, les serpents, les grenouilles que l'on tue instantanément si on leur souffle dans la bouche une bouffée de tabac.

CHAPITRE X

On reconnaîtra, par la longue énumération des faits qui précèdent, que les données de la science sont unanimes à constater les propriétés toxiques du tabac. Et si, à côté des effets meurtriers qu'on s'accorde à lui reconnaître, nous demandons encore à la science à quoi il est utile, la science nous répond : A rien !... Car s'il peut avoir quelques avantages, on peut toujours les obtenir par des moyens moins dangereux que lui.

En effet, si l'on compulse tous les Traités de matière médicale qui ont paru depuis un siècle, époque à peu près où la médecine a pris un rang parmi les sciences, on ne trouve nulle part que la plante de Nicot ait pu apporter quelque soulagement réel aux maladies des hommes. On la trouve pourtant parfois indiquée en frictions ou en lotions, pour le traitement de la gale, et aussi en lavements pour ramener à la vie les asphyxiés dont on désespère.

Le temps, qui l'avait dépouillée peu à peu de ses propriétés curatives, ne lui avait conservé que ces deux privilèges. Et si nous voulions lui enlever le dernier de ses prestiges et la faire disparaître en entier et définitivement des formulaires et des laboratoires de la médecine et de la pharmacie, nous dirions que, dans la gale, elle est aussi puissante à tuer l'acarus parasite que le malade lui-même, sous les téguments duquel il habite ; et qu'une foule de remèdes plus actifs et sans dangers l'ont, depuis longtemps, remplacée dans cette destructive fonction.

Quant aux asphyxiés par submersion, la vertu qu'on voudrait prêter encore au tabac, comme moyen de les rappeler à la vie, ne serait que la continuation de ses usurpations trop manifestes. Car qu'est-ce que l'asphyxie? sinon la suspension de la vie par arrêt des fonctions de respiration, de circulation sanguine et d'innervation.

La première indication à remplir, pour ramener à la vie un asphyxié, est de stimuler ces trois fonctions en apparence éteintes. Et comment pourrait-on raisonnablement atteindre ces effets par le tabac qui, d'après les expériences nombreuses que nous avons développées, stupéfie, frappe de mort, foudroie simultanément ces trois fonctions elles-mêmes?

C'est comme si l'on prétendait faire sortir un individu d'une syncope profonde, qui n'est autre chose qu'un temps d'arrêt de la vie, en lui faisant respirer des vapeurs de chloroforme ou d'éther au lieu d'acide acétique et d'ammoniaque.

Combien d'asphyxiés, dont la mort n'est qu'apparente, doivent, encore de nos jours, périr victimes de cette confiance aussi aveugle que fatale dans l'administration du tabac en lavements, pour ranimer les noyés, que ce traitement empyrique ne peut qu'achever, et bien vite?

Aberration singulière de l'esprit humain dominé par les préjugés et l'ignorance des choses! Voilà la nicotine qui n'est bonne à rien, qu'à faire périr par empoisonnement aigu ou chronique, selon la quantité qu'on en absorbe; elle ne contient aucune vertu curative, et elle est entre les mains de tout le monde, à la bouche de tout le monde, son nom n'a rien qui effraye. Par contraire, l'arsenic, la strychnine, l'acide prussique, le vitriol, la ciguë, l'opium, dont la médecine retire bien souvent des effets salutaires, causent un sentiment de répulsion à tous ceux dont leurs noms frappent seulement l'oreille !

Qu'on essaye une expérience que je me suis parfois amusé à faire moi-même : qu'on dise à des consommateurs de tabac, apprivoisés à ses effets toxiques : « Il y a dans ce verre d'eau juste assez de poison, arsenic, strychnine ou acide prussique, pour faire mourir un homme; voulez-vous mettre une goutte de cette eau sur votre langue? » Si l'on en trouve un seul qui se soumette à cette expérience, où la quantité du poison qu'il prendrait serait équivalente à rien, il ne le fera pas sans avoir l'émotion d'un sentiment d'aversion ou de crainte. Et pourtant, tous les jours, avec son cigare et sa pipe, il absorbe une quantité notable de nicotine, dont les effets sont bien plus délétères que les autres poisons dont il a tant d'effroi.

On pourrait démontrer que le tabac ne prévient ou ne guérit aucune maladie, par ce seul fait que jamais il ne figure dans les prescriptions des médecins, et qu'on serait fort embarrassé d'en trouver dans les pharmacies, soit sous forme naturelle, soit surtout sous forme d'extraits ou de teintures; comme on y trouve les extraits et les teintures d'opium, de belladone, d'ellébore ou d'aconit, toutes plantes vénéneuses dont la médecine a pu tirer parti.

Cependant beaucoup de consommateurs, assez sensés pour vouloir ne pas paraître employer le tabac comme un jouet d'enfants, qui les distrait par sa fumée ou son chatouillement sur les narines, persistent à lui croire certaines de ces propriétés fictives qui firent son grand succès au bon vieux temps d'autrefois.

Demandez, par exemple, à maintes jeunes ou vieilles dames pourquoi elles prisent; elles vous diront, avec un aplomb doctoral : qu'elles ont des humeurs dans le cerveau, dont le tabac les dégage, et elles vous montreront, pour preuves, leurs mouchoirs qui en sont inondés et odorants. Et ces bonnes dames sont si satisfaites de l'abondance des effets qu'elles obtiennent, qu'elles ne se donnent pas la peine de réfléchir que si leur nez coule à merveille, ce n'est pas parce qu'elles ont des humeurs âcres au cerveau, avec lequel le nez n'a rien à faire et où des humeurs ne sauraient exister ; mais bien parce que le tabac, par son action irritante, produit sur la muqueuse nasale, avec laquelle il est en contact, une excitation des plus vives ; comme feraient le poivre, le principe volatil de l'oignon ou de la moutarde.

L'habitude de cette irritation factice détermine sur la membrane une fluxion maladive, d'où résulte la sécrétion de mucosités humorales, comme elles se sécrètent sur une plaie ou sur la surface vive d'un vésicatoire que l'on irrite, pour qu'il suppure, avec des cantharides ou du garou, comme les priseurs irritent leur nez avec le tabac.

Les priseurs ne font donc rien autre chose que de s'entretenir un vésicatoire au nez, comme on le ferait au bras. Si ce vésicatoire était nécessaire à la santé, on conviendra que sa place serait mieux choisie partout ailleurs que dans les fosses nasales ; il serait d'un plus facile, plus propre et moins coûteux entretien.

Que les priseurs restent donc bien convaincus de ce fait : qu'il ne peut pas y avoir dans le cerveau d'humeurs malsaines, susceptibles d'être soutirées par l'effet du tabac. Le cerveau ne sécrète que le fluide nerveux nécessaire à la vie ; ce fluide n'a rien de matériel, d'apparent, de pondérable ; il est aussi subtil que l'électricité, le calorique, la lumière ; il ne saurait donc avoir rien d'analogue aux écoulements liquides que provoque le tabac.

Si, par une maladie du cerveau ou de ses enveloppes membraneuses qui l'enferment hermétiquement dans l'intérieur du crâne, il se développait quelque liquide anormal, ce liquide ne saurait avoir aucune issue par les narines. Il serait, dans presque tous les cas, une cause de mort rapide ; et, s'il pouvait disparaître, ce ne serait que par la puissance de l'absorption organique et interstitielle que la médecine ne pourrait faire qu'aider, par des moyens bien autrement énergiques que des prises de tabac qui stupéfieraient l'organisme, au lieu de l'exciter.

Et les fumeurs, et les chiqueurs ? Voyez avec quelle satisfaction ils font ruisseler de leur bouche ce qu'ils appellent les humeurs atrabiliaires de leur estomac, auxquelles ils attribuent leur manque d'appétit ou leurs digestions difficiles. Ils ne comprennent pas, dans leur crédulité débonnaire, que s'ils n'ont pas d'appétit, c'est que le premier effet du tabac est de provoquer la nausée, qui frappe de prostration tout l'appareil digestif. Ils ne se rendent pas compte que si leurs digestions sont lentes ou difficiles, c'est que cette sécrétion abondante de salive, qu'ils provoquent en irritant la muqueuse et les glandes de leur bouche, ne peut se faire qu'aux dépens des sucs gastriques indispensables à la digestion des aliments.

Tout ce qu'ils rejettent n'est que de la salive bien pure et bien saine, nécessaire à leur nutrition, et non pas des humeurs destructives de leur santé. Si les humeurs existaient dans l'estomac, elles n'en pourraient être extraites que par le vomissement ; ou mieux, en les précipitant par l'intestin, par un effet laxatif. Eh bien ! loin de produire cet effet, s'il était nécessaire, le tabac occasionne chez ses consommateurs, comme nous le verrons plus loin, des constipations opiniâtres, en paralysant la contractilité musculaire des intestins, sur lesquels il agit par absorption.

D'autres partisans du tabac vous diront : Je fume, je chique par raison d'hygiène, pour chasser les mauvaises odeurs, pour corriger les principes viciés de l'air qui entre dans mes poumons, parce que je vis dans un milieu malsain.

On verra que ce ne sont là que des raisons et des mots vides de sens, si l'on cherche comment et en quoi le tabac peut avoir des vertus antiputrides et purifiantes.

D'abord, sa lourde fumée, grasse, empyreumatique, se dissout difficilement dans l'air, qu'elle déplace plutôt que de le pénétrer, comme le ferait un gaz désinfectant, le chlore, par exemple. Elle ne saurait donc, sous ce rapport, qu'absorber imparfaitement les miasmes et les neutraliser, si elle en avait le pouvoir; mais ce pouvoir désinfectant, elle ne l'a pas.

Car, si l'on prend un liquide corrompu et qu'on le mélange avec du tabac, sous quelque forme qu'il soit, l'action de la plante n'aura changé en rien ni le goût ni l'odeur du liquide. Qu'on enveloppe, par une autre expérience, des substances animales susceptibles de putréfaction dans du tabac, il hâtera plutôt leur décomposition qu'il ne l'arrêtera, ne fût-ce que par le principe ammoniacal qu'il contient et qui est favorable à la fermentation et à la décomposition putride; comme on le sait par ce qui se passe dans les lieux d'aisance et dans tous les dépôts de fumier d'où se dégage l'ammoniac, et où les corps organiques, animaux ou végétaux, sont rapidement détruits.

Et puis, comment se ferait cette désinfection? Supposons un travailleur dans les conditions les plus favorables à l'intoxication des marais qui engendrent les fièvres intermittentes et typhoïdes. Il creuse péniblement son fossé dans la vase et a sa pipe à la bouche; il en aspire et rejette aussitôt la fumée. La moindre agitation de l'air l'emporte; rien ou presque rien de cette fumée ne se mêle à l'air qu'il respire, et qui est le véhicule du miasme. Il ne peut donc pas y avoir de désinfection. D'un autre côté, l'absorption miasmatique est continue, et l'homme ne fume qu'à des intervalles comparativement fort rares : il ne saurait fumer toujours.

On ne pourrait non plus alléguer, pour soutenir cette théorie erronée, que la désinfection de l'économie sous l'influence du principe malsain, se fasse dans l'économie elle-même, où se rencontreraient le miasme et le principe prétendu désinfectant du tabac, pour se neutraliser l'un par l'autre, comme le feraient deux éléments chimiques.

Cette théorie de la puissance désinfectante du tabac pourrait avoir quelque raison pour la supporter, si le tabac était classé dans la catégorie des toniques, comme le vin, le café, par exemple. Son action fortifiante aiderait alors l'organisme à réagir sur le miasme délétère et à sortir victorieux de ces luttes qui s'engagent entre lui et le miasme, et qui se traduisent par ces fièvres brûlantes où, bien souvent, la vie finit par succomber.

Mais le tabac est un poison narcotico-âcre, c'est-à-dire stupéfiant, engourdissant les fonctions comme il engourdit le système nerveux, émoussant la vie, en un mot. Son action débilitante sur l'organisme ne peut donc que se joindre à l'action, comme lui toxique, des miasmes, et leur venir en aide pour abattre plus promptement les constitutions les plus robustes. C'est ce que l'expérience de tous les jours permet aux médecins de constater dans les grandes épidémies de nature miasmatique, qu'elles s'appellent choléra, typhus, malaria, dysenterie, *vomito negro* ou fièvre jaune. Ceux qui en sont les premiers atteints et qui y succombent avec le moins de résistance, sont les familiers de la pipe ou de la chique. Frappés simultanément par l'action du miasme et du tabac, ils n'ont plus dans leur constitution, doublement ébranlée, assez de force pour réagir contre la violence ou la longueur de la maladie, qui les tue de préférence à tout autre.

CHAPITRE XI

———

Maintenant que l'on sait que le tabac est le plus violent de tous les poisons végétaux, et que c'est par la plus étrange des erreurs et la duperie la plus niaise qu'on lui attribue, pour motiver son usage, des effets salutaires qu'il n'a pas, il sera facile de comprendre toute l'étendue des désordres qu'il jette dans la constitution physique et morale de l'homme, et par suite dans la société tout entière, dont l'homme n'est que l'élément constitutif, l'unité.

Nous avons reproduit, pages 113 et suivantes, le rapport académique et officiel du docteur Mélier sur les manufactures de tabac, envisagées au point de vue de l'hygiène de ces établissements. On y a vu les désordres que produit le tabac sur la santé de ces quantités considérables d'ouvriers, hommes, femmes, enfants, occupés tous les jours à travailler la plante favorite de la reine Catherine de Médicis pour la livrer, sous toutes les formes, au nez et au palais du consommateur. On doit considérer tous ces ouvriers comme les victimes de ses émanations plutôt que de son usage libre, volontaire et direct.

Cette catégorie d'infirmes diffère de la catégorie des consommateurs, en ce qu'elle demande à une industrie malsaine des moyens d'existence que lui donne un travail dangereux. Leur position, sous ce rapport, n'est pas sans mériter de l'intérêt. Le consommateur, au contraire, s'expose spontanément, sans nécessité, sans raison, aux ravages que des habitudes, volontairement contractées, peuvent causer dans sa santé. Il achète chèrement ses souffrances.

En exposant les désordres que l'usage du tabac amène dans notre organisation, nous passerons successivement en revue les organes sur lesquels il agit, soit par contact direct, soit par conséquence éloignée, de son absorption.

De là naissent deux genres distincts de lésions : les lésions organiques et les lésions fonctionnelles ou physiologiques.

Pour les lésions organiques, nous suivrons ses effets sur le nez, les yeux, la bouche, l'estomac, les intestins, le foie, le larynx, le poumon, le cœur, les reins, la vessie, l'appareil génital, la moelle épinière et le cerveau.

Pour les lésions fonctionnelles ou physiologiques, nous exposerons les troubles qu'il apporte dans la digestion, l'hématose, qui appartiennent à la vie animale ; et dans les fonctions plus élevées de la vie de relation : intelligence, moralité, génération.

Dans la longue série de lésions organiques et nerveuses que nous allons développer, nous ne prétendons pas dire qu'au lieu de prévenir et guérir toutes les maladies, chez un même individu, comme on le croyait autrefois, le tabac les engendre toutes. Non ! Mais ce que nous pouvons affirmer, c'est que tout amateur souffrira plus ou moins de son usage, dans un ou plusieurs points de son économie, suivant son idiosyncrasie, sa constitution particulière, son tempérament.

C'est-à-dire que l'organe et la fonction qui auront en eux quelque tendance à la faiblesse seront les premiers atteints par la subtilité du poison, et auront toujours à en souffrir.

Ainsi, par exemple, il attaquera chez l'un, le larynx ; chez l'autre, le poumon ; l'autre, le foie ; l'autre, l'estomac ; l'autre, le sang ; l'autre, l'intelligence ; l'autre, la mémoire, etc. Et c'est ainsi qu'il fera sentir à tout consommateur, sous les formes les plus diverses, que son influence délétère pèse sur lui.

Faut-il s'en étonner, quand nous savons par l'expérience de tous les jours combien notre organisme est sujet à se troubler, jusqu'à la maladie et la mort, sous l'influence des causes les plus légères: un changement de température en froid ou en chaud, un état de sécheresse ou d'humidité de l'atmosphère, un miasme qui altère la pureté de l'air et des eaux !

Si tous ces phénomènes, que l'on appelle en hygiène la constitution nosologique des différentes localités, réagissent sur le fonctionnement régulier de nos organes et sont pour un grand nombre d'individus incompatibles avec la santé, comment cet organisme si impressionnable à ces causes naturelles, qui engendrent les maladies les plus variées, pourrait-il se montrer réfractaire à l'agent le plus destructeur de la vie : le poison du tabac, dont nous faisons si inconsidérément usage ?...

Lésions de l'appareil olfactif et visuel.

Le tabac, introduit dans les narines par ce mouvement d'aspiration auquel on s'accorde à donner le nom de priser, vient, par la légèreté de sa poudre, se poser en couches plus ou moins épaisses, suivant l'avidité et la passion du priseur, sur la muqueuse olfactive, à l'aide des mucosités qui lubrifient constamment les anfractuosités nasales.

L'irritation que son contact produit sur cette membrane y appelle une sécrétion plus abondante de mucosités séreuses qui, glissant de proche en proche sur la poudre du tabac, filtrent au travers de ses couches. Le liquide, échauffé par l'irritation, se charge ainsi des principes solubles de la poudre et vient, en perles d'un jaune brun, pendre au bout du nez du priseur. C'est ce qui constitue ces gouttelettes qu'on appelle vulgairement *roupilles*.

Quand on est jeune et alerte, il y a une certaine coquetterie, surtout chez les dames, dans l'art d'essuyer la roupille et de la faire disparaître avec le mouchoir ou, à défaut, les doigts, avant qu'elle ne perle au nez, comme la goutte de sirop sur la spatule du confiseur. Mais les priseurs élégants et soigneux de leur toilette ont seuls le secret de ces petits talents de propreté. Ceux qui ont un peu plus de négligé et de bonhomie laissent ruisseler la roupille sur le devant de leurs vêtements, qui en reçoivent une teinture qui, comme chez les vieux procureurs de Molière, par exemple, contraste étrangement avec la blancheur primitive du jabot.

Ce vernis végétal, qui entraîne toujours avec lui une partie du tabac qui lui sert d'origine, se concentre dans les mucosités altérées qui coulent des narines ; et il pose sur toute la personne du priseur un cachet de malpropreté que rehausse une émanation *sui generis*, qui tient à distance respectueuse les profanes dont le sens olfactif ne connaît pas les délices parfumées de l'herbe de Nicot.

Tout cela ne serait encore qu'un faible inconvénient de la prise de tabac, sur lequel ferait passer volontiers la récréation que donne cette habitude. Mais l'agrément que l'on peut trouver dans ce singulier passe-temps ne s'achète d'abord qu'au prix d'un bien grand sacrifice : la perte plus ou moins complète du sens de l'odorat.

Chez le priseur, l'usage du tabac tanne et insensibilise la membrane olfactive, dans laquelle se répandent, en réseaux serrés, les nerfs qui président à l'odorat. Dans notre organisation, ce sens, profondément caché dans les anfractuosités des narines, ne paraît pas avoir, il est vrai, l'importance de la vue et de l'ouïe, ses voisins ; mais il n'en est pas moins un complément indispensable à tout être qui a le privilège de vivre.

C'est par l'odorat que nous arrivent ces impressions variées à l'infini qui, dans la grande scène de la nature, échappent à nos autres sens par la subtilité des agents qui les transportent. La création ne nous séduit pas seulement par la grandeur et la beauté de ses formes, par la richesse de ses couleurs, par les douces harmonies de ses bruits; elle nous charme encore par la suavité de ses parfums, que l'odorat a pour mission de recueillir: comme l'œil, la lumière; l'oreille, le son.

Envisagé sous ce seul point de vue, l'odorat ne serait qu'un sens de luxe, dont on croirait peut-être pouvoir se passer en lui substituant une passion; mais il a, chez tous les êtres, un rôle plus important à remplir. Il préside à la nutrition de l'individu et veille à sa conservation. C'est par l'odorat que nous viennent ces émanations de l'aliment qui provoquent et stimulent notre appétit; qui nous font accepter les substances qui conviennent à notre entretien et rejeter celles qui lui seraient nuisibles. C'est l'odorat qui nous guide pour vivre dans des milieux où nos poumons respirent un air pur et vivifiant, et qui nous fait fuir les lieux où des miasmes délétères empoisonneraient notre organisme, si nous persistions à y demeurer.

L'affaiblissement, la perte de l'odorat sont donc les premières conséquences de l'habitude de priser.

Alors la physionomie s'altère, elle perd de sa mobilité; la vie semble avoir perdu un degré de sa puissance et de sa manifestation; un voile d'hébétude assombrit les traits. L'absence du sens de l'odorat se lit dans l'expression de la figure, comme la perte de la vue ou de l'ouïe. L'aveugle et le sourd reflètent la mélancolie et la tristesse des ténèbres ou du silence éternels qui les enveloppent; le dépossédé de l'odorat a cet aspect sombre et chagrin que donne le narcotisme qui engourdit et paralyse nos sens.

La fluxion chronique que le tabac à priser détermine sur la membrane muqueuse qui tapisse les narines, amène le gonflement et l'infiltration de cette membrane. Par là, l'ouverture affectée au passage de l'air se trouve rétrécie et devient insuffisante à entretenir la respiration. Alors, les lèvres s'écartent, les mâchoires s'ouvrent pour les besoins de la respiration; le menton s'abaisse, il est comme pendant: ce qui donne aux priseurs consommés un aspect qui tient à la fois de la bonhomie et de l'hébétude.

La voix s'altère ; elle devient gutturale et comme étranglée, parce qu'elle ne peut pas s'étendre, comme dans un tambour, dans les cavités nasales, qui ont pour objet de la développer et de la rendre sonore. Les priseurs sont aussi, par ce fait de l'obstruction des narines, de remarquables ronfleurs ; ce qui en fait, avec les émanations de tabac que distille leur haleine, des voisins peu agréables pour leurs compagnons de nuit.

Chez les priseurs, surtout ceux dont la constitution est favorable à la production ou à l'entretien des plaies et des ulcères, la membrane nasale, qui a été longtemps le siège d'une fluxion artificielle, devenue maladie, se creuse de petits points de suppuration dont la profondeur ne tarde point à arriver jusqu'à l'os. De là vient la carie ou la mortification des petites lames osseuses et cartilagineuses qui se multiplient, en forme de sillons, pour servir au développement et au support de la puissance olfactive. Ces os et ces cartilages se dénudent, comme par un ulcère rongeur, qui les détache parfois en fragments plus ou moins volumineux.

Les cornets nasaux sont les premiers à tomber. La narine, primitivement obstruée, devient alors plus libre ; mais la carie se propage aux parties plus profondes et à des os plus durs, qui ne tombent plus. Ils macèrent, comme des éponges, dans les humeurs chargées de tabac dont sont constamment pleines les narines, et donnent à l'haleine une odeur de putréfaction qui a le nom d'*ozène*.

Les malheureux qui sont atteints de cette dégoûtante infirmité sont appelés *punais*, mot qui est une abréviation de puant du nez. Ils sont, pour ceux qu'ils approchent, l'objet d'un dégoût qu'on leur fait à chaque instant sentir par les démonstrations les plus involontaires. Et l'aversion qu'ils causent empoisonne encore plus malheureusement leur trop triste existence, qui s'éteint dans les langueurs désespérantes d'une maladie incurable.

L'influence maladive que le tabac produit sur les organes et sur le sens de l'odorat, ne tarde pas à s'étendre aux organes et au sens de la vue, par la continuité des membranes muqueuses qui entrent dans leur conformation anatomique et par le voisinage et la sympathie des nerfs qui président à ces deux fonctions.

L'œil communique avec le nez par les points lacrymaux et le canal nasal. Les points lacrymaux sont de petites ouvertures, de petits canaux creusés à l'angle interne des paupières, en haut et en bas. C'est par ces canaux que s'échappent les liquides que sécrètent les glandes lacrymales, pour lubrifier le globe de l'œil, qui, sans cette source perpétuelle de larmes, se dessécherait jusqu'à l'atrophie. Ces liquides, toujours en excès, trouvent ainsi leur écoulement dans le nez, où ils pénètrent par le canal nasal et viennent s'épancher dans les sinuosités des narines, où ils s'évaporent par le courant d'air continuel qui pénètre ces cavités pour la fonction de la respiration.

Quand la membrane pituitaire a été irritée et gonflée par le tabac, cette irritation et ce gonflement gagnent, de proche en proche, par la loi d'irradiation et d'extension des inflammations dans les membranes muqueuses : ils cheminent ainsi vers la conjonctive de l'œil. L'œil devient rouge. Le priseur se croit alors atteint d'une ophthalmie qu'il ne manque pas d'attribuer aux humeurs de son tempérament, et il se sent heureux d'avoir devancé la manifestation de la maladie par l'habitude de priser, qu'il croit être le souverain remède à cette malencontreuse affection de ses yeux; sa vue se trouble, et il prise plus que jamais pour l'éclaircir.

Égaré par les préjugés et les fausses croyances qui s'attachent au tabac, il cherche dans la panacée le remède à une affection dont elle a seule été la cause, et qui s'entretient et s'aggrave par l'usage abusif de la prise, qui devrait la guérir.

Alors les yeux et le nez ne font plus qu'une fontaine que les mouchoirs ne suffisent plus à tarir. L'inflammation de la conjonctive est devenue chronique et constitutionnelle ; les paupières boursouflées se renversent et étalent d'une façon attristante leur bordure écarlate à la place des cils, que la fluxion a détruits.

Les points et les conduits lacrymaux, rétrécis ou fermés par le boursouflement de leur membrane muqueuse, se refusent bientôt à laisser pénétrer les larmes et les liquides qui proviennent de l'œil. Alors de nouvelles scènes de maladies commencent : les liquides s'échappent des paupières et coulent le long des joues, qui se gercent sous l'impression de leur action irritante. C'est l'épiphora. Sur le passage de ces liquides naissent parfois des boutons de mauvaise nature, qui s'ulcèrent ét revêtent tous les caractères des affections cancéreuses.

Une des conséquences très ordinaires de l'oblitération des conduits lacrymaux est la fistule lacrymale. Les larmes, ne pouvant pas pénétrer jusque dans les fosses nasales, s'arrêtent, après avoir franchi les points lacrymaux, dans le sac lacrymal qui se trouve sous la peau, à la réunion de l'angle interne de l'œil avec la racine du nez. Elles forment, dans ce sac qu'elles dilatent à la longue, comme un petit abcès qui s'ouvre de lui-même, par l'amincissement de la peau. Il donne un écoulement continu de matière moitié pus, moitié larmes; c'est la fistule lacrymale, dans tout ce qu'elle a de gênant et de disgracieux. Elle nécessite toujours une opération chirurgicale, dont le succès est le plus souvent entravé par l'état de désorganisation où l'usage du tabac a réduit tout l'appareil olfactif.

A côté de tous ces désordres matériels et organiques, produits par le tabac à priser sur l'appareil de la vue, il est une autre lésion infiniment plus grave, qui en est la conséquence physiologique et éloignée : c'est la paralysie.

Comme tous les poisons narcotico-âcres, le tabac à priser a deux effets sur l'organisme : un effet irritant et caustique, qui agit sur les tissus sur lesquels il s'applique; et un effet stupéfiant, qui se produit sur le système nerveux qui pénètre ou avoisine ces tissus. C'est ainsi que nous l'avons vu produire d'abord l'irritation, le gonflement, la suppuration de la membrane olfactive ; puis l'anéantissement du sens de l'odorat résidant dans cette membrane.

Le priseur, sous l'influence narcotique du tabac, éprouve des maux de tête. N'en connaissant pas la cause véritable, il cherche à s'en débarrasser en forçant l'usage du tabac, qu'il considère, toujours par la plus abusive des erreurs, comme le moyen le plus propre à le débarrasser de ce qu'il appelle ses migraines. Le siège de ces migraines est dans les sinus frontaux, larges cavités dépendantes du sens de l'odorat, et creusées dans l'os frontal, au-dessus du sourcil et de la racine du nez.

L'influence stupéfiante du tabac dans les narines gagne de proche en proche les sinus frontaux, et n'a plus qu'un pas à faire pour arriver à l'œil. Alors les paupières s'appesantissent ; on éprouve un besoin impérieux de les frotter avec les mains, pour ranimer l'engourdissement des muscles qui les constituent et règlent leurs mouvements. La lumière fatigue l'œil, des étincelles de feu, des mouches volantes passent comme des ombres insaisissables au-devant des rayons visuels. Ce sont les symptômes avant-coureurs de l'amaurose, ou goutte sereine. L'ombre et le brouillard se substituent bientôt à la pureté de la lumière ; quelques années de plus, et le brouillard et l'ombre, qui sont encore l'usage de la vue en action, mais considérablement affaiblie, cèdent la place aux ténèbres. Le tabac a fait un aveugle de plus. Aveugle bien avant le terme où les sens s'engourdissent et s'éteignent par l'effet de l'âge ; aveugle qui doit pendant longtemps promener dans la vie du monde sa cécité irrémédiable ; car son infirmité n'est pas la cataracte, qui voilerait ses yeux d'un nuage matériel et passager, que la chirurgie enlève en rétablissant la vue ; c'est la paralysie, la mort pour toujours de la rétine, cette toile nerveuse où viennent se peindre, au fond de l'œil, les objets dont l'impression se transmet au cerveau par le nerf optique, comme la lumière impressionne les plaques sensibles dans les appareils photographiques de Daguerre.

Tous les auteurs qui ont écrit sur les maladies des yeux s'accordent à reconnaître le tabac comme une cause puissante de l'amaurose. C'est ce qu'a constaté surtout le docteur Sichel, médecin spécialiste, qui a publié, il y a quelques années, des exemples remarquables d'amaurose qu'il n'hésite pas à attribuer aux effets du tabac.

Le docteur Hutchinson, chirurgien du grand hôpital de Londres, a pu également constater la fréquence de l'amaurose sur les individus adonnés au tabac. Sur trente-neuf cas d'amauroses bilatérales, exemptes de toute lésion organique appréciable, il a pu compter vingt-trois consommateurs de premier ordre, quatre de second ordre et douze dont il n'a pu avoir que des renseignements incomplets ou équivoques à l'égard du tabac. (*Gazette hebdomadaire* du 20 novembre 1863.)

Les affections du nez et des yeux, telles que nous venons de les décrire, sont, de nos jours, beaucoup plus fréquentes chez les femmes que chez les hommes. Cela tient à ce que les hommes ont, depuis plus d'un demi-siècle, une tendance de plus en plus prononcée à quitter la prise, trop enfantine et trop modeste, pour la pipe, le cigare et la chique, qui les posent mieux, les parent mieux, conviennent mieux à leur sexe, les font plus mâles, en un mot. Ils laissent la prise au beau sexe, comme ils lui ont déjà cédé le pendant d'oreille et la coquetterie de la coiffure.

Cette prise, que les hommes d'aujourd'hui ne savourent plus, qu'ils allaient laisser perdre dans l'oubli et le dédain, après qu'elle a fait les beaux jours des gentilshommes, des abbés, des procureurs, des gens de lettres, jusqu'au plus modeste des artisans, les femmes l'ont religieusement recueillie, comme l'héritage d'un culte qu'il fallait conserver.

La prise se tolérerait encore comme distraction, comme manie, chez les vieilles femmes, où les catarrhes qu'elle engendre pourraient, jusqu'à un certain point, être mis sur le compte des années ; mais ce que l'on ne conçoit pas, c'est que de jeunes filles, de jeunes femmes, dans toute la fraîcheur de la vie, consentent, pour une futilité, une imitation, une singerie, à substituer à la pureté de leur haleine, qui est le premier de leurs charmes, les vapeurs âcres et nauséabondes que le tabac échauffé laisse exhaler de leurs narines, comme un talisman qui les préserve, sans qu'elles s'en doutent, de toute entreprise galante contre leur candeur.

Ah ! si les jeunes filles savaient ce que l'avenir cache pour elles de désagréments, d'aversions, de dégoûts et d'infirmités, dans ce petit morceau de papier où elles prennent en cachette leurs premières prises de tabac ; si elles savaient qu'il en sortira plus tard une habitude malpropre, imposée par un besoin impérieux, elles ne joueraient jamais à cet enfantillage, qui ne peut répandre que de l'amertume sur toute leur existence.

Elles s'en garderaient à jamais, si elles avaient la conscience des dégradations rapides que le tabac produira dans leur jeune organisation et sur leur état moral.

Elles qui sont si fraîches, si coquettes, si propres, qu'elles se regardent un instant, dans un court avenir, changées avant le temps en vieilles femmes aux yeux rouges, à la voix rauque et nasillarde, à l'haleine repoussante, à l'imagination et aux sens obtus ; n'ayant pour toutes préoccupations que trois choses : une boîte à tabac, des lunettes et un mouchoir de poche toujours humide, toujours fermentant de mauvaises odeurs. Et ce tableau réel, dont on retrouve les types dans la majorité des femmes qui prisent, sera pour elles le meilleur préservatif contre la funeste habitude du TABAC.

Indépendamment de tous ces désordres que le tabac à priser produit directement et ostensiblement sur les sens et les organes de l'odorat et de la vue, il en est d'autres plus éloignés que son absorption odorante, miasmatique, s'opérant par les narines et le poumon, détermine dans les grandes fonctions de l'organisme.

Le priseur n'est pas plus exempt que le chiqueur et le fumeur des dégradations qu'amène en lui le Nicotisme : état maladif, constitutionnel, héréditaire, auquel nous consacrerons plus loin tous les développements que mérite cette dégénérescence physique et morale, toute volontaire et toute récente, de l'humanité.

La grande catégorie des priseurs ne se rencontre plus guère aujourd'hui que chez les femmes, surtout chez les Françaises, qui semblent déroger, par cette étrange habitude, à la réputation de bon goût et de coquetterie qu'elles ont acquise dans tout le monde civilisé.

La chique, au contraire, semble récolter à son bénéfice, parmi les hommes, une partie des faveurs que la prise a perdues auprès d'eux. C'est que la chique, comme la prise, est facile à cacher. Elle ne demande qu'un tout petit coin dans la bouche; elle s'y loge si discrètement que c'est à peine si elle y gêne la parole.

Chez beaucoup de consommateurs de tabac, il semble qu'il y ait un sentiment de honte ou de retenue qui leur fait comprendre qu'il y a, dans l'habitude qu'ils pratiquent, quelque chose de mauvais, qui convient mal à leur dignité ou à leur nature, et qu'ils dissimulent autant qu'ils peuvent, comme on ferait d'un vice ou d'un défaut.

La chique, sous ce rapport, a son bon côté; si elle recèle quelque chose de nuisible et d'offensif, ça ne peut être que pour celui qui en fait usage. Elle n'a pas l'inconvénient d'incommoder le voisin comme les émanations ozéniques que la prise fait exhaler des narines; comme la fumée âcre, piquant à la gorge, qu'engendrent la pipe et le cigare. Il y a bien ce déluge incessant de liquides jaunâtres, dont le chiqueur inonde sans gêne tous les lieux qu'il fréquente; il ne peut pas les loger dans le mouchoir, au fond de sa poche, comme le priseur loge sa roupille, dont la source est moins abondante.

En attendant que le génie de l'invention ait créé un petit appareil portatif à l'usage spécial du chiqueur, pour recevoir le superflu de ces sécrétions salivaires qu'il ne saurait sans danger restituer à son estomac, le crachoir est devenu l'indispensable de tous les salons où l'on tient à conserver la fraîcheur des tapis ou le brillant des parquets.

La chique, par la simplicité pratique de son emploi, tend fortement de nos jours à se substituer à la prise et à la pipe, comme variété de procédé de consommation du tabac; elle masque davantage les inconvénients pratiques de l'habitude. Elle n'a rien de prétentieux, elle ne s'offre pas comme la prise et le cigare, à qui l'on fait souvent l'affront de les refuser avec un dédaigneux : *Merci, je n'en use pas.* Il n'est pas rare pourtant de voir, dans certains milieux, des amateurs se passer cordialement la chique déjà pressurée par la mastication et plus ou moins usée.

L'amateur y trouve aussi un bien grand allégement dans tout le matériel portatif dont se charge le fumeur : la blague à tabac, la pipe, le briquet, l'amadou, les allumettes, se trouvent avantageusement remplacés par un petit rouleau de tabac, en forme de bâton de réglisse, dans lequel mord le chiqueur; et tout est fini, son bonheur commence. Pendant une heure, si cela lui plaît, il retourne, mâchonne sa chique; il est heureux, il a fait sa petite affaire tout seul, sans avoir eu recours à personne.

Le fumeur, au contraire, ouvre sa blague à tabac, charge sa pipe, la mord entre les dents, fouille sa poche... pas d'allumettes!... Il ne peut pas fumer, il est malheureux; il court au-devant de tous les hommes qu'il voit, en quête d'un peu de feu. Il aperçoit de loin un monsieur avec un cigare à la bouche; c'est une espérance; il l'aborde : « Monsieur aurait-il l'obligeance de me donner du feu? » O comble de la déception! ce monsieur est lui-même en quête d'une allumette. Que de temps se perd, que de travail se retarde dans ce petit détail si futile en apparence de la recherche d'un peu de feu d'où dépend la satisfaction qu'on attend de fumer!

C'est peut-être pour cette raison que la chique a trouvé ses plus zélés partisans sur la terre d'Amérique, où la valeur du temps se traduit proverbialement par ces mots : *Time is money, dollar is King* (le temps c'est l'argent, et le dollar est roi).

Et comme aujourd'hui encore les dilettanti de la mode sont très bien disposés à accueillir toute innovation excentrique qui leur vient d'Amérique, on pourrait presque affirmer que le travers privilégié de la grande république du Nouveau-Monde sera, avant qu'il soit longtemps, le bienvenu en France, où il jouira de toutes les faveurs du bon ton.

La chique républicaine est appelée à détrôner la bouffarde, qui a dû ses beaux jours surtout au second empire. Y règnera-t-elle longtemps? Si l'on ne consultait que la dignité humaine, le bon sens, l'hygiène, on répondrait : Assurément non! Mais quand il faut compter avec les préjugés, l'ignorance, le fanatisme des erreurs populaires, c'est à désespérer de tout. Une génération qui s'endort dans les ténèbres de la routine et des fausses croyances, est bien longue à se réveiller à la lumière de la vérité, de la raison et du progrès.

Plus que les priseurs et les fumeurs, les partisans de la chique doivent croire aux bienfaits salutaires et aux vertus curatives du tabac. Car, en dehors de ces croyances, où trouveraient-ils un motif de tenir en macération dans leur bouche, durant une partie notable de leur existence, la panacée indienne de la bonne reine Catherine de Médicis?

On peut dire de la prise, de la pipe et du cigare que, s'ils ne sont pas des articles de santé, ils sont au moins des sujets de distraction, de passe-temps; une coquetterie ou un luxe que l'on aime à afficher, par un sentiment naturel à notre humaine faiblesse. Mais la chique ! Elle se cache, comme je l'ai déjà dit, modeste et presque honteuse, dans une bouche qui la rumine silencieusement, comme certains herbivores ruminent l'aliment qu'ils ont déjà mangé. On s'en sature gloutonnement.

La membrane muqueuse de la bouche absorbe l'ivresse

que la nicotine répand abondamment dans le bain de salive où la chique est constamment plongée.

Et cette sensation enivrante, dans laquelle le chiqueur croit trouver une raison de santé ou une jouissance solitaire, produit en lui tous les désordres du nicotisme ; peut-être encore avec plus d'énergie que ne le ferait l'usage du tabac en fumée, car le chiqueur met dans la satisfaction de sa passion bien moins d'intermittence que le fumeur.

Lésions de l'appareil digestif.

Le tabac, qu'on le chique ou qu'on le fume, a une action immédiate et directe sur les gencives et sur les dents. L'âcreté du jus de la chique ou de la fumée de la pipe ou du cigare entretient dans toute la muqueuse buccale, et surtout sur le bord libre des gencives, une irritation chronique, qui donne à ces parties une teinte lie de vin, au lieu de la teinte rose qui leur est naturelle. Cette couleur est due à l'altération que la nicotine produit par endosmose sur le sang qui circule dans les vaisseaux capillaires qui rampent sous l'épithélium ou l'épiderme de la membrane muqueuse.

Nous avons vu, en effet, que, dans les expériences faites sur les animaux avec la nicotine, leur sang s'épaississait et tournait au noir, comme chez les cholériques. Ce sang, ainsi altéré, circule difficilement dans les vaisseaux qui le contiennent. Les veines qui sont les plus superficielles deviennent variqueuses ; elles se gonflent ; les bords des gencives, autour des dents, se boursouflent ; ils deviennent spongieux et saignent avec une grande facilité, et à la moindre succion qu'on opère à l'aide des lèvres. Toute la bouche a un aspect scorbutique ; elle exhale une odeur *sui generis* de fraîchain, ou de chair malade en voie de décomposition.

L'irritation ne tarde pas à s'étendre par rayonnement à la membrane alvéolaire, qui sert de trait d'union entre les dents et l'os. Les dents meurent dans un état de langueur chronique. Alors elles flottent et tremblent comme des corps étrangers dans les alvéoles qui se remplissent sous elles, les poussent au dehors et les rejettent. Elles tombent sans avoir occasionné à peine quelque douleur, et souvent sans présenter aucun signe d'altération dans leur substance.

Quand les dents ne tombent pas ainsi en entier, elles tombent par morceaux. L'action âcre et caustique du tabac produit sur elles l'effet des huiles empyreumatiques : l'essence de girofle ou la créosote, par exemple, que l'on met dans le trou d'une dent cariée pour arrêter la douleur. Toutes les dents, malades ou saines, que touchent ces essences, jaunissent, comme si la substance les avait décomposées en les pénétrant. Elles ne tardent pas à tomber, brûlées dans leur couronne, qui se gerce de tous côtés, ne laissant plus que leurs racines au fond de l'alvéole.

C'est ce qui arrive tous les jours à ceux qui emploient sans discernement ces huiles essentielles, pour se soulager d'un mal de dent. A leur grande surprise, ils voient, après quelques semaines, que non seulement la dent cariée a disparu, mais qu'avec elle disparaissent graduellement et par morceaux bon nombre de dents qui étaient fort saines avant l'application du remède.

Les ravages que le tabac produit sur les dents ont pour effet secondaire d'agir défavorablement sur la digestion, qui est, sans contredit, la fonction la plus importante et la plus compliquée de notre économie.

Dans la grande conception qui a organisé les êtres vivants, l'homme surtout, un plaisir s'attache toujours, pour y pousser instinctivement la créature, à toute fonction nécessaire à son entretien, comme individu, et à sa reproduction, comme espèce. Aussi la digestion, en alimentant notre existence, nous donne des jouissances matérielles que nous ne savons bien apprécier qu'alors que nous en sommes privés par les troubles maladifs survenus dans les organes qui l'accomplissent.

Nous ne souffrons pas seulement des douleurs de nos dents malades, qui sont les plus vives qui puissent affecter notre sensibilité. Les dents malades se refusent surtout à mâcher l'aliment, à nous le faire savourer, en lui donnant dans la bouche cette première préparation qui le divise, le broie, comme par une opération mécanique, indispensable à la grande transformation chimique et vitale qu'il va subir dans l'estomac d'abord, et ensuite dans l'intestin.

Si l'aliment est mal divisé, le travail pour l'estomac devient plus compliqué ; il a plus à faire. Et c'est ce surcroît d'activité ou de fatigue que nous désignons sous le nom de digestion difficile.

Une digestion difficile est une véritable maladie. L'homme qui digère mal perd, pendant les longues heures où son estomac lutte contre l'aliment, toutes ses énergies. Activité physique, vigueur morale, puissance intellectuelle, tout est engourdi chez lui ; il est sous la noire pression de l'hypocondrie. Son estomac, qui devrait faire sa joie par un repas bien savouré, bien digéré, fait son supplice. Rien n'est plus triste au monde, plus maussade qu'un dyspeptique ; et la dyspepsie a le plus souvent pour cause l'absence ou le mauvais état des dents.

Combien ne voit-on pas tous les jours par le monde de ces fumeurs et chiqueurs, édentés par l'effet corrosif du tabac, et qui demandent encore à la cause unique de leurs maux, la pipe ou la chique, un soulagement contre les douleurs de leur bouche, et un stimulant contre ce qu'ils appellent la paresse de leur estomac !

C'est qu'en effet, sous l'influence narcotique du tabac, les nerfs engourdis de la bouche n'en rapportent pas les douleurs au cerveau. Mais si la douleur est momentanément suspendue, elle revient bientôt quand le narcotisme cesse. Et, par la même raison, si les angoisses de la dyspepsie sont moins senties, ses effets n'en sont pas moins constants et destructeurs.

Et c'est ainsi que, pour se soustraire à des infirmités que la seule suppression de l'usage du tabac suffirait, le plus souvent, à guérir, les consommateurs, égarés dans un cercle vicieux où ils tournent sans cesse, sans avoir le courage d'en sortir, ajoutent tous les jours de nouveaux maux à leurs maux, abrègent leur existence, sans qu'ils puissent dire en s'éteignant que les quelques jouissances contre nature et factices que leur a procurées le tabac, aient compensé en rien l'amertume dont il a été la cause originelle, et qui a empoisonné toute leur vie.

Si le tabac altère les dents et flétrit la fraîcheur de la bouche, qui n'a plus que des émanations fétides que tout l'art de la parfumerie est impuissant à corriger, il émousse aussi la finesse du goût, qui réside dans la langue et le palais. Les nerfs qui servent à ce sens s'engourdissent par le narcotisme, et se blasent par les fortes impressions que leur donne la fumée âcre et brûlante de la pipe et du cigare. Ils deviennent insensibles aux sensations légères, si variées, que leur apportent les mille nuances de l'aliment.

Pour ces palais obtus, c'est en vain que la nature harmonise, pour nous les rendre agréables, les saveurs de ses produits; c'est en vain que l'art culinaire crée des raffineries qui flattent notre goût et réveillent notre appétit. Tout est comme insipide pour eux; et la saveur de l'aliment passerait inaperçue sur leurs membranes muqueuses, si elle n'était relevée par un surcroît d'assaisonnements : sel, poivre, moutarde, vinaigre et alcool, voilà à peu près les seules substances palatables dont l'impression puisse être sentie. En dehors de là, tout ce que l'on mange a le même goût, ou, pour mieux dire, n'a goût de rien.

L'estomac et l'intestin, quoique passablement éloignés du point d'action directe du tabac, la bouche, n'en ressentent pas moins ses effets délétères. La première impression que produisent la chique, la pipe ou le cigare, sur un estomac neuf, qui n'a pas encore été cuirassé par l'habitude, c'est la nausée, cet avertissement instinctif de l'organisme, qui fait que nous nous abstenons des objets qui la provoquent, que nous les repoussons comme devant être nuisibles à notre conservation.

Si, malgré ce premier avertissement, le débutant, qui veut s'initier aux délices problématiques du tabac, tire quelques bouffées de plus, son estomac et ses entrailles se révoltent ; des douleurs vagues et profondes amènent des vomissements convulsifs, qui n'ont d'analogues que dans les empoisonnements. C'est qu'en effet le néophyte est sous l'influence d'un des poisons les plus redoutables, un narcotico-âcre, de la famille sinistre des solanées.

Et si, arrivé à ce degré d'anéantissement de lui-même, quand la pâleur décompose son visage, quand ses yeux se voilent, quand une sueur froide mouille son corps qui va s'affaissant sur lui-même, il avait la volonté et la force de continuer encore à fumer, il finirait bientôt son suicide. Mais ce n'est pas la mort qu'il recherche dans le tabac, qui est tout prêt à la lui donner, s'il veut prendre en infusion, tout d'un trait, ce qu'il absorbe si confiant, par petites fractions, en fumée. Il est encore aux illusions de la vie, et va se heurter contre une de ses erreurs, en essayant à faire comme les autres qui lui disent, qu'en persévérant en ce qui lui paraît si mauvais aujourd'hui, il trouvera, demain, le plaisir, la santé et la force. Et pourtant, il y trouve longtemps la nausée, l'aversion et les défaillances les plus accablantes.

Mais ici l'amour-propre devient le complice de l'ignorance, des préjugés et de l'erreur. Et pourquoi ne ferait-il pas comme les autres ? Il ne veut pas paraître moins fort qu'eux de volonté et de tempérament. Et, après tout, si le tabac rend malade, il ne tue pas. Et il fume, fume encore, fume toujours, repoussant les bons conseils de ses instincts et les avertissements de son estomac, pour ne suivre que les folies de ses erreurs ou de son caprice.

Si l'estomac paraît se résigner à l'état si anormal et contre nature que lui a imposé l'habitude, il a toujours quelques protestations à manifester et à faire comprendre. Il boude contre l'aliment qu'il ne digère plus bien, parce qu'on lui enlève, à tout instant, une partie de ses moyens et de sa puissance : les sucs gastriques et la salive qui, sous l'influence irritante du tabac, inondent la bouche et sont imprudemment rejetés au dehors, au lieu de servir à détremper et dissoudre les substances qu'ils doivent convertir en chyme et en sang.

Alors survient la dyspepsie, dont nous avons parlé plus haut, à l'occasion des altérations de la bouche ; la gastrite chronique, le vomissement nerveux, le pyrosis ou fer chaud, le cancer du pylore, la constipation (1), les engorgements squirrheux du mésentère ; triste cortège de maladies qui accompagnent le plus souvent les fumeurs et les chiqueurs jusqu'à la tombe.

Les statistiques médicales établissent que les affections cancéreuses sont beaucoup plus fréquentes chez l'homme que chez la femme. Cela tient au cancer de l'estomac, qui, chez l'homme, est de 53 p. 100 plus fréquent que chez la femme, ainsi que l'a constaté le docteur Bergeron, sur sa statistique des décès du IIIe arrondissement municipal de Paris.

Cette grande différence, en faveur de la femme, n'a d'autre cause qu'en ce qu'elle ne fume pas.

Il est une catégorie d'amateurs à esprit fort, à conviction robuste, qui se pique d'amour-propre de ne pas cracher en fumant. Ils posent comme une exception dans la grande famille des consommateurs ; et, quand on leur dit que fumer épuise, ils vous répondent avec un ton de satisfaction d'eux-mêmes :

---

(1) La constipation est parfois si grande que l'intestin se couvre intérieurement d'une croûte de matière formant un tube solide et creux, dont l'épaisseur augmente de plus en plus, jusqu'à l'oblitération du passage ; c'est ce qui constitue la classe la plus malheureuse des nicotinés hypocondriaques.

« Mais moi je ne crache pas. » Que font-ils alors de la salive en excès que le tabac appelle dans leur bouche? Ils l'avalent ou ils la gardent jusqu'à ce qu'elle soit absorbée par la membrane muqueuse buccale. Eh bien, par leur procédé, qu'ils croient une perfection dans l'art de fumer, ils remplacent un mal par un autre plus grave. Ils ne perdent pas de salive, il est vrai, mais ils absorbent une quantité beaucoup plus grande du principe toxique en dissolution; ils ne font donc que perdre au change. En résumé, la santé du fumeur ou du chiqueur qui crache, est beaucoup moins exposée que s'il ne crachait pas.

Un des organes de l'appareil digestif qui a le plus constamment à souffrir des effets du tabac, c'est le foie. Le narcotisme, passager si l'on veut, mais plusieurs fois répété dans la journée, que produit l'absorption de la nicotine, amène dans le travail de cette énorme glande une perturbation telle, que la double sécrétion dont elle est chargée, la bile et le sucre, ne peut plus s'accomplir dans un ordre normal.

Le foie reçoit, pour fabriquer ces deux principes, des éléments liquides que lui apporte abondamment la circulation. Pour qu'il se trouve à la hauteur de sa fonction, il faut qu'il élabore ces liquides avec la même activité qu'ils lui sont apportés; en un mot, il faut que cette usine organique et vitale rende, en un temps donné, autant de produits fabriqués qu'elle reçoit de matières premières; sans cela, il y a encombrement, obstruction dans les laboratoires mystérieux de cette large substance.

De cette obstruction naît l'hépatite chronique. Le foie augmente de volume et de poids. Ce volume et ce poids donnent une sensation de gêne qui n'est pas de la douleur, mais qui agace par sa persistance et toutes les positions qu'il faut chercher à prendre pour tâcher de la faire disparaître.

La bile séjournant trop longtemps dans les canaux qui la sécrètent, s'y épaissit, y forme des grumeaux, puis des calculs qui donnent, avant d'arriver dans le canal digestif, de ces douleurs hépatiques si désespérantes.

C'est à cet état particulier du foie qu'il faut attribuer cette teinte grise, comme terreuse, de la peau et surtout de la face des personnes qui absorbent les émanations de tabac, état si bien constaté par le rapport académique du docteur Mélier sur l'hygiène des manufactures de tabac, que nous avons reproduit page 113 et suivantes.

Ces altérations de la peau et du teint se remarquent, d'ailleurs, dans tous les empoisonnements chroniques par absorption miasmatique. Qu'on remarque, pour s'en convaincre, ces faces blêmes, maladives, jaune paille des gens qui habitent certains quartiers malsains des villes ou qui exercent des industries insalubres. Qu'on se rappelle surtout ces changements qui s'opèrent avec la régularité des saisons chez les habitants des régions marécageuses. Lorsque les chaleurs de l'été dégagent de la terre les vapeurs méphitiques de leur pays humide, ils prennent ces teintes jaune citron, qui expriment l'appauvrissement de leur santé et dénotent des troubles bilieux auxquels succèdent bientôt les angoisses de la fièvre, qui dure tant que la saison froide ne viendra pas supprimer les émanations empoisonnées, cause de tous ces ravages.

Cet état morbide du foie, devenu permanent chez le consommateur de tabac, change son caractère, et fait bientôt d'un homme primitivement gai et bon, un mélancolique, un méchant, un sournois, un hypocondriaque, enfin.

Plus loin, quand nous traiterons des effets généraux du nicotisme, nous dirons tout ce que l'hypocondrie, qui en est un des accidents les plus ordinaires, jette de déception et de dégoût dans la vie de l'individu ; de misères, de désespoirs et de hontes dans les familles ; de désordres dans la société ; d'hésitations dans la justice. Car l'hypocondrie est la grande pépinière des excentriques, des originaux, des criminels ; de tous ces types d'hommes, en un mot, à nuances si variées, qui tiennent à la fois de la raison et de la folie, et que la science moderne appelle des fous lucides.

Lésions de l'appareil respiratoire.

Du côté des organes de la respiration, combien ne constate-t-on pas de désordres chez les personnes qui font un usage constant du tabac? D'abord c'est le pharynx qui s'irrite et se dessèche, sous l'impression de la plante narcotique; car elle prend à la gorge et y cause un sentiment de constriction qui est un symptôme constant et caractéristique de tout empoisonnement par les substances végétales âcres.

Cet état du pharynx et de l'arrière-gorge tient les fumeurs et les chiqueurs dans un besoin continuel de boire, qui en pousse un si grand nombre à l'intempérance et à l'abus des boissons alcooliques ou fermentées.

Du pharynx, l'irritation rayonne sur la glotte et le larynx. Un sentiment incommode de titillation provoque une petite toux sèche, qui est souvent un avant-coureur de la phtisie laryngée, à laquelle succombent un si grand nombre de jeunes fumeurs.

La *voix s'altère*; elle n'a plus ni timbre, ni extension; elle est criarde et fatigante. Et c'est ce qui fait qu'aujourd'hui nos tribunes parlementaires, nos barreaux, ne produisent plus d'orateurs; que l'on n'entend plus autant le chant du travailleur dans l'atelier; que, le soir, les solitudes de la nuit ne sont plus égayées par des chœurs de jeunes gens, unissant, dans les accords de leurs voix, le sentiment et l'art. C'est ainsi qu'on n'entend plus de grandes voix qui dominent le bruit des grands exercices militaires, et que, sur nos champs de manœuvres, le clairon strident a remplacé la voix mâle et sonore d'un commandant ou d'un officier instructeur.

Le poumon est, de tous nos organes, celui qui est le plus souvent et le plus directement affecté par l'action du tabac. En effet, le principe narcotique irritant lui arrive et le pénètre par une double voie : les canaux aériens ou les bronches, et le système capillaire sanguin qui, par leur union inextricable, au milieu d'un parenchyme spécial qui leur sert de support, constituent presque la substance même de l'organe.

L'air atmosphérique pénétrant dans les bronches entraîne avec lui la fumée du tabac, soit qu'elle se dégage à l'air libre, soit qu'elle se trouve concentrée dans les appartements et les estaminets où se réunissent plusieurs amateurs, pour nager, en quelque sorte, en compagnie, dans l'ivresse nicotique qui les sature de toute part.

Et si l'absorption a lieu par les membranes muqueuses des narines, de la bouche, de l'estomac, et même par la peau, à plus forte raison le principe toxique arrivera-t-il rapidement dans l'organisme par la circulation. Il se concentre dans le cœur, et vient s'épanouir en divisions infinies, comme le sang lui-même, dans les capillaires du poumon.

Là, deux phénomènes physiologiques se produisent. Pour bien s'en rendre compte et en confirmer la valeur, il faut se rappeler qu'en parlant des expériences faites sur la nicotine administrée à des animaux vivants, nous avons établi que ce poison végétal manifestait son action sur le système circulatoire par un effet de constriction qui resserrait le calibre de tous les vaisseaux, même du cœur, apportait dans la circulation une entrave générale, un point d'arrêt qui se manifestait par la petitesse et l'accélération des battements du cœur, qui semble plutôt vibrer que se contracter.

Pour toute personne qui n'est pas familière à l'action du tabac, cet effet est fortement senti quand on séjourne quelques instants dans une atmosphère chargée de nicotine. Cette constriction est si marquée, qu'il semble que la poitrine se resserre, qu'une lourde atmosphère vous enveloppe, vous empêche de respirer, vous étouffe.

Voilà pour le premier phénomène, le plus immédiat, le plus instantanément senti.

Le second phénomène provient de l'action de la nicotine sur

le sang lui-même. Nous avons vu également que la nicotine, en contact avec ce liquide, le noircit et le coagule, au point de conserver, comme par une sorte de cristallisation, les tissus qui en sont fortement imbibés, comme le poumon, la rate, le foie, etc.

Ces effets de physiologie expérimentale bien constatés, nous arrivons à conclure que l'action du tabac sur le poumon se manifeste par quatre genres de désordres distincts :

1° Irritation directe de la membrane muqueuse des bronches par l'action narcotico-âcre de la fumée ;

2° Diminution du calibre et de l'élasticité des canaux affectés à la circulation de l'air et du sang ;

3° Coagulation du sang dans les capillaires sanguins ;

4° Atonie, langueur, imperfection de l'hématose, par l'effet stupéfiant du poison narcotique sur les nerfs divisés à l'infini dans le parenchyme pulmonaire, comme s'y ramifient les capillaires aériens, artériels et veineux.

1° L'irritation directe de la membrane muqueuse de l'appareil pulmonaire aérien produit chez le fumeur la bronchite qui, passant rapidement de l'état aigu à l'état chronique, dégénère presque toujours en catarrhe chronique du poumon.

C'est alors que les fumeurs peuvent dire, avec raison, qu'ils éprouvent un véritable besoin de fumer, et qu'ils trouvent dans la satisfaction de ce besoin un soulagement à leurs infirmités.

En effet, de même que nous avons vu la prise faire couler, à la satisfaction des bonnes femmes, le catarrhe nasal, que l'usage seul du tabac avait acclimaté dans leur nez, de même le fumeur, quand il hume son cigare ou sa pipe, voit sortir avec plaisir de sa poitrine les glaires épais et filants de son catarrhe pulmonaire. Il vante alors les vertus expectorantes du tabac. Dans son enthousiasme, on l'entend souvent dire : « Le tabac est mon sauveur ; sans lui les glaires m'étoufferaient. » Mais ce dont il ne se doute pas, dans la simplicité de sa foi, c'est que le catarrhe, qui fait un des tourments les plus persistants de sa vie, n'est pas une maladie naturelle, dont il a été fatalement atteint ; mais bien une infirmité qu'il a provoquée lui-même par sa confiance erronée dans ses pratiques malsaines.

Ce qu'il ne sait pas, c'est que le tabac seul l'a engendrée et la perpétue ; c'est qu'à chaque pipe qu'il fume, il apporte l'aliment à la fluxion strumeuse que la pipe suivante aura à expulser. C'est ainsi qu'il puise sans cesse à une source intarissable ces humeurs contre nature, qui coulent avec tant d'abondance que, souvent fatigué d'expectorer, il murmure tout bas : « Comment une poitrine d'homme peut-elle contenir tant de vilaines choses! »

2° La diminution du calibre et de l'élasticité des canaux affectés à la circulation de l'air et du sang a pour effet immédiat la gêne de la respiration. Le poumon tout entier perd de son amplitude, il s'atrophie ; la poitrine, par suite, s'aplatit ; le dos se voûte, les côtes se relèvent difficilement, la respiration devient abdominale et se fait plutôt par les mouvements du diaphragme, comme chez les phtisiques tuberculeux. L'air et le sang ne pénétrant le poumon qu'en quantités insuffisantes, les inspirations et les expirations sont courtes et rapides ; il faut, par exemple, trois mouvements de l'appareil respiratoire pour opérer l'effet physiologique qui se fait en deux, dans un poumon non altéré. De là l'essoufflement et la suffocation dans le travail forcé, la marche rapide ou ascendante, la course ; de là aussi l'asthme, dont un si grand nombre de fumeurs sont atteints.

L'asthme affecte surtout les sujets à constitution primitivement forte, bien musclés. Ils ont besoin, pour respirer dans des conditions normales, d'une quantité d'air proportionnée au développement de tout leur système. Et, comme les capillaires des bronches rétrécis se refusent, chez eux, à laisser passer, en un temps donné, cette quantité d'air nécessaire, la poitrine se soulève avec force, comme un soufflet dont on presse l'action.

L'air, refoulé par la pression atmosphérique dans le vide que produit brusquement ce soufflet, pénètre, en les forçant, les mille petits canaux où il circule, pour atteindre les profondeurs capillaires du poumon ; il y produit un bruissement dont la résultante, dans les bronches et le larynx, est ce sifflement lourd qui caractérise l'asthme, et qui fatigue autant les asthmatiques que ceux qui les approchent.

A l'expiration, le phénomène est le même, et se produit en sens inverse, avec un sifflement plus marqué, parce que la poitrine est plus fortement organisée pour l'expiration que pour l'inspiration ; et qu'elle se presse d'expulser l'air usé, pour le remplacer par l'air pur dont elle a, dans son anxiété, un besoin si impérieux. La difficulté qu'éprouve l'air à pénétrer dans les ramifications des bronches, et surtout les efforts que fait la poitrine pour l'en expulser produisent, dans ces canaux, une lésion spéciale qu'on appelle *emphysème*.

L'emphysème pulmonaire consiste en une dilatation mécanique de certaines parties des tubes aérifères, tandis que le tube lui-même conserve son diamètre normal dans la plus grande partie de son parcours. Il se forme alors sur ces conduits une série de petites ampoules, sous forme de chapelet, comme on les voit se dessiner sous la pression du sang, dans les veines variqueuses superficielles : aux jambes, par exemple.

Ces ampoules, une fois constituées, se gonflent à chaque mouvement d'entrée et de sortie de l'air, et forment comme autant de petites soupapes, ou mieux, de petits tampons, qui viennent presser latéralement sur les vaisseaux aérifères et sanguins qui les entourent de toute part, et déterminent dans ces vaisseaux autant de points d'arrêt ou d'obstacles à la circulation pulmonaire. De là un nouveau genre de suffocation qu'on appelle *dyspnée*, dont les phénomènes se confondent avec ceux de l'asthme proprement dit.

3° La coagulation du sang s'opère dans les capillaires artériels et veineux du poumon, par le contact de la nicotine avec ce fluide.

Bien que les deux principes, nicotine et sang, circulent côte à côte dans des tubes différents et distincts, c'est par le phénomène physiologique de l'endosmose que la combinaison s'opère. La nicotine, comme l'oxygène de l'air, avec lequel elle a beaucoup d'affinité, passe par endosmose, ou absorption trans-membraneuse, dans les vaisseaux sanguins; et, tandis que l'oxygène en se combinant avec le sang le rend rutilant, fluide, artériel, et, comme tel, propre à entretenir la vie, la nicotine, de son côté, le brunit, l'épaissit, y tue le globule que l'oxygène a vivifié, et lui donne les qualités asphyxiantes qui produisent l'*ivresse narcotique* : ivresse sombre, que les fumeurs appellent la consolation de l'ennui, et qui n'est que la dépression de la faculté de sentir, qui s'endort engourdie dans les vapeurs du tabac, comme elle s'endormirait dans les vapeurs asphyxiantes du charbon, par exemple, ou de toute autre émanation délétère.

Le sang ainsi épaissi forme, dans les capillaires, qu'il parcourt, un coagulum dont la plasticité pâteuse entrave la rapidité de la circulation, y détermine des points d'arrêt. Or, en anatomie physiologique, il est un fait incontestablement établi : c'est que le sang qui ne circule plus dans ses canaux se coagule, perd sa vie, et agit dans l'économie comme corps étranger ou comme substance de formation accidentelle.

Ce phénomène se répétant de plus en plus dans les capillaires du poumon, par l'absorption répétée de la nicotine, amène graduellement, chez le fumeur, l'*hépatisation pulmonaire*.

Le poumon s'hépatise, comme le mot lui-même l'indique, quand il change sa forme spongieuse, légère, perméable aux liquides et à l'air, en une substance amorphe, résistante, analogue à celle du foie.

L'hépatisation du poumon était autrefois une maladie assez rare ; on la constatait, par l'autopsie, sur les sujets qui succombaient aux suites d'une inflammation aiguë du poumon, qui avait résisté aux moyens curatifs. Là, la solidification du sang, son immobilité, sa dégénérescence étaient le résultat de l'inflammation et, par suite, de l'obstruction des capillaires sanguins eux-mêmes, et, comme la cause était étendue, instantanée, la maladie marchait rapidement, et la mort suivait de près le terme de l'invasion. Chez les fumeurs, l'hépatisation marche plus lentement, mais n'en arrive pas moins à un terme fatal. Là, ce n'est pas le poumon tout entier, ou une large partie de sa substance qui se ferme soudainement à la circulation du sang ; c'est un, puis deux, puis trois, puis dix, puis cent, puis mille, etc., capillaires sanguins, qui s'oblitèrent successivement, et, avec eux, les capillaires aériens correspondants ; jusqu'à ce que la spongiosité du poumon ait entièrement disparu, laissant la vie s'entretenir avec langueur, à l'aide de la circulation dans les tubes, plutôt que dans les capillaires sanguins.

Le fumeur sentira que son poumon s'hépatise, quand il éprouvera un resserrement incommode à la base de la poitrine, sans douleur. C'est le premier symptôme de l'affection ; il est bientôt accompagné d'une petite toux sèche, dont la persistance fatigue et commence à inquiéter, surtout si le sujet est jeune. Car cette toux, caractéristique des obstructions pulmonaires, appartient aussi au premier degré de la phtisie tuberculeuse ; lorsque les granulations de la scrofule ont envahi le parenchyme du poumon, comme le font les cristallisations de la fibrine dans l'hépatisation. C'est ce qui fait que, dans le monde, on attribue si souvent, à tort, à la phtisie naturelle la fin prématurée de tant de jeunes hommes, qui ne succombent, en réalité, qu'à l'*hépatisation nicotique.*

Arrivé à ce point, le fumeur fume comme de plus belle ; car, en effet, le tabac le soulage momentanément. Dans son opinion inconsidérée, il croit qu'il a la poitrine sèche et irritée. C'est ainsi qu'il traduit les sensations qu'il éprouve, sans se rendre compte de leur cause, qu'il est si loin de soupçonner. Et, comme la pipe ou le cigare qu'il fume provoque une abondante sécrétion de salive, et calme, pour un instant, par l'action narcotique du tabac, cette titillation du poumon qui provoque la toux, comme le ferait la belladone ou la jusquiame, que la médecine emploie avec succès dans l'asthme, la grippe ou la coqueluche, il est bien convaincu de la vertu curative de sa plante favorite qui, pourtant, pour mieux le tuer, lui impose son poison sous les formes séduisantes, mais trompeuses, d'un soulagement.

Dans cette succession alterne de toux et de soulagement, de découragement et d'espérance, le temps marche, les années se succèdent et l'affection progresse, au lieu de s'arrêter et se guérir. La gêne, qui n'était d'abord éprouvée qu'à la base de la poitrine, monte de plus en plus vers les épaules, où elle se fait plus douloureusement sentir, à mesure que l'hépatisation fait des progrès. L'appétit s'éteint, à l'inverse de ce qui se passe chez les phtisiques tuberculeux ; la fièvre lente s'établit, la maigreur survient, et la vie, haletante comme la respiration, s'éteint dans la longue agonie de la phtisie sèche, c'est-à-dire sans crachats purulents, comme chez les tuberculeux, si elle ne succombe pas dans des désordres qui se succèdent avec tant de rapidité, que la science a donné à tout leur ensemble le nom de phtisie galopante.

Dans l'*Encyclopédie des gens du monde*, article *Tabac*, on lit : que la nicotiane produit sur le poumon des troubles si profonds, qu'en Angleterre, d'après des statistiques, sur dix personnes qui meurent phtisiques, huit on fait usage du tabac.

4° L'influence du tabac sur le système nerveux du poumon trouble profondément l'action physiologique ou vitale de cet organe, à qui sont dévolues deux des fonctions les plus importantes de la vie : l'hématose et la calorification.

Le support matériel de notre organisme, notre corps, s'entretient par un mouvement perpétuel de composition et de décomposition. Ce phénomène s'accomplit par le sang, qui porte en lui tous les éléments nécessaires à cette incessante transformation.

Lancé par le cœur, comme par une pompe refoulante, dans

le grand système de la circulation artérielle, le sang pénètre les parties les plus profondes de notre organisme, déposant une molécule neuve à la place d'une molécule usée, qu'il reprend et entraîne, jusqu'à ce qu'ayant épuisé la somme de vie dont il était porteur, il passe, par des ramifications infinies, dans le système veineux, où il arrive en se dépouillant de sa couleur rouge vive pour se transformer en sang noir.

Dans ce trajet mystérieux, le sang a perdu de sa quantité ou de son volume ; il a surtout épuisé toutes ses qualités nutritives et vivifiantes ; et les veines le ramènent à son point de départ, où il va réparer ces deux pertes.

En effet, chemin faisant, il reçoit du canal thoracique et de la veine porte tout le chyle, ce sang blanc élémentaire, primitif, qu'a préparé la digestion, à l'aide de l'aliment.

Chyle et sang veineux confondus arrivent ainsi ensemble, en se mélangeant, à l'oreillette droite, puis au ventricule droit du cœur, nouveau corps de pompe qui le pousse vigoureusement dans le poumon.

Là, un grand phénomène s'opère. Si la science a pu le suivre et l'expliquer, dans ce qu'il a de matériel, son humilité s'arrête devant ce qu'il a de vital.

Cette transformation instantanée du sang veineux et de l'aliment digéré, qui passent de la mort à la vie, cette résurrection de la matière, c'est l'*hématose*.

L'hématose se fait par le contact de l'air atmosphérique avec le sang à vivifier. Ce contact a lieu médiatement, entre la membrane qui constitue le tube capillaire bronchique ou aérien, et celle qui constitue le canal capillaire sanguin, juxtaposés l'un à l'autre.

Par l'endosmose et l'exosmose, les deux fluides se font des échanges et des emprunts mutuels d'éléments, dont l'oxygène semble être la partie la plus active. Car l'on constate que s'il entre dans le poumon, par l'inspiration, en quantité déterminée, vingt et un centièmes du volume de l'air, cette quantité se trouve considérablement réduite, quand on la recherche dans l'air expiré. Voilà à peu près tout ce que la physiologie expérimentale nous révèle de cette mystérieuse fonction.

La physique nous dit que l'oxygène est l'âme de toutes les combustions, et que, de toute combustion résulte la chaleur. Or, un des phénomènes les plus appréciables de l'hématose, c'est la création du calorique dont se charge le sang, devenu artériel, pour le répandre, en rosée bienfaisante, dans toutes les profondeurs de notre système, comme le soleil le répand dans toute la nature. Sans chaleur, point de vie, surtout chez les êtres à organisation supérieure, dont toute la matière n'est autre que des liquides condensés sous les formes les plus variées, dont la mobilité cesserait si le froid venait à en épaissir ou en cristalliser les éléments divers : eau, albumine, graisse, sucre, fibrine, etc.

Ces quelques notions physiologiques étant posées, comment pourrait-on ne pas comprendre qu'un agent aussi destructeur de l'organisme que le tabac, n'ait pas sur les fonctions du poumon une influence perturbatrice quelconque?

L'hématose et la calorification sont des fonctions essentiellement vitales ; cela implique qu'elles ont pour les diriger des nerfs spéciaux, comme les nerfs olfactifs et les nerfs optiques, qui président à l'odorat et à la vision. Ces nerfs sont l'âme de la fonction ; ou, pour mieux matérialiser le fait, ils sont les délégués des grands centres nerveux qui président à l'ensemble de la vie. Si, quand ils remplissent leur ministère, un instrument tranchant les divise, la fonction s'arrête. Si un corps stupéfiant les engourdit, la fonction peut continuer, mais elle languit, elle est imparfaite, elle donne des résultats qui ne remplissent pas toutes les exigences de la vie.

Or, qu'avait à faire l'hématose? Vivifier le sang ; c'est-à-dire ranimer ces myriades de globules usés dans une évolution précédente, pour les renvoyer encore porter des matériaux nouveaux à l'organisme.

Puisque nous en sommes aux figures pour faire mieux comprendre ces immatérialités abstraites, ne pourrait-on pas comparer ce qui se passe alors dans le poumon à une fécondation atomique, semblable à la fécondation qui s'opère au contact de deux sexes ou de deux éléments, dans les organes des plantes? Si, au moment de la floraison, un agent perturbateur intervient entre le rapprochement des sexes, le vent, le froid, le brouillard, la pluie, par exemple, la fécondation n'a pas lieu, les germes restent stériles et meurent.

Eh bien! il en est de même de la nicotine. Elle intervient dans la fécondation sanguine comme élément perturbateur. Non seulement elle détourne les nerfs de l'accomplissement de leur fonction, en répandant sur eux ses émanations stupéfiantes, qui les endorment; mais encore elle s'oppose, comme corps étranger, à l'alliance de l'oxygène et du globule sanguin, qui, par suite, n'est pas fécondé, n'est pas vivifié.

Il passe donc dans la circulation artérielle tel qu'il était arrivé par les veines, c'est-à-dire impuissant à entretenir la vie. Et, de la multiplicité de ces non-valeurs dans le sang artériel naît un état particulier du fluide qui manque de plasticité, qui se coagule peu chez les personnes qui absorbent les émanations du tabac, comme l'a signalé le rapport Mélier, dont nous avons parlé page 113; de là aussi naît le dépérissement du corps, qui n'est plus suffisamment alimenté dans sa recomposition continuelle. Et c'est ce qui cause la *dépression de la force musculaire*, par manque de fibrine pour la développer.

Aussi les fumeurs sont-ils généralement maigres, comme desséchés. Jeunes encore, leur chair et leur peau sont molles et tremblantes, ridées, comme chez les vieillards que l'âge a flétris; leur face est comme ossifiée.

Ce phénomène d'amaigrissement se produirait invariablement chez tous les fumeurs, si beaucoup d'entre eux, ceux surtout qui vivent dans l'aisance, ou qui ont un bon estomac, ne suppléaient à l'insuffisance de l'hématose par la quantité et la qualité de l'aliment qu'ils consomment.

Mais, pour bien constater cet amaigrissement et ces dépressions de la force musculaire, il faut voir, sur les chantiers de leurs rudes travaux, les ouvriers, qui généralement fument beaucoup et qui gagnent, par la fatigue de leur corps, leur nourriture de chaque jour. C'est dans ces classes de la société, où l'alimentation est moins riche et insuffisante, qu'il faut se rendre compte des effets émaciateurs du tabac.

C'est là qu'on voit surtout ces types de nicotinés, jeunes vieillards aux yeux cernés et caves, à la figure terreuse, aux pommettes saillantes, aux épaules voûtées, aux membres qui semblent perdus, tant ils sont émaciés, dans des vêtements trop larges, et dont l'extérieur respire toujours la fatigue et la faiblesse. Car tout leur organisme s'est tellement affaissé sous la prostration nicotique, que le sommeil et le repos de la nuit n'ont plus pour eux aucun effet réparateur. Ils se lèvent, le matin, aussi fatigués qu'ils s'étaient couchés la veille; comme s'ils étaient sous l'influence de ces émanations pernicïeuses qui causent les affections typhoïques, dont l'abattement et les lassitudes sont les premiers symptômes.

La fonction de calorification se liant intimement avec la fonction d'hématose, dont elle semble, en quelque sorte, être la conséquence ou l'effet, on conçoit que si l'hématose souffre dans son accomplissement normal, la calorification doit aussi être imparfaite.

D'ailleurs, l'expérience constate que l'abaissement de la température du corps est un symptôme constant de l'empoisonnement par les narcotiques. Et si l'on prête attention aux habitudes des fumeurs, on remarquera qu'ils sont généralement frileux. Sitôt que la température atmosphérique baisse un peu, surtout après qu'ils ont fumé leur pipe ou leur cigare, ils sont pris d'un léger frisson qui leur fait se frotter les mains et resserrer les épaules, et qu'ils cherchent à combattre, le plus souvent, en ingérant dans leur estomac, pour le réchauffer, du vin ou des liqueurs fortes. Le canon sur le comptoir, le verre d'absinthe, la demi-tasse, le petit verre, sont l'assaisonnement indispensable de la pipe et du cigare ; ils sont les correctifs du refroidissement par la nicotine.

Les fumeurs ne jouissent bien de l'ivresse du tabac que quand ils sont à côté d'un bon feu, dans des estaminets bien clos, où ils trouvent l'aisance dans les vapeurs chaudes de l'agglomération des amateurs, à l'inverse des gens qui ne fument pas et qui aiment la fraîcheur et le grand air.

C'est à cette imperfection de la calorification chez les fumeurs, qu'il faut attribuer ces cas de morts subites causées par le froid, si fréquentes dans nos places militaires, où l'on trouve les *sentinelles congelées* dans leurs guérites, alors que la température de l'atmosphère n'aurait pas dû atteindre si cruellement des hommes dans la force de l'âge, bien abrités et bien vêtus.

Pendant le rigoureux hiver de 1870, c'est ainsi que périrent des milliers de malheureux à qui l'on faisait monter la garde sur les remparts de Paris, et qui cherchaient à se distraire par la fumée de leur pipe de la monotonie et de la longueur de ces factions inutiles.

C'est par centaines de mille qu'on exposait alors les citoyens et les soldats aux rigueurs des nuits glacées du siège, sous prétexte d'attendre l'ennemi et de surveiller ses mouvements.

Et l'ennemi ne se montrait pas !... Il se trouvait trop bien, blotti dans nos maisons de la banlieue, où jamais le plus petit simulacre de sortie n'est venu le troubler, quand il se chauffait à nos foyers, brûlant nos boiseries et nos meubles.

Comme les chances du siège auraient changé, si des chefs intelligents et actifs avaient, par de fausses alertes, fait sortir la nuit de leur coin de feu tous ces Allemands engourdis par le tabac, et dont un hiver providentiel se fût alors chargé de nous délivrer, par la congélation et les maladies qu'elle engendre !...

Ce phénomène de congélation hâtive, sous l'influence du tabac, se rapproche beaucoup de ce qui se passe chez les sujets atteints d'ivresse alcoolique, et qui mourraient rapidement de froid, si on ne les recueillait à temps pour les réchauffer.

Le froid, chez les fumeurs, ne vient pas seulement d'une imperfection de la combustion pulmonaire qui altère le sang; il a encore pour cause l'arrêt de la circulation de ce liquide dans les capillaires artériels et veineux, par la constriction que produit en eux la nicotine.

C'est ce qui fait que chez les nicotinés les pieds et les mains sont le plus souvent froids et de couleur livide, comme chez les asphyxiés ou chez les scorbutiques. Ce même état se constate aussi aux oreilles, au nez, aux lèvres; il est un dés symptômes les plus caractéristiques de la cachexie nicotique.

On reconnaît que les nicotinés sont arrivés à ce degré d'altération du sang où commencent les maladies, quand leurs mains et leurs ongles ont pris une couleur rouge violet; et surtout à cette particularité que, si l'on frotte en pressant le dessus de leurs mains et de leurs doigts, ces parties deviennent d'une blancheur cadavérique, et mettent un certain temps à reprendre leur couleur primitive de lie de vin.

Nous avons vu que, dans la respiration, une quantité notable d'oxygène atmosphérique a disparu par absorption; et si l'on compare les qualités du sang veineux et du sang artériel qu'il a produit par l'effet de l'hématose, on voit que l'on ne trouve plus dans le sang artériel les quantités de matières combustibles, graisse et sucre, par exemple, qui existaient dans le sang veineux, et que lui avaient surtout apportés les produits de la digestion et de la sécrétion du foie.

Ces matières combustibles sont brûlées dans le poumon au contact de l'oxygène. Et, comme leur base est surtout le carbone, le résultat de la combustion est de l'acide carbonique, que l'on trouve, en grande quantité, mêlé à la vapeur d'eau et à l'azote qui sortent de la poitrine, comme résidus de l'opération chimico-vitale, l'hématose.

Ce fait de combustion imparfaite de la graisse et du sucre,

destinés à la calorification, explique deux états pathologiques que l'on rencontre fréquemment chez certains fumeurs : l'obésité et le diabète.

Au premier aperçu, il semble assez étrange qu'après avoir démontré que la maigreur était l'état naturel des fumeurs, nous avancions maintenant cette assertion si opposée : que l'usage du tabac produit assez souvent l'obésité. Mais, de même que nous avons expliqué, par des données physiologiques, pourquoi la maigreur était l'effet ordinaire, nous allons démontrer, toujours physiologiquement parlant, comment l'obésité est une exception à cette loi générale.

Les sujets qui, par l'usage du tabac, tournent à l'obésité, sont ces hommes à constitution primitive robuste, chez lesquels toutes les fonctions de l'organisme s'harmonisent pour donner un beau type de la perfection de la santé et de la force, tel que l'art le représente dans l'Apollon du Belvédère, ou dans l'Hercule terrassant Antée.

Si aucune cause ne venait jeter le désordre dans ces organisations privilégiées, la matière que le système digestif apporte en abondance, et que l'hématose assimile, se condenserait sous des formes musculaires bien développées, bien arrondies ; mais la nicotine intervenant, la combustion pulmonaire languit ; la graisse que devait brûler l'oxygène, pour animaliser le sang et le convertir en fibrine, ou chair coulante, reste sans emploi ; elle devient en excès. Le sang artériel la charrie, à la place du globule, seul apte à alimenter l'organisme ; et, au lieu de déposer des molécules de fibrine dans les tissus, il y verse la graisse dont il est saturé ; de là l'obésité, qui remplace le développement musculaire.

Cette graisse de mauvais aloi rend parfois difformes, tant ils sont bouffis et ventrus, des hommes dont la vie, dans un pareil état, est souvent un fardeau, et n'est jamais longue. Et pourtant ils avaient en eux, avant d'user du tabac, tous les éléments de la santé : la force musculaire, la puissance intellec-

tuelle, toutes garanties presque certaines d'une longue existence, dans les conditions les plus désirables de la vie.

Nous ne dirons rien ici du diabète, qui est également le résultat d'une imperfection de l'hématose ; nous en traiterons
plus loin, en exposant les désordres qu'apporte la nicotine
dans les organes du système urinaire, parce que c'est dans ces
organes que la maladie se révèle et se constate.

Lésions de l'appareil de la circulation.

Le cœur, malgré son manque d'importance physiologique
dans notre organisme, n'en est pas moins profondément affecté
par la pénétration de la nicotine dans l'ensemble de notre
système.

En énonçant que: le cœur n'a pas un grand rôle physiologique à remplir, c'est se mettre en opposition avec des idées
populaires généralement admises, et qui font du cœur l'organe
le plus essentiel à notre vie. En effet, dans nos croyances erronées, comme dans notre langage inexact, nous rapportons au
cœur toutes nos sensations. Avons-nous un plaisir ou une peine,
c'est au cœur que nous les attribuons ; avons-nous une digestion difficile, une nausée, le mal de mer, c'est encore, selon
nous, le cœur qui est en jeu. Nous disons que nous avons mal
au cœur.

Non, le cœur n'a par lui-même aucune sensation dans les
deux exemples que je cite, parce que les phénomènes qu'ils
rappellent se représentent à chaque instant dans notre vie ;
c'est le cerveau qui sent, c'est l'estomac dont la fonction est
troublée. Le cœur n'a rien à faire dans toutes ces impressions ;
il ne les cause pas, il ne les perçoit pas. Et si la science s'adresse
toujours à lui, pour rechercher ce qui se passe, en bien ou en
mal, dans notre économie, c'est que, par la perpétuité de sa
fonction, il est en rapport incessant avec le cerveau, qu'affectent seul les sensations et les maladies qui dérangent ou mena-

cent notre vie ; que, par suite de cette intimité de rapports, tout trouble du cerveau amène une modification dans les battements du cœur. C'est ainsi que le pouls, qui traduit ces battements, est, pour le médecin, comme le thermomètre de la vie ; il en mesure toute la vigueur et toutes les défaillances.

Ainsi donc, le rôle du cœur, dans notre organisme, est tout matériel, tout mécanique. Constamment en rapport avec le sang, il n'a sur lui aucune action physiologique ou vitale ; il n'en modifie en rien les qualités, ni la quantité, ni la température ; c'est une double pompe aspirante et refoulante, renfermée dans le péricarde. L'une, le cœur droit, envoie le sang veineux dans les capillaires du poumon, où il se vivifie ; l'autre, le cœur gauche, reprend du poumon ce sang vivifié, et, devenu artériel, il le répand dans les profondeurs de tous nos organes.

L'usage du tabac produit dans le cœur :

1° La palpitation nerveuse ;

2° Le ramollissement ;

3° L'anévrisme.

1° Chez le fumeur, il existe un antagonisme constant entre le principe vital, ou la puissance de l'organisme, et le principe toxique du tabac. De cette lutte intime résulte la fièvre d'élimination, par laquelle l'organisme se débarrasse, plus ou moins, de l'élément étranger qui est venu troubler l'harmonie de ses fonctions. C'est cette fièvre lente que les fumeurs prennent, par une inconcevable erreur, pour l'effet bienfaisant et tonique du tabac ; parce qu'elle produit en eux une agitation factice à laquelle succède bientôt l'abattement, dont ils sentent le besoin de sortir par une excitation nouvelle.

Ces deux états extrêmes, excitation et abattement, sont la constitution physiologique du fumeur. Ils se traduisent par des oscillations irrégulières du cœur, dont les battements s'accélèrent pendant la période de fièvre éliminatrice, et se ralentissent pendant l'affaissement qui lui succède. Le cœur ainsi troublé, à chaque instant, dans son rythme normal, palpite, par dérèglement nerveux.

C'est cette palpitation nerveuse que le docteur Decaisne appelle *narcotisme du cœur*, et dont il attribue la cause à l'usage du tabac à fumer; parce qu'il l'a constatée vingt et une fois sur quatre-vingt-huit fumeurs, de vingt-sept à quarante-deux ans, dans des circonstances qu'il a exposées à l'Académie des sciences dans un Mémoire dont nous avons déjà parlé page 131.

Le narcotisme du cœur a surtout son point de départ dans l'action perturbatrice et stupéfiante de la nicotine sur l'appareil nerveux, qui préside à la continuité des mouvements de cet organe, et à la régularité du jeu de ses soupapes. Nous appellerons, nous, cette affection, *nicotisme du cœur,* nom qui lui convient mieux, par la spécificité de son origine.

Le nicotisme du cœur est le trouble le plus fréquent que le tabac produise sur la constitution de ses consommateurs. Le fumeur, dont le cœur est sous l'influence nicotique, éprouve des oppressions vagues, une sensation de pesanteur et d'engourdissement dans tout le côté gauche de la poitrine. Il apporte à ce malaise quelque soulagement passager par des frictions rudes et souvent répétées sur la région précordiale, comme pour y rappeler la vie qui semble y manquer. Un rien l'impressionne; il éprouve des peurs chimériques; les pressentiments les plus sinistres obsèdent sa pensée. Dans le sommeil, c'est le cauchemar qui pèse sur sa poitrine et qui l'éveille en sursaut. Il se lève pour chercher l'air qui semble lui manquer. Qu'il survienne quelques degrés de plus de violence dans toutes ces angoisses, où pas une douleur bien vive n'est sentie, et il est frappé de mort subite, n'importe où il se trouve.

On attribue généralement ces morts si imprévues, si fréquentes, chez des sujets jouissant, en apparence, d'une bonne santé, à des ruptures d'anévrismes; mais bien souvent c'est là une erreur. L'examen, après la mort, ne révèle rien qui ait pu la causer. Le cœur est tantôt vide, tantôt gorgé de sang; les poumons en sont toujours fortement injectés. La mort tient à la fois de la congestion et de l'asphyxie.

Qu'est-ce qui a pu la produire ? Quand on connaît l'organisation mécanique du cœur, il est facile de concevoir qu'une aberration nerveuse puisse troubler la régularité immuable et perpétuelle du jeu des soupapes, que fait mouvoir, dans un ordre parfait, tout un système intérieur de petits muscles.

Supposons que, par le spasme d'un seul ou de plusieurs de ces muscles, une de ces soupapes se ferme quand elle devrait s'ouvrir, ou qu'une autre s'ouvre quand elle devrait se fermer ; voilà certes une cause suffisante de mort, par arrêt instantané de la circulation du sang, comme il arrive parfois dans les grandes joies et les grandes douleurs.

Ces aberrations nerveuses se montrent généralement sous la forme d'accès assez réguliers. Il est rare que le nicotiné succombe à la première crise de cette *angoisse du cœur*. Quelques accès précurseurs de la mort se font généralement sentir avant le dénouement fatal.

Voici un exemple de ce qui se passe assez ordinairement dans cette effrayante maladie :

Un de ces malheureux vint un jour me consulter. C'était un homme d'une trentaine d'années. Il était blanchisseur de linge ; travailleur actif, vivant bien et *fumant beaucoup*. Il me dit que depuis longtemps il éprouvait parfois, du côté du cœur, quelque chose d'étrange qui lui causait un saisissement et une oppression qui le faisaient presque s'évanouir.

« Vous fumez trop, mon ami, lui dis-je.

— Si ce n'est que ça, ça passera comme c'est venu ; car il y a dix ans que je fume. »

Le lendemain, vers les dix heures du soir, il m'envoyait chercher.

« Docteur, faites-moi quelque chose ; ce n'est plus une plaisanterie, tout à l'heure j'ai failli étouffer ! »

Il était tout haletant, une sueur froide ruisselait sur son corps. Des frictions irritantes sur la région du cœur, des ventouses sèches et la force de la vie aidant, peu à peu le calme revint dans cet organisme si soudainement bouleversé.

Le lendemain, il reprenait, comme si rien n'était, ses habitudes et son travail. La journée se passa bien ; seulement il accusait parfois ces malaises au cœur auxquels il était sujet. Il soupa, fuma sa pipe et se mit au lit. Il dormait, comme me l'affirma sa femme, qui, à côté de lui, allaitait son jeune enfant.

A la même heure où il avait eu son accès la veille, il s'éveille en sursaut, bondit de son lit en proférant ces cris :

« J'étouffe ! j'étouffe ! »

Son frère court chez moi ; j'arrive vite, car c'était tout près. Je le trouve mort sur une chaise sur laquelle il s'était assis en sortant de son lit. Il avait mis moins de cinq minutes à mourir !

2° Nous avons vu que la nicotine, en contact avec le sang, tuait le globule, atrophiait la fibrine, produisait la maigreur. Or, le cœur n'étant autre chose qu'un muscle creux, il est le premier à souffrir de la diminution, dans l'économie, de la fibrine qui constitue entièrement sa substance. Et, de même que les membres amaigris ne développent plus chez l'homme la puissance nécessaire à supporter les fatigues du corps, de même le cœur émacié n'a plus l'énergie voulue pour mettre en mouvement le sang sur lequel il agit par pression.

Le cœur a deux mouvements : un de dilatation qui aspire le sang, *diastole* ; un de contraction qui refoule le liquide en le comprimant, *systole*. Le premier mouvement est, en quelque sorte, automatique et se produit par l'élasticité des parois de l'organe, qui s'élargit comme le ferait une boule de caoutchouc creuse que la main cesse de comprimer. C'est cette puissance élastique qui est considérablement affaiblie dans le cœur des fumeurs ; ce qui constitue le ramollissement de l'organe. Un cœur bien organisé garde, après la mort, sa forme conique, à contours bien arrondis. Chez le fumeur, il s'aplatit sur lui-même et ses cavités s'effacent, comme s'il était formé par des membranes de chairs flétries.

Un cœur ainsi ramolli bat sans vigueur, pour diriger le sang dans ses deux grandes évolutions, pulmonaire et artérielle. La vie, que le sang ne sollicite plus par la rapidité de son parcours, ni par sa chaleur, tombe dans l'atonie, l'indifférence et l'apathie. C'est par là que se complète le tableau de tant de malheureuses créatures usées par le tabac; sans forces physiques, sans énergie morale, à charge à elles-mêmes, autant qu'elles le sont à la société et à la famille.

3° C'est dans ces conditions d'amincissement et de faiblesse des tissus du cœur que se produit l'anévrisme, qui n'est autre chose que l'augmentation démesurée des cavités de l'organe, aux dépens de l'épaisseur de ses parois. La fibre du cœur, privée de sa force de contractilité et de résistance, cesse de faire équilibre à la pression du liquide qui afflue dans les ventricules, d'autant plus affaiblis qu'ils se dilatent davantage.

Alors apparaissent tous les symptômes des maladies organiques du cœur : suffocation, couleur blême de la peau, infiltration séreuse du tissu cellulaire : *anasarque, hydropisie.* Puis *souvent* vient la mort subite par *rupture de l'anévrisme*, qui se brise dans un effort violent, une secousse de toux ou d'éternuement. Les morts subites par rupture d'anévrisme étaient autrefois chose rare; elles deviennent, de nos jours, d'autant plus fréquentes que l'usage du tabac se répand davantage.

Lésions de l'appareil urinaire.

Les reins ressentent aussi les troubles que le tabac apporte dans toutes les fonctions de l'organisme.

A cette double glande, située profondément dans la région lombaire, de chaque côté de la colonne vertébrale, est dévolue l'importante fonction d'épurer le sang de tous les principes qui lui sont étrangers, des liquides surtout que la digestion a jetés abondamment dans la circulation.

La substance en apparence si amorphe des glandes est douée, dans chacune d'elles, d'une puissance vitale en quelque sorte intelligente, qui fait que cette matière, sous sa forme spéciale, choisit, au milieu du liquide qui la pénètre, le sang, les éléments qu'elle doit en extraire pour un but utile et invariable.

Le produit de la sécrétion du rein est l'urine. Tant que les reins ne sont pas troublés dans leur travail physiologique ou, pour mieux dire, tant que les nerfs qui commandent et dirigent ce travail jouissent de leur entière vitalité, le produit de la sécrétion est à peu près le même pour chaque individu : c'est un liquide tenant en suspension une grande quantité de sels à base de phosphore, d'ammoniaque et de chaux, et une matière spéciale qu'on appelle l'*urée*.

Le rein tamise en quelque sorte le sang. Il ne laisse passer dans son crible charnu que ce qui est impur ; il garde précieusement tout ce qui peut servir à la vie et le ramène dans la circulation générale.

Il s'opère donc là un véritable triage de matériaux auxquels préside inévitablement une intelligence, un instinct organique exercé par un appareil nerveux. Si cet appareil nerveux est sous l'influence d'un narcotique puissant, comme le tabac, il perd de son intégrité, de sa précision ; il divague comme divaguent l'intelligence et les mouvements du corps dans l'ivresse alcoolique ou vénéneuse.

C'est une véritable aliénation du système nerveux de la vie organique. Alors l'organe ne fonctionne plus dans son rythme naturel ; sa substance, anatomiquement parlant, si on l'examine, n'a pas subi d'altération sensible, mais sa fonction physiologique est toute désordonnée ; il se passe là ce qui se produit dans la folie du cerveau, où tout est incohérence et divagation.

C'est ainsi que le rein, sous l'influence du tabac, se trompant dans le choix qu'il avait à faire dans les matériaux que lu apporte le sang, au lieu d'en éliminer exclusivement des sels et autres substances impropres à la vie, en détourne les principes qui lui sont le plus nécessaires : l'albumine et le sucre.

De là naissent deux maladies très graves, auxquelles les fumeurs sont surtout exposés : l'*albuminurie* et le *diabète*.

L'albuminurie est une maladie qui, avant l'introduction du tabac dans nos habitudes, était si rare qu'elle avait passé inaperçue dans la pratique des médecins. Bright, qui lui donna son nom (maladie de Bright), la signala, pour la première fois, il n'y a guère qu'un demi-siècle.

Comme le mot albuminurie l'explique, les malades urinent de l'albumine. Or, l'albumine est la substance la plus abondante que contienne le sang. C'est à cause d'elle que le sang des animaux est employé à la clarification des liquides et surtout à la raffinerie des sucres. C'est l'albumine qui tient en suspension le globule sanguin et lui sert de véhicule par ses qualités glissantes, comme le blanc d'œuf, au milieu des mille réseaux capillaires où la force refoulante du cœur la répand.

L'albumine entre également pour une grande proportion dans l'organisation de nos tissus, dont elle forme le fond, la gangue ou le canevas. On conçoit que le premier effet produit par l'albuminurie doit être de priver le corps d'un des principaux éléments de son entretien. Aussi, la maigreur en est-elle une des conséquences les plus immédiates ; et la médecine assiste, le plus souvent impuissante, à la fonte de ces organisations robustes qui s'affaissent et s'éteignent dans le marasme, perdant jour par jour en volume et en poids, pour ainsi dire, autant que les reins versent d'albumine dans les urines.

Le diabète se révèle par la présence d'une matière sucrée dans l'urine. Elle a beaucoup d'analogie avec le sucre de fécule et est, comme lui, cristallisable. Le diabète est plus fréquent, chez le consommateur de tabac, que l'albuminurie ; cela tient à ce qu'il y a deux causes qui le produisent.

Une première cause, dont nous avons déjà parlé plus haut, est l'imperfection de l'hématose, sous l'influence du tabac. Par suite de cette imperfection, le sucre, élément combustible du sang, ne se trouve pas brûlé dans le poumon et dans le système artériel par l'oxygène de l'air; il devient en excès dans la circulation. Et, comme il ne trouve pas, comme la graisse, en vertu de sa solubilité, sans doute, à se loger dans les interstices du tissu cellulaire, il devient corps' étranger dans l'économie, et les reins l'éliminent.

La seconde cause du diabète est la même que celle de l'albuminurie, c'est-à-dire une aberration de fonction des reins eux-mêmes qui, dans leur délire physiologique, prennent dans le sang le sucre qu'y avaient versé la digestion et le foie, pour servir à la calorification; tandis qu'ils y laissent subsister l'urée et les sels qu'ils devaient en retirer. Aussi l'urine des diabétiques est-elle généralement très claire et plus abondante que la quantité d'eau qu'ils absorbent.

De là naissent des troubles profonds dans la nutrition générale. La soif est ardente, la salive est rare dans la bouche, qui se dessèche; l'haleine est fétide et d'odeur urineuse, car l'urée n'étant pas sécrétée par les reins s'exhale par le poumon. La peau devient rugueuse et froide, et donne à la main qui la touche une sensation cadavérique, les sens s'affaiblissent; le malade devient irritable, hypocondriaque, et s'éteint dans les langueurs du marasme, qui le transforme graduellement en un véritable squelette.

Dans la vessie, le nicotisme manifeste ses troubles par deux états pathologiques : 1° l'aberration de fonction, par suite de ce que nous avons appelé plus haut la folie organique; 2° la débilité ou la paralysie musculaire.

La vessie est un organe creux, un réservoir musculaire élastique, contractile, destiné à recevoir l'urine que les reins y déversent. Le rôle de la vessie, dans l'organisme, est purement auxiliaire. Elle se remplit lentement d'urine, et s'en débarrasse par intervalles, comme d'un fardeau et d'un produit inutile à l'économie.

Le système anatomique de la vessie est des plus simples ; deux ouvertures toujours béantes laissent arriver l'urine que les canaux des reins, les uretères, lui apportent sans discontinuer, par un effet de filtration. Une ouverture, le col, presque toujours fermé, laisse échapper cette urine, par un acte volontaire, quand le réservoir est plein.

Dans le fonctionnement de la vessie, deux puissances musculaires sont toujours en antagonisme. Quand le col se resserre, le corps se relâche et se dilate. C'est là l'état ordinaire, qui existe pendant que la vessie se remplit. Quand elle se vide, c'est l'inverse qui a lieu : le corps se contracte sur lui-même, en pressant le liquide, et le col se dilate pour le laisser échapper.

1° C'est dans le col de la vessie, dans le sphincter ou muscle annulaire chargé de s'opposer à la sortie de l'urine, que se manifestent, le plus généralement, les conséquences de l'aberration de fonction. Ou le muscle s'ouvre quand il devrait se fermer, ou il se ferme quand il devrait s'ouvrir. De là naissent deux infirmités : l'*incontinence* et la *rétention d'urine*.

Dans l'incontinence d'urine, le malade est impuissant à retenir ce liquide, qui sort de la vessie à mesure que les reins le lui envoient. Cette infirmité dégoûtante se remarque surtout fréquemment, à son plus haut degré, chez les nicotinés affectés de *delirium tremens* ou de *paralysie générale*, dont les vêtements et la couche sont constamment souillés par l'urine, et qui sont des objets de dégoût pour tous ceux qu'ils approchent.

La rétention d'urine est un fait très commun. Dans cet état maladif, le muscle constricteur du col de la vessie n'obéit plus à la volonté ; il se tient contracté comme dans une sorte de spasme, et se ferme d'autant plus que la vessie se resserre sur elle-même pour se débarrasser de l'urine, dont l'accumulation menace de la rompre.

De là naissent ces lenteurs infinies à satisfaire le besoin

d'uriner; ces efforts poussés jusqu'à la sueur et aux larmes; ces impuissances absolues de lâcher de l'eau, ces douleurs insupportables, dans lesquelles on mourrait, si l'introduction d'une sonde par l'urètre, ou la ponction de la vessie, ne venaient promptement en extraire le liquide.

Les médecins, qui sont les confidents de toutes ces misères, peuvent dire combien sont nombreux, dans le monde des fumeurs, les malheureux qu'ils ont à assister journellement par la sonde, pour satisfaire le plus pressant de tous les besoins; et combien d'autres, assez adroits pour se soulager eux-mêmes, recourent à la bougie de gomme élastique, qui ne les quitte jamais et dont ils usent toutes les fois du jour et de la nuit que le besoin d'uriner se fait sentir.

2° La débilité ou la paralysie musculaire de la vessie mène aussi à la rétention d'urine, par l'impuissance où se trouve l'organe de se contracter spontanément, ou sous l'influence de la volonté, et de vaincre la résistance du col, plus charnu, et dont la vitalité n'a pas été si profondément altérée par l'émaciation.

Il est facile de se faire une idée du degré d'amincissement et de faiblesse où se trouve réduite, chez ces sujets, la membrane musculeuse de la vessie, quand on regarde la flétrissure qu'ont subie tous les muscles de leur corps, qui sont sans saillies, sans résistance à la pression des doigts, et ressemblent à des rubans inertes étendus le long des os.

Il est bien rare que la rétention habituelle d'urine ne soit pas accompagnée de *catarrhe de la vessie*.

Toutes les fois que la vessie ne se vide pas souvent et librement, l'urine qui séjourne trop longtemps dans sa cavité s'y altère, s'y décompose même, et prend des qualités irritantes qui agissent fâcheusement sur la muqueuse intérieure du viscère, l'enflamment et l'ulcèrent. C'est là la cause du catarrhe vésical et des maladies du col de l'organe. Ces maladies sont souvent créées et toujours exaspérées par le passage indispensable des sondes qui se creusent parfois des fausses routes dans ces tissus ramollis par l'inflammation. Et c'est là la source la plus ordinaire de la dégénérescence cancéreuse, qui affecte surtout la prostate, corps glanduleux que traverse le col de la vessie au point où il se continue avec le canal de l'urètre.

Lésions de l'appareil génital.

Dans les êtres organisés supérieurs, il y a deux personnalités bien distinctes, qui s'appellent l'individu et l'espèce. Ces personnalités ont, pour trait d'union, le testicule. Aussi, le testicule, par le fait de cette communauté, et par une grande exception dans la loi organique, n'est-il pas indispensable à l'individu pour la perfection de son existence comme être isolé. Il s'en sépare, comme chez les castrés et les eunuques, sans que sa constitution en souffre. Il n'a fait que perdre un sens, le sens génital, en s'affranchissant d'une faculté, ou plutôt d'une obligation : celle d'engendrer.

La nature, en échange de cette obligation accomplie, donne un plaisir ; et c'est là, en apparence, tout ce que le testicule rapporte à l'homme. Mais ce plaisir, vu la grande utilité de son but, la génération à laquelle il invite, est celui qui ébranle le plus voluptueusement toutes nos facultés de sentir. C'est celui que nous recherchons le plus, et c'est de lui que naissent le sentiment, l'affection de la famille, l'attachement au foyer, à la patrie, l'espérance dans l'avenir, les croyances en Dieu : tous ces puissants leviers qui agitent le monde et qui émanent de l'amour et se résument en lui.

Le testicule, c'est la source de la vie, car il crée, dans les profondeurs mystérieuses de sa substance, la monade humaine, le zoosperme, cet infusoire qui deviendra homme, en passant par tous les degrés et par toutes les évolutions de la matière animée.

L'empire du testicule sur l'homme est si puissan\` qu'il sem-
ble que son règne ne doive exister qu'avec celui de la force
physique et de la raison. Aussi, ne commence-t-il sa vie physiologique ou fonctionnelle qu'à la puberté, pour la perdre
dans la vieillesse. Avant le premier de ces termes, il est rudimentaire ; après le second, il est flétri.

Nous venons de dire que le testicule créait le zoosperme,
que le microscope nous montre sous la forme d'un petit reptile, à tête et corps bien distincts, ayant l'apparence et les mouvements des têtards qui se développent et s'agitent dans les
eaux corrompues, et qui sont le germe ou l'embryon de la
grenouille. Cet infusoire ne peut continuer son évolution qu'au
contact d'un autre élément fourni par un autre sexe, la femme.
Et, pour aller à la rencontre de son futur allié, la vésicule ova-
rienne, ou l'œuf proprement dit, sans lequel il ne serait rien,
il voyage dans un liquide que le testicule a aussi pour mission
de sécréter : le sperme.

Le sperme et l'animalcule qu'il tient en suspension dans sa
matière glutineuse, sortent tout faits des mille petits conduits
vermiculiformes qui constituent le testicule, à peu près comme
le fil du ver à soie constitue son cocon. Et ils arrivent dans un
double réservoir, un pour chaque testicule, placés sous le col
de la vessie, tout près de l'urètre. Ce sont les vésicules séminales, qui le tiennent à la disposition de la génération, prêt à
sortir par les canaux éjaculateurs qui le versent dans l'urètre,
d'où il s'échappe pour accomplir sa mission.

Après l'exposé de ces courtes notions d'anatomie et de physiologie du système génital chez l'homme, voyons quelle influence peut avoir le tabac sur le fonctionnement de cet
important appareil, si modeste, si simple, à qui la nature a
donné la haute prérogative de sécréter la vie, de créer des
êtres.

Si c'est un point incontestable pour nous que, dans cette
création, tout est mystère, il est pourtant un fait que nous

sommes tous à même d'apprécier : c'est que la génération est une fonction exclusivement nerveuse et vitale, et qu'elle met en jeu, pour s'accomplir, toutes les forces les plus subtiles de notre organisme, tous les nerfs par lesquels nous vivons ; c'est-à-dire qu'elle est tout entière dans l'innervation.

Or, nous avons vu, par les expériences de tout genre constatant les effets de la nicotine sur l'organisme, rapportées dans le cours de ce travail, que l'action la plus énergique, la plus incontestable de ce poison végétal porte sur le système nerveux. Il le jette dans un délire qui lui fait tout d'abord perdre la précision de ses fonctions, à quelque ordre qu'elles appartiennent. Car la vue se trouble, les oreilles cessent d'entendre, l'intelligence hallucine, la notion du moi, autrement dit la connaissance, se perd ; les mouvements s'arrêtent, le poumon cesse de respirer, le cœur de battre ; la mort arrive d'autant plus rapide que les êtres sur lesquels on expérimente sont plus élevés dans l'organisation nerveuse.

Le tabac a sur le testicule deux modes d'action bien distincts : 1° il altère sa substance ; 2° il altère la nature du produit de sa fonction.

L'action stupéfiante du tabac sur le système de la génération fut un des premiers phénomènes qui frappèrent les observateurs, au début de son introduction dans nos habitudes intimes.

Dans le *Grand Vocabulaire français*, année 1773, tome 27, article *Tabac*, on lit : « Jean Bauhin (un des auteurs qui ont écrit sur le tabac, dans les longues polémiques dont il fut l'objet, vers le XVIᵉ siècle) vante la nicotiane pour détruire, comme par enchantement, toutes espèces de vermine qui désolent les hommes et les animaux. *En Italie, on se sert de la semence pour apaiser le priapisme ; c'est de là qu'on a donné à la troisième espèce de tabac le nom de Priapée* ».

S'il y a un fait qui doive étonner aujourd'hui, c'est que ces propriétés du tabac, depuis si longtemps constatées, qui l'avaient fait frapper de réprobation et d'ostracisme par tous les gouvernements soigneux de voir l'humanité se développer et grandir sans entraves dans ses voies naturelles, plutôt que de s'étioler dans l'atrophie et la stérilité, aient été plus tard méconnues par ces mêmes gouvernements, qui semblent les avoir oubliées, devant le mirage égoïste de la spéculation et des intérêts financiers.

Oui, dès le xvie siècle, le tabac était employé dans les nombreux couvents d'Italie, où les religieux des deux sexes, condamnés au célibat du cloître, avaient recours à ses vertus anaphrodisiaques ou anti-érotiques, pour calmer ces élans de la nature, ces désirs impérieux qui poussent les sexes à la recherche l'un de l'autre, pour la génération, qui est dans les vues de Dieu, dont la volonté se traduit par ces mots de l'Évangile : Croissez et multipliez.

1° Nous avons cité plus haut, page 123, les expériences du docteur Wright, qui, après avoir fait manger du tabac à des chiens, pendant un certain temps, a signalé chez ces animaux l'atrophie du testicule, et l'éloignement ou le dégoût qu'ils éprouvaient pour les rapprochements sexuels.

Aujourd'hui que les enfants s'adonnent à l'usage du tabac, bien avant l'âge de la puberté, on peut remarquer chez ces fumeurs précoces que les organes de la génération n'ont pas pris un développement en rapport avec leur âge. Eux qui croyaient, en fumant, devenir plus tôt des hommes, ils ont subi comme un temps d'arrêt dans leur élévation à la virilité ; et cette langueur du testicule coïncide avec une rareté bien marquée des poils qui couvrent le pubis, et même de la barbe. Il n'est pas jusqu'à leur voix qui garde encore, après vingt ans, son timbre enfantin ou d'eunuque.

Chez ceux qui ont commencé l'usage du tabac après la puberté ou après l'arrivée du testicule à l'apogée de son développement, la flétrissure de cet organe se constate par le contraste qui existe entre l'exiguïté de son volume et le développement des bourses, dans lesquelles il flotte et pend, comme perdu.

Comment se produit, chez les fumeurs, cette émaciation, cette flétrissure du testicule? Le fait est plus facile à constater qu'à expliquer. Cependant, en remontant à la texture anatomique de l'organe, on voit qu'il est composé d'une substance tubulée, d'une longueur infinie, roulée sur elle-même comme un fil dans une pelote. Cette substance est pulpeuse et a tous les caractères de la matière qui forme les grands centres nerveux : le cerveau, la moelle épinière. En sorte que l'on peut dire avec raison que le testicule, ou mieux le tube qui le constitue, est un nerf creux.

Or, nous savons par expérience que la nicotine produit sur le système capillaire aérien, artériel et veineux, un resserrement qui trouble l'action physiologique de ces canaux, jusqu'au point de produire leur obstruction. Combien, à plus forte raison, ne doit-elle pas agir sur une substance si impressionnable que la pulpe nerveuse, et produire en elle un retrait d'où suit la diminution sensible de l'ensemble de l'organe de la génération?

2° Or, le testicule, mutilé ou flétri dans sa forme anatomique, ne saurait accomplir, selon les vues de la nature, la fonction d'ordre supérieur qui lui est dévolue. Et, en effet, chez le fumeur, la sécrétion spermatique languit et n'a pas toutes les qualités qui lui sont indispensables pour une bonne fécondation. Au manque d'énergie créatrice de l'organe, vient s'ajouter encore la puissance destructive de la nicotine, qui pénètre toute l'économie et exerce une action délétère sur les infusoires de la liqueur spermatique, qu'elle engourdit ou tue, à mesure que la pulpe nerveuse du testicule les crée.

L'impressionnabilité des zoospermes à l'action des poisons a été démontrée par les observations de Prévost et les expériences plus complètes de Wagner; d'où il résulte que l'acide cyanhydrique arrête instantanément leurs mouvements ; la strychnine les fait cesser, après leur avoir imprimé une perturbation en quelque sorte convulsive ; les solutions d'opium, de laurier-cerise, *et, en général, de tous les narcotiques*, les arrêtent rapidement.

C'est à l'action stupéfiante ou meurtrière de la nicotine sur l'infusoire du sperme qu'il faut attribuer les effets anaphrodisiaques du tabac. Si les fumeurs sont moins enclins au rapprochement des sexes que ceux qui ne fument pas, c'est que, chez eux, la stimulation spermatique ne les y pousse pas autant.

Le sperme est d'autant plus stimulant qu'il contient plus d'animalcules s'agitant dans sa substance. Ce fait est clairement établi par ce qui se passe aux deux extrémités de la vie génitale de l'homme. Aux approches de la puberté, comme à l'entrée dans la vieillesse, le testicule sécrète une liqueur qui a, en apparence, les qualités du sperme, mais dans laquelle le microscope cherche en vain le spermatozoïde. On ne le rencontre que très disséminé, et comme languissant et étiolé. Dans l'âge mûr, au contraire, l'infusoire spermatique est abondant ; il se meut et frétille dans la liqueur, comme un banc de poissons dans un lac. Et quand le penchant génital, chez l'impubère et le vieillard, se manifeste par un amour sentimental et platonique, par le langage des fleurs ou des saillies grivoises, chez l'adulte, au contraire, c'est un besoin impérieux qui commande ; et la parole et l'action marchent résolument au but charnel.

On trouve un autre exemple de ce phénomène dans ce qui se passe chez les animaux, dont l'accouplement se fait à des époques déterminées par les saisons. L'état d'excitation génitale que, dans certaines espèces, on appelle le rut, se produit quand le zoosperme est créé en abondance par le testicule, qui fleurit en quelque sorte, régulièrement, comme le bouton des plantes, sous l'impression vivifiante du printemps. Et lorsque l'époque du rut est passée, le zoosperme ne se retrouve plus ou n'existe qu'en très minime proportion dans la liqueur séminale ; et les deux sexes vivent, au contact l'un de l'autre, dans une parfaite indifférence génitale.

Si, chez la généralité des animaux, la faculté d'engendrer est intermittente, chez l'homme elle est continue. Il a en lui toutes les énergies nécessaires pour le rapprochement fructueux des sexes. Dans toutes les saisons, sous tous les climats, à tous les instants de sa vie, depuis la puberté jusqu'à la vieillesse, tout son appareil génital répond à tous ses désirs.

Ce privilège, l'homme le doit à la prédominance de sa constitution nerveuse, qui, chez lui, plus que chez les autres êtres de la création, sécrète largement la vie, et la verse avec profusion aux jouissances fantaisistes de tous ses sens, comme aux méditations profondes de sa pensée.

Et si, par une cause perturbatrice quelconque, la maladie, la vieillesse, par exemple, la source de vie vient à diminuer, le sens et l'appareil qui en sont les premiers privés sont le sens et l'appareil génital, dont l'existence est la moins indispensable, comme nous l'avons déjà dit, à la conservation de l'individu. C'est un fait que tout le monde peut constater, en observant ce qui se passe en semblables circonstances dans sa propre organisation.

Nous savions, d'ailleurs, que toutes les fois qu'un principe délétère, un poison, s'infiltre dans l'organisme pour le troubler ou le détruire, une partie proportionnelle de fluide nerveux ou de vie vient aussitôt à sa rencontre et se sacrifie pour le neutraliser.

Et, par toutes ces considérations, nous arrivons à conclure que la nicotine ne se détruit, chez le fumeur, qu'au détriment, en première ligne, de ses facultés génératrices.

Ainsi s'expliquent ces grands faits contre nature que signalent les statistiques et dont sont témoins les doyens d'âge de nos sociétés modernes : la décroissance de la population ; la diminution des mariages, leur peu de fécondité ou leur stérilité absolue (1), la mortalité des enfants en bas âge ; l'impuissance, relativement grande, des mères à arriver au terme de leur gestation utérine ; la fausse couche avant que l'embryon ait manifesté sa vie par le mouvement dans les eaux de l'amnios, et toutes les circonstances graves qui résultent, pour les femmes, de ces avortements souvent répétés.

La diminution de la population ou le temps d'arrêt qu'elle éprouve dans sa croissance régulière, la mortalité des enfants, sont des faits assez authentiques et assez bruyants pour que nous n'insistions pas ici à prouver leur existence ; et les préférences de l'homme pour le célibat s'affichent hautement dans toutes les classes sociales où nous nous agitons. Quant au peu de fécondité ou à la stérilité absolue des mariages, il suffit, pour se convaincre de cette particularité, qui n'est pas assez observée ou dont les causes sont mal appréciées, de regarder autour de soi.

Si l'on passe une revue dans un cercle de ses connaissances, on trouve bien des jeunes ménages, à mari fumeur, où la volonté, le désir, la joie d'avoir de la famille, demeurent constamment infructueux.

---

(1) La pénurie d'hommes valides par suite de la stérilité des ménages est tellement sentie qu'elle n'échappe pas aux chefs de corps, qui en sont les meilleurs juges, quand il s'agit du recrutement de nos armées.

Citons, à cette occasion, une petite anecdote pleine d'actualité et de franchise par des militaires.

Au moment où les artilleurs territoriaux de la ville de Lyon quittaient leur régiment, en garnison à Valence, le colonel leur adressa ces paroles d'adieux tant soit peu rabelaisiennes :

« Avant de nous séparer, je n'ai qu'une recommandation à vous faire ; quand vous serez rentrés dans vos foyers, considérez comme un devoir de faire des enfants pour la patrie.

« Les femmes de France ne sont pas moins *fécondes* que celles des autres pays ; mais elles sont moins *fécondées*. Si cela continue, le gouvernement se verra obligé d'appeler des Chinois pour obvier au manque de bras. »

La chronique ne dit pas si ce brave colonel donnait lui-même l'exemple à ses soldats, et si le tabac, qu'il brûlait peut-être, ne le détournait pas, lui aussi, à son insu, du culte qu'il prêchait si bien pour le petit dieu de Cythère.

Ceux qui assistent les femmes dans les moments difficiles où elles deviennent mères, peuvent dire combien d'entre elles luttent de persévérance et de bonne volonté pour éviter des accidents qui, dans leur pensée, sont la cause que le fruit de leur fécondation n'arrive pas à terme. Combien ne voit-on pas de jeunes femmes accuser la faiblesse de leur constitution de ne pas pouvoir développer les germes que l'amour a déposés dans leur sein ! Par un sentiment profond de maternité, elles s'imposent des privations qui vont jusqu'au sacrifice ; elles se sèvrent de tous les plaisirs du monde pour s'astreindre, pendant de longs mois, au repos de la chambre ou à l'immobilité du fauteuil ou du lit. Et, malgré les attentions les plus intelligentes et les plus minutieuses, leur fruit tombe avant maturité ; elles avortent !

Non, ce n'est pas la faute de la mère qui le porte, si l'embryon n'arrive pas au terme de son évolution naturelle, et s'il meurt avant le neuvième mois de sa vie intra-utérine ; c'est la faute de l'embryon lui-même, la faute du zoosperme d'où il dérive, ou mieux, la faute du père qui l'a créé. Les rares infusoires que le microscope nous montre s'agitant mollement dans la liqueur séminale des fumeurs ont subi, comme le fumeur lui-même, la dépression narcotique que le tabac a exercée sur eux.

Dans ces conditions de faiblesse, ils arrivent à l'ovaire, descendent dans l'utérus avec l'œuf auquel ils se sont greffés. Ils vivent ; mais ils sont frappés mortellement dans leur essence, comme ces fruits que le brouillard a touchés au moment de leur fécondation, qui tiennent encore à la tige qui les supporte, y grossissent un peu, y meurent de langueur, et puis tombent.

Voilà tout le secret de ces avortements si fréquents qui désolent les mères et portent une atteinte si profonde à leur constitution. Qu'on n'en cherche pas la cause ailleurs que dans la non-viabilité d'un germe imparfait ; comme la non-viabilité du petit être qui sort de la vie utérine pour entrer dans la vie réelle est cause de la grande mortalité des enfants en bas âge.

On entend souvent dire par des moralistes, surtout en Amérique, où l'on use plus de tabac que partout ailleurs : « Si nos femmes sont stériles et avortent facilement, c'est que, pour se soustraire aux charges de la famille, elles mettent en pratique des manœuvres que la corruption des mœurs fait qu'on ne réprouve peut-être pas assez, mais qui blessent la dignité humaine, le sentiment moral et religieux, et que punit la loi. » Il n'y a pas longtemps encore, peu avant la chute de l'Empire, à l'occasion des difficultés qu'éprouvait le recrutement militaire dans nos populations amoindries, où les hommes valides devenaient de plus en plus rares, on a pu entendre, à l'Assemblée nationale de France, un ministre de la guerre, par des insinuations et des réticences que tout le monde a comprises, attribuer la cause de notre appauvrissement en hommes à la volonté des mères, qui devenaient par trop réfractaires au devoir naturel d'avoir des enfants.

Je me rappelle encore le bruit que fit, en Californie et dans tous les États-Unis, dans les premières années de la colonisation américaine sur les côtes du Pacifique, la statistique médicale d'un docteur de San Francisco, qui constatait la fréquence, contre nature, des avortements dans une population de femmes toutes jeunes, vigoureuses et dans les meilleures conditions sociales pour être mères. Il attribuait aussi la cause de ces accidents à des manœuvres vicieuses ou criminelles, auxquelles les femmes enceintes ne craignaient pas de se livrer.

La légèreté téméraire des assertions publiées par le docteur souleva contre lui tant d'indignation de femmes et de mères, que des comités de dames s'organisèrent pour prendre en main la défense de leur moralité outragée. Et, dans ce pays de la loi du lynch, c'est-à-dire de la justice personnelle rendue par les intéressés en dehors de l'action des tribunaux, même quand il s'agit de la vie d'un coupable, l'imprudent docteur fut condamné à passer d'un bain de goudron dans un bain de plumes, puis à la promenade forcée, à travers les rues de la ville, dans ce déguisement peu gracieux. Il aurait subi son châtiment, au milieu des risées publiques, si d'influents amis n'avaient intercédé pour lui auprès du charmant tribunal, qui fit succéder la générosité du pardon à la rigueur du jugement.

Oui, les femmes ont raison de protester contre des faits coupables, dont on les accuse beaucoup trop légèrement ; et la science doit les défendre contre ces calomnies si imméritées, en remontant à la source réelle de tous ces accidents qu'on leur attribue.

Quelque démoralisée que soit une civilisation, il est de ces instincts naturels que rien ne peut détruire ; et l'instinct de la maternité est l'un des plus vivaces. Il domine souvent l'instinct de la conservation. La femme, par nature, aime le fruit qui la féconde. Du jour où le germe en a été déposé dans son sein, il constitue une partie d'elle-même, et son instinct lui commande de le conserver autant que sa propre existence.

Il y a d'ailleurs en elle, pour l'arrêter sur la pente d'une mauvaise action, si elle en avait l'idée, un pressentiment du danger qu'elle court de perdre la vie, ou d'altérer profondément sa constitution en provoquant un fait contre nature, l'*avortement*, qui l'expose à des hémorragies foudroyantes, trop souvent au-dessus des ressources de l'art. C'est aussi une opinion vulgairement admise parmi le sexe, et cette opinion est vraie, qu'une fausse couche est trois fois au moins plus dangereuse qu'un accouchement naturel.

Le plus grave de tous les avortements auxquels la femme est exposée, est celui qui a pour cause la non-viabilité du germe par défaut de puissance génératrice du père qui l'a créé, comme cela a lieu souvent, chez les fumeurs.

Ce germe moribond, entraîné dans l'absorption de la liqueur

séminale où il flotte, arrive à l'ovaire de la femme, où il trouve, pour se loger, un œuf bien constitué. Ces deux éléments, après leur union, quittent l'ovaire et arrivent, par un canal spécial, la trompe de Fallope, dans la matrice, véritable nid où l'œuf doit subir, avant d'éclore au monde, neuf mois d'incubation.

L'œuf humain n'est pas comme celui des oiseaux. L'oiseau, pour éclore, ne demande à sa mère que la chaleur. L'œuf d'où il provient a en lui, comme la graine des champs, tout ce qui est nécessaire pour donner naissance à un être complet. Le sang s'y forme au contact de l'air qui pénètre par la porosité de la coquille. A l'œuf humain, pour grandir, il faut le sang de la mère.

C'est là que l'on conçoit combien l'organisme est inépuisable dans la simplicité des moyens qu'il emploie pour créer ou étendre la vie. A peine ce globule séparé de l'ovaire arrive-t-il dans l'utérus, comme le grain de blé, qui tombe de l'épi, arrive à la terre, qu'une matière muqueuse l'enveloppe et le colle, par juxtaposition, aux parois de cet organe, sur lequel il se greffe, comme le bouton d'une plante sur une autre plante.

A ce contact, par un phénomène d'endosmose et d'exosmose, deux courants de liquide s'établissent, l'un allant de la mère à l'œuf, et l'autre de l'œuf à la mère. Un organe se crée à ce point : c'est le placenta. Le placenta est le trait d'union de l'enfant à la mère. C'est comme une éponge charnue dans laquelle vient s'amortir, dans des vaisseaux capillaires sans nombre, la force de la circulation artérielle de la mère, qui, sans cela, tuerait le germe, en le noyant. Au centre du placenta, tous ces vaisseaux se réunissent en deux tubes, une artère et une veine, logées dans un cordon, le cordon ombilical, qui s'ouvre dans le centre abdominal du fœtus. Il est destiné, par sa longueur, à accompagner l'enfant jusqu'à sa venue au monde, dans le trajet qu'il parcourt pendant le temps de l'accouchement, et jusqu'à ce qu'il puisse avoir une vie indépendante de sa mère, en respirant.

L'artère ombilicale apporte le sang de la mère à l'enfant, la veine retourne le sang de l'enfant à la mère, dans laquelle il va se revivifier par la respiration, fonction que le fœtus ne peut exercer par lui-même, puisque les eaux de l'amnios, dans lesquelles il accomplit sa vie d'infusoire, l'isolent complètement de l'air atmosphérique.

Il y a dans le germe deux éléments distincts : le placenta et le fœtus. Si le fœtus semble être, en essence, de création toute paternelle, le placenta dépend plus spécialement de la mère. De là, dans ces deux êtres, deux forces de vie différentes ; et c'est ainsi que le fœtus provenant d'un père affaibli meurt, tombe de l'utérus ou s'y décompose, tandis que le placenta, créé par une mère bien organisée, continue de vivre ; il végète comme une masse inerte et sans but, et produit alors les *moles* ou les *fausses grossesses*, qui sont pour les femmes des conséquences graves de leur fécondation par des germes débiles et non viables, comme le sont, trop souvent, ceux des consommateurs de tabac.

Quand le placenta ne survit pas à la mort de l'embryon, il est toujours lent à se séparer de la matrice et cause ces hémorragies continues qui durent des semaines et des mois, et où les femmes succombent parfois, épuisées de sang.

Si elles échappent à ces accidents redoutables, l'avortement, souvent répété, amène chez elles des fluxions sanguines qui, ne trouvant plus à prendre leur cours naturel, en alimentant le produit de la conception, donnent naissance aux *polypes de la matrice*, aux engorgements chroniques des parois et surtout du col de l'organe, qui dégénèrent si facilement en ulcères toujours difficiles à guérir, et souvent en *cancers* incurables.

L'avortement, les hémorragies, les fausses grossesses, les polypes, les engorgements, les ulcérations, les cancers de l'utérus, qui, de nos jours plus que jamais, désolent l'existence des femmes, voilà la triste part de tribulations que leur donne la fécondation par des germes altérés par la nicotine.

Et comme si ce n'était pas assez de tant de souffrances physiques imméritées, la grande erreur des hommes, dans l'usage du tabac, laisse encore aux mères la douleur morale de voir s'éteindre, dans leurs premières années, un grand nombre de ces enfants qu'elles avaient réussi à sauver des dangers de la vie intra-utérine, et que tous leurs soins demeurent impuissants à faire prospérer et grandir, parce qu'un poison les a frappés mortellement aux sources les plus profondes de la vie, dans l'organe génital du père.

Après cette longue digression sur les conséquences éloignées que peut avoir le tabac sur la santé de la femme fécondée par les germes imparfaits des nicotinés, revenons aux affections directes que la panacée de la reine Catherine produit sur l'individu, et dont nous sommes bien loin encore d'avoir épuisé la longue nomenclature.

On ne peut pas dire que l'altération du testicule et du zoosperme qu'il sécrète ait une conséquence directement fâcheuse pour l'individu, puisqu'il peut vivre en santé, comme l'eunuque, privé du sens et des organes de la génération. Cette altération n'est désastreuse que pour l'espèce, qui dégénère et s'étiole par la défectuosité de sa provenance.

Mais la gravité, pour l'individu, de l'action du tabac sur les organes génitaux, gît plus particulièrement sur l'effet de ce narcotique sur la vésicule séminale.

La vésicule séminale est, comme nous l'avons dit, une petite ampoule chargée de tenir toujours en réserve, pour les besoins de la génération, une certaine quantité de liqueur fécondante que lui apporte la sécrétion lente, mais continue, du testicule. Cette liqueur précieuse, que crée l'économie, aux dépens de toutes ses énergies, ne peut être répandue à profusion, pour quelque but ou par quelque cause que ce soit, sans jeter l'homme dans un affaissement physique et moral dont les retours, fréquemment répétés, altèrent profondément son existence.

L'abus des plaisirs vénériens, les pratiques solitaires de l'onanisme, sont des actes contre nature regrettables, sans doute ;

mais la volonté et la raison peuvent les maîtriser. Aussi leur gravité n'a rien de comparable à celle des pertes séminales qui sont involontaires.

La *spermatorrhée* ou l'impuissance organique de l'homme à conserver en lui sa liqueur séminale, est une des infirmités les plus communes de notre époque. Les médecins, Lallemand, entre autres, la signalèrent comme une maladie digne de fixer leur attention, dans le même temps à peu près que l'usage du tabac entrait résolument dans nos habitudes. Depuis lors, elle s'est répandue proportionnellement au crédit dont a joui, parmi nous, la prétendue panacée des Indes.

Cette coïncidence d'apparition et de progression tendrait déjà à faire croire qu'il y a, entre ces deux événements, un rapport de causalité intime, et que l'usage du tabac doit avoir la plus grande influence sur la production de cette infirmité. Cette opinion, conçue *à priori*, se confirme quand on examine, dans son organisation anatomique et dans sa fonction physiologique, la vésicule séminale, qui est le siège de l'affection.

La vésicule séminale est un petit sac oblong, de forme olivaire, à deux ouvertures. L'une, toujours béante, reçoit le sperme que le testicule lui envoie, par le canal déférent, qui remonte des bourses dans l'abdomen, par le cordon spermatique. L'autre ouverture communique avec le canal éjaculateur. Un sphincter ou petit muscle annulaire, fort résistant, analogue à celui du col de la vessie, ferme cette ouverture. C'est la digue naturelle qui s'oppose à l'émission permanente de la liqueur spermatique.

Dans ce petit canal, de quelques centimètres de longueur, réside tout ce que l'organisme a de plus parfait, de plus élevé dans la sensibilité et dans la vie. C'est dans son trajet que se produisent, au passage du sperme, ces sensations sans égales en nous, qui sont parfois si vives, qu'il n'est pas rare qu'elles foudroient l'homme par une apoplexie de jouissance et de bonheur, et le font mourir au moment même où il va donner la vie à un nouvel être, dans les étreintes voluptueuses de l'amour.

A cette fonction naturelle, d'ordre supérieur, puisqu'elle opère la reproduction perpétuelle de l'espèce, préside une force nerveuse toujours en action. Pour elle, pas de repos, pas de sommeil ; il faut qu'elle tienne constamment fermé ce petit sphincter, par où s'écoulerait rapidement la vigueur, même la vie de l'homme, si l'on pouvait supposer qu'il soit toujours ouvert.

Mais cet organisme spécial a, comme tous les autres, ses énergies et ses défaillances, et il subit toutes les influences qui agissent sur l'innervation en général. Il faiblit dans toutes les circonstances où le fluide nerveux s'use, chez l'individu, en des proportions qui ne sont pas habituelles. Aussi les pertes séminales sont-elles très fréquentes chez les hommes, surtout chez les jeunes gens, absorbés par l'étude. Elles sont aussi fort communes chez les sujets qui ont subi de grandes fatigues corporelles ou de profonds chagrins ; toutes causes qui usent largement le principe de la vie.

Chez quelques-uns de ces sujets, le relâchement du sphincter éjaculateur va jusqu'à la paralysie. Alors la liqueur séminale s'échappe de l'urètre, à mesure que le testicule la sécrète, ou elle sort toutes les fois qu'ils satisfont le besoin d'uriner.

Chez d'autres sujets, moins usés, l'éjaculation a lieu aux moindres excitations érotiques, ou sitôt que la sécrétion générale du fluide nerveux se ralentit ; quand la vie s'endort dans l'anéantissement passager du sommeil. Alors l'influence nerveuse, insuffisante, ne commande plus au sphincter et il cède à la pression du liquide amassé dans la vésicule. Il ne cède pourtant pas sans résistance ; et c'est alors qu'il s'établit un mouvement alternatif de relâchement et de constriction, pendant lequel quelques gouttes du fluide franchissent le col et produisent une titillation voluptueuse qui précède toujours et qui cause les rêves lascifs, souvent désordonnés et incohérents comme le délire.

C'est dans l'égarement de ce délire que l'influx nerveux, perdant complètement son pouvoir obturateur, laisse ouvrir le sphincter, d'où la liqueur séminale s'échappe en jets abondants. Alors le malade s'éveille en sursaut, haletant d'émotions, qui sont plutôt des douleurs que des plaisirs. Fatigué, il se rendort et, plusieurs fois dans la nuit, il passe par ces secousses énervantes, dont il sort chaque fois pour maudire le sommeil qui, au lieu de réparer ses défaillances, le plonge de plus en plus dans l'anéantissement et dans la fièvre nerveuse.

Si toutes les causes débilitantes du système nerveux ont une influence directe sur le relâchement de la vésicule séminale et peuvent amener l'incontinence spermatique chez l'homme, quelle part immense ne doit-on pas attribuer au tabac dans la production de cette infirmité?

En effet, la pratique des médecins leur démontre que c'est chez les fumeurs et les chiqueurs qu'ils ont le plus souvent à soigner cette affection, qui les réduit parfois à l'impuissance génitale la plus absolue. Car la nicotine use, comme nous l'avons dit, pour neutraliser son effet toxique, une grande partie du fluide nerveux destiné à entretenir l'activité humaine. C'est là la cause de son effet narcotique et stupéfiant, qui se fait surtout sentir dans les organes dont les fonctions sont le plus élevées dans la sensibilité, telles que l'intelligence et le sens génital.

La spermatorrhée est la dégradation la plus pénible que le tabac puisse amener chez l'homme, celle qui tourmente le plus une existence dont elle abrège inexorablement la durée.

Vous reconnaîtrez ses victimes à leurs chairs flétries, à leur face mélancolique et blême, à leurs yeux caves, cherchant à cacher sous les arcades de leur orbite une expression d'humiliation qu'ils ne peuvent pas maîtriser. Il leur semble que chacun lit sur leurs traits les sentiments qui les attristent, et qu'on attribue leur affaissement physique et moral à des habitudes solitaires dégradantes; car ils ont en eux tous les symptômes de l'onanisme.

Parmi les cas fréquents de cette maladie désespérante, je rencontrai, dans ma pratique, un de ces jeunes hommes dont l'histoire est le tableau à peu près uniforme de tous ceux qui sont en proie à la même affection.

Son père était un officier supérieur de l'armée, qui avait passablement sacrifié au culte du dieu Tabac. Le fils n'en avait pas reçu de lui, pour cela, une constitution des plus fortes. Il n'avait eu, dans sa première jeunesse, ni les dispositions naturelles, ni une volonté bien résolue pour les études sérieuses. Il se fatigua longtemps, et sans succès, pour acquérir l'instruction réglementaire d'un candidat à l'École polytechnique. Il ne put pas davantage arriver à aucune autre carrière publique où l'on entre par l'examen ou le concours. On le fit bureaucrate.

Il s'était adonné très jeune à l'usage du tabac, qui avait contribué pour beaucoup à engourdir son intelligence, jusqu'à la fermer à la pénétration fécondante de l'étude. Quand ses condisciples, aux heures des récréations, puisaient dans les jeux de leur âge une vigueur corporelle et une gaieté d'esprit qui les aidaient à supporter les fatigues et les ennuis de l'étude, il se dérobait dans les lieux les plus cachés à la surveillance, pour absorber, à la hâte, quelques bouffées de fumée de tabac.

Pour fumer, à seize ans c'était un homme; mais, pour le développement de l'intelligence et des facultés physiques, à dix-huit ans, c'était presque un enfant, tant chez lui la puberté, entravée par l'usage du tabac, fut longue à faire son évolution. Il avait près de vingt ans quand il sentit naître en lui les facultés sexuelles que la nature commence à développer à quinze ans chez l'adolescent.

Pour fortifier sa constitution, il montait à cheval, fréquentait les gymnases; mais que pouvaient faire ces moyens d'amélioration physique, quand le tabac en détruisait aussitôt les effets?

L'équitation, par les secousses et le frottement de la selle sur le périnée, provoqua dans les organes génitaux un éréthisme qui vint achever ce que la nicotine avait déjà depuis longtemps préparé : le relâchement du sphincter séminal.

C'est alors qu'il commença à éprouver dans ces parties des sensations inconnues qui lui firent rechercher avec passion l'exercice qui les lui procurait. A ces émotions contre nature succédèrent bientôt une prostration physique et un affaissement intellectuel qui frappèrent l'attention de ses parents.

« E..., lui dit un jour son père, tu n'es pas sage ; tu te livres à de mauvaises habitudes ; tu perds, dans des attouchements que la nature et les mœurs réprouvent, toutes les forces qui sont en toi pour devenir un homme. Tu profanes, dans des impuretés, ce qui n'appartient qu'à la vie conjugale et qui ne doit servir qu'à créer la famille, qui en fait toutes les joies. Si tu continues, mon enfant, dans ces habitudes vicieuses, crois-en ton père : celui qui seul te voit, quand tu te caches pour te livrer à cette dégradation, Dieu te punira ; tu mourras avant que le temps soit venu pour toi de commencer à vivre. »

A cette brusque admonition du colonel, E... ne put retenir de ses yeux quelques larmes. Son père l'accusait de faiblesses qu'il n'avait pas, de mauvaises habitudes auxquelles il ne s'était jamais livré. Il avait la conscience de la pureté de ses mœurs, et pourtant il se sentait s'affaiblir de jour en jour, sans en connaître la cause intime. Et il avait de ces pressentiments vagues qui font qu'à son âge bien des jeunes gens maladifs désespèrent de la vie, et se croient condamnés à une mort prématurée, par complexion défectueuse des poumons.

Il se rangeait avec résignation dans cette classe intéressante de jeunes malades qu'on appelle les poitrinaires.

On consulta la science. Là, tout s'expliqua. E... n'était point poitrinaire ; il n'avait qu'une incontinence de sperme, où sa volonté n'était pour rien et à laquelle on reconnut que l'équitation était contraire. Mais la cause première de la maladie, l'usage du tabac, dont on ne se défiait pas alors assez, avait passé inaperçue dans l'examen du docteur, un de ces bons majors qui n'était pas le dernier à donner l'exemple de fumer à son jeune malade. Et E... fumait toujours, dans la folle pensée qu'une chose forte, comme le tabac, ne pouvait manquer de le rendre fort lui-même, s'il en usait beaucoup. Pauvre garçon! il raisonnait comme font tous les enfants de son âge!

E... épuisa à se soigner tout ce que la médecine emploie contre cette fatale maladie : médication tonique, douches froides, cautérisation du col de la vessie, électricité; tout cela ne lui procurait que des soulagements passagers.

Toujours à la recherche de sa guérison, qu'il ne trouvait nulle part, il avait atteint sa vingt-cinquième année, âge où les familles aiment à voir établir leurs enfants. S'il avait été libre de ses volontés, il aurait penché beaucoup plus pour le célibat que pour le ménage; mais on le maria, par une de ces spéculations égoïstes qui font regarder souvent le mariage comme un remède à donner à des organes imparfaits ou à des sens en délire. Coupable abus de confiance, où deux êtres enchaînent mutuellement leur existence, quand l'un a la conviction qu'il n'apporte pas à l'autre des qualités qui sont dans le but de la nature, et qui n'ont d'autre appréciateur que la conscience.

On ne peut pas dire pourtant que E... se trouvait hors la loi du mariage; son organisation lui semblait encore assez forte pour répondre à l'ardeur de ses désirs d'époux. Mais il est, dans les scènes intimes de l'alcôve, des moments d'émotion qui amènent parfois des défaillances où l'organisme énervé du malheureux jeune homme ne manquait jamais de tomber.

Les nouveaux conjoints vivaient dans un pays d'où n'ont point encore disparu les superstitions et les légendes mystiques des vieux temps.

Quand on sut, dans la famille de la jeune femme, comment se comportait l'époux, on ne vit dans tout cet accident qu'un effet de plaisanterie ou de malveillance, œuvre d'un enchanteur ou d'un sorcier.

Quel malheur, disaient les beaux parents, arrive à notre fille! on a *noué l'aiguillette* à son mari!

On est loin de savoir partout ce que c'est que nouer l'aiguillette. Nous allons en dire un mot, avec tout l'euphémisme qui doit voiler un semblable sujet.

Il reste, dans notre civilisation chrétienne, une foule de vieilles croyances que réprouve l'Église, et qui ont survécu à la disparition de tous les anciens cultes.

Dans la foi religieuse de l'antiquité, on attribuait à de mauvais génies tous les maux qui arrivaient aux hommes, et surtout une foule de faits naturels ou d'infirmités dont la science n'avait point encore expliqué les causes. Ces génies malfaiteurs existaient sous forme d'esprits, comme les Farfadets et les Revenants, ou sous forme de corps, comme les Sorciers.

De là naquirent toutes ces théories de sciences occultes, ayant pour support le Génie du mal et le Génie du bien; ou le Sorcier et le Devin : deux êtres qui existeraient encore de par le monde, si l'on ajoutait foi aux assertions et aux pratiques de beaucoup de nos croyants d'aujourd'hui.

La science de la sorcellerie a eu ses oracles et ses livres; comme le *Grand* et le *Petit Albert*, la *Poule Noire*, etc., etc., que l'on consulte encore avec plus ou moins de croyance, et où l'on trouve toutes les formules cabalistiques pour donner et lever les sorts.

Ce sont des vérités tristes à dire en fin de XIXe siècle; mais dans bon nombre de nos provinces, où l'instruction supérieure n'a pas assez pénétré, on croit toujours aux sortilèges. Si un enfant a des crises d'épilepsie, il a reçu un sort; si une jeune fille s'agite et crie convulsivement dans des accès périodiques d'hystérie, elle a été ensorcelée. Un jeune époux a reçu un sort si les émotions, la joie ou l'embarras de sa position nouvelle paralysent le principal acteur de la fête du mariage.

C'est cet état, peu satisfaisant pour les nouveaux époux, qu'en terme de sorcellerie on appelle *aiguillette nouée*.

La mésaventure du mari de Mlle *** devint bientôt la causerie à sensation de la petite localité. E..., fatigué d'une position qui n'était plus tenable, en face d'un public qui s'occupait ainsi de lui, entreprit un voyage de santé. Il promena longtemps sa jeune femme dans les places de bains les plus réputés pour réconforter les constitutions débiles. Il y chercha en vain un soulagement à une infirmité devenue irrémédiable.

Abandonné par la médecine, qui ne lui proposait rien moins que l'ablation des glandes génitales, comme cure certaine de la spermatorrhée qui l'épuisait sans cesse, il se jeta, sous l'impulsion de sa belle-mère et de sa femme, qui le croyaient toujours sous le charme d'un sort, dans les pratiques les plus extravagantes de la sorcellerie. Il rechercha les sorciers et les devins, pour avoir leurs conseils, dans leurs retraites les plus cachées de la Bretagne, de la Vendée et du Poitou. Puis, revenant à des croyances plus dignes et à des espérances mieux fondées en apparence, il demanda sa guérison aux fontaines opérant des miracles, sous de saints patronages; aux neuvaines à Sainte-Anne d'Auray, à Sainte-Radégonde de Poitiers, à Saint-Guignolet de Recouvrance, à Brest; tous lieux de dévotion et de pèlerinages, où les époux impuissants et stériles vont demander la fécondité, que quelques-uns y rencontrent, peut-être, mais que lui ne fut pas assez heureux d'y trouver.

Il avait alors trente ans, et il ne se passait guère de jour que l'idée du suicide ne vînt assiéger sa conscience, comme un moyen de rendre la liberté à cette jeune femme enchaînée à son existence et à son malheur par la loi, le respect humain et la vertu. Innocente victime qui avait cru prendre en lui un amant, un époux, et qui n'y avait trouvé tout au plus qu'un frère, un infirme, un fardeau.

Mille sentiments se heurtaient dans cette âme affaiblie par

la langueur. Tantôt c'était un remords d'avoir contracté ce mariage, pour lequel il aurait dû comprendre qu'il n'avait pas toutes les conditions requises; tantôt c'était la sombre jalousie qui lui faisait douter de la pureté de l'attachement de la malheureuse femme, dont la vie se passait à nourrir en lui des espérances pour un avenir meilleur.

Dans ce courant d'émotions, trop fortes pour son cerveau ramolli, sa raison se perdit, et le pauvre aliéné dut traîner, pendant plus de dix ans encore, sa misérable existence dans un de ces asiles que la pitié publique ouvre à toutes les dégradations mentales, et qui cachent aux regards du monde tant de victimes que fait tous les jours le tabac.

Ah! si les médecins pouvaient révéler toutes les confidences qui leur sont faites en semblables matières, que de pièces accablantes viendraient grossir le dossier de l'accusation, dans le procès du tabac!

Mais, sans jeter un regard indiscret dans l'intimité des ménages, dont un trop grand nombre ressemblent à celui dont nous avons entr'ouvert l'alcôve, constatons ce qui se passe sous les yeux de tout le monde; examinons quels sont, de nos jours, les rapports de l'homme et de la femme dans la société.

CHAPITRE XII

Ceux qui peuvent, comme nous, remonter par la mémoire
au bon vieux temps du commencement du siècle, se rappelleront qu'il y avait alors un foyer de famille dont les femmes
étaient l'âme, le centre d'attraction. Dans toutes les classes de
la société, depuis la chaumière jusqu'au palais, on se réunissait, on se fréquentait ; et le but de ces soirées, où se confondaient dans une même gaieté les membres de la famille, les
intimes et les étrangers, était toujours de rapprocher, sous les
yeux des parents, de beaux jeunes gens et de gracieuses jeunes
filles, qui devaient plus tard devenir des époux.

C'était la vie sociale dans tout son naturel, son charme et
son entrain ; l'ingénuité, l'esprit, l'art y brillaient sous l'ai-
guillon puissant du désir de plaire. Là naissait aussi, sans
qu'on s'en doutât, le besoin d'aimer.

Les jeunes gens, cédant à ce penchant naturel qui leur faisait trouver des charmes dans la société des jeunes filles, se
pressaient dans ces réunions, où ils mettaient toute leur ambition, tout leur amour-propre d'être admis. On dansait, on
faisait de la musique, on jouait les charades et mille autres
divertissements de société.

Dans tous ces passe-temps innocents, où les yeux parlaient et les cœurs sentaient, les heures passaient toujours trop vite. On se quittait avec le besoin de se revoir, car déjà l'on s'aimait. C'est là qu'il fallait voir toutes ces rivalités de jeunes gens, se disputant les regards, les attentions, les préférences des dames de famille, des riches héritières, des artistes, des belles, des gracieuses, de toutes celles, en un mot, qui pouvaient apporter le plus d'attraits à l'union que l'on rêvait; car on finissait toujours par se marier, alors.

L'amour était constamment de la partie; en vain on aurait voulu le désarmer ou lui lier les ailes : l'enfant terrible, fier de la puissance de sa flèche, se glissait partout. C'est qu'il n'avait pas encore trempé trop avant ses lèvres à la coupe de la *Priapée*, ce narcotique breuvage au tabac, où les moines d'Italie le grisaient, pour l'endormir, afin qu'il ne vînt pas troubler le sommeil de leurs sens.

Si l'on compare ce temps passé à celui où nous vivons, on verra quel changement s'est opéré dans nos mœurs sociales depuis un demi-siècle. Aujourd'hui, les hommes vivent dans un éloignement de la femme qui semblerait vraiment affecté, tant il est contre nature, si l'on n'en trouvait pas la cause dans le sentiment d'égoïsme qui les domine, par suite de l'effacement de l'amour.

L'égoïsme, en effet, sépare les êtres autant que l'amour les rapproche.

Nous avons dit plus haut que l'amour était la qualité la plus pure de l'homme, celle qui semblerait le plus, dans sa nature, être d'essence vraiment divine; l'amour qu'il sent venir en lui quand il devient pubère, à la naissance de ses facultés génératrices, et qui s'en va à la vieillesse, quand ces mêmes facultés s'éteignent.

On pourrait le définir le parfum qui s'exhale de l'homme et de la femme, en fleur pour la génération.

Mais si cette floraison de l'homme, comme la floraison des

plantes (j'insiste sur cette comparaison, car dans la nature tout se ressemble), si cette floraison, dis-je, rencontre, tant qu'elle dure, un élément qui la stérilise, comme le brouillard des nuits stérilise la fleur, de même que la fleur stérilisée s'étiole sans parfum, l'homme à la floraison perturbée s'étiole sans amour.

Eh bien, la floraison de l'homme, dans ses habitudes actuelles, s'étiole dans les fumées narcotiques du tabac. Voilà la cause de son indifférence sexuelle, de son égoïsme, de son manque d'amour.

L'homme fuit la compagnie de la femme, il est indifférent à l'attraction de ses charmes, parce qu'il sacrifie trop souvent à *sainte* Priapée des anciens religieux d'Italie, parce qu'il passe ses journées et ses nuits à se saturer de la célèbre panacée de la reine Catherine qui, si elle n'a plus, de nos jours, le précieux privilège de guérir tous nos maux, a sûrement pour effet de nous préserver, de nous guérir même de l'amour.

Aujourd'hui, les estaminets, les clubs, les cercles font la concurrence aux salons de famille. Et, tandis que ces établissements publics, ou de forme plus ou moins privée, regorgent de clientèle ou d'abonnés, le foyer domestique est solitaire. Le père l'a quitté, les fils l'ont quitté, pour aller, chacun de son côté, chercher, dans la compagnie des hommes, des distractions qu'ils ne savent plus rencontrer auprès de l'épouse et des filles, de la mère et des sœurs.

Ces pauvres délaissées s'ennuient d'être seules. Cette vie, loin de la société des hommes, tourne leur idéal vers l'Église, la congrégation, qui sont la route du cloître, où elles ne sont pourtant pas toujours disposées à aller ensevelir leur existence, parce qu'elles sentent qu'elles sont faites surtout pour l'amour des hommes et de la famille.

Pour ramener à elles ces indifférents et ces fugitifs, elles emploient tout ce que leur inspire les attentions les plus délicates; elles se groupent, de leur côté, en petits cercles de familles ou d'amies. Dans beaucoup de maisons, on organise de grandes réceptions d'apparat et de cérémonie. Et, quelque soin que l'on mette à inviter, en grande proportion, des messieurs qui, par leur âge et leurs bonnes manières, sont supposés les plus aptes à donner de l'éclat et de l'entrain à la fête, le nombre des cavaliers présents est toujours inférieur à celui des dames.

Quand l'orchestre invite à la danse, les maîtres de maison courent dans les appartements, aux tables de jeu, aux fumoirs, pour stimuler d'indifférents jeunes gens qu'attendent souvent en vain de belles et jeunes femmes, fatiguées de poser sur leurs fauteuils.

Quand on disait autrefois d'une dame : « Elle a remporté son tabouret du bal », c'est-à-dire on ne l'a pas fait danser, il fallait que son âge ou quelque disgrâce physique l'eût rendue bien respectable. Aujourd'hui, c'est chose fort commune que de voir sortir du bal bien des toilettes séduisantes qui n'ont pas été défraîchies par la main des danseurs.

Les jeunes gens se mêlent à la vie des salons bien plus par convenance et par devoir que par attrait. Longtemps, pour s'en éloigner ils ont eu un prétexte ; on les entendait entre eux souvent dire : Les soirées de Mme X*** sont *sciantes*, on n'y fume pas ! »

En effet, il faut rendre cette justice aux dames ; elles ont lutté tant qu'elles ont pu contre l'envahissement contagieux de la mauvaise habitude du tabac. Elles ont longtemps boudé contre ces courtisans ou ces adorateurs, qui venaient mêler aux parfums de leurs salons les émanations nauséabondes de leurs chiques, de leurs cigares ou de leurs pipes.

Ce fut alors une véritable conspiration de la puissance de la volonté de l'homme contre la faiblesse de la femme. Les dames ont cédé, par ennui de l'existence sans la société des hommes. Les hommes, par contraire, en compagnie d'une pipe ou d'un cigare, dont ils humaient nonchalamment la fumée, se passaient volontiers du besoin de sentir autour d'eux le frou-frou électrique de la toilette des femmes.

C'est par cette ruse de guerre que le tabac entra forcément dans le bon ton.

Si l'amour, les jeux, la danse avaient leur salon dans le monde élégant, le dieu des Peaux-Rouges d'Amérique voulut y avoir aussi le sien ; et, pour lui, on créa les fumoirs.

Le fumoir s'impose sous les lambris dorés de l'Opéra, comme sur les trains roulants des chemins de fer ; il est devenu le complément obligé d'un appartement réputé convenable. Il faut que l'architecte, dans chaque logement, trouve la place d'un fumoir. Et il ne faut pas le reléguer dans les parties les moins nobles du logis : il veut une place d'honneur, dans le voisinage de la salle à manger et du premier salon. Dans les ménages qui n'ont pas le privilège d'un local à fumer spécial, le fumoir est par toute la maison.

Les dames ont fait aux hommes la concession du fumoir et ont pu, par là, en retirer quelques-uns de l'estaminet et du cercle, pour les ramener au salon de compagnie ; mais ce n'était là qu'une demi-conquête. Avec le fumoir, si voisin de la salle de conversation ou de danse, elles pouvaient posséder parfois la personne de ces messieurs ; mais elles étaient loin d'avoir ce que beaucoup d'entre elles auraient désiré fixer : leur cœur.

Ces beaux jeunes gens toilettés se trouvent mieux à l'aise au fumoir, où ils rivalisent, entre eux, de grâce à teter le narguilé d'Orient, la chibouque algérienne, la pipe culottée à la flamande, la cigarette espagnole, le cigare pincé par une tige d'or ou d'argent et que supporte un anneau passé au doigt ; ou bien un gros havane tenu entre les dents, par un long bout d'ambre aux reflets dorés. Là, chacun étale sa petite coquetterie dans le genre. Là, l'élégance est muette. Il n'est pas nécessaire de se mettre en frais d'amabilité ou d'esprit, comme dans la société des dames, où l'on s'exposerait, sans cela, à passer pour un jeune homme insignifiant ou nul.

Dans une société ainsi composée, tout est étiquette ; tout est guindé ; tout est froid ; car il n'y a pas d'amour. Aussi, les rôles paraissent-ils avoir changé. Ce ne sont plus les hommes qui font la cour aux femmes. Ce sont les jeunes filles qui luttent d'amabilité et de grâce, à la conquête des maris. Et, si quelquefois elle pensent avoir remporté une victoire sur un indifférent, si elles croient avoir allumé dans son cœur cette sympathie d'amour dont elles sentent elles-mêmes la douce puissance, elles s'abusent ; car, bientôt, celui dans lequel elles aimaient à rêver, pour l'avenir, un mari, les délaisse et s'éloigne, sans comprendre la pureté du sentiment qu'il a pu inspirer et l'abîme de douleurs qu'il a ouvert dans une âme désormais malheureuse.

Et l'on attribue cette indifférence de l'homme pour la femme, cet éloignement qu'il a pour le mariage, à un calcul de spéculation de sa part ! On dit : « Les hommes ne se marient plus, aujourd'hui, parce qu'ils sont effrayés des dépenses du ménage, de la charge coûteuse d'élever des enfants. Et le seul entretien de la toilette d'une femme absorberait toutes leurs ressources pécuniaires. »

Toutes ces allégations ne sont que des erreurs ; les charges et les difficultés de la famille ne sont pas plus grandes, de nos jours, qu'elles étaient autrefois. S'il est vrai qu'on dépense plus, l'on gagne aussi davantage, et tout est, par là, compensé.

Et ces difficultés, si elles étaient réelles, pèseraient surtout sur les classes pauvres de la société ; et l'on ne rencontre pas parmi elles moins de mariages qu'ailleurs.

On se marie beaucoup moins chez les riches, où la fortune ne manquerait certainement pas pour faire le bonheur matériel d'un ménage.

Et combien ne voit-on pas, de par le monde, de riches héritières qui attendent longtemps des époux, même sans fortune, à qui elles donneraient tout ce qu'elles possèdent, en échange d'un peu d'amour, qui ferait succéder, à leurs vagues rêveries de vieilles filles, le bonheur tardif de devenir des mères.

Ne prêtons donc pas à l'homme, comme raison de s'éloigner du mariage, ces calculs de prévoyance, qu'il ne fait pas, sur les dépenses d'un ménage éventuel. Ce n'est pas l'intérêt qui l'arrête dans l'idée de se créer un chez soi, un coin de feu, une famille, des joies pour l'avenir.

Comme nous l'avons déjà dit, le sentiment de la famille, le besoin inné de se continuer, par elle, dans le temps, en perpétuant l'espèce, émane de l'amour, qui n'est rien autre chose que l'expression physiologique du sens génital. Or, c'est ce sens qui s'endort le plus dans les vapeurs stupéfiantes du tabac. Et c'est le zoosperme engourdi, c'est le désir éteint, c'est l'abaissement de l'homme vers l'état d'eunuque, par la nicotine, qui le rendent indifférent pour la femme.

Ah ! s'il l'aimait dans toute la liberté, dans toute l'indépendance de ses sens, comme la nature le pousse à l'aimer ; si le tabac ne venait tempérer ou détruire ces élans de l'organisme, comme la digitale tempère ou détruit les mouvements du cœur, comme l'opium alourdit ou enchaîne la pensée, est-ce que tous les calculs de l'intérêt et de l'égoïsme seraient assez puissants pour étouffer en lui la passion ?

Ce besoin d'aimer et d'être aimé brise les raisons les plus fortes, quand on ne peut arriver à posséder, en l'attachant pour toujours à son existence, l'être dont un regard, un charme entrevu, vous brûlent de désir et d'amour. Cette passion instinctive, assez forte pour conduire à la folie et au suicide, pourrait-elle, si elle existait, se refroidir à l'idée d'un mariage qui est le seul but auquel elle aspire ?

L'indifférence des jeunes gens et des hommes mûrs pour les réunions que pare et qu'anime la société des femmes est si grande, les salons de compagnie sont si déserts, que les mères de famille, qui aiment à voir la jeunesse s'agiter autour d'elles, en signe de vie, ont créé les bals d'enfants !....

On se serait bien gardé, autrefois, d'initier aux folies légères de Terpsychore des enfants de six à douze ans. Il a bien fallu en venir là, faute de mieux, pour empêcher la vieille tradition de la danse de disparaître de nos habitudes. Les matinées dansantes des enfants ont remplacé les soirées dansantes des gens raisonnables et des gens mûrs.

Là, de tout petits garçons cultivent, par leurs assiduités et leurs prévenances enfantines, de belles petites filles que les parents ont déjà désignées à l'innocence de leurs convoitises et de leurs espérances d'avenir.

Nous n'appellerons pas de l'amour tous ces enfantillages, entre ces êtres ingénus et candides qui, pour la plupart, ne voient entre eux d'autres différences que celle du vêtement qui cache leur sexe. Et pourtant, il y a déjà quelque chose qui fait que les petits garçons recherchent la société des petites filles. Des préférences, des sympathies s'établissent entre les deux natures. Ce qui n'était qu'affinité se change en douce rêverie quand l'enfant se transforme en adolescent ; ce qui était rêverie devient amour, quand l'adolescent se fait adulte et homme ; quand il sent, dans la profondeur de son organisme, qu'il est mûr pour une nouvelle fonction à laquelle la nature le convie : la génération.

Pour ce grand acte, qui est la chaîne sans fin de l'humanité, l'organisme de la femme suit la même évolution que celui de l'homme, et, comme l'homme, elle se laisse aller, par une pente dont la douceur lui ôte toute résistance, vers une union qui est la source de toute vie.

Mais, avant que cette union s'accomplisse, il faut qu'il s'établisse, entre ces deux êtres que des rapports sociaux ont fait se rencontrer, un courant de sympathie, une affinité vitale, disons le mot, un charme qui les séduise l'un et l'autre, jusqu'à confondre, par le mariage, leurs deux existences en une seule, l'homme-femme qu'a compris Dumas, d'où doit sortir la famille.

Cette fascination, ce charme, cet amour viennent du désir de se posséder l'un l'autre, qui, lui-même, émane de l'appareil génital, comme l'appétit émane de l'estomac avide de posséder l'aliment. Là où l'appareil génital manque, là où il est

flétri, il n'y a pas de désir; là où il souffre, le désir languit
le charme est incomplet, et l'union n'a plus que de faibles
raisons d'être.

Après ces réflexions physiologiques sur les causes naturelles
et attractives du mariage, revenons aux salons de compagnie,
qui sont les centres les plus ordinaires où naissent les liaisons conjugales.

Ces petits garçons, ces jeunes filles que nous avons vus sautiller dans les bals d'enfants, après avoir suivi, chacun de
son côté, la route qui les fait passer, par l'éducation et avec
le temps, de l'enfance à la puberté, se rencontrent encore dans
le monde.

Les jeunes filles sont devenues nubiles; les jeunes gens
ont des positions qui leur permettent de songer à s'établir
et à devenir des chefs de famille. Il s'agit, quand on se retrouve après une si grande métamorphose, de reprendre et
mener à bonne fin les liaisons qu'on avait commencées quand
on était enfant.

Voyez, dans ces réunions, combien les jeunes filles sont
belles de leur fraîcheur et de leur pureté. Leurs charmes, cachés comme des sensitives sous la gaze de leur toilette, n'attendent, pour s'animer, que le souffle d'un désir. La frivolité
de la danse les jette tout émues dans les bras d'un jeune
homme, et quand la musique les entraîne, elles sentent une
main serrer leur main, un regard rencontrer leur regard. Et
c'est de ce contact intime, de ce langage muet, que naissent
la fascination, le magnétisme des sens, l'amour.

Après le bal, la jeune fille qui, auparavant, était indifférente
et rieuse, devient mélancolique et distraite : elle rêve. On dit
alors que son cœur a parlé. Disons, nous, que chez elle, c'est
tout un appareil organique, un sens qui se révèle. Elle comprend qu'elle n'est que la moitié d'une unité dans laquelle sa
nature intime la pousse à se confondre. Elle rêve un époux,
comme complément de son être, et celui que poursuit sa rêve-

rie est l'homme dont la fascination l'a émue dans l'impressionnabilité profonde de tous ses sens.

Si toutes ces sympathies étaient réciproques, comme la nature veut qu'elles le soient pour le grand but qu'elle se propose, la génération, on verrait rêver aussi cet homme et rechercher la femme dont il a pu sentir les émotions, comprendre les désirs au milieu de l'entrain passionné de la danse. Autrefois, ça se passait ainsi ; et cette communauté d'attraction rendait les alliances faciles, même nécessaires, pour la paix et l'honneur des familles.

Suivons maintenant ces deux amoureux, entre qui le magnétisme vital, l'impulsion des sens, viennent de créer une affinité qui les appelle, en pensée et en désir, l'un vers l'autre.

La jeune fille revient à sa chambrette solitaire, plus disposée à rêver qu'à dormir. Elle songe combien elle serait heureuse, si elle revoyait encore celui qui a éveillé en elle des impressions inconnues à son cœur. Ce serait le bonheur de sa vie, s'il la recherchait pour épouse ; et déjà elle se voit aimée, elle se voit mariée, elle se voit mère.

C'est qu'elle sent l'impulsion des organes de son sexe, qui viennent de s'épanouir sous le besoin d'engendrer ; car rien n'a altéré en elle la virginité de ses sensations, dont son imagination vient encore exalter la puissance.

Pauvre jeune fille ! par tout ce qu'elle éprouve, dans sa nature sensible, elle juge de ce que doit éprouver aussi pour elle l'homme qui l'a charmée, et, dans sa passion naïve, elle se dit : « S'il m'aime comme je l'aime, il m'épousera !... » Et elle espère.

Mais cette homme a vingt-cinq ans ; depuis l'âge de dix-huit ans, il dessèche son organisme aux vapeurs stupéfiantes de la *Priapée*, et, pour empêcher sa vigueur primitive de s'affaisser sous la fumée de tabac, il stimule, par les boissons spiritueuses, la nausée de son estomac, l'indolence de son cerveau, l'abattement de son activité physique.

Dans une lutte incessante de la nicotine et de l'alcool, ces deux poisons de l'existence humaine, qui se recherchent toujours pour s'atténuer, sans jamais se détruire l'un par l'autre, il a perdu toutes les énergies les plus vives de son âge. Entraînement des sens, exaltation du désir, tout est calme chez lui. Il regarde avec indifférence tout ce que la grâce, l'ingénuité ou la coquetterie rendent le plus séduisant dans une nature de femme ; il est blasé, c'est le mot.

Il le proclame lui-même, pour se donner une apparence de philosophe ou d'homme fort ; car il n'a pas conscience de sa position dégradée en animalité.

Il est blasé ! c'est-à-dire qu'à vingt-cinq ans il est arrivé, pour les sensations naturelles et intimes, au terme qu'il n'aurait dû atteindre qu'à cinquante. Chez lui, la glande séminale est paresseuse dans son travail de sécrétion ; le zoosperme qu'elle crée est engourdi, malade, nicotiné. Il ne titille plus, par la vivacité de ses mouvements, les nerfs de la sensibilité sexuelle, il ne pousse pas l'homme à la recherche de l'élément féminin, dans lequel il doit se confondre en unité, pour compléter le but de la nature, la première des obligations qu'elle impose : la reproduction.

Faites donc un mariage avec des éléments si disparates ! Le désir et l'attraction d'un côté, l'indifférence et l'éloignement de l'autre.

Notre jeune homme n'est pourtant pas tellement blasé qu'il ne sente parfois quelques velléités d'union qui le poussent à faire sa cour à celle qui a attiré sa pensée. Il la recherche, il la visite. Après de longues heures passées à côté d'elle, dans la causerie du salon ou dans l'animation du bal, il sent que sa compagnie n'est pas sans attraits et que ses charmes ont sur lui de la puissance ; il se ravise. Il lui semble qu'il l'aime et il s'avance jusqu'à le lui faire comprendre ou à le lui dire.

Nos deux amants se séparent et vont résumer, dans la solitude de leurs rêveries, les émotions de la soirée.

Oh ! que cette jeune fille est heureuse ! Elle ne dit plus, comme aux premiers jours de leur rencontre : « Ah ! s'il m'aimait ? » Elle s'affirme à elle-même qu'elle est aimée, et elle s'endort au milieu des illusions d'une union prochaine.

Le jeune homme, lui aussi, songe à sa belle ; mais à côté du besoin de rêver, un besoin plus impérieux le possède : c'est celui de *fumer*. De toute la soirée, il n'a pas serré dans ses dents la belle pipe blonde, en écume de mer, à la culotte noire, qu'il avait délaissée, pour le bal, au râtelier de la cheminée de sa chambre à coucher. Et, quand son cœur est tout entier à l'objet de ses pensées, dont les charmes le fascinent encore, ses doigts sont à sa pipe ; ils cherchent le tabac, ils chargent le brûloir, l'allument, par ces mouvements automatiques si particuliers aux fumeurs.

Il fume : il est heureux...

Le voyez-vous, étendu sur sa couche de garçon, le coude sur son oreiller, la tête appuyée sur la main ? Ses pensées intimes vont à la rencontre de celles de la femme qu'il aime ; elles pénètrent dans ce charmant boudoir, dans cette séduisante alcôve où l'on ne peut arriver que comme époux. Ses sens s'agitent, ses désirs s'éveillent, il veut se marier ; il se mariera, car c'est le seul moyen de posséder cette femme.

Et, tout en cherchant à affermir en lui toutes ces volontés, il tire avidement de sa pipe de longues bouffées ; il se plonge dans la fumée narcotique du tabac, comme dans les brouillards d'un nouveau Léthé : il oublie la pauvre femme qui rêve d'amour pour lui, et, quand il a aspiré la dernière vapeur du culot de sa pipe, il sort comme d'un sommeil léthargique et se dit : « Décidément, je m'abusais, elle est insignifiante, elle ne m'inspire rien, je ne l'épouserai pas, car je ne l'aime pas. »

Que s'est-il donc passé entre la première et la dernière bouffée de fumée tirées de cette pipe magique, qui a fait changer, en moins d'une heure, des résolutions qui paraissaient si solidement arrêtées ? La *Priapée* avait produit, sur notre amoureux d'un moment l'effet qu'elle produisait sur les moines d'autrefois : elle avait posé son éteignoir de glace sur cette flamme de désirs qui agitait les sens de notre prétendant au mariage. Avant la pipe, il aimait ; après la pipe, il n'aimait plus ; c'est-à-dire que la pipe avait engourdi ses sensations génitales d'où dérive l'amour, comme l'opium, le chloroforme ou l'éther insensibilisent le nerf d'où dérive la douleur.

Voilà comment tant de vieux garçons ont passé leur jeunesse à quitter et reprendre sans cesse des projets de mariage qu'ils ne menaient jamais à fin, cherchant de belle en belle des charmes assez puissants pour réveiller leurs sensations obtuses et blasées ! Voilà la raison vraie pour laquelle les mariages sont presque une rareté de nos jours, tant le tabac déprime ou éteint le sens génital chez l'homme ; ce qui en fait, on peut dire, un véritable agent de suicide pour l'humanité. Car de même que c'est une propriété reconnue en lui, de calmer ou de détruire la faim, qui est le besoin dont la satisfaction entretient notre existence individuelle, de même il calme ou détruit le besoin d'aimer qui crée les générations qui doivent nous continuer dans la vie.

Tous ces hommes, qui sont loin de se douter que c'est par dégradation de leur nature bien plus que par contrainte volontaire qu'ils vouent leur vie au célibat, ont parfois des velléités de s'écarter de l'austérité de leurs résolutions et de leurs principes. Et s'ils ne se sentent pas des facultés assez ardentes ou des goûts assez prononcés pour avoir une épouse à eux seuls, attachée à leur intérieur et à leur destinée par les sentiments du cœur autant que par les liens sociaux, ils se laissent volontiers aller à la fantaisie, peu digne, de la communauté de la femme.

De là vient cette grande lèpre sociale de la prostitution, aussi dégradante pour l'homme qui la sollicite que pour la femme qui s'y abandonne.

L'éloignement de l'homme pour le mariage laisse dans le célibat des quantités sans nombre de jeunes filles, qui auraient fait de ravissantes épouses et d'excellentes mères. Beaucoup d'entre elles, ne pouvant s'attacher aux hommes, qui les dédaignent et les délaissent, se laissent aller à des amours mystiques, qui les poussent à la vie contemplative de l'église ou du cloître, où elles épanchent tout leur besoin d'aimer en Dieu (1).

D'autres, à la nature plus ardente et aux résistances plus faibles, rencontrent sur leur route de ces hommes dont la constitution usée et le cœur desséché par le narcotisme ne leur donnent, en échange du sacrifice de leur vertu et de leur pureté, que des amours de caprice et de passage, dont la souillure empoisonne toute leur vie.

Car, déchues par une première faute dans leur moralité, devant leur conscience et dans l'opinion du monde, elles quittent le toit paternel, où elles ont laissé une tache, et s'en vont bien loin, dans des quartiers ou des villes retirés, cacher leur nom, leur famille, et se perdre dans cette communauté d'hommes et de femmes de la rue, où la femme ne s'appartient plus, où elle est propriété publique, la chose de tout débauché qui la veut, pour la satisfaction passagère d'un besoin perverti; toujours sous l'œil de la police qui la surveille, pour modérer les écarts de sa dégradation et de son libertinage.

Oui, toutes ces plaies sociales, qui révoltent autant qu'elles déshonorent notre siècle, sont les conséquences les plus vraies et les plus tristes de l'abaissement de l'homme dans ses facultés d'aimer, sous l'influence stérilisante du tabac.

Si le sens génital n'était pas perverti, comme nous démontrerons plus loin que le sont toutes les facultés affectives, sous la lourde pression de la nicotine, si cet homme aimait cette jeune fille qu'il va séduire et égarer, est-ce que, pour satisfaire quelques instants de passion, il prendrait à cette malheureuse créature, sans rien lui donner en retour, tout ce qui

---

(1) En 1844, d'après les statistiques, le personnel des communautés de femmes était évalué à environ 25 000 religieuses. D'après la statistique officielle publiée par le gouvernement en 1872, ce nombre s'élevait à 84 300.

fait, le plus souvent, sa valeur dans le monde : sa pureté et sa vertu ? S'il avait été poussé à la séduction par l'entraînement d'un amour naturel et sans perversion, est-ce qu'après avoir obtenu satisfaction pour ses sens, il ne se sentirait pas lié à cette femme par un besoin du cœur qui l'attacherait aussi à l'enfant dont il va être le père, et qui, comme la mère, attend de lui au moins un nom ?

Ce n'est pas seulement par indifférence que l'homme, abaissé dans ses facultés génitales, abandonne la femme pour laquelle il a pu avoir des velléités d'amour, des caprices passagers, et qu'il la laisse, sans pitié, subir toute seule les conséquences de la chute vers laquelle il l'a précipitée; c'est par dégoût pour elle.

Car, de même que l'estomac malade éprouve de la répugnance pour l'aliment qui, dans l'état de santé, excite ses appétits, et se révolte contre tout ce qu'un moment de fantaisie du goût lui a imposé à digérer, de même le sens génital altéré éprouve du dégoût pour tout ce qui l'a excité à des manifestations érotiques pour lesquelles il n'est pas disposé.

Tout ce qui rappelle l'amour : la femme, les enfants, fatiguent l'homme. S'il est marié, le foyer conjugal lui pèse; c'est l'habitude, le respect humain, l'intérêt bien plus que l'affection qui l'y attachent, s'il y reste. Mais il s'en éloigne le plus qu'il peut, pour chercher des distractions dans les lieux publics ou la solitude, en compagnie de tout ce qu'il aime, son tabac.

Dans le partage des ressources du ménage, il est égoïste, il prend la plus grande part pour lui.

Le premier prélèvement est pour son tabac; car la régie n'est pas comme le boulanger, elle ne fait pas crédit. Les vingt centimes qu'il verse journellement dans ses caisses feraient pourtant bien souvent des heureux, soutiendraient deux existence sous le même toit. Il ne faudrait qu'un sou de lait pour aider à vivre le petit enfant qui tarit le sein de sa mère, pouvoir y trouver une nourriture suffisante ; et trois sous de plus d'aliment suffiraient à la mère, pour l'empêcher de se dessécher, par l'épuisement que lui cause l'allaitement de son enfant. Mais qu'importe au père indifférent et égoïste, si sa famille souffre des plus pressants besoins, pourvu que lui se trouve heureux en fumant ?

Si ce n'étaient que les privations, la femme et les enfants es supporteraient encore ; mais c'est la mauvaise humeur, les mauvais traitements de celui qui ne les aime pas, qui jettent le plus de trouble dans le ménage et dans la famille. Autant l'excitation produite par les spiritueux rend l'homme gai, généreux et aimant, autant les vapeurs du tabac le rendent sombre, injuste, misanthrope et brutal. Et c'est la famille, qu'il domine par son autorité, qui a le plus à souffrir de ses emportements et de ses colères.

C'est aux États-Unis, ce pays où l'on consomme peut-être le plus de tabac, qu'il faut voir s'étaler, sous les yeux de la justice, toutes ces scènes de violences domestiques qui dissolvent, dans le divorce, les unions que des affections conjugales peu profondes avaient formées, et que l'indifférence et le dégoût viennent détruire. Les motifs des femmes qui demandent aux tribunaux à être délivrées de la dépendance de leurs maris, se basent presque exclusivement sur ces deux chefs : cruauté et délaissement.

En France, où le mariage n'est plus indissoluble, les tribunaux auront à s'initier autant à toutes ces souffrances intimes qui empoisonnent bien des existences d'honnêtes femmes et poussent beaucoup d'entre elles à l'abandon de leurs devoirs, par représailles pour de mauvais traitements qu'elles subissent.

Cette aversion, ce dégoût pour la femme et la famille, de la part de l'homme dont la nicotine a altéré les facultés génitales d'où émanent la douceur, l'amour, ne mènent pas seulement à la violence : ils poussent aussi parfois aux crimes.

Les annales de la justice nous montrent trop souvent des hommes tuant des femmes, des enfants, sans intérêt matériel, sans raison de passions, froidement, par le seul motif qu'ils en étaient dégoûtés, qu'ils ne les aimaient pas et ne pouvaient les sentir.

Un des portraits qui ressort le plus dans ce type d'hommes dégradés est celui d'Éliçabide.

Un jour, tout Paris s'émut d'un grand crime. Aux premières lueurs du matin, des voituriers trouvèrent sur les bords du canal de La Villette, un enfant dont le crâne avait été fracassé par un meurtrier. L'enfant avait de huit à dix ans ; son extérieur et ses vêtements démontraient qu'il appartenait à une classe aisée de la société.

Qui avait tué cet enfant ? Quel mobile avait pu pousser à ce crime ? La justice informa. Plus elle rencontrait d'obscurité dans sa route, plus elle mettait de persévérance et de profondeur dans ses recherches.

C'était au moment où Ganal venait de découvrir son procédé de conservation des corps, par injection de substances métalliques corrosives dans les vaisseaux de la circulation. Le petit cadavre fut soigneusement embaumé ; ses traits parfaitement conservés. Il resta exposé en public, pour la constatation de son identité, pendant plus d'une année. Et l'on causait toujours du petit massacré de La Villette, sans que jamais aucune indication vînt jeter le moindre jour sur ce crime si couvert de mystère.

Bien longtemps après, des promeneurs trouvèrent dans un bois, aux environs de Bordeaux, un monceau de cadavres. Une jeune femme et trois enfants assassinés étaient enfouis peu profondément sous terre. Le meurtrier de toute cette famille fut bientôt découvert : c'était Éliçabide.

Éliçabide était un homme de trente et quelques années. Il avait reçu une éducation soignée dans des établissements ecclésiastiques, où il avait étudié pour la prêtrise. Il s'arrêta dans la voie du sacerdoce pour entrer dans la vie laïque. Il avait fait la connaissance d'une jeune fille qu'il détourna de ses devoirs, pour vivre avec elle en dehors du mariage. Il la rendit quatre fois mère. Il vivait dans la dissipation de l'estaminet; et le tabac pervertit bientôt sa nature affectueuse et aimante.

Il aurait pu donner à cette femme, à ces enfants, une position régulière; mais, l'amour venant à manquer, ce qui était attraction devint fardeau, ce qui était plaisir devint dégoût.

Un jour, rentrant dans son égoïsme de blasé, il se dit à lui-même : « Que fais-je de cette femme et de ces enfants? Je n'ai pour eux aucune affection, ils me fatiguent... Si je m'en défaisais... »

Et il mit près de deux ans à exécuter en entier son crime. Pris presque en flagrant délit du massacre des trois enfants et de leur mère, qu'il avait conduits au bois pour y faire une collation de famille, il confessa que cet enfant de La Villette, qui avait ému pendant si longtemps l'opinion publique, et qui avait été l'objet des perquisitions les plus actives de la justice, était son fils aîné, et que c'était lui qui l'avait assassiné sur la jetée du canal.

Dès qu'Eliçabide eut senti le besoin de se débarrasser de sa famille, pour arriver à l'exécution de son projet plus facilement, il voulut d'abord faire disparaître son fils. Il dit à la mère : « Je veux donner à notre aîné une éducation qui sera pour lui et nos autres enfants tout un avenir. Je vais le confier à des amis de Paris, qui me le demandent. Ils veilleront sur lui, comme nous le ferions nous-mêmes. » La mère se consola de la séparation de son enfant par la pensée que c'était un sacrifice à faire à son bonheur. Pauvre femme, elle ne devait plus le revoir!...

Le père l'emmena et l'assassina dans un faubourg de Paris, la nuit, sur la voie publique, et repartit pour Bordeaux sans avoir communiqué avec personne. Quelle investigation humaine aurait pu découvrir un si profond criminel, s'il ne s'était révélé lui-même à la justice des hommes?

Pourquoi Eliçabide attendit-il plus d'une année pour accomplir le second et le plus terrible épisode de son crime? Que se passa-t-il dans cette nature dépravée, qui fit ajourner si longtemps la promenade au bois, qui devait couvrir, dans la profondeur silencieuse de ses ombrages, les dernières traces de sa brutalité monstrueuse?

Ce n'est point le remords du premier crime, ce n'est point le spectre ensanglanté de cet enfant, qu'il assassina froidement au milieu des quartiers solitaires de Paris, qui demandèrent grâce pour les autres victimes qui restaient encore à immoler. Le paroxysme des désordres morbides qui bouleversaient cet organisme détraqué, et qui le poussaient au meurtre, avait tout simplement cessé, pour se manifester encore, mais plus tard.

Il est à remarquer qu'à l'instar de toutes les maladies nerveuses, les troubles produits dans l'organisation par l'abus des poisons : alcool ou tabac, ont une tendance à se manifester sous la forme d'accès plus ou moins réguliers, plus ou moins éloignés.

Et c'est ce qui caractérise le *delirium tremens*, cette folie qu'on appelle aussi crapuleuse, qui est l'état aigu de l'intoxication alcoolique et nicotineuse, unissant leur double puissance pour abrutir les hommes.

Sous l'influence de ces perturbateurs du système nerveux, des crises se déclarent presque soudainement, sans symptômes qui annoncent leur venue, comme l'épilepsie, l'hystérie. Les malades entrent dans des états d'excitation terrible; ils briseraient, tueraient, sans conscience de ce qu'ils font, si une force supérieure à la leur ne réduisait leur exaltation à l'impuissance de faire du mal. Pour avoir raison d'eux, il faut bien souvent les lier et les insensibiliser par le chloroforme et l'éther, tant que dure l'accès de ces furieux.

C'est là l'état aigu de cette infirmité honteuse. L'état chronique a moins d'exaltation; mais il n'en est pas, pour cela, moins dangereux. C'est la folie lucide, c'est-à-dire l'intelligence mise au service des plus mauvaises passions, que la raison ne domine plus.

Cet état chronique a aussi ses accès, et c'est dans ces moments d'exaltation intermittente et passagère que ces monomaniaques exécutent, en plein discernement et de sang-froid, tout ce que leur imagination délirante a longtemps médité en mal.

Voilà comment Eliçabide, dégradé dans ses facultés d'aimer par perversion du sens génital, tua toute sa famille, femme et enfants, en deux temps, dans deux accès d'antipathie et de dégoût, sans jalousie, sans colère, ces deux grands conseillers du crime. Il marcha tranquillement dans l'exécution complète de son plan, sans qu'aucun retour à la raison, aucun sentiment d'humanité, aucun remords, aient pu l'arrêter, même après l'accomplissement de son premier crime de La Villette, dont il aurait certainement compris l'horreur, s'il avait pu encore sentir l'amour. Mais la *Priapée* avait fait déborder sur ses sens sa coupe de glace, et, depuis longtemps, il n'aimait plus.

C'est dans les sphères mondaines où l'on pratique la communauté de la femme, qu'il faut voir les symptômes d'affaiblissement sexuel chez l'homme, sous l'influence enivrante du tabac.

Aujourd'hui que l'on se marie peu, la femme, cette disgraciée dans le partage du bien-être social, ne trouvant plus d'union légitime pour satisfaire deux besoins qui dominent tout son être : vivre et aimer, demande à la communauté des hommes ce que n'a pu lui donner la possession d'un seul.

C'est là qu'elle se trouve fatalement conduite, dans une société qui, à tort ou à raison, ne lui reconnaît pas les mêmes prérogatives qu'à l'homme. Comme elle est bien loin de naître toujours riche, il faut qu'elle attende de son supérieur et maître, en nature et en fait, ses moyens d'existence, en retour desquels elle n'a rien à donner que son amour et la vie douce de l'intérieur de la famille, dont elle est la source, l'âme et le support.

Et si l'homme qui la domine et l'arrête dans ses aspirations au droit à la vie, par la participation aux affaires, l'abandonne au célibat, quand son éducation n'a rien fait d'elle qu'une mère de famille, en théorie et en avenir, que faut-il qu'elle fasse pour vivre, sinon se prostituer?

Et c'est le sort que l'indifférence des hommes a fait, surtout dans les grandes villes, à des centaines de mille femmes dont la jeunesse se passe à exciter, par les provocations les plus sensuelles, tous ces réfractaires du lien conjugal dont la vie nomade erre, en compagnie d'un cigare ou d'une pipe, de l'estaminet au boulevard, du boulevard au café chantant, du café chantant à la retraite solitaire et enfumée du vieux garçon.

Là, la femme est partout sur leurs traces; le soir, dès que la nuit tombe, elles quittent leurs retraites et grouillent au milieu d'eux comme des sirènes, étalant, pour les tenter, tous les arcanes de la séduction.

Dans ces marchés d'amour en plein vent, ce qui frappe d'abord l'observateur qui jette sur toutes ces immoralités un regard de penseur, c'est l'indifférence avec laquelle les fervents du tabac accueillent les agaceries de tant de jeunes et belles filles, qui s'assoient à leurs côtés, conversant avec eux, mettant à leur disposition tout ce que Dieu leur avait donné pour des amours moins vulgaires et plus chastes.

Qu'on ne croie pas que cette indifférence vienne d'un sentiment de pudeur ou de moralité. Si le sens génital n'était pas engourdi chez tous ces hommes, qu'elles provoquent, on ne verrait pas tant de ces malheureuses quitter à regret le boulevard, à minuit, et rejoindre, par les rues écartées, leurs modestes garnis, où elles rentrent toutes seules, pour y rêver sur les duretés du temps, la froideur et l'avarice des hommes. Car, le plus souvent, pas un ne s'est offert à payer la consommation que, pour mieux les tenter, elles ont prise à leur côté, ou à la table la plus voisine, au café.

Dans quelques régions de ce monde interlope, certaines reines de boudoirs à la mode, connaissant le côté faible de la clientèle qui les fréquente, font de leurs salons bien moins des autels à Vénus que des fumoirs, des buvettes, des tripots sur lesquels elles spéculent ; où les amateurs des tapis verts, fuyant les investigations de la police en recherche des contraventions de jeu, se livrent tranquillement aux émotions de la bouillotte, du lansquenet, du baccarat, qui conviennent plus à leur nature blasée que les intimités d'amour, pour lesquelles ils ne se sentent ni entrain, ni aptitudes.

Si nous quittons le boulevard pour voir ce qui se passe dans toutes ces réunions publiques plus ou moins galantes, dont les types les plus caractéristiques sont toujours Mabille, le Jardin Bullier et le Château-Rouge, nous constatons combien ces établissements, ouverts à la vie joyeuse, sont devenus froids et mélancoliques, depuis que le tabac y a remplacé le petit dieu d'amour.

Sur ces belles pelouses, sous ces verts ombrages reflétant les guirlandes de feu du gaz, on ne voit plus ces bruyants essaims d'hommes et de femmes épanchant dans les danses joyeuses les sentiments d'une mutuelle attraction.

Les promeneurs des deux sexes ne s'y tiennent plus étroitement enlacés, bras sur bras, épaule contre épaule. Ils forment deux courants se mouvant en sens inverse ; d'un côté, les femmes lascives et provocantes ; de l'autre, les hommes réservés et sérieux comme des puritains.

La musique semble seule animer ces fêtes : ses plus doux accords, ses plus entraînantes mélodies convient à la danse ces foules hétérogènes et confuses ; rien ne se meut, car les hommes sont sans désirs et par conséquent sans entrain.

L'on ne voit plus tournoyer et sautiller dans tout ce monde que quelques couples épars, toujours les mêmes ; des gagistes payés pour danser comme des baladins, au milieu de ces foules indifférentes, afin de conserver au moins l'apparence de réunions dansantes à ces endroits publics qui ne sont plus que l'ombre de ce qu'ils étaient autrefois, tant la fumée de tabac y paralyse les entraînements sexuels qui faisaient l'animation et le charme de ces paradis aujourd'hui perdus.

Nous pourrions en dire autant des bals de l'Opéra, si délaissés de nos jours, après avoir été, il y a quelque cinquante ans, le rendez-vous privilégié de tous les amateurs du beau sexe, recherchant dans les tourbillons de la danse les joies qui préludent aux amours.

Les effets stupéfiants du tabac sur le sens génital de l'homme m'ont été révélés, pour la première fois, par une circonstance que je vais rapporter.

C'était en 1832. La France et l'Angleterre étaient alliées pour faire la guerre à la Hollande, pour l'indépendance de la Belgique. Un vaisseau français, le *Suffren*, de quatre-vingt-dix canons, sur lequel je servais comme médecin, était au mouillage dans la rade de Portsmouth, où se ralliait l'escadre anglo-française, qui devait opérer de concert dans la Manche et devant Anvers.

Quelques vaisseaux anglais étaient arrivés au port, après une campagne assez longue. Un jour, je vis des centaines de femmes, pour la plupart jeunes et réjouies, proprettes, comme en costume de fête, qui se pressaient bruyamment devant de vastes chalans plats accostés le long des quais. A un signal donné, toutes ces femmes se précipitèrent sur ces pontons, en poussant des cris qu'il eût été difficile d'attribuer à une impression de tristesse ou de joie.

J'étais en compagnie d'un médecin de la marine anglaise, qui me faisait les honneurs de sa cité.

« Qu'est-ce que c'est que toutes ces femmes ? demandai-je à mon collègue.

— C'est un vaisseau qui est arrivé de la mer; et ces femmes vont passer quelques jours à bord, avec l'équipage.

— Ce sont les familles des marins ?

— Non ; ce sont les femmes *libres* de la ville qui vont en partie de plaisir. »

Comme je ne paraissais pas comprendre le but de cette visite et la nature de la distraction que deux ou trois centaines de femmes pouvaient trouver, au milieu de huit à neuf cents marins confinés sur un vaisseau, mon collègue reprit :

« Est-ce qu'en France, quand vos vaisseaux arrivent au port, les femmes ne vont pas à bord ?

— Qu'y viendraient-elles faire ?

— Récréer l'équipage, après les longues fatigues et les privations de la mer.

— Quand nos vaisseaux arrivent au port, nos hommes vont à terre, oublier, comme ils l'entendent, les petites misères de leur existence de reclus, et jamais les femmes ne vont les visiter à bord. L'abordage de trois à quatre cents de ces dames serait un choc terrible, le navire en sauterait.

— Chez nous, les hommes ne quittent pas le bord tant qu'ils sont en service, dans la crainte de désertion, surtout en temps de guerre, comme aujourd'hui. »

Dans un pays aux mœurs généralement si pudiques, je fus presque attristé de ce tableau de la prostitution sur une si grande échelle, provoquée par une administration qui embarquait ces femmes, et protégée par un état-major qui avait à la réglementer à son bord, afin qu'elle ne dégénérât pas en désordres.

« Tout cela vous paraît immoral, reprit mon docteur, j'en conviens avec vous ; mais ce sont de vieux usages qu'il serait difficile de réformer. L'arrivée d'un vaisseau, pour toutes ces femmes que vous voyez partir si joyeuses, est une bonne fortune qui se répète assez souvent. Elles vont passer à bord cinq jours, qui sont pour l'équipage autant de jours de fête. Le navire leur donne la même ration qu'aux hommes, et, ces jours-là, la gamelle est mieux garnie, car on fait quelques extra en l'honneur de ces dames. On danse, on joue, on chante, on rit, et les matelots, après la fête finie, se trouvent disposés à ou-

blier les privations de la campagne passée et à en recommencer une autre. »

Je posai alors cette question, quelque peu indiscrète :

« Et la nuit, que fait-on ?

— On éteint les fanaux, et personne ne le voit, me répondit-
il en riant. Il se fait certainement beaucoup d'infractions aux
mœurs ; mais si une lumière soudaine venait à éclairer le
tableau, dans toutes ces batteries et ces petits coins de postes
à canon, on n'y verrait point ce qu'il semble qu'on doive attendre de cette promiscuité de sexes, au milieu de la plus
entière liberté. Les groupes des délaissées sont beaucoup plus
nombreux que ceux des tête-à-tête, et beaucoup de ces femmes
rentrent chez elles aussi pures de péchés mignons qu'elles
étaient le jour de leur venue à bord.

« Tous ces vieux loups de mer ont subi presque une transformation dans leur nature d'hommes ; la vie du bord a engourdi
chez eux le sens génital. Ils sont saturés de tabac, que n'ont
jamais connu les Satyres ; car ils auraient été bien moins ardents que la Fable les représente, à enlever les Nymphes éga-
rées dans les bois.

— Vous croyez donc, docteur, que le tabac est un antidote
de l'excitation sexuelle, un talisman contre l'amour ?

— C'est une quasi-castration de l'homme, nécessaire sur nos
vaisseaux, et c'est à bon droit qu'on lui a donné le nom de
Priapée. Si son usage a été si généralement adopté sur les
navires et dans les casernes, comme il a été d'abord admis
dans les couvents ; si nos matelots appellent, par plaisanterie,
leur pipe « ma femme », c'est que les vapeurs narcotiques du
tabac plongent le sens génital dans un sommeil profond et
préservent ainsi ces grandes agglomérations d'hommes, dont
les instincts naturels sont si violemment comprimés, de
tomber dans les énormités par où périrent Sodome et Go-
morrhe. »

Le docteur ne dédaignait pas de voir fumer et chiquer ses

matelots, comme moyen préservatif de la surexcitation des sens par la continence forcée de la vie de bord ; mais il ne fumait pas lui-même, pour ne rien changer de ce que la nature l'avait fait.

Ce que je venais d'entendre de la bouche de ce vieil habitué de l'existence de marin, dans laquelle je venais, depuis moins d'une année, de faire mon entrée, était pour moi toute une révélation.

Comme tant d'autres jeunes gens, j'avais, sans savoir pourquoi, par pure imitation, commencé à mâchonner entre mes dents, pour me donner de l'importance, le bout d'un cigare allumé, dont je tirais des bouffées qui bouleversaient mon cerveau et soulevaient mon estomac bien plus qu'elles ne donnaient de sensations agréables à mon palais. Je laissai vite de côté toutes ces inutilités dangereuses et malsaines, me promettant bien de contrôler en toute occasion, par l'expérience, la théorie que mon doyen en âge et en savoir venait de m'exposer.

J'étais dans un milieu des plus favorables à des observations de ce genre. Le vaisseau le *Suffren* était alors le plus beau type de toutes les marines du monde ; il promenait fièrement le nouveau pavillon de la France en Angleterre, en Portugal, en Espagne, en Italie, sur toutes les côtes et dans tous les archipels de la Méditerranée. Il avait à son bord une grande quantité de jeunes officiers et élèves, avec qui je vivais dans cette intimité qui naît de l'uniformité de l'âge, de la similitude des grades et de la jeunesse du caractère.

Notre navigation n'était qu'une série de relâches, où nous passions bien plus de temps au mouillage qu'à la mer. Dans tous les pays que nous visitions, nous étions accueillis avec des manifestations qui tenaient à la fois de la sympathie et de la curiosité ; nous étions surtout recherchés dans certain demi-monde, où l'on fait joyeux passe-temps et profit de la société des jeunes étrangers qui ont, pour les mettre en faveur, l'attrait de la nouveauté et leurs économies de campagne.

Comme je l'ai déjà dit ailleurs, après 1830, le tabac entrait dans nos mœurs avec un débordement qui tenait de la manie. Cependant l'on pouvait compter encore, dans la jeunesse des états-majors des vaisseaux, autant de réfractaires que de soumis à son empire.

Quand on disposait, après le dîner, en petits comités, l'emploi de la soirée, c'est alors que ressortaient ces différences d'inclinations et de goûts, qui partageaient en deux camps bien tranchés les *anciens* et les *fistos*.

L'ancien fumait toujours. La pipe était pour lui la marque la plus symbolique de la suprématie. Le 'fisto, par contre, n'était pas encore initié aux délices de l'herbe à Nicot ; c'était le petit crevé du bord, dont l'estomac et le cerveau n'étaient pas assez robustes pour résister à la vapeur de la pipe, pas plus qu'à l'ingestion du petit verre.

Les fumeurs étaient casaniers, en terme de marin, faiseurs d'économies. Ils cédaient volontiers à de plus ardents qu'eux leur tour de descendre à terre, se contentant de passer la soirée à faire la partie de cartes, de dominos ou d'échecs, fumant surtout la pipe, assis sur les bastingages, à voir clapoter la mer, ou flânant sur les gaillards, avec l'air de poursuivre une pensée, quand, réellement, ils ne pensaient à rien.

Les autres, au contraire, dont la nicotine n'avait pas immobilisé ou assombri le caractère, couraient à terre, aux aventures galantes, dont ils rapportaient à bord le souvenir et racontaient les joyeux incidents.

Il y avait quelques bons types de ces nicotinés précoces et, pour ainsi dire, voués à la chasteté par tiédeur érotique. Ils comptaient les heures de la journée par les pipes qu'ils fumaient. Et quand parfois on les égarait, le soir, au milieu de quelques folâtres essaims de jeunes filles, si la tentation et l'exemple les poussaient à des extrémités qu'ils étaient loin d'avoir préméditées, ils en étaient si confus, qu'à l'inverse de ceux qui les avaient pilotés dans ces expéditions galantes, ils se promettaient bien de ne plus retomber en de semblables pièges, d'où ils avaient eu toute peine à sortir.

A cette époque, où l'on fumait encore comparativement fort peu, les mœurs des matelots étaient aussi bien différentes de ce qu'elles sont aujourd'hui. Dans nos grands ports que fréquentent le plus souvent nos flottes, à Brest et à Toulon, à l'arrivée des vaisseaux et des escadres, on voyait, sur les routes et dans les villages qui avoisinent les remparts, des bandes de joyeux marins, en compagnie de fortes luronnes, tous bien disposés à sacrifier également au vieux Bacchus et au petit dieu de Cythère. Chaque Triton avait sa Sirène, et la fête, à deux, durait autant qu'il restait dans la bourse quelques économies de campagne.

Aujourd'hui, dans ces mêmes fêtes, l'élément le plus caractéristique et le plus gai, la sirène, manque. Elle manque, non pas parce qu'elle refuse d'être de la partie, mais parce qu'elle n'y est pas conviée, et qu'elle tend à disparaître de ces grands milieux d'hommes où elle a moins de raisons d'utilité, par extension de l'effet continent du tabac.

Les marins ont changé de plaisirs. Ils ne recherchent plus le faubourg ou la campagne, qui ne leur inspirent plus rien ; ils préfèrent la ville, avec sa lourde ivresse tapageuse, sans gaieté, sans amours. Au lieu d'aller de belle en belle, ils vont de cabaret en cabaret. Un pauvre petit musicien des rues, qu'ils rétribuent libéralement, marche à leur tête. Au son du biniou, de l'orgue de Barbarie, de la vielle ou du violon, on les voit danser ensemble, hébétés et titubant d'ivresse, dans les rues, devant le comptoir du marchand de vin, où de jeunes filles gentillettes les attirent et leur servent à boire, sans prendre d'autre part qu'aux libations de ces soirées dansantes.

Ceux dont les souvenirs peuvent se reporter à une cinquantaine d'années seront frappés, comme moi, des changements qu'ont subis dans cet intervalle, sous le rapport des mœurs, ces deux grandes casernes d'hommes qui s'appellent Brest et Toulon. Dans les rues étroites et obscures de leurs vieux quartiers, qui ne semblaient bâtis que pour cacher des orgies, on ne voyait autrefois partout grouiller ensemble que l'homme et la femme. Aujourd'hui, les réduits d'amour que l'on trouvait alors à chaque porte ont presque disparu, et sont remplacés par l'estaminet, le caveau, le cabaret, la brasserie et le café chantant, les débits de liqueurs et de tabac. On peut faire les mêmes remarques dans les grandes villes de garnison, dont les casernes regorgent de célibataires, peu soucieux de rechercher l'intimité des femmes.

Et c'est surtout chez ces classes d'hommes que l'on peut juger de l'influence déprimante de la nicotine sur le sens génital; car, de même que leur existence oisive en fait nos plus grands consommateurs de tabac, ils sont aussi l'élite de notre population virile ; les plus beaux types de la force et de la santé, choisis par les conseils de revision parmi les plus aptes au service militaire. Et ils sont à un âge où le besoin de la reproduction, s'il n'était contrarié par des moyens factices, devrait s'imposer à eux avec toute la puissance d'un instinct.

CHAPITRE XIII

EFFETS DÉPRIMANTS DU TABAC SUR LES FACULTÉS GÉNITALES,
DÉMONTRÉS PAR DES EXPÉRIENCES SUR LES ANIMAUX.

L'abaissement du sens génital, sous l'influence du tabac,
est une question d'un intérêt trop vital, pour que nous préten-
dions arriver à la conclure sur le seul exposé des opinions que
nous venons d'émettre. Aussi, pour donner à nos appréciations
plus de valeur pratique, nous avons cherché à les appuyer
par les révélations de l'expérience.

Chez l'homme, comme chez les animaux de tout rang, le
principe de la vie est le même; et le fonctionnement de l'organisme y est modifié ou détruit, d'une manière uniforme, par
tous les agents perturbateurs que l'on met en contact avec des
êtres d'espèces différentes. C'est ainsi que l'étincelle électrique
agite de mouvements convulsifs identiques les membres de
l'homme, du cheval, de l'oiseau, de la grenouille, de la fourmi.
L'alcool leur donne l'ivresse, l'opium l'assoupissement, la
nicotine, le curare, en contact avec leurs chairs, leur donnent
la mort.

Quand le docteur Mélier, dans un rapport officiel à l'Académie des sciences, que nous avons cité page 113 et suivantes,
affirmait que les manutentions de tabac étaient des industries
délétères, il expérimentait aussi sur des plantes et des oiseaux,

pour conclure, des effets que le tabac produisait sur eux, à ce qu'il devrait produire chez l'homme.

Le docteur Wright, expérimentant sur des chiens, auxquels il donnait, tous les jours, certaines quantités de tabac, constatait chez eux la flétrissure du testicule et le dégoût pour les rapports sexuels. Ce qui menait à conclure que les effets de cette plante, chez l'homme, devaient être identiques (page 123).

Ces faits se rapprochaient absolument de ce que j'observais, tous les jours, chez les fumeurs, que j'avais été amené à reconnaître comme peu ardents aux amours, impuissants ou stériles ; et pour mieux établir mon opinion à ce sujet, j'entrepris d'étudier, par un travail consciencieux et patient, ce que produirait le tabac sur des poules et des lapins.

Je menai en même temps mes expériences sur ces deux familles d'animaux, qui sont les plus producteurs de nos espèces domestiques, surtout dans le midi de la France.

J'étais dans les conditions les plus favorables pour conduire à bonne fin ce minutieux travail d'observation. J'avais quitté l'Amérique, où je vivais depuis 1849, pour venir rechercher, à Toulon, des biens que, dans mon absence, l'État m'avait pris, à mon insu, dans une grande expropriation pour utilité publique, et dont l'indemnité m'avait été frauduleusement soustraite, dans tous ces désordres administratifs qui signalèrent la fin de l'Empire.

J'avais retrouvé, dans ce grand désastre de ma fortune, un petit coin de terre, situé au vallon de Claret, au pied des montagnes rocheuses du Faron, au nord de Toulon. Je me retirai là, de 1864 à 1870, attendant avec résignation la marche lente de la justice, à qui je demandais la restitution de mes biens, qu'elle ne me fit pas rendre ; sans doute parce que l'État était le puissant adversaire contre qui je plaidais, et que le voile tiré sur ces mystérieuses affaires était bien lourd à soulever, vu les responsabilités qu'il mettait à couvert.

J'avais fait de mon vallon de Claret un petit ermitage. Si la nature y était ingrate pour la végétation, par manque de terre et d'eau, au milieu de rochers découverts, que j'eus pourtant la hardiesse de chercher à reboiser, j'avais corrigé l'aridité primitive du site par des barrages, qui concentraient dans des réservoirs et des grottes les eaux pluviales. Il y avait d'excellents abris où régnait une température moyenne, et des plus favorables à la prospérité des petits animaux sur lesquels j'avais résolu d'expérimenter. Les poules y faisaient généralement deux couvées par an ; et les lapins y multipliaient au moins quatre fois dans le même temps.

C'est cette fécondité si grande que j'ai soumise à l'action du tabac, dans des observations comparatives dont je vais exposer les résultats.

J'avais choisi douze poules et deux coqs, de race pure du pays, non croisés, de taille moyenne, et produisant beaucoup. Les deux coqs étaient frères, d'apparence et de volume égaux. J'en fis deux familles, chacune de six poules et un coq.

Les deux bandes vivaient en liberté, séparées l'une de l'autre par une distance de plus de deux cents mètres, au milieu d'accidents de terrain qui ne leur permettaient pas de communiquer ensemble ; elles avaient la même nourriture, favorable à la ponte, et les mêmes soins.

Au commencement de l'expérience, en février 1868, les deux coqs étaient également courtois, travaillant avec la même ardeur à l'augmentation de la famille par les prochaines couvées. Cette constatation d'égalité de puissance créatrice étant faite entre A et T, qui sont les lettres par lesquelles je désignerai désormais mes deux coqs, je soumis T, le plus vigoureux en apparence, au régime du tabac, que j'employai sous forme de fumée.

A côté du poulailler était une garenne aux lapins, séparés l'un de l'autre par un compartiment destiné aux fumigations. Ce compartiment avait 1 mètre de large sur 2 de long et 2 de hauteur ; il mesurait à peu près 4 mètres cubes.

Tous les soirs, T était enlevé à la compagnie de ses poules et déposé dans le fumoir, où il restait jusqu'au matin.

Sur un petit réchaud, garni d'un morceau de charbon pressé, de Paris, allumé et brûlant sous la cendre, je déposai un mélange de 50 grammes de cendres de bois et 6 grammes de tabac caporal humide. Ce tabac, ainsi mélangé, brûlait en étouffant, lentement, tel qu'il aurait fait dans une pipe, et remplissait de sa vapeur tout le compartiment, qui s'enfumait comme un estaminet, mais où l'on pouvait rester sans suffocation. Le matin, la fumée était dissipée, mais le cabanon sentait fortement le tabac.

Les premiers jours, T paraissait plus démonstratif que A dans ses sorties matinales, au milieu de ses dames. Il était plus courtisan, allant de poule en poule, faisant très coquettement la roue, battant de l'aile ses longues jambes ; mais il était plus platonique que réaliste en amour.

J'attribuai cette gaieté apparente au contentement qu'il éprouvait de revoir ses favorites, dont il avait été séparé toute la nuit.

A cet empressement succéda, par degrés, une sorte d'indifférence qui semblait croître de jour en jour. Son premier besoin, en sortant du fumoir, était moins de s'occuper des poules que de courir au bassin d'eau où il se désaltérait lentement, par un grand nombre de reprises ; puis il venait à ses poules, auprès desquelles il remplissait ses devoirs nonchalamment, plutôt par contrainte forcée et par habitude que par désir et passion.

Du 1er février au 1er mars, les deux familles donnèrent à peu près la même quantité d'œufs ; en mars, les poules couvèrent ; quatre de la famille A et trois de la famille T. Les trois poules T reçurent chacune douze œufs de leur propre ponte ; douze autres de ces mêmes œufs furent donnés à une des poules A. Les trois autres poules de A couvant leurs propres œufs, douze chacune également.

Les deux couvées comprenaient donc : 1° quarante-huit œufs provenant du coq T, et, 2° trente-six provenant du coq A.

Les quarante-huit œufs de T donnèrent : poule n° 1, dix

poulets ; poule nº 2, sept poulets ; poule nº 3, neuf poulets ; poule nº 4, six poulets. Total, trente-deux poulets sur quarante-huit œufs, soit quatre œufs clairs par douzaine.

Dans les couvées provenant de A, la poule nº 1 donna dix poulets, la poule nº 2 en donna douze et la poule nº 3 onze, soit trente-trois poulets sur trente-six œufs, ou un œuf avorté par douzaine.

Ce qui démontre, en résumé, que la force régénératrice du coq T, sous l'influence du tabac, était bien inférieure à celle du coq A, dont rien n'avait troublé les dispositions naturelles ; puisque, pendant que A donnait onze poulets sur douze œufs, T n'en donnait que huit sur le même nombre.

Cette première expérience répondait à la question de fécondité, et il restait encore à résoudre la question de vigueur originelle, ou de viabilité de la progéniture après la naissance.

Les poulets restèrent jusqu'en juin avec leurs mères. Pendant la durée de la conduite, sur les trente-deux poulets provenant de T, neuf périrent ; et sur les trente-trois provenant de A, il n'en est mort que quatre. Ce qui donne une infériorité notable pour la viabilité de la descendance de T, comparée à celle de A.

Mais où la différence en faveur de A était le plus marquée, c'est dans les deux mois qui suivirent le sevrage des poulets de leurs mères. Les deux produits avaient été mêlés ensemble, vivant librement dans la basse-cour. La famille T était marquée d'un drap rouge, cousu à une patte, pour pouvoir les reconnaître ; et ce qui frappait en eux, comparativement aux autres, était l'infériorité de volume et de poids, le manque de vigueur, le défaut d'animation de la crête, de lissé et de brillant dans le plumage, qui sont les meilleurs signes de la santé dans la jeune volaille.

Pendant que les deux familles de poulets étaient soumises à des expériences comparatives, toutes à l'avantage de A, T passait toujours ses nuits dans les fumigations de tabac. Des changements considérables s'étaient produits en lui ; il avait l'air triste et malade, sa crête était pâle et tombante, sa queue ne se redressait plus fièrement à la rencontre de sa tête ; il avait l'apparence qu'ont généralement, dans les basses-cours, les volailles qu'on appelle demi-chapons, chez lesquelles les glandes masculines n'ont été qu'à moitié mutilées par la castration. Il ne répondait plus que rarement aux chants de son voisin et frère ; sa voix qui, dans le principe, était la plus sonore et la plus développée, avait perdu de la gravité de son timbre et se rapprochait de la voix d'un jeune coq.

Il n'avait plus de ces prévenances gentilles que l'on voit de coq à poule ; il ne cherchait plus les plus beaux des grains ou les plus friands des insectes, pour les donner à ses favorites, en les appelant comme la poule appelle ses poussins ; il était égoïste.

Les poules, de leur côté, ne paraissaient pas plus attentives et empressées auprès de lui qu'il ne l'était auprès d'elles. La froideur régnait dans le ménage, la ponte languissait ; car, à l'inverse de A, jamais il ne forçait à l'amour une indifférente ; il ne courait jamais après elle, quand elle cherchait à se soustraire à ses attentions conjugales.

Enfin, l'on ne pouvait mieux juger de la différence des mérites érotiques des deux frères et de leur aptitude à remplir leurs fonctions de chefs de basse-cour, qu'en comparant la toilette des épouses des deux pachas. Tandis que les sultanes de A, fortes pondeuses, avaient constamment leur plumage en désordre, et montraient la nudité de leur cou et de leurs épaules, que chiffonnaient trop souvent le bec et l'ergot du seigneur, les épouses de T, moins fécondes, paraissaient aussi fraîches, aussi immaculées qu'aux premiers mois de leurs amours.

T avait passé six mois au régime des fumigations de tabac, dont il absorbait le principe toxique, surtout par la respiration pulmonaire. Il n'avait plus rien de comparable à son frère pour la vigueur physique, la majesté des allures et surtout les aptitudes galantes.

Les deux familles furent réunies en une seule. Les poules, après quelques querelles passagères, vécurent bientôt en bonne harmonie ; mais la guerre éclata entre les deux frères rivaux ; les luttes devinrent acharnées et sanglantes. T, dont le poids et la vigueur physique étaient loin d'égaler ceux de A, ne put résister longtemps aux attaques de son adversaire ; il le comprit, et il renonça à la gloire et aux amours.

Il vivait honteux et misérable, comme un chapon au milieu d'une basse-cour, battu par le coq, repoussé par les poules et contraint à faire bande à part, n'osant pas approcher à la distribution du grain ; toujours menacé, toujours battu dès qu'il paraissait.

Pour compléter l'expérience à laquelle il servait, on le tua. Il pesait $2^{kil},40$. Son frère pesait $3^{kil},55$. Ses glandes séminales étaient de couleur brunâtre, flétries et vidées, sans élasticité sous la pression du doigt.

Cette particularité si frappante détermina la mort de A, afin de pouvoir comparer l'état des glandes génitales chez les deux coqs. Le volume, l'élasticité, la turgescence de ces organes, chez A, contrastaient visiblement avec l'apparence d'atrophie que présentaient ceux de T.

Passons maintenant à l'expérimentation sur les lapins, qui n'a été qu'un moyen de contrôle sur les résultats obtenus à l'aide des poulets.

Pour cette expérience, j'avais pris deux jeunes lapins mâles, provenant de la même portée et débutants en amour. Je leur donnai à chacun trois femelles vierges, à peu près de leur âge, et mûres comme eux pour la reproduction. Je désignerai par A et par T mes deux lapins, comme je l'ai fait pour les coqs.

Les deux familles vivaient chacune dans un compartiment séparé par une cloison. Un grillage en fil de fer permettait de voir tout ce qui se faisait dans les deux intérieurs.

T passait les nuits avec le coq, son compagnon d'expérience, dans le compartiment aux fumigations de tabac. Le matin, il était rendu à ses femelles.

Une quinzaine de jours après leur mise en ménage, les mâles commençaient à poursuivre leurs belles ; et comme chez la gent lapine, la nuit est le temps le plus utilisé aux amours, pour faire les conditions égales entre les deux frères, A fut aussi séparé la nuit de ses femelles, mais non pas soumis au tabac.

Après une dizaine de jours des débuts de l'expérience, on commençait déjà à s'apercevoir que le maintien des deux frères avec leurs compagnes n'était plus le même. La famille T était calme, peu remuante ; chacun sommeillait le plus souvent dans son coin. Dans le ménage A, au contraire, tout était en mouvement. Les femelles, poursuivies par le mâle, se cachaient dans les niches, d'où il les chassait pour courir après elles et leur faire toutes les démonstrations capables de provoquer en elles des désirs.

Si l'on cherchait souvent, chez T, à découvrir qui était le mâle, car il était de même poil que les femelles, chez A, il se révélait par sa vivacité, ses bonds joyeux et ses nombreuses indécences.

Après un mois d'expérience, T semblait un vieux sultan sur le retour de l'âge, vivant avec indifférence dans son petit sérail, s'efforçant parfois de paraître aimable et même amoureux. A, par contraire, était si entreprenant et si actif, qu'il fallait le séparer de ses compagnes qu'il fatiguait de ses poursuites, les pelant à coups de dents et de griffes, parce qu'elles ne voulaient plus de ses tendresses devenues superflues ; car elles avaient un embonpoint abdominal qui ne permettait pas de douter que le seigneur et maître n'eût rempli convenablement ses devoirs de reproducteur.

Les femelles de A mirent bas une quinzaine de jours plus tôt que celles de T. La première eut une portée de onze petits, la seconde de huit, et la troisième de dix ; total, vingt-neuf.

Les femelles de T eurent : la première, six petits ; la seconde, quatre, et la troisième, quatre ; total, quatorze ; plus d'une fois en moins que A.

Pour comparer la force physique et la viabilité des rejetons provenant des deux mâles, comme la mère qui aurait eu plus de petits à nourrir qu'une autre, par exemple, onze contre six, n'aurait pu leur donner une quantité de lait et, par suite, une vigueur égale à celle qui aurait eu moins de nourrissons, on ne laissa aux femelles, de part et d'autre, qu'un nombre égal de petits. Pendant la période de l'allaitement, qui dura, pour les deux familles, six semaines, dans la descendance de T, quatre petits périrent ; chez A, il n'en mourut que deux.

Les deux familles étant sevrées, tous les petits furent marqués, pour reconnaître leur origine, et mis ensemble. Les petits de A paraissaient sensiblement plus forts ; ce qu'on pouvait attribuer à ce qu'ils étaient d'une quinzaine de jours plus âgés que ceux de T.

Dans deux mois de vie en commun, sur les dix petits restés à T, trois périrent ; tandis que sur les douze restés à A, il n'en est mort qu'un.

Il résulte de cette expérience que le lapin T, soumis à l'action du tabac, aurait perdu plus de la moitié de sa puissance fécondante ; et que sa progéniture, née dans ces conditions de débilité sexuelle qu'on ne pouvait attribuer qu'à la nicotine, dans la période de la naissance à la puberté, aurait eu une force de vie plus que moitié moins capable de résister à la mortalité, que si elle avait été engendrée dans des conditions naturelles.

Quinze jours après le sevrage des lapins, les femelles, qui avaient été séparées de leurs mâles, leur furent rendues, en les changeant d'époux. Les deux mâles, dans leur nouveau ménage, se comportèrent comme ils l'avaient déjà fait à la première expérience. T était froid et inactif ; A paraissait plus ardent et plus démonstratif que jamais. Il fatiguait les femelles de ses instances, cherchant à les séduire par toutes sortes de câlineries.

Les femelles de T, de leur côté, paraissaient peu satisfaites de l'échange. Elles s'irritaient de l'indifférence de leur nouvel époux, se querellaient entre elles, comme si elles se jalousaient les rares faveurs que leur donnait le sultan. Cédant à des besoins génitaux qui n'étaient pas satisfaits, on les voyait parfois, changer de rôle; et, comme pour rappeler au mâle les devoirs de son sexe, qu'il semblait oublier, lui faire, en démonstration, ce qu'il ne leur faisait pas assez en réalité.

Toutes ces dames devinrent encore une fois mères. Celles de A produisirent, à quelques jours d'intervalle l'une de l'autre : la première, neuf petits; la seconde, sept, et la troisième, onze; total, vingt-sept.

Dans un intervalle de trois semaines environ, les femelles de T donnèrent, la première, quatre; la deuxième, trois, et la troisième, six petits; total, treize. C'est-à-dire plus qu'une fois moins que A, comme à la première portée.

Tous les petits furent laissés à leurs mères; on n'en détruisit aucun pour soulager l'allaitement. Quand ils eurent atteint l'âge de trois mois, il restait de la progéniture de T neuf sur treize, et de celle de A, vingt et un sur vingt-sept.

Pendant que leurs femelles élevaient leur seconde portée, les deux mâles, A et T, avaient été mis dans la même garenne où étaient les petits des premières familles. T ne fut plus soumis au régime du tabac.

Dans ce nombreux sérail, où il y avait des amours pour satisfaire deux pachas, A ne voulut avoir ni auxiliaire, ni rival. Il fit à T une guerre sans pitié, et il l'eût incontestablement tué, si on l'avait laissé longtemps exposé à sa colère jalouse.

Pour calmer les ardeurs de cet amoureux égoïste, il fut, à son tour, soumis à la fumigation du tabac. Après quinze jours de son nouveau régime, on pouvait déjà constater les changements qui s'opéraient dans cette nature si passionnée. Ses oreilles étaient tombantes; il ne faisait plus, comme autrefois, résonner, sous les battements de ses pattes, la terre du clapier.

Il regardait presque avec indifférence toutes ces jeunes femelles, dont les bonds agaçants le provoquaient à l'amour. Il se contentait de les flairer et de les suivre, en souvenir de son bon temps passé, sans trop les tourmenter, faisant du platonisme, laissant, sans jalousie, aux jeunes mâles de la famille les bénéfices de la réalité.

Dans moins d'un mois, il était arrivé au même point d'impuissance amoureuse où était réduit T. Ils auraient alors vécu dans la garenne, au milieu des femelles, parfaitement en paix ; car le sentiment qui fait les rivaux, l'amour, n'existait plus en eux ; la fumée l'avait éteint.

Après six mois d'expérience environ, on tua les deux frères. T était maigre ; son poil était rude et sans brillant; ses chairs étaient molles ; son tissu cellulaire, lâche et comme infiltré. Ses testicules, vides et ramollis, n'avaient guère que les deux tiers du volume de ceux de A, qui semblaient déjà avoir perdu, dans un mois d'expérience, de leur fermeté et de leur élasticité.

La liqueur séminale des deux lapins fut, aussitôt la mort, soumise à l'inspection microscopique. Chez T, elle était liquide, non floconneuse, peu gluante sous les doigts. Les animalcules spermatiques y étaient rares, disséminés et presque sans mouvement. Chez A, la liqueur était plus foncée, plus gommeuse, plus gluante; les animalcules y étaient abondants, mais s'y remuaient sans vigueur.

Pour compléter l'expérience et pour avoir, comme terme de comparaison, un testicule normal, on avait également tué un lapin de même âge, bon reproducteur. Les trois mâles, avant leur mort, avaient été tenus pendant plusieurs jours hors de communication avec les femelles. Les testicules du troisième lapin étaient, comparativement, énormes, gonflés de liquide. Le sperme était épais, abondant. On y découvrait au miscroscope une quantité infinie d'animalcules s'agitant en tous sens ou se roulant en pelotons, et comme feutrés les uns dans les autres.

Les trois variétés de sperme étaient déposées sur une même plaque de verre. C'était chose curieuse de voir, comparativement, la différence qui existait entre elles, quand elles passaient, presque dans le même temps, sous le centre optique du microscope. Il semblait difficile de croire que ces trois liquides eussent appartenu à une même espèce animale et à des sujets de même âge.

Que conclure de ces expériences ? C'est qu'elles confirment tout ce que l'on avait déjà reconnu, dans les siècles précédents, des propriétés stupéfiantes du tabac sur le système génital de l'homme. Et le nom de Priapée ou d'éteignoir d'amour, donné, dès le xvie siècle, à l'herbe de Nicot, lui convenait bien mieux que celui d'herbe à la reine, de saine et sainte, de guérisseur de tous les maux ; grands titres dont l'affublaient le charlatanisme et la cupidité des marchands, pour l'imposer, comme utile, au fanatisme et à la crédulité des âges d'ignorance.

Le tabac possède donc, à n'en pas douter, des propriétés anaphrodisiaques ; il calme les désirs vénériens, amène même l'impuissance, comme le camphre, le chloral, le nénuphar, le sulfate de carbone, le bromure de potassium. Et, à ce titre, on pourrait peut-être trouver à justifier son usage, mais dans des conditions restreintes.

Les désirs de l'œuvre de chair, quand on ne peut pas, ou qu'on ne veut pas les satisfaire, sont un état tellement anormal que, pour beaucoup d'organisations, ils constituent presque une maladie pour laquelle l'herbe à Nicot serait un véritable remède.

Le tabac trouverait encore un emploi avantageux dans les couvents des deux sexes, où il a joui longtemps d'une grande faveur pour éteindre l'entraînement des sens, d'où naissent les aspirations mondaines, le dégoût du cloître et de l'existence contre nature à laquelle les religieux y sont astreints.

17

Il serait précieux dans les prisons, où l'on parque et isole les sexes, et où sont condamnés au célibat forcé, pendant de longues années, de ces natures ardentes que l'oisiveté et la solitude de la réclusion poussent à l'érotisme.

On verrait également avec faveur la pipe, le cigare ou la chique à la bouche de tous ceux qui font des vœux de célibat, soit par devoir d'un sacerdoce, soit par inclination volontaire. Les mœurs, la pureté des femmes, la tranquillité conjugale y gagneraient beaucoup. Car toutes les résolutions de chasteté les plus fortes sont souvent débordées par l'impulsion des sens et par les tentations qui naissent du contact du monde.

Soumis à l'influence sédative de la *douce Priapée*, ces disciples du célibat seraient moins exposés à devenir, comme ils le sont trop souvent, les parasites des amours dont ils glanent les fleurs et laissent à d'autres les épines.

Mais, à côté de ces propriétés anti-érotiques, que l'on pourrait appeler les qualités du tabac, il existe toujours ses défauts et ses vices, qui ne permettront jamais de lui donner, auprès de l'humanité, un emploi régulier et utile. S'il a été banni des couvents, où il avait été tout d'abord constaté qu'il calmait les passions génitales, c'est que l'on s'aperçut plus tard, qu'il altérait aussi l'organisme et bouleversait les intelligences.

C'est ce qu'avaient reconnu les doctes de l'Église, quand les papes, entre autres Urbain VIII, le proscrivirent de leurs États sous peine d'excommunication et de châtiments corporels pour ceux qui en feraient usage. Et tous les souverains, dans un intérêt d'hygiène publique sagement entendu, imitèrent leur exemple.

Qui sait si, dans ces graves résolutions administratives, les moralistes d'alors ne donnèrent pas aussi à entendre que le tabac devait être écarté de la bouche des hommes dans un intérêt humanitaire ? Car s'il éteint les ardeurs génitales, ce n'est qu'en tuant le zoosperme ; et, devant Dieu et la société, devant sa conscience, l'homme n'a pas plus de droit de détruire en lui, par un poison, cet embryon de l'humanité, que la femme n'a le droit de tuer, par des substances abortives, le germe dont elle a été fécondée, et qui n'est autre que le petit être que lui a transmis l'homme, mais à un degré de vie plus avancé.

Dans ces temps-là, alors que les gouvernements ne songeaient pas encore à faire argent des erreurs et des vices de leurs peuples, on savait les effets funestes que le tabac avait sur tous les centres nerveux, et on le prohibait. Aujourd'hui, on le tolère ; on fait plus, on le patronne, on le régit, on l'administre, on pousse à sa consommation comme à une chose importante et de nécessité première, quand on n'a pas assez d'asiles à donner aux malheureux dont il égare la raison, assez de soulagements à apporter aux familles dont il cause la misère, assez de lois pour réprimer ceux qu'il entraine au désordre et au crime ; assez de forces morales à inspirer à ceux qu'il pousse à la misanthropie et au suicide !

Et tout cela par l'action perversive de la nicotine sur les centres nerveux : le cerveau, la moelle épinière et le grand sympathique.

CHAPITRE XIV

Dans les expériences que nous avons rapportées, pages 81 et suivantes, sur les propriétés délétères du tabac, nous avons vu la nicotine causer la mort par effet foudroyant, sitôt qu'on l'introduit dans l'organisme, par quelque voie que ce soit. Ce phénomène instantané ne saurait s'expliquer que par l'action de cette substance sur le système nerveux, qui est la source de la vie.

Que se passe-t-il dans cette œuvre de destruction si terrible? A l'autopsie des cadavres qu'a tués la nicotine, l'œil ne découvre rien qui ait pu causer la mort. Il n'existe aucune trace de lésions matérielles ou automatiques ; tout ce que l'on peut constater, c'est que la vie est éteinte, telle qu'elle le serait par l'électricité, la foudre.

Et entre ces deux agents de destruction subite, il y a encore cette différence, que la foudre a une force matérielle. Elle enflamme le ciel, elle fait trembler les montagnes, elle creuse la terre, renverse les édifices, fond les métaux. Elle représente un corps, un volume quand elle tue. La nicotine, elle, quand elle foudroie, ne présente qu'une goutte, un atome, un rien.

Dans l'état actuel des connaissances humaines, nous ne pouvons expliquer que par deux mots : poison, empoisonnement, la terrible puissance que la nicotine a sur l'organisme.

Nous constatons un fait, sans pouvoir en approfondir les causes intimes ; car comment expliquer qu'une infime partie d'une substance végétale, déposée sous l'épiderme, à l'un des points les plus éloignés de notre corps, envahit instantanément tout notre organisme en pleine vie, et y détruit cette vie avec plus de rapidité que ne le feraient la blessure, la mutilation la plus grave, un boulet qui couperait notre corps en deux, un train de chemin de fer qui broierait nos chairs et nos os ?

Pour essayer de définir comment survient la mort, en cette circonstance si exceptionnelle des effets des poisons végétaux, cherchons à exposer d'abord comment se manifeste la vie.

Si l'on pouvait, par une définition toute matérielle, donner une idée d'un phénomène si immatériel que la vie, nous dirions : la vie naît des centres nerveux qui la sécrètent et la répandent dans tout l'organisme pour le mettre en action.

En effet, quand on descend dans les profondeurs les plus reculées de la vie, quand on fouille en quelque sorte l'élément dont elle va sortir, l'embryon, la première chose qui tombe sous les sens, dans cette matière encore amorphe, c'est un petit filament assez semblable au spermatozoïde de la fécondation.

Si l'on suit, jour par jour, sur des germes différents, les progrès de ce filament primitif, on le voit devenir graduellement cerveau et moelle épinière ; et créer, comme par végétation, tous les organes qui doivent concourir avec lui à l'évolution de la vie, et se renfermant, comme par une intuition et une prérogative de sa puissance souveraine, dans une enveloppe protectrice, le crâne et la colonne épinière, il se délègue lui-même, sous forme de cordons ou de nerfs ramifiés à l'infini, dans toutes les profondeurs de notre corps, dont il développe et anime la matière par un mystère dont l'essence remonte à Dieu, source insondable de toute vie.

Autant que la physique et la physiologie peuvent le constater, voilà ce que serait la vie : le cerveau l'engendre, puis elle coule dans nos nerfs, sous forme de fluide nerveux, comme l'électricité court dans des fils métalliques. Concentrée dans le cerveau, une partie du fluide nerveux ou de la vie préside à ce qu'il y a de supérieur dans notre nature humaine : les sens, l'intelligence et la pensée. Puis, passant par la moelle épinière, le fluide se fait directeur de fonctions; il porte la sensibilité d'un côté, le mouvement de l'autre, par des conduits tellement distincts, bien que juxtaposés par contact, qu'on peut, en les coupant ou les liant, détruire ou suspendre à volonté les fonctions auxquelles ils président, sans que jamais l'une de ces fonctions puisse se substituer à l'autre.

Réduite à sa plus grande simplicité expérimentale, la vie consisterait donc en un courant non interrompu de fluide nerveux se perdant incessamment dans l'organisme. Cette théorie puiserait une apparence de véracité dans ce fait que le fluide nerveux a beaucoup d'analogie avec le fluide électrique, qui agit, comme lui, par courants, et qui peut ramener le mouvement, sinon la sensibilité, chez des cadavres que la vie a complètement abandonnés, comme on le démontre sur les suppliciés.

La mort ne saurait donc être autre chose que la suspension définitive de la circulation nerveuse; et les poisons, pour produire cette suspension, ne peuvent agir que sur le centre d'où elle émane, le cerveau, ou sur le fluide nerveux lui-même qui en est l'essence.

Pour matérialiser un phénomène de dynamite vitale qui ne tombe pas sous nos sens, et que sans un terme de comparaison nous ne saurions point comprendre, on pourrait supposer que, dans la mort subite par pénétration de la nicotine dans notre organisme, il y a dégagement, de la part de cet alcali végétal, d'une *aura*, d'une vapeur subtile se répandant sous forme de fluide impondérable, comme les odeurs qui affectent fortement notre sens olfactif sous leurs dehors insaisissables.

Cette vapeur alcaline serait avide de fluide nerveux comme

les deux éléments électriques sont avides l'un de l'autre ;
comme la vapeur d'eau est avide de l'électricité, comme la couleur noire est avide de lumière, comme l'acide carbonique liquide et tous les gaz condensés sont avides de calorique ;
comme le sel, la chaux, la potasse sont avides d'humidité. Et
par suite de cette avidité, de cette affinité des vapeurs nicotineuses pour le fluide nerveux, ce fluide serait instantanément
absorbé et détruit dans les nerfs qui le conduisent et dans le
cerveau qui le crée.

Et le fluide nerveux manquant, comme principe de l'existence, la vie s'éteint, comme s'éteindrait la lampe dont on
écarterait, par un souffle, l'air qui lui sert d'aliment.

Et pour pousser plus loin la comparaison, de même que si
le vent qui souffle la lampe n'est pas assez fort pour l'éteindre,
elle continue, après une série d'oscillations et une disparition
presque entière, à brûler comme si rien ne l'avait ébranlée ;
de même, si la quantité de nicotine absorbée n'est pas assez
puissante pour tuer tout d'un coup, le danger une fois passé,
l'agonie cesse ; les fonctions plus ou moins longtemps suspen-
dues ou déréglées reprennent leur cours, la vie recommence
sans qu'aucune lésion matérielle puisse se constater dans l'organisme, où il ne reste que des troubles fonctionnels et vi-
taux.

C'est ce qui arrive chez les animaux sur lesquels on expérimente. On les amène, par des quantités minimes de poison, à
des degrés très voisins de la mort ; et si l'on ne fait pas une
injection nouvelle, les sujets reviennent bientôt à la vie et
peuvent, peu de jours après, servir à de nouvelles expériences.

Je me rappelle avoir vu, à la gare du Havre à Paris, un
exemple bien frappant de cette espèce de résurrection.

Plusieurs enfants de dix à quatorze ans s'amusaient à fumer et s'évertuaient à qui ferait le mieux sortir la fumée par
les narines. Un d'entre eux tomba subitement, comme s'il
était frappé du haut mal, il était empoisonné par la nicotine.

Une bouffée de plus qu'il aurait absorbée, la mort était certaine. On le frictionna, on le réchauffa ; il revint à lui-même, après plus d'un quart d'heure de mort apparente, et s'en fut chancelant, emportant de son escrime au cigare une tête alourdie par les vapeurs narcotiques et un estomac soulevé par les nausées.

En voyant cet enfant, empoisonné par le tabac, se débattre mourant sur le pavé d'asphalte, j'ai été frappé de la similitude d'action de la nicotine sur le système nerveux avec le haut mal, l'épilepsie, dont la science n'a pu encore, à sa satisfaction, remonter à la cause. Dans ces deux phénomènes terribles, aussi effrayants l'un que l'autre pour ceux qui les regardent, la mort est là ; il semble qu'elle a saisi sa proie, et que la victime va expirer. Puis, si l'accès dans l'épilepsie, si la dose dans la nicotine, n'ont pas été assez forts pour tuer les sujets, on voit ces malheureux retourner à la vie, en ne conservant sur leurs traits qu'une expression de langueur hébétée, et, dans tout leur corps, une prostration extrême.

Et si l'on suit dans leur existence les épileptiques et les nicotinés, on les voit généralement arriver au même terme : la décadence physique, intellectuelle et morale ; la mort précoce dans la folie ou l'idiotisme, par la succession des ébranlements que l'aura épileptique ou les vapeurs nicotineuses produisent sur le cerveau.

Un autre phénomène qui rapproche le nicotiné et l'épileptique, c'est la mort subite qui les frappe parfois également, lorsqu'ils paraissent être pleins de santé et de vie.

Jamais on ne s'est tant ému que de nos jours de ces longues énumérations de morts subites que l'on trouve aux colonnes à sensation de tous les journaux. Et quand on recherche la raison de tant de morts contre nature, la seule donnée que le plus souvent on constate, c'est que ceux qui succombent ainsi étaient de grands consommateurs de tabac.

Si la véritable cause de ces morts inattendues, que l'on compte aujourd'hui par milliers, était plus connue, la crainte de subir

le même sort refroidirait beaucoup dans leur passion les adorateurs du tabac. Mais dans l'ignorance où l'on est de la puissance destructive de la nicotine, on attribue généralement, dans
le public, ces fins contre nature à des causes matérielles ; telles
que l'apoplexie ou la rupture d'un anévrisme ; et pourtant
l'autopsie ne découvre rien des désordres matériels que laissent ces deux accidents dans nos organes.

Là, la mort subite n'a plus la même cause ni les mêmes symptômes que dans le narcotisme du cœur, dont nous avons parlé
page 185; elle est aussi beaucoup plus fréquente.

Et chez ces malheureux on doit supposer que la force d'élimination qui lutte journellement contre le poison, pour le détruire, venant un instant à faiblir, la nicotine dont ils sont
saturés (1) reprend ses droits, déborde tous les cercles nerveux
et tue comme elle le ferait si elle envahissait soudainement l'organisme, à l'aide d'une piqûre, par exemple.

Ils tombent, en effet, foudroyés avec les mêmes symptômes
que présentent les animaux sur lesquels on expérimente, dans
les amphithéâtres, le terrible alcali du tabac.

Voici ce que m'ont révélé sur ces morts si étranges, que l'on
pourrait appeler apoplexies nicotineuses, deux cas où le choc

---

(1) Cette saturation des consommateurs de tabac par la nicotine est
constatée par une expérience du professeur Morin, qui trouva une quantité notable de cet alcali dans les organes d'un priseur, bien que le défunt
eût cessé d'user du tabac dans sa maladie, bien avant sa mort.

Elle résulte aussi de l'odeur *sui generis* de ce poison qu'exhalent sans
cesse l'haleine et la transpiration des fumeurs.

C'est le même phénomène qui rend si repoussante l'haleine des buveurs
d'alcool et des mangeurs d'ail et d'oignons, qui exhalent par tous leurs
pores ces odeurs nauséabondes plusieurs jours même après qu'ils les ont
absorbées.

C'est par suite de cette saturation que la salive des fumeurs, comme l'a
expérimenté Cl. Bernard, tue les animaux dans le sang desquels on l'in-
jecte.

On a vu également des morsures de fumeurs occasionner la mort aussi subitement que le feraient la flèche de l'Indien ou la dent envenimée du serpent ; chez beaucoup de consommateurs de tabac, le sang est tellement
imprégné de nicotine, qu'on voit les sangsues mourir sur place ou sitôt
après qu'elles sont tombées, quand des maladies nécessitent chez eux leur
emploi.

n'avait pas été assez fort pour déterminer la mort instantanée et où les victimes ont pu parler.

Ces malades, qui avaient une santé bonne, en apparence, quoique fumant beaucoup, ont pu traduire ainsi ce qu'ils avaient éprouvé : ils sont tombés comme si un coup de marteau leur avait été asséné sur la tête. Ils se sentaient entraînés dans un tourbillon vertigineux où ils roulaient avec tous les objets auxquels il leur semblait chercher à se cramponner.

Après cette première sensation, qui dure quelques minutes, le sentiment revient avec des vomissements. Le vertige continue avec un délire que l'on rencontre plutôt chez les aliénés que dans les maladies organiques du cerveau.

Ces deux malades, l'un de vingt et un et l'autre de cinquante-cinq ans, sont morts après une agonie de douze à quinze jours, au milieu de tous les symptômes des derniers degrés de la paralysie progressive des aliénés, par suite de nicotisme, qui coïncide toujours avec un ramollissement du cerveau.

Étant bien établi que l'absorption d'une faible dose de nicotine peut toujours causer la mort, on ne saurait éviter d'admettre que des quantités de ce poison subtil, quelque minimes qu'on les suppose, produiront en nous des troubles essentiels, dont les nuances remplissent l'espace qui sépare de la mort le fonctionnement régulier de la vie.

A quelque point que l'on s'arrête entre ces deux extrêmes, on trouve toujours la maladie. Elle affecte surtout de ses mille nuances intermédiaires entre la vie et la mort, dont nous venons de parler, les centres les plus impressionnables de notre organisme : le cerveau et la moelle épinière.

Ces secousses, qui se manifestent par la nausée et le vertige chez l'adepte qui fume un seul cigare, aussi bien que chez le vétéran du tabac qui brûle ses huit pipes, en se répétant tous les jours, agissent comme ferait un miasme qui trouble, par la fièvre, la régularité de notre vie ; avec cette différence que le miasme agit surtout sur notre organisme matériel, tandis que les vapeurs nicotineuses agissent principalement sur ce qu'il y a en nous de plus impressionnable, de plus sublime : nos facultés intellectuelles et morales.

Chez les nicotinés, deux phénomènes se manifestent dans les centres nerveux : un phénomène organique, que l'anatomie pathologique nous démontre être un ramollissement de la substance cérébrale et rachidienne ; et un phénomène qui tient à la fois à la physiologie et à la psychologie, et qui se traduit par la dépression et l'aberration des fonctions, pour la moelle épinière, et des facultés, pour le cerveau.

Le ramollissement de la pulpe nerveuse est encore une de ces affections que l'on pourrait dire contemporaines ; et elle n'a fixé l'attention des médecins modernes que par la fréquence de son apparition et les ravages qu'elle cause dans notre société, qu'elle envahit avec une rapidité égale à l'invasion de la passion du tabac.

Le ramolli, pour être un être de création plus récente que le petit crevé, n'en est pas moins une réalité, peut-être aussi fréquente et bien plus misérable dans son type. Si l'un nous amuse, l'autre nous attriste.

Le petit crevé, c'est l'enfant qui cherche à se faire homme avant terme : c'est le fruit sec de l'humanité, destiné à périr avant d'être mûr. Mais pendant son existence éphémère, ça vit, ça use tout le présent, comme par pressentiment que ça n'a pas d'avenir et que ça ne vivra pas trente ans. Ça passe comme le bruit et la fumée que ça fait, sans ne laisser rien après soi.

Le ramolli, par contraire, a vu s'épanouir en toute vigueur la fleur de sa jeunesse. Il a eu son printemps, son été ; sa vie a été pleine de labeurs et de fruits pour la société ; il a plus fait pour les autres que pour lui. Il a servi son pays dans les emplois publics, la magistrature, l'armée ; il a, par son génie, élargi les limites de la science et des arts. Sa constitution, primitivement vigoureuse et bien cultivée, si rien n'était venu fatalement l'altérer, lui aurait fait franchir, avec aisance et joie, les deux dernières étapes de la vie, la maturité et la vieillesse ; ces âges d'or où l'homme recueille en bonheur, en considération, en dignités, tout ce qu'il a semé de travail et de bien dans son existence active.

Mais quelle organisation si puissante pourrait résister toujours à l'action délétère du tabac ? De même que la goutte d'eau qui tombe, avec le temps, use le roc, de même l'atome du poison qui s'infiltre journellement en nous sous forme de fumée, qu'il s'appelle opium, arsenic ou nicotine, use notre organisme et détruit une à une toutes ses énergies.

Et c'est ainsi que sombrent, en pleine force de vie, de quarante à cinquante ans, ces natures vigoureuses, à constitution physique taillée en hercule, aux facultés brillantes, aux conceptions profondes. Un jour, on s'aperçoit que le caractère change, qu'ils sont moins gais, moins causeurs. Il faut leur répéter les mots, qu'ils semblent ne pas clairement entendre, leur rappeler les faits récents, qu'ils semblent avoir oubliés. Leur vue s'affaiblit ; ils prennent, avant le temps, des lunettes pour la rendre meilleure ; leur marche est chancelante, ils prennent un bâton pour la soutenir. Quand on a été quelque temps sans les voir, on dit d'eux, avec une expression d'étonnement et de tristesse : « Oh ! comme il a vieilli ! »

C'est qu'en effet, ils marchent rapidement à la caducité. Une fois leur vigueur entamée, cette constitution robuste, qui avait été pendant vingt ans, pendant trente ans, réfractaire à l'action du tabac, se brise, comme la digue d'un fleuve que l'eau a longtemps respectée et qu'elle entraîne sitôt qu'elle a pu ébrécher un point de sa surface.

Alors on les voit décliner tous les jours. L'idée les abandonne, la parole leur fait défaut, le mouvement se refuse à servir leur volonté : ils sont ramollis ! comme on les appelle vulgairement dans le monde. Et cette dénomination est vraie, car leur décadence rapide coïncide toujours avec un ramollissement du cerveau et de la moelle épinière.

Y a-t-il un spectacle plus affligeant que de voir, dans la saison des beaux jours, dans les rues ou sur les promenades publiques, ces quantités d'infirmes, en apparence jeunes encore, mais brisés avant le temps dans leurs facultés de sentir et de se mouvoir ? Ils se pendent au bras d'un domestique, d'un parent ou d'une infirmière, car ils sont incapables de se soutenir tout seuls, même sur deux béquilles ; et ils essayent en tremblant des pas incertains, comme des enfants auxquels on apprend à marcher.

D'autres, plus engourdis dans leurs mouvements, se font promener dans de petites voitures, et s'agitent encore au milieu de ce monde dont ils ont aimé l'entrain et la vie. Un pied dans la tombe, ils luttent ainsi, par un reste d'énergie, contre la sombre infirmité qui les voue sans espoir à la mort.

C'est dans cet état que je rencontrai un jour, à Paris, un homme que j'avais beaucoup connu dans mes relations de médecin de la marine militaire.

Je me promenais dans le petit square de la chapelle expiatoire de Louis XVI, où des enfants, des vieillards et des infirmes viennent se réchauffer au soleil de printemps, à l'abri d'un monument dont l'architecture est aussi sombre que les souvenirs qu'il rappelle.

Je remontais, tout pensif, aux temps orageux de notre histoire que perpétue ce monument, quand ma vue s'arrêta, comme saisie par l'ombre de quelqu'un qu'il me semblait connaître. C'était un impotent qu'on promenait dans les allées du jardin. Il paraissait vieilli plutôt par les infirmités que par l'âge. Je connaissais cet homme, mais je ne pouvais me rendre compte ni qui il était, ni où je l'avais vu, tant il était changé.

Alors, dans un effort de souvenir, je me dis à moi-même : Mais c'est E. P...! c'est l'amiral! Je prononçai son nom en lui tendant la main, comme l'on fait à un vieil ami que l'on rencontre et que l'on n'a pas vu depuis vingt ans. Il leva vers moi de grands yeux égarés qui, rendant l'impression que mes avances produisaient en lui, avaient l'air de me dire : « Je ne vous connais pas. »

.. « Amiral, vous ne remettez pas un vieil ami, un ancien du *Suffren*, le docteur Depierris?

— Ah ! c'est vous? Je... je... je... su... u... is malade...

— L'amiral parle difficilement, me dit alors la dame qui l'accompagnait ; il ne reconnaît que bien peu de personnes ; il a perdu toutes ses facultés, il est paralysé. »

Cette rencontre si inattendue m'avait tellement impressionné que je quittai le pauvre infirme, en lui serrant les mains, dans un mouvement d'expansion et de tristesse aussi muettes que l'était son indifférence pour moi, qu'il ne connaissait plus.

Tout près de là vivait un de nos amis communs, le docteur C..., que je savais avoir été aussi le médecin de l'amiral Je me rendis précipitamment chez lui, pour être renseigné sur la déplorable condition dans laquelle je venais de trouver celui qui avait été autrefois notre ami.

« Oui, le pauvre E. P..., me dit-il en termes de marine expressifs, il file son câble par le bout, pour appareiller plus vite pour l'autre monde. Il y a déjà longtemps qu'il est dans cet état, contre lequel il n'y a plus rien à faire ; il est ramolli !

« Ah ! mon cher ami, si vous saviez combien j'en ai vu finir ainsi parmi ceux qui faisaient, en même temps que nous, leurs premières armes dans la marine ! Vous rappelez-vous un tel,... un tel,... un tel... (il ne finissait pas de me citer des noms), ces jeunes et beaux officiers, alors si pleins de vie, d'espérance et d'avenir ? Eh bien, tout ça est mort !...

— C'est le service actif de la marine qui les a fait périr avant nous, qui avons déserté la carrière après l'avoir effleurée quelques années, presque en amateurs.

— Non, mon ami, ce n'est pas ça ! Ce qui les tue sans qu'ils paraissent s'en douter, bien que je ne me sois jamais lassé de le leur crier bien fort, c'est le tabac. Si vous saviez toute la peine que j'ai à en tenir à flot un grand nombre, qui se sont abîmé la constitution en culottant des pipes, vous en seriez étonné. Il en est qui ne vivent qu'à l'aide de la sonde, qui va, plusieurs fois par jour, vider leur vessie que la nicotine a paralysée ; mais c'est l'histoire de la cruche : à force d'aller à l'eau, elle se brise ; la vessie, elle, à force d'être sondée, se perce par des fausses routes où s'égare la sonde ; ou bien elle s'enflamme, et c'est la cystite chronique ou le cancer qui terminent, le plus souvent au milieu des angoisses les plus cruelles, leur malheureuse existence (1).

« Et les hépatisés ! et les hypocondriaques ! et les toqués ! Je ne sais si, dans l'état-major de l'armée, le tabac fait autant de ravage que dans la marine ; s'il en est ainsi, le pays est bien à plaindre d'avoir, pour le servir, tant d'invalides qui ont plus besoin de la retraite que de l'activité. »

Et, quelques années plus tard, nos désastres militaires de 1870 ne venaient que trop justifier les appréhensions du docteur.

« Tenez, continua-t-il, il y en a un qui va prendre le commandement de l'escadre de la Méditerranée, X..... Vous le rappelez-vous ? Quel brillant officier il était ! Il a su, par son mérite, se pousser jusqu'à l'amirauté ; mais c'est fini de lui ! S'il n'avait pas usé par le tabac tout ce qu'il y avait en lui d'énergie, d'intelligence, de force de caractère, quels services il pourrait rendre à la marine, à la France, jeune comme il est encore et dans un si haut grade ! Mais qu'attendre d'une organisation dont la nicotine a détraqué tous les ressorts ? Il ne tient plus que par un souffle et, au premier coup de cape à la mer, il sombrera. »

Le docteur ne se trompait pas dans ses prévisions. L'amiral n'attendit pas d'être en mer pour mourir ; à peine avait-il pris le commandement de son escadre, qu'il succomba de langueur, par consomption nicotineuse, à bord de son vaisseau, sur la rade de Toulon.

---

(1) C'est ainsi que vient de s'éteindre, le 12 octobre 1875, à quarante-sept ans, un des plus grands maîtres de la statuaire contemporaine, notre bien regretté Carpeaux.

Le nicotisme, qui, avant l'âge mûr, avait stérilisé déjà son génie, usa, dans une agonie de cinq ans, cette existence trop tôt ravie aux gloires de la France et à la légende des arts.

Si tous les nicotinés qui sont arrivés si avant dans le suicide pouvaient encore mourir quand tout paraît éteint chez eux, ce serait au moins un soulagement pour la société et les familles, pour lesquelles ils sont un fardeau. Ils n'affligeraient pas, si longtemps qu'ils le font, les regards et le cœur par le spectacle navrant de leurs infirmités et de leur décrépitude. Mais il en est beaucoup chez qui l'existence se maintient quand même, lorsque les sens, l'intelligence, les facultés affectives, la parole, le mouvement, n'existent plus. Ils n'ont plus rien de l'humanité que la forme et la chair : ils ne vivent plus, ils végètent.

Ce type affligeant de la dégradation de l'homme par la nicotine se trouve reproduit dans un personnage qui a fait, en France, une sensation profonde, par les circonstances douloureusement exceptionnelles où il s'est trouvé, en face d'un grand crime.

En 1850, je fis la connaissance, à San Francisco, d'un homme jeune encore, que quelque ouragan semblait avoir jeté, comme tant d'autres, sur cette terre d'épreuves et d'espérances. Il avait des connaissances en médecine, ce qui peut-être nous avait rapprochés par confraternité professionnelle. Nous demeurions l'un à côté de l'autre, dans l'une de ces maisons primitives, où les appartements se découpaient à l'aide de toiles tendues sur de rares planches qui leur servaient de support.

Il y avait dans la position de mon voisin de chambre quelque chose d'extraordinaire qui m'intriguait beaucoup. Il vivait inactif et presque indifférent, au milieu de cette population venue de tous les coins du monde, ardente aux affaires, tant chacun était avide de se créer une position capable de le mettre à l'abri des besoins et de l'inconnu. Parfois, pourtant, il paraissait rêveur, et passait une partie de ses jours étendu dans un hamac, d'où pendait une longue pipe danoise dont il ne cessait d'aspirer avidement la fumée.

Je pensais que son inertie venait du manque de confiance en lui-même, et je lui disais un jour :

« Vous connaissez la médecine, pourquoi ne la pratiquez-vous pas ? Il y a ici place pour tout le monde.

— Oui, la médecine, j'en ai su un peu autrefois, mais j'ai tout oublié dans les prisons et dans l'exil. »

A ces mots, qu'il prononçait avec une émotion profonde, je vis sa figure, naturellement pâle, s'animer ; ses yeux brillèrent aussi ardents que le feu de sa pipe, dont il tirait la fumée par des aspirations convulsives. Un sentiment d'indignation et de colère semblait le dominer.

« Oh ! les misérables ! reprit-il ; à présent qu'ils sont au pinacle, ils oublient ceux qui les y ont poussés !... »

Alors il me raconta qu'il avait quitté sa carrière de médecin militaire pour s'attacher au parti de Louis-Napoléon ; qu'il l'avait suivi dans son échauffourée de prétendant à Boulogne ; qu'il avait partagé sa mauvaise fortune, et qu'aux jours du succès on l'avait envoyé en Californie, où devait le suivre bientôt sa nomination à un consulat.

Mais cette nomination ne venait pas ; et, de même que sous les verroux du château de Ham, quand il expiait son crime de conspirateur et de haute trahison contre le gouvernement de Louis-Philippe, il cherchait, dans le narcotisme du tabac, un soulagement à sa captivité par l'oubli de la vie, de même dans son isolement à San Francisco, il demandait à sa grosse pipe danoise de la résignation et de la patience jusqu'à des jours meilleurs ; et il attendait.

Il y avait dans cette nature d'homme quelque chose d'original et d'excentrique, qui tenait presque de l'hallucination qui domine souvent les nicotinés, dont il était un type déjà bien avancé. Aussi, je doutais parfois de la réalité de tout ce qu'il me disait sur ses antécédents aventureux et ses espérances.

Un jour que je le trouvai bien disposé aux expansions communicatives, je lui dis :

« Pourquoi alors ne restiez-vous pas en France ? Le Prince

vous aurait moins perdu de vue. Et si vous avez été l'un de ses compagnons de hasards et d'infortunes, l'occasion ne lui eût pas manqué de vous être reconnaissant, aujourd'hui qu'il peut tout.

— Quand j'ai quitté la France, le Président ne pouvait rien par lui-même. Pour arriver plus sûrement au pouvoir, il a fait un pacte avec les nobles et le clergé, qui l'ont appuyé de leur vote à la condition qu'il règnerait, mais qu'eux gouverneraient. C'est pour cela que vous voyez la République administrée partout par des royalistes ultras, depuis le garde champêtre jusqu'au préfet et au ministre, depuis l'agent consulaire jusqu'à l'ambassadeur.

« D'ailleurs, j'ai compris parfaitement que je ne pouvais avoir en France aucune position publique, où j'aurais été tranquille ; les malicieux Gaulois m'auraient toujours plaisanté en me rappelant mon aigle.

— Est-ce que vous étiez le porte-drapeau de ralliement au parti ?

— Mais vous ne connaissez donc pas l'affaire, reprit-il d'un air jovial ; vous ne vous rappelez plus notre arrivée à Boulogne, sur le steamer anglais *City of Paris* ? J'étais le fauconnier de l'expédition ; c'est moi qui portais l'aigle, que j'avais dressé à aller s'abattre sur la tête du neveu de l'empereur.

« Si tout avait réussi comme l'apparition miraculeuse de mon aigle, nous enlevions la France à Boulogne, comme Napoléon la reconquit à Fréjus, après sa fuite de l'île d'Elbe. Mais la France fut indifférente ; elle nous laissa persécuter. Elle avait oublié, sous les rois, les traditions de l'Empire. Elle y reviendra, Louis a le pied dans l'étrier ; il ne se laissera pas désarçonner par ceux qui l'ont posé là, comme un Président de carton qu'ils pourraient, à leur bon plaisir, renverser pour se mettre à sa place. Notre règne arrivera ; vous le verrez. »

En effet, le Président se fit Empereur ; et lui devint consul. Il eut, dans la carrière diplomatique, un avancement très rapide, qu'il dut à la reconnaissance de ceux dont il avait suivi la mauvaise fortune, et qui ne l'oublièrent pas dans la grandeur.

En 1870, je le retrouvais, à Paris, consul général, en retraite pour infirmités.

Mais quelles infirmités, grand Dieu ! Elles étaient si affligeantes qu'on les cachait à tout le monde. Je ne dus qu'à ma qualité d'ancien ami du consul, et surtout à mon titre de médecin, d'être admis à le voir.

Il ne vivait plus ; il végétait. C'était un cadavre dont la mort n'avait pas encore désagrégé les éléments pour les rendre à la terre, et où rien ne témoignait de l'existence : ni voix, ni regard, ni intelligence, ni mouvement ; tout était éteint. Et pourtant il vivait. C'était presque un état léthargique. Un domestique le soignait, mettant à sa bouche quelques aliments qu'il avait juste assez de force pour avaler comme une plante absorbe l'eau qu'on verse sur sa racine, pour l'empêcher de mourir. Il était assis, à demi étendu sur un fauteuil en forme de lieu d'aisance, pour deux fonctions qui s'accomplissaient en lui sans qu'il en eût conscience.

A ses côtés vivait une sainte femme, qui avait épousé cet infirme par le plus généreux dévouement, pour lui donner les soins dont elle avait compris qu'il aurait besoin, déjà depuis plusieurs années. Car c'était lentement qu'il s'était affaissé jusqu'à la dégradation profonde où je le voyais tombé.

« Ce pauvre ami, me dit-elle, s'il avait suivi mes conseils, s'il avait pu avoir assez d'ascendant sur lui-même, assez de volonté, il ne serait pas arrivé au misérable état où il est aujourd'hui. Mais il était sur une pente dangereuse où il est bien difficile de s'arrêter ; car j'en ai vu beaucoup comme lui.

— Est-ce qu'il était déréglé dans ses habitudes ? Faisait-il abus de l'absinthe, du whiskey ou d'autres liqueurs alcooliques?

— Non, jamais, monsieur. S'il prenait quelquefois des liqueurs, ce n'était que très sobrement. Mais ce dont il usait beaucoup, et dont je n'ai jamais pu réussir à le déshabituer, c'est le tabac.

— Ah oui ! je m'en souviens; il fumait déjà passablement lorsque je l'ai connu.

— C'est le tabac, rien autre que le tabac, je puis vous l'assurer, qui a tué, une à une, toutes ses facultés, qui étaient pourtant bien actives. J'assiste, depuis plus de dix ans, à cette lente agonie de son intelligence et de son corps. Enfin, si Dieu m'en donne la force, car j'en ai le courage, j'accomplirai mon œuvre jusqu'au bout : je ne me séparerai pas de mon cher malade, pour le confier jamais à une maison de santé, où il mourrait peut-être, du jour où mes soins lui manqueraient Il me quittera avant que je ne le quitte ! »

Pauvre femme ! c'était elle qui devait le quitter la première. Son domestique, un de ces misérables dont la nicotine avait changé les susceptibilités d'un mauvais caractère en instincts meurtriers, l'assassina dans la chambre, aux pieds mêmes de son mari, sans que la parole ou le mouvement aient pu revenir au malheureux infirme, qui demeura impassible et inconscient devant cet horrible crime.

CHAPITRE XV

On ne saurait vraiment croire combien sont nombreux dans
les familles, les maisons de santé, les hospices, les infirmes de
ce genre, dont nous venons de reproduire un tableau, et que
l'on classe indistinctement dans la catégorie des idiots.

Avant d'arriver à ce bas-fond de la décrépitude humaine,
que la mort ne leur laisse pas toujours le temps d'atteindre,
les nicotinés passent par une série de maladies intellectuelles
et morales, dont les premiers degrés sont parfois difficiles à
saisir, tant ils se perdent dans les nuances normales de caractère qu'on appelle l'excentricité, l'originalité, et qui ne sont
pourtant autre chose qu'un premier pas vers la folie.

Ces premiers dérangements nerveux affectent les sens :
la vue, l'ouïe, le goût, le sens génital. Ce sont les hallucinations proprement dites.

Les hallucinés de la vue et de l'ouïe se croient possédés par
des esprits ; ils les voient, ils les entendent, ils conversent
avec eux. Et pour peu que vous laissiez aller ces fous lucides
au courant de leurs impressions et de leurs erreurs, ils vous
dépeindront avec clarté, comme s'ils les voyaient en corps, les
formes des êtres mystérieux qui les obsèdent. Ils vous repro-

duiront leurs paroles avec autant de conviction que s'ils les entendaient réellement.

Un type bien marqué d'hallucinés de ce genre était un de mes collègues, qui a pratiqué avec quelque succès la médecine à San Francisco. Cet homme possédait toute la science de sa profession. Il était enjoué, sociable et surtout grand fumeur. Je ne le croyais tout d'abord qu'original, tant je trouvais en lui de choses que l'on ne rencontre pas chez tout le monde.

Un jour, nous causions médecine, quand tout d'un coup il se frappa la tête et se prit à me dire :

« Voyez-vous, quand le temps est comme ça, en me montrant le ciel qui était couvert, ils ne me laissent pas tranquille.

— Auriez-vous donc, cher collègue, vos nerfs, comme une petite-maîtresse ? L'orage vous impressionne-t-il à ce point ?

— Non, du tout ; mais, à l'aide de ces nuages, ils descendent d'en haut ; ils sont là qui m'hébètent, ils me parlent, il faut que je leur réponde, et je ne suis pas du tout à ce que vous me dites. »

A cette boutade si inattendue, je restai stupéfait, me demandant à moi-même lequel de nous deux était halluciné, et je doutais si j'avais bien réellement entendu les extravagances qu'il venait de me débiter.

Il faut dire que les excentricités du docteur avaient déjà été remarquées, et qu'on les attribuait au manque de sobriété et de tempérance de sa part. J'entrais un peu moi-même dans ces idées, qui n'étaient point fondées, comme j'ai pu m'en con vaincre plus tard.

« Voyons, confrère, vous avez un peu trop bien déjeuné ce matin ; le petit champagne américain vous a porté à la tête et vous fait voir partout des bluettes et des chimères.

— Ma foi non ! je n'ai encore rien pris d'aujourd'hui. Eh bien, si vous croyez que ceux d'en haut m'en laisseraient le temps, vous ne les connaissez pas !... »

Je ne pouvais plus douter de la monomanie du pauvre docteur. Son cerveau était bien dérangé. Je m'attachai alors à le voir plus souvent, pour le distraire, s'il était possible, de ses hallucinations.

Un jour que je le trouvai tout à fait dans son bon sens, je lui dis :

« Tenez, mon ami, tout ce que vous sentez parfois dans la tête et qui vous fatigue tant ne peut être que l'effet narcotique du tabac, qui bouleverse vos nerfs et vous fait rêver, tout éveillé, à mille fantaisies.

— Je crois que vous avez raison ! Il m'arrive souvent de beaucoup fumer avec intention, pour chasser de ma tête toutes ces sottes idées, et je crois que c'est alors qu'elles m'assiègent le plus. Décidément, pour des hommes raisonnables, c'est bête de fumer sans savoir comment et pourquoi... Je ne fumerai plus !... »

Et il jeta par la croisée ses pipes et son tabac.

De ce jour-là, je ne l'ai plus vu fumer. Je ne sais pas s'il a continué à voir et à entendre ses esprits ; mais s'il conversait avec eux, c'était toujours en tête-à-tête, et il n'en parlait plus à personne.

Mais le pauvre garçon n'avait fait que déplacer le mal, sans l'extirper.

Un jour, à San Francisco, il y eut insurrection populaire contre la justice du pays, qu'on accusait d'indulgence pour des criminels qui désolaient la contrée. La majorité des citoyens, organisés en comité de vigilance, allait, en armes, forcer la prison pour enlever et conduire à la potence trois assassins mis hors la loi. Un conflit sanglant entre l'autorité et l'insurrection était à craindre : tous les médecins et leurs ambulances étaient à leurs postes au milieu des groupes armés.

J'étais en compagnie de mon original collègue, chacun à cheval, quand il descendit de sa monture, qu'il me donna à tenir en me disant :

« Restez ici un moment, je reviens à l'instant. »

Je croyais que l'appréhension de la fusillade, qui était immi-
nente, lui faisait éprouver certain besoin d'être seul à l'écart.

J'attendais, j'attendais toujours, et mon brave ne paraissait
pas ; j'allais presque l'accuser d'avoir peur et de déserter son
poste devant l'ennemi, quand il arriva, après trois quarts
d'heure d'absence, tout essoufflé.

« Pardon de vous avoir fait attendre, me dit-il ; mais à présent j'en ai. Partons.

— Quoi ? qu'avez-vous ?...

— Du tabac !

— Comment, du tabac ? Je croyais que vous y aviez tout à
fait renoncé depuis longtemps.

— Oui, je ne fume plus, mais je prise. Pour n'en pas prendre
l'habitude, je n'ai pas de tabatière avec moi, et j'ai couru tout
le temps pour rencontrer quelqu'un qui me donnât une prise.
Je n'y pouvais plus tenir, c'était plus fort que moi. A présent,
je suis à mon aise, rejoignons les compagnies. »

Mon homme était donc retombé sous l'empire du tabac ;
seulement il avait changé le mode de s'en servir. Et, tout en
luttant contre l'habitude de priser, il s'en bourrait les narines
autant de fois qu'il en avait l'occasion. Au milieu du désordre
de son appartement de garçon, on ne voyait plus, comme par
le passé, des blagues à tabac, des pipes, des bouts de cigare
éteints ; mais on y trouvait ouverts, de tous côtés, des paquets
de tabac à priser, dans lesquels il puisait au gré de ses
caprices.

Le tabac à priser n'agissait pas moins sur son cerveau que le
cigare ou la pipe. Aussi, d'actif et intelligent qu'il était, il
devint apathique, maussade. Sa clientèle, qu'il négligeait et
qui perdait confiance en lui, le quitta. Et il revint en France,
où il retrouva un modeste patrimoine qui lui permit de faire
la médecine presque en amateur. Il avait pris sa retraite aux
environs de Paris, à Asnières.

Au commencement de 1870, une grande agitation régnait
dans tous les esprits en France. Un air de discorde et de folie

soufflait de tous côtés, et il était bien fait pour réagir fatalement sur les cerveaux débiles.

L'Empire était attaqué, et il cherchait par tous les moyens à ressaisir une popularité et un prestige qui l'abandonnaient tous les jours. Les luttes étaient devenues personnelles entre la famille impériale et certains champions de l'opposition.

Rochefort, député de Paris, qui avait attisé, au feu de sa *Lanterne* (1), tous les mécontentements contre le régime sorti du coup d'État du 2 décembre, était devenu le héros du jour.

Pierre Bonaparte venait de tuer, dans son hôtel d'Auteuil, un ami de Rochefort, Victor Noir, qui allait pour lui demander, en qualité de témoin, réparation, par les armes, des injures publiques que le prince avait proférées contre le parti républicain.

La victime devait être enterrée à Neuilly, lieu de son domicile.

Tout Paris s'agitait en démonstrations sympathiques en faveur de ce jeune homme tué lâchement par un Bonaparte.

Rochefort assistait à la cérémonie funèbre; le catafalque était en marche, plus de 200 000 personnes le suivaient.

Au rond-point de Neuilly, des inconnus sortent des rangs de cette foule recueillie, détellent les chevaux du corbillard qu'ils veulent entraîner du côté de Paris, cherchant à ébranler les masses aux cris mille fois répétés : « Au Père-Lachaise !... Au Père-Lachaise ! Allons l'enterrer au Père-Lachaise ! »

Ces agitateurs n'étaient autres que les *blouses blanches*, mystérieux émissaires de la police, aux jours où elle organisait des émeutes au profit des spéculations politiques.

Dans ces temps-là, pour rendre le pays plus docile et plus gouvernable, on lui montrait, sous toutes les formes, le *spectre rouge*, toujours prêt à la révolte et au bouleversement.

Au bruit que faisaient ces blouses blanches, les passants s'arrêtaient; des milliers d'indifférents ou de curieux se tas-

---

(1) C'est le titre qu'avait une petite feuille périodique que publiait Rochefort, sorte de pamphlet satirique qui s'attachait à mettre au grand jour tous les actes abusifs du Gouvernement, et de la famille impériale surtout.

saient. La police faisait alors une charge, cassant des bras et des têtes, opérant des arrestations *importantes* dans ces foules inoffensives, d'où elle laissait échapper les blouses blanches qui avaient été la cause première du tumulte et du rassemblement.

C'est ainsi que ces don quichottes d'un nouveau genre combattaient une fiction ; une émeute qui n'existait pas, à laquelle personne ne songeait, et remportaient des victoires faciles sur ces flâneurs et ces curieux que l'on appelait les ennemis éternels de l'ordre social, les convoiteurs de la propriété, *les partageux...*, grands mots qui n'exprimaient aucune réalité, et dont on se plaisait à effrayer les campagnes. C'est par là que l'Empire se posait en sauveur de la société, toutes les fois qu'il avait besoin de recourir aux suffrages de la nation, pour retremper son autorité chancelante.

L'occasion de l'enterrement de Noir était des plus favorables à l'organisation d'une fausse émeute. Rochefort le comprit, quand ces inconnus vinrent si bruyamment jeter le trouble dans ces funérailles si imposantes et si calmes.

C'est alors qu'il s'élança sur le catafalque dont les faux émeutiers cherchaient en vain à l'abattre, et qu'il cria à la foule : « N'écoutez pas ces traîtres ! Ce sont des préparateurs *de journées*. Les charges de cavalerie et la mitraille vous attendent, si vous tentez de donner à Noir une autre sépulture que celle de Neuilly. »

La foule le comprit, et continua silencieusement sa marche recueillie dans la direction fixée pour la cérémonie funèbre.

Notre pauvre nicotiné d'Asnières, lui aussi, était là. Il s'éprit d'une belle passion pour Rochefort. Ses facultés engourdies *par le tabac* s'éveillèrent à la mise en scène de ce personnage révolutionnaire. Son imagination le voyait toujours monté sur le catafalque de Victor Noir, haranguant la foule, et sauvant toutes ces masses des embûches de la police.

Ces entraînements d'enthousiasmes ébranlèrent tellement l'intelligence affaiblie du malheureux docteur que, d'halluciné qu'il était, il devint *complètement fou*.

Et, un matin, on lisait dans les journaux de Paris : « Le docteur M..., d'Asnières, dans un accès d'aliénation mentale, est sorti, en costume de lit, de son appartement. Une épée à la main il parcourait les rues en criant : «Vive Rochefort !...» Le sieur ***, son concierge, qui voulut l'arrêter, reçut de cet aliéné un coup mortel. Le meurtrier a été interné à Bicêtre. »

Et Bicêtre ne rendit plus celui dont le tabac avait fini par faire un fou et un criminel !

Citons encore un cas bien frappant d'hallucination, chez un officier supérieur commandant un corps d'armée au Tonkin.
Pendant nos hostilités avec la Chine, sous le ministère Ferry, une nouvelle vint jeter l'émoi dans toute la France. — Nos troupes ont essuyé une grande défaite à Lang-Son ; elles sont en pleine déroute, abandonnant leur matériel, même le trésor qu'il a fallu jeter à l'eau pour qu'il ne tombât pas au pouvoir de l'ennemi. Et la dépêche suivante disait que toute cette débâcle, peu conforme au caractère français, n'avait été que l'effet d'une panique ; le commandant ayant fait sonner la retraite parce que, dans son imagination maladive, il avait vu s'avancer contre lui des armées chinoises *qui n'existaient pas.*

Le malheureux officier, après une action si singulière, a subi enquête sur enquête sans qu'on ait pu ni le condamner ni l'absoudre ; et, sa mort survenant, son dernier juge fut l'autopsie, qui constata chez lui un ramollissement et une atrophie du cerveau dus au tabac dont il faisait un excessif usage, et ne le rendaient plus maître de ses sensations et de ses actes.

Les sens de l'odorat et du goût, qui tiennent plus à la vie de nutrition qu'aux relations extérieures, sont aussi susceptibles d'hallucination, sous l'influence stupéfiante de la nicotine. Et la preuve la plus proche et la plus évidente que l'on puisse donner de cette assertion, est le changement rapide qui s'opère chez les consommateurs de tabac eux-mêmes. Ils finissent par trouver en lui un parfum et une saveur qui leur sont des plus agréables et des plus séduisants quand, dans le début de son usage, il ne leur inspirait que l'aversion et la nausée, qui sont son mode naturel d'action sur tous les organismes qu'il n'a pas pervertis.

Ce phénomène de perversion, qu'on pourrait appeler l'aliénation, la folie des sens du goût, est si marquée chez un très grand nombre de consommateurs de tabac, qu'ils laisseront pour une pipe, un cigare ou une chique les mets les plus délicats, le repas le plus attrayant. Ils ont faim de tabac bien plus que d'aliment; c'est pour eux le plus savoureux des desserts. Et de même que la vue, l'odeur de l'alcool donnent à l'alcoolisé, ce type si marqué dans la folie des sens, le désir, le besoin le plus impérieux de boire; de même la vue, l'odeur, l'idée du tabac donnent au nicotiné un besoin irrésistible de s'en rassasier.

Par toutes ces anomalies, qui ont entre elles tant de ressemblance, la tabacomanie vient avec la dypsomanie apporter une nouvelle entité morbide à la nosologie humaine, à côté du *pica malaria* : cette folie particulière du sens du goût, qui fait que ceux qui en sont atteints mangent avec une sorte de volupté de la terre, du charbon, de la craie et toutes sortes de choses immondes.

Les nicotinés ont généralement des appétits capricieux, bizarres; ils n'apprécient rien comme tout le monde. Les fruits les plus savoureux, les mets les plus délicats leur paraissent insipides. Là où devrait dominer le sucre, qui est un principe essentiel à notre alimentation et que tous les êtres animés recherchent, ils substituent les acides, le sel, le poivre, la moutarde, le piment, le carry.

C'est pour ces hallucinés du goût que se fabriquent, aux États-Unis et en Angleterre, ces mille variétés de sauces en bouteilles, de *pickles*, ou conserves au vinaigre de bois et aux acides minéraux qui, par leur composition hétérogène, soulèvent les estomacs normalement organisés.

Présentez à leur odorat une rose, une violette, un lilas, ils partiront indifférents à la suavité de leurs parfums ; et leur sens olfactif s'épanouira dans les miasmes enfumés d'un estaminet bien clos. Ils se pâmeront, en respirant à pleins poumons l'air chargé de l'empyreume du culot de leur pipe.

Donnez-leur à déguster un gros vin de Cette ou de Saintonge et un vin fin de Bordeaux ou de Mâcon, ils donneront la préférence au gros vin, qui titille plus vigoureusement leur palais engourdi.

Le tabac a détruit en France, en blasant les palais, deux grandes branches de commerce : les vins fins et les liqueurs. La culture des grands crûs, l'industrie des distillateurs-liquoristes ont disparu. Et les quelques variétés de liqueurs qui ont survécu à la décadence de cette fabrication, ne trouvent plus de consommateurs que parmi les femmes et les enfants. L'absinthe et le vermouth leur ont succédé. Il serait dans la nature de l'homme de se désaltérer à une coupe de douceurs ; les fumeurs, par aberration du goût, lui préfèrent la coupe de l'amertume : les bitters.

Il n'est pas rare de voir des nicotinés dont le sens de l'odorat et du goût sont si pervertis qu'ils boivent de l'alcool pur. J'en ai vu qui buvaient de la camphine, mélange d'alcool et de térébenthine préparé pour l'éclairage. D'autres mangent du sel, du poivre, du charbon, du plâtre, de la terre. Cette variété d'hallucinés se présente surtout chez les jeunes sujets.

Il y a longtemps, je me souviens qu'un de ces malheureux produisit dans le monde une impression d'horreur bien profonde.

Dans un cimetière, on trouvait fréquemment des sépultures qui avaient été violées. Des cadavres sortis de leurs cercueils gisaient mutilés sur le bord des fosses restées ouvertes ; leurs entrailles avaient été lacérées.

Qui pouvait commettre ces profanations abominables, se répétant si souvent au même lieu ? Étaient-ce des voleurs qui fouillaient, la nuit, les tombeaux pour ravir aux morts quelques souvenirs de la vie qu'ils emportaient avec eux dans la terre? Étaient-ce des animaux carnassiers qui, après le départ des voleurs, qu'ils auraient épiés, venaient repaître leur voracité dans la pourriture de ces entrailles?

L'autorité intervint. Un fil de fer fut posé dans le cimetière, au pied de la muraille de clôture, contre lequel devaient venir infailliblement se heurter les pas des profanateurs. A ce fil était attachée une sonnette destinée à donner l'éveil à des gardiens placés en vigie.

Une nuit, la sonnette donna le signal de l'alarme. Les gardiens attentifs plongent leurs regards dans l'épaisseur de l'obscurité. Ils voient s'agiter comme une ombre, cette ombre se fait corps : c'est un homme. Il commence sa besogne des autres nuits ; il creuse la fosse d'un mort enterré depuis quelques jours seulement. Les gardiens approchent, le cernent, le saisissent ; c'était un sous-officier de la garnison.

Cet homme, qui avait la conscience de son crime, puisqu'il se cachait dans la nuit, ne venait pas voler les morts ; il venait manger leurs entrailles...

Le coupable arrêté, une enquête fut faite. Elle démontra que ce militaire n'avait jamais eu que de bonnes notes à son corps ; jamais rien dans sa conduite n'avait fait soupçonner en lui un dérangement de facultés. Il était sobre de boissons ; mais il fumait beaucoup.

Interrogé sur le mobile de ses actions en fouillant la sépulture des morts, il fit cet effroyable aveu : il était depuis quelque temps en proie à des sentiments de tristesse qu'il ne pouvait pas expliquer ; car rien dans sa position ne pouvait l'affecter. Il recherchait la solitude, où se complaisait sa mélancolie ; il allait fumer sa pipe vers le cimetière, où il se sentait attiré par ses idées sombres, et qui était devenu sa promenade de prédilection.

Un jour qu'il était assis sur une tombe, des odeurs de cadavre montaient à son cerveau. Pour les dissiper, il fuma. Alors les émanations lui semblèrent apportées à son odorat et à son palais par la fumée de sa pipe, et elles lui parurent si suaves qu'il ne se lassait pas de les absorber.

La nuit le surprit dans cette sorte d'extase, et, pour donner plus d'aliment à la volupté qu'il ressentait, il déterra le cadavre dont les émanations lui causaient tant d'ivresse. Bientôt son goût éprouva le même charme et la même tentation que son odorat. La décomposition avancée du cadavre avait produit la sortie des entrailles. Un penchant, irrésistible comme la faim, et que toute sa volonté fut incapable de maîtriser, lui fit porter à la bouche de ces matières immondes. Elles lui parurent si savoureuses, qu'il s'en reput...

Depuis lors, dégoûté de tout aliment naturel, ne se sentant d'appétit que pour le cadavre, il venait, la nuit, chercher dans les sépultures un aliment devenu pour lui un besoin, une passion !

Le sens génital, dans son délire, a des hallucinations qui poussent les nicotinés dans les écarts les plus monstrueux de la loi naturelle.

C'est pourquoi les statistiques de la justice constatent que, de nos jours, les crimes de viol, les attentats à la pudeur, tendent de plus en plus à dépasser, par leur fréquence, les autres actes de violence commis sur les personnes, et qui tombent sous le coup de la répression criminelle.

Le nicotiné, à qui le sentiment affectueux ou l'amour fait défaut, et que le sens ou l'instinct génital seul domine, descend à des monstruosités dont les animaux les plus inférieurs ne sauraient donner des exemples.

Il en est chez qui le sens, dévié de son but naturel, cherche sa satisfaction auprès d'êtres de même sexe et donne lieu à des rapprochements que la morale réprouve.

D'autres, dans l'égarement de leur passion, s'adressent à des enfants dont l'innocence et la faiblesse sont incapables de détourner leur brutalité d'un crime. On en a vu employer des instruments tranchants pour se créer, par la mutilation, un accès à des organes que l'âge des victimes n'avait pas encore développés.

Il en est un qui cherchait, dans les convulsions de la mort de femmes qu'il étranglait, des jouissances charnelles que la nature n'autorise que dans l'épanouissement de la vie des deux êtres que la sympathie rapproche. Il s'appelait Dumolard; le meurtrier excentrique qui effraya de l'horreur de ses crimes la ville de Lyon.

Il arrêtait à leur passage, sur les places publiques, les filles qui lui plaisaient et qu'il supposait être des domestiques. Il se disait envoyé d'une riche famille, vivant aux environs de la ville, pour engager une fille de service et l'accompagner jusqu'à la maison. Il faisait de la famille, de la résidence, un tableau si flatteur ; il offrait des gages si avantageux, que les malheureuses filles qu'il abusait, quittaient tout pour le suivre dans la condition qu'il leur offrait.

« Ne prenez pour le moment, leur disait-il, que quelques effets que je vous porterai moi-même. Plus tard, si vous vous plaisez dans votre nouvelle place, vous reviendrez reprendre le reste de vos bagages. »

Et la pauvre fille partait, pleine de confiance dans un homme qu'elle ne connaissait pas, mais qui se recommandait à elle par des bontés et des prévenances apparentes, et surtout par les avantages matériels qu'il lui offrait.

Il avait soin de partir à un moment avancé de l'après-midi.

Il laissait s'écouler les quelques heures de jour en conduisant la malheureuse dans les sentiers les plus isolés des campagnes, évitant la rencontre et les regards du monde; puis, quand le crépuscule arrivait, il atteignait le bord d'un bois.

« Nous voilà bientôt arrivés, disait-il; la maison est derrière ces arbres. Reposons-nous un peu, je suis fatigué ; vous devez l'être aussi. »

Et la pauvre crédule s'asseyait. Alors, sous prétexte de ranger les paquets qu'il portait, il prenait la corde qui les tenait attachés, passait derrière sa victime, et, la saisissant à l'improviste par le cou, à l'aide d'un nœud coulant, il l'étranglait.

Puis il assouvissait sur cette femme, devenue cadavre, sa passion brutale ; et, repu d'infamie, il confiait à la terre le secret de son double crime. Et, comme s'il venait d'accomplir un acte des plus naturels, il rentrait en ville, plein de calme, se disposant à rechercher une nouvelle bonne fortune, pour recommencer ses épouvantables exploits !...

La justice n'a jamais pu découvrir le nombre des victimes que fit ce dégénéré dans ses facultés génitales ; mais elle constata la disparition de beaucoup de jeunes filles qui, probablement, auront eu le même sort que dix cadavres trouvés enfouis sous terre, et dont la mort n'a pu être attribuée qu'à la brutalité des instincts de l'halluciné Dumolard.

A ce genre de dégénérés monstrueux appartient aussi Menesclou, condamné à mort par la Cour d'assises de la Seine, le 30 juillet 1880.

C'est un jeune homme de vingt ans, étiolé par le nicotisme et les passions honteuses ; il demeure avec son père et sa mère rue de Grenelle, dans une maison qui compte plus de cent locataires. Un jour que ses parents sont absents, il attire dans l'appartement une petite fille de l'étage inférieur, Louise Deux, âgée de quatre ans. L'enfant, sous les étreintes du crime qui s'accomplit, crie et appelle sa mère ; il la tue pour avoir son silence. Il cache le cadavre dans la paillasse de son lit ; et quand la mère qui, à la disparition de son enfant, suppose un crime, entre pour la chercher chez lui, il fume tranquillement son tabac et lui répond : « Mais cherchez-la, votre gamine ; vous verrez bien que je ne l'ai pas ; que voulez-vous que j'en fasse ? »

Le père et la mère rentrent, le soir : on soupe ; la nuit se passe ; Menesclou a dormi sur ce cadavre ; et le matin, quand ses parents sont sortis pour leurs occupations journalières, il allume le fourneau, coupe l'enfant par morceaux et va faire disparaître par le feu les traces de son crime.

Mais les os qui craquent sous le couperet, le bruissement et l'odeur de la chair qui brûle, attirent l'attention des voisins ; on force la porte ; on voit Menesclou le cigare à la bouche, en manches de chemise, un tablier de cuisine devant lui ; il attisait dans son poêle les entrailles et la tête de la pauvre petite.

On a trouvé, en différents endroits de l'appartement, plus de quarante morceaux du corps de l'enfant ; le monstre avait dans ses poches les deux bras de sa victime.

Ce qui démontre chez ce misérable combien l'aliénation du sens moral coïncidait avec la perversion de ses instincts, c'est que pendant qu'il savait qu'on le soupçonnait du plus monstrueux des crimes, par les recherches réitérées que l'on faisait dans son appartement, il poétisait et rimait, et semblait faire à sa conscience l'aveu de son forfait.

Sous l'impression de tout ce qu'il venait de commettre d'horreurs, il écrivait sur son carnet ces quatre vers :

> Je l'ai vue, je l'ai prise ;
> Je m'en veux maintenant.
> Mais la fureur vous grise,
> Et le bonheur n'a qu'un instant.

C'est quand le crime est achevé, quand la passion est assouvie, quand le misérable ne devrait plus avoir qu'une pensée : se soustraire au châtiment, qu'il se dénonce lui-même en quatre lignes rimées, où il avoue sa double atrocité.

La science et la justice ne devraient-elles pas reconnaître par ces anomalies que ces dégénérés n'ont pas leur libre arbitre et qu'ils agissent fatalement sous l'influence perversive du nicotisme ; comme l'homme ivre qui devient criminel sous l'influence de l'alcool. Avec cette différence que l'ivresse nicotique, par les altérations profondes qu'elle cause à l'organisme, est constitutionnelle et persistante, tandis que l'ivresse alcoolique attaque plus superficiellement notre vitalité et n'est que passagère.

A l'autopsie, on trouva le cerveau de Menesclou tellement ramolli, que les docteurs ont déclaré que si l'on avait retardé de huit jours son supplice, la mort subite l'en aurait dispensé.

CHAPITRE XVI

Nous venons de passer en revue les différentes variétés d'aberration des sens, sous l'influence narcotique du tabac. Si ces délires sont limités autant que le sont nos organes affectés aux facultés sensitives, il n'en est pas de même des délires de nos facultés intellectuelles et morales. Ils sont infinis, comme elles ; ils n'ont pas de limite, dans l'état de perfection de l'organisme nerveux qui préside à leur manifestation.

« La variété des formes du délire, sous l'influence des diverses espèces de narcotiques et de spiritueux, dit Falret, est un phénomène remarquable. Quelque ignorée que reste d'ailleurs la modification cérébrale à laquelle correspond le genre particulier de trouble mental, rappelons, néanmoins, que l'action des stupéfiants est loin d'être constamment la même. La diversité des idiosyncrasies et, plus encore, les dispositions actuelles de l'esprit et du cœur, donnent lieu à beaucoup de différence.

« Cependant il est reconnu, d'une manière générale, que chaque agent narcotique ou spiritueux, pris à l'excès, développe plus particulièrement certaines dispositions morales exaltées, délirantes : que le vin excite à l'expansion, à la gaîté, à la confiance ; tandis que certaines plantes vireuses (le tabac) plongent dans l'extase, la fureur, la tristesse et le découragement.

« Que de mystères, dans ces phénomènes de la sensibilité ! »
(Falret, *Du Délire*, p. 23.)

On le voit, Falret, ce médecin aliéniste qui écrivait au commencement de notre siècle, avait été frappé du grand rôle que jouait l'usage des narcotiques dans la production des diverses folies qu'il constatait déjà de son temps. Et pourtant, l'adoption du tabac n'était encore qu'une rare exception dans nos habitudes. Le discrédit bien mérité qui le frappait généralement en avait refoulé l'usage dans les classes les moins cultivées de la société, dont l'organisme nerveux était loin d'être aussi impressionnable aux effets des narcotiques que le système plus développé et plus sensible de gens que l'éducation et le travail intellectuel ont élevés aux degrés supérieurs de la perfection humanitaire.

Aujourd'hui, bas-fonds et sommet de notre société, tout est envahi par l'épidémie de la passion. L'humanité se modifie en mal, par la continuité du narcotisme, comme les races se modifient par le climat.

Aussi, est-ce en vain que la civilisation et les progrès nous éclairent. L'instruction, les arts, la religion, la morale, cultivent notre enfance ; nous arrivons à la puberté avec tous les germes des qualités physiques et intellectuelles qui nous permettraient, par leur développement, d'atteindre à l'apogée de notre existence d'hommes. Mais, à l'entrée de la carrière, l'ignorance du mal, le démon de la tentation, la contagion de l'exemple, nous livrent, sans expérience, à la séduction du tabac.

Alors toutes ces énergies, qui naissaient de notre jeune organisme, comme des rayons de lumière et de vie, tous ces enthousiasmes pour le beau, le grand, le vrai, qui créent l'art, la littérature et la science, tout languit et s'étiole dans les lourdes vapeurs du narcotisme. Il ne nous laisse plus au cerveau que l'engourdissement, l'impuissance ou le délire ; la sécheresse au cœur.

Suivez, dans les écoles d'enseignement supérieur, ces jeunes collégiens de dix-huit ans, qui ont conquis avec facilité et avec éclat leur premier grade universitaire, leur diplôme de bachelier ès lettres. Du jour où ils sacrifient au dieu Tabac, tout ce qui ressortait dans leur naturel, quand ils étaient enfants, les abandonne. Émulation, enthousiasme, ardeur à l'étude, puissance de conception, mémoire; toutes ces activités de l'esprit qui révèlent le génie, s'endorment en eux.

Aussi, ils sont lents à acquérir la somme de sciences réglementaire voulue pour arriver aux professions libérales. Ils vieillissent dans les Facultés, butinant sans entrain, sans amour-propre, quelques bribes d'instruction strictement renfermée dans des programmes d'examens. Ils finissent, en huit ans, ce qu'ils auraient pu faire en quatre. Et combien y en a-t-il qui ne le finissent jamais!...

C'est ainsi que l'on voit tous les grands centres d'instruction encombrés par une catégorie d'étudiants comptant beaucoup de chevrons au-dessus de la sixième année, usant leur activité dans l'excitement stérile de l'estaminet et de la politique, bien plus que dans la culture profitable de la science. Ils vont, dans leurs examens, auxquels ils ne peuvent pas satisfaire, d'ajournements en ajournements, jusqu'à ce que l'indulgence des professeurs, prenant en considération les familles dont les ressources s'épuisent pour soutenir ces élèves indolents, les laisse enfin passer, et couvre d'un diplôme leur ignorance ou leur médiocrité (1).

---

(1) Le Dr Bertillon, qui a observé les effets du tabac sur les élèves de l'École polytechnique, qui croient trop facilement que le cigare donne un cachet plus viril à l'épée, a compté 102 fumeurs dans une promotion de 160 élèves.

Ces 102 fumeurs ont été ainsi répartis dans l'ordre de mérite.

NUMÉROS DE CLASSEMENT.	NOMBRE DE FUMEURS.
de 1 à 20	6
de 20 à 40	10
de 40 à 60	11
de 60 à 80	14
de 80 à 100	12
de 100 à 120	16
de 120 à 140	16
de 140 à 160	17

On voit par là que le nombre des fumeurs grandit à mesure que l'on

Voilà où se tarit, dans notre xixe siècle, la source des grands hommes. A voir tout le luxe d'instruction dont bénéficie de nos jours la jeunesse, il semblerait que l'âge du génie fût arrivé et qu'on dût le trouver resplendissant partout. Mais, au contraire, jamais époque, depuis la Renaissance, ne fut aussi stérile.

Nos vieux académiciens vous diront que, depuis trente ans, ils sont de plus en plus aux abois, quand il leur faut trouver des hommes de quelque valeur scientifique pour remplir les vides que la mort fait annuellement parmi les quarante immortels.

La disette de grands talents se fait sentir dans toutes les branches de l'entendement humain. Presque rien ne sort de tous ces centres d'instruction et de lumières, créés à grands frais par l'État, où viennent se féconder tant de jeunes et riches intelligences, qui n'ont pas encore senti les faiblesses héréditaires dont les générations prochaines seront fatalement affligées, comme nous le démontrerons plus loin.

Oh! qu'il est douloureux de voir s'étioler ainsi, dans la stérilité du narcotisme, et s'éteindre dans la mort prématurée tant de ces intelligences primitives, bien cultivées, pleines de vie, bondissant d'enthousiasme vers les hauteurs des connaissances humaines!...

---

descend aux numéros des moins capables ; ainsi, dans les vingt premiers admis, il n'y avait qu'un tiers de fumeurs ; dans les vingt derniers, au contraire, la proportion dépasse les quatre cinquièmes.

Les ajournés, les renvoyés, qu'on appelle vulgairement les *fruits secs*, sont presque tous des clients assidus de la Régie.

Cette dépression, cette stérilité de l'intelligence, sont de nos jours si communes, que dans les familles on s'en inquiète, on en recherche les causes ; et pour les expliquer, on évoque un prétendu état de notre enseignement national qu'on appelle *surmenage* : c'est-à-dire que l'on exigerait de la jeunesse trop de connaissances, et par suite trop de travail intellectuel pour les acquérir.

Qu'on ne s'y trompe pas... Ce n'est pas le bagage scientifique que l'on va chercher aux écoles qui pèse à l'intelligence ; c'est le support de l'intelligence, c'est-à-dire l'organisme, le cerveau surtout, qui chez nous a faibli.

A peine ces favoris de l'étude ont-ils abordé les profondeurs de la science et les difficultés des arts, qu'on les voit faiblir à la tâche par débilité organique ou par épuisement nerveux, qui sont les conséquences invariables de l'usage du tabac. La pensée fait défaut à l'orateur, au philosophe, au poète ; l'inspiration manque à l'artiste. Dans leur main, la plume, le pinceau, le burin, n'attendent qu'un rayon de génie pour animer le papier, la toile, le métal, le granit et le marbre ; et le génie ne vient pas, car il s'est endormi dans les vapeurs stupéfiantes de la nicotine.

Combien de ces organisations d'élite, pleines d'espérance et d'avenir, se fanent et disparaissent, laissant leur œuvre inachevée, au milieu de la route, comme j'ai vu finir un bien digne champion de l'étude et de la science, dont j'ai suivi avec intérêt tous les pas dans sa vie de labeur, car il était mon frère !

Il était le plus jeune d'une famille de dix enfants, et il avait la constitution la plus favorisée entre tous ses frères. La force de son organisation nerveuse et de son entendement répondait à ses perfections physiques, et on pouvait dire de lui avec toute raison : *Mens sana in corpore sano.*

Je ne puis sans douleur me rappeler ce frère...

A la maison, nous n'étions point riches, et, au moment où nous avions besoin pour notre éducation de toutes les ressources de la famille, elles s'étaient englouties dans les persécutions politiques dont notre père avait été victime. Nous sentions que le travail et l'étude pouvaient seuls nous soustraire à la médiocrité où nous semblions alors condamnés à descendre ; nous nous aidions les uns les autres, pour ne pas déchoir. Les aînés apportaient aux plus jeunes, à la maison, l'instruction qu'ils allaient puiser sur les bancs du collège. C'est ainsi que, professeur de seize à dix-sept ans, élève de troisième et de seconde, j'avais aidé mon jeune frère Alcide à entrer en sixième, quand j'arrivais moi-même à la rhétorique.

Nous étions alors cinq frères, en différentes classes, au collège de Niort. C'était en 1828 ; mon élève avait douze ans. L'excellence de ses facultés, son application, son amour pour l'étude, en firent le meilleur sujet de sa classe. A sa première lutte académique avec ses condisciples, il eut tous les succès qu'il soit donné à un enfant d'obtenir. Il remporta tous les premiers prix. Et, à cette grande solennité de la distribution des couronnes, il y eut une particularité qui signala surtout cet intéressant élève.

A la fin de chaque année scolaire, c'était alors l'usage que tous les élèves désignassent, par leur vote, le plus méritant d'entre eux pour un grand prix, que l'on appelait prix de sagesse, et qui n'était par le fait qu'un prix d'honneur, d'estime et d'amitié, décerné par eux à celui qui réunissait le plus de sympathies. C'était toujours dans les classes supérieures, parmi les philosophes et les rhétoriciens, que le suffrage allait chercher son élu. Cette année-là, par exception, ce fut à la classe la plus modeste, à la sixième, qu'il s'adressa.

Il y eut dans l'unanimité de tous ces collégiens de 1828, à décerner le prix d'honneur au plus jeune des fils d'un proscrit, expiant le crime de libéralisme (car c'était alors un crime) une protestation touchante contre tous ces excès de rigueurs dont la réaction royaliste, sous Louis XVIII et Charles X, poursuivait ceux qu'elle qualifiait de libéraux, après les conspirations éventées des sergents de La Rochelle et de Berton dans les départements de l'Ouest.

Tel Alcide avait débuté dans ses études, tel il continua dans toutes ses classes, ne cédant jamais rien de sa supériorité à ceux de ses camarades qui la lui disputaient ardemment. Il avait des facultés intellectuelles si variées et si brillantes, qu'il réunissait en lui deux aptitudes qui se rencontrent rarement dans la même intelligence, et qui sont le vrai cachet du génie : celle des sciences mathématiques ou exactes, et celle des sciences fantaisistes ou littéraires.

Quand il eut fini ses études, et que son diplôme de bachelier ès lettres lui eut ouvert l'entrée de toutes les carrières libérales, le désir de ne pas imposer plus longtemps des charges à la famille l'avait fait pencher pour l'instruction publique, pour laquelle son bagage de sciences était complet. Il choisit l'enseignement des mathématiques. A vingt ans, il professait.

Moi, je venais de prendre mon diplôme de médecin. Ma thèse au doctorat était un essai sur les maladies des gens de lettres. En lisant mon modeste travail (je rapporte ici ses impressions, qu'il m'a communiquées), il fut frappé de l'étendue des horizons qu'ouvre à l'intelligence l'étude des sciences médicales, qui embrassent la science universelle. Il sentit ses aspirations pour les connaissances resserrées, par la carrière qu'il avait choisie, dans les limites étroites du chiffre calculant la matière, et de la ligne qui la mesure. Une profession aussi restreinte que l'enseignement des mathématiques ne pouvait plus remplir son besoin d'étudier et de connaître. Il se fit médecin.

Dans sa grande activité physique et intellectuelle, il faisait marcher ensemble la pratique professionnelle et l'étude de la science. Son esprit pénétrant se complaisait dans les méditations abstraites. Il s'enfonça dans les profondeurs de la métaphysique et de la physiologie, recherchant l'essence de la vie dans la molécule matérielle qui s'agglomère pour fonder l'organisme ; dans l'organisme qui se complète pour constituer l'homme, qui domine, dans sa perfection, toute la nature créée.

Dans l'étendue de ses conceptions, l'analyse de toutes les activités de l'homme, sa sortie du néant, sa vie terrestre, ses devoirs sociaux, sa vie future, formaient un canevas presque sans limite, sur lequel eût pu travailler son génie, durant toutes les années fortes de son existence, s'il avait pu vivre ! Mais il allait chercher les secrets de la vie dans la dissection des morts; et, pour pallier l'impression repoussante que faisaient sur son odorat les miasmes des amphithéâtres, *il fumait*, comme font tous ces jeunes gens débutant par l'anatomie dans l'étude des sciences médicales. A la recherche des causes des maladies des hommes, ils ne réfléchissent pas que la fumée du tabac, qu'ils emploient comme préservatif des émanations méphitiques, ne leur rend ces miasmes moins sensibles, sans en annihiler les effets, qu'en suspendant dans leurs nerfs olfactifs la faculté de percevoir les odeurs, comme l'éther, le chloroforme nous empêchent de sentir la douleur. Ils ne se doutent pas que ces suspensions de la sensibilité, quand elles se répètent souvent, conduisent graduellement à l'affaiblissement du cerveau, qui est le centre et le support de toute perception sensitive ; et qu'ainsi ils introduisent volontairement en eux un germe d'affection qui empoisonnera leur vie.

C'est ce qui est arrivé à mon malheureux frère. Dominé par l'habitude du tabac, qu'il avait contractée à l'amphithéâtre, il éteignit peu à peu, dans la fumée de ce narcotique, les brillantes facultés que lui avait données la nature, et qu'il avait pris tant de soin à cultiver.

Dans les premières années de son travail, à la force de sa jeunesse, il publia deux ouvrages importants (1), qui étaient ses premiers jalons dans l'infini de cette science, qu'on appelle transcendante, où il aimait à pénétrer de toute la puissance de ses pensées et de son génie.

Alors son organisation était si forte, qu'il trouvait en elle une somme de vie capable d'alimenter l'activité de son intelligence et de neutraliser, en même temps, l'effet toxique de la nicotine qu'il absorbait journellement. Mais peu à peu le courant de fluide nerveux, ou de puissance vitale, se modifia ; le poison soutira de plus en plus la part déjà réduite de la vie organique et de la pensée. La force intellectuelle s'affaiblit d'abord, car c'est toujours dans cet ordre qu'agissent les perturbations apportées par la nicotine ; puis l'appareil respiratoire tomba en langueur.

____

(1) 1° *Traité de Physiologie transcendantale*. Paris, 1844. Librairie des sciences médicales, rue de l'École-de-Médecine, 8. — 2° *Traité de Physiologie générale*. Paris, 1848. J.-B. Baillière, rue de l'École-de-Médecine, 17.

Et, d'année en année, on put voir se faner cette nature de jeune homme, si florissante et si viable, comme se courbent vers la tombe, avant d'avoir atteint leur trentième année, ceux que le germe de la phtisie a frappés.

Il mourait de la poitrine, et pourtant il n'était pas poitrinaire ; c'est-à-dire qu'il n'avait pas de tubercules ulcérant la substance propre de ses poumons ; ni d'affection catarrhale obstruant ses bronches. La nicotine avait paralysé chez lui, comme elle le fait fatalement chez les sujets nerveux, les nerfs pneumo-gastriques, qui sont les principaux agents de la respiration, en commandant les mouvements d'élévation et d'abaissement des côtes, qui font alternativement entrer ou sortir l'air du poumon par un simple mécanisme de soufflet.

Sa respiration, courte et haletante, sifflait comme chez les asthmatiques. Et comme les paralysés des membres, à qui il semble qu'ils soulèvent des colonnes de marbre quand ils remuent une jambe ou un bras, il lui semblait qu'il soulevait plusieurs atmosphères à chaque effort qu'il faisait pour respirer.

Toutes ces angoisses physiques lui faisaient pressentir une extinction prochaine ; et il voulait, avant de mourir, mettre encore quelques pierres, sinon le terminer, à l'édifice de science dont il avait posé les bases dans ses années de vigueur. Mais son intelligence devint trop faible pour continuer à élaborer tous ces matériaux de physiologie abstraite, qu'il avait concentrés dans ses vastes conceptions. Il avait à méditer longtemps avant de les convertir en théories rationnelles. Dix fois il reprenait son travail, dix fois il le quittait, sans avoir fait faire aucun progrès sensible à ses œuvres.

La stérilité semblait avoir remplacé cette facilité de penser et d'écrire, qui faisait un des mérites de ses premiers ouvrages. Et, un jour, dans une lutte suprême de sa volonté contre son impuissance, la force physique lui manqua. Il s'éteignit sans agonie, comme une lampe dont un souffle trop fort a emporté la flamme. Sa tête se courba dans le sommeil de la mort, le soir, sur sa table à écrire, dans son cabinet de travail, au milieu de nombreux manuscrits d'une œuvre qu'il laissa inachevée.

C'est ainsi qu'on le trouva, le matin, assis sur son fauteuil. La nuit avait glacé son corps et roidi ses membres. Cette fin si navrante ne put être attribuée ni à aucun acte de violence, ni à un suicide ; elle vint par épuisement nerveux, après une grande concentration d'esprit, dans une organisation impressionnable dont le *tabac* avait narcotisé et détruit successivement toutes les énergies, avant sa trente-huitième année.

Oui, c'est ainsi que disparaissent, sans qu'on se doute de la véritable cause de leur mort, trop de jeunes hommes d'élite, dont la société attendait beaucoup ; parce que, à leur début dans la vie, ils promettaient beaucoup. Si le tabac n'avait pas desséché leur intelligence et raccourci leur vie, ils auraient pu laisser dans le monde des traces de leur passage, par des monuments durables dans la littérature, les sciences, les arts. Mais ils ne laissent rien, ou presque rien. Et, dans les allées mélancoliques des cimetières, on voit çà et là une colonne brisée qui dit au passant, par son expression symbolique :

« Celui qui repose sous ce tronçon de pierre est mort avant le temps, emportant avec lui dans la tombe tout ce que la valeur de sa jeunesse avait donné d'espérance. »

Pourquoi ne dit-elle pas aussi que des usages funestes, que la civilisation a pris à la barbarie et que la dignité humaine et la raison réprouvent, en ont été le plus souvent la cause ?

CHAPITRE XVII

La nicotine, qui, avant de détériorer et de tuer l'organisme, stérilise nos pensées, fait aussi sentir ses effets dépressifs sur les facultés moins élevées de notre intellect, telles que les aptitudes mécaniques, industrielles et commerciales, par lesquelles l'homme manifeste ses hautes prérogatives, et progresse dans la civilisation et le bien-être.

L'homme ne doit pas seulement à son intelligence sa supériorité dans la création, il la doit surtout à sa main. Et, si le cerveau est le support de la pensée, la main est le support du travail et de l'art.

Supposez l'homme, avec toute son intelligence, sans sa main, vous en faites la plus misérable de toutes les créatures. A quoi lui servirait, par exemple, de rêver, dans son idéal, les plus belles scènes du monde, s'il n'avait pas dans ses doigts la puissance de les réaliser et de les faire vivre par le pinceau et le burin ? A quoi lui servirait aussi d'avoir une idée du temps, s'il ne pouvait le mesurer, dans ses fractions les plus inappréciables, à l'aide du mécanisme de l'horlogerie, que crée sa main en façonnant les métaux ?

Depuis la montagne qu'il émiette, le vaisseau qu'il construit, l'acier qu'il forge, le diamant qu'il taille, toute la valeur matérielle de l'homme est dans sa main. Elle est le complément essentiel de son génie, qui, sans elle, serait stérile. Elle est sa puissance créatrice, qui, peut-être, le rapproche le plus de Dieu, dont elle semble continuer les œuvres, en transformant la matière par l'architecture, la métallurgie, la chimie, etc.

Aussi, la main est le plus privilégié de tous nos organes dans la répartition du fluide nerveux ou du principe de vie. Elle est le siège d'un de nos sens les plus importants, le sens du toucher, ce qui la met en communication intime avec le cerveau, à qui elle rapporte toutes ses sensations et dont elle reçoit tous ses commandements et toutes ses facultés d'agir.

L'élément nerveux joue donc, dans les fonctions de la main, un des principaux rôles. C'est de lui qu'elle reçoit sa force, son agilité, sa précision, en un mot, tout ce qui constitue son génie. Elle a, avec le centre de vie, les sympathies les plus étroites. Elle est forte dans les élans du courage ; elle tremble dans la colère ; elle se paralyse dans la peur. Et c'est dans le désordre de ses mouvements, dans ses soubresauts, que la médecine puise les indications les plus précises sur les maladies du cerveau.

Aussi, dans le nicotisme, qui affecte surtout l'encéphale, la main perd-elle, comme l'intellect, ses qualités les plus précieuses. Elle a, comme lui, ses hallucinations et ses délires, et alors elle gâte tout ce qu'elle touche ; elle fait sa besogne avec lenteur, et elle la fait mal.

Et, si l'on suit avec attention les jeunes fumeurs dans leur apprentissage aux écoles d'arts et métiers ou dans l'atelier, où ils n'ont à faire qu'un travail d'imitation, on voit combien ils sont lents à apprendre. Ils sont lourds, embarrassés en maniant les outils du travail. Tout ce qui sort de leurs mains manque de la propreté, de la netteté, du fini auxquels on reconnaît le parfait artisan. C'est pourquoi les bons ouvriers deviennent de plus en plus rares dans beaucoup de professions ; et les mauvais produits qui encombrent nos industries, et qu'on appelle les camelotes, sont moins dus à la modicité des prix du travail qu'au manque de capacité de la main qui les fait.

Ah ! si l'on pouvait compter tous ces pauvres artisans dont la nicotine engourdit ou fait trembler la main, le nombre en serait sans limite. Il en est qui sont toujours aussi peu expérimentés qu'au sortir de l'apprentissage, dont, pour mieux dire, ils ne sortent jamais. D'autres, au contraire, qui étaient arrivés au dernier fini de leur profession, perdent insensiblement toutes leurs aptitudes.

Et tous ces déshérités de l'industrie, tous ces invalides avant le temps, courent d'atelier en atelier, cherchant, pour leur existence et celle de leur famille, un travail qui leur devient de jour en jour plus difficile, qui leur est toujours insuffisamment payé quand on les emploie ; car ils portent fatalement en eux, partout où ils se présentent, cette incapacité, cette indolence, cette lenteur, qui ne leur permettent plus d'être de bons ouvriers.

Cette décadence d'un ordre tout spécial se rencontre surtout chez les ouvriers des métiers délicats et de précision, tels que l'horlogerie, la bijouterie, la ciselure, la gravure, la lithographie, la typographie, etc., toutes professions où il faut de la mobilité, en même temps qu'une grande sûreté dans la main, qui ne doit, pour l'aisance et la perfection dans le travail, ni trembler, ni hésiter ; et qui toujours tremble et hésite sous l'influence de cette maladie spéciale : le *delirium tremens*, si fréquente chez les consommateurs de tabac.

Si des ouvriers on passe aux commerçants, en observant, dans cette catégorie sociale, ceux qui sont adonnés à l'usage du tabac, on verra qu'ils n'ont pas toujours ou qu'ils perdent bientôt, quand ils les ont, les qualités qui font les bons négociants. — Pour réussir dans le commerce, il faut deux activités : celle du corps et celle de l'esprit. Or, la nicotine les engourdit toutes les deux. Le génie du commerce consiste aussi dans l'ordre, le jugement, l'esprit spéculatif, qui sont autant de facultés émanant de l'intellect.

Et la nicotine, en jetant le trouble dans les fonctions du cerveau, dégrade en nous les aptitudes commerciales, de la même manière qu'elle ne nous permet pas de devenir orateurs, poètes, penseurs, artistes. Aussi n'est-il rien de plus fréquent que d'entendre dire du plus grand nombre de ceux qui ruinent par leurs faillites, si fréquentes de nos jours, le crédit et les intérêts du commerce : « Ce n'est pas étonnant qu'il ait fait banqueroute ; il était dissipé, distrait, nonchalant, donnant à l'estaminet et à la buvette un temps qu'il eût mieux fait de consacrer à ses affaires. »

CHAPITRE XVIII

Le sens moral, qui est le couronnement de toutes les perfections humaines, l'émanation la plus subtile de notre organisme, et que l'on pourrait appeler la manifestation par excellence de l'âme, n'est pas exempt, lui non plus, des atteintes perversives du tabac.

Le sens moral est cette faculté qu'a l'homme de distinguer le bien du mal ; elle le porte à aimer l'un et à détester l'autre.

C'est du sens moral que découlent toutes nos qualités sociables : la justice, la douceur, la clémence, la charité. Sa maxime est : « Ne fais pas à autrui ce que tu ne veux pas que l'on te fasse. »

Si le sens moral existait chez tous les hommes, tel qu'il se révèle ou tel qu'on le conçoit dans la perfection du type, l'ordre et la paix régneraient sur la terre. Le premier fils de l'homme, Caïn, n'eût pas tué son frère Abel, et n'eût pas transmis à sa descendance les sombres instincts du meurtre. Mais, dans tout ce qui est humain, régularité et désordre sont bien voisins l'un de l'autre ; et le sens moral qui est entre toutes nos perfections, innées ou acquises, la plus fragile, la plus changeante, est celle qui se modifie le plus facilement sous l'influence de tout agent perturbateur du cerveau.

Voyez, par exemple, la colère, qui ne résulte pourtant que

d'une impression passagère de l'âme ; elle étouffe, quand elle éclate, toutes les inspirations du sens moral. Elle fait, en un instant, de l'homme le plus honnête, le plus sage, le plus calme, un insensé, un insulteur, un meurtrier.

Et si, remontant aux causes de perturbations matérielles extérieures, à l'ivresse alcoolique, par exemple, nous cherchons l'effet qu'elle produit sur le sens moral, nous voyons qu'elle le paralyse et l'enchaîne à un tel point que l'homme vire, n'ayant plus conscience de lui-même, de sa dignité, de ses devoirs, s'abaisse jusqu'aux dernières limites de la dégradation et du crime.

Or, qu'est-ce que le narcotisme du tabac, sinon l'ivresse lente, continue, chronique qui, agissant sur tous les centres nerveux à la fois, doit produire des perturbations inévitables dans le sens moral, comme elle en produit dans toutes nos autres facultés sensitives? Ivresse spéciale, qui ne manifeste pas instantanément ses effets démoralisateurs, parce que l'homme ne pourrait la pousser jusqu'aux limites extrêmes où elle l'égare, sans s'exposer à la mort, par un empoisonnement subit.

D'ailleurs, en même temps qu'elle jette le désordre dans le sens moral, elle paralyse toute action musculaire ; et le bras serait impuissant à servir l'instinct qui le pousse à la perpétration du crime. On le voit, c'est le contraire de ce qui se passe dans l'intoxication alcoolique, où la force musculaire se maintient et s'exalte, à mesure que la raison disparaît dans les vapeurs de l'ivresse.

Si l'ivresse narcotique est moins démonstrative, moins tapageuse dans ses effets que l'ivresse alcoolique, elle n'en est pas moins profondément désorganisatrice et démoralisante. Ce que l'une fait par intermittence et par accès, l'autre le fait par lenteur et continuité. L'ivresse narcotique, ou nicotineuse, assombrit le caractère de l'homme; elle fane la fraîcheur de sa jeunesse, en intervertissant en lui, par une sorte d'aberration permanente, toutes les inspirations du sens moral.

Elle substitue, par exemple, la haine à l'amour, l'égoïsme à la générosité, la rancune à la clémence. Elle égare la raison dans le discernement du bien et du mal, et fait que, dans ses caprices, elle prend souvent l'un pour l'autre.

La pathologie moderne, qui enregistre toutes ces anomalies inconnues autrefois, les désigne sous le nom de *névrosisme, état nerveux, névropathie protéiforme.*

C'est un état maladif général, indéterminé, nerveux, caractérisé par des troubles les plus variés dans l'intelligence, la sensibilité organique, le mouvement.

Le névrosisme est moins aigu que chronique. Il varie entre l'agacement nerveux, qui en est le premier symptôme, jusqu'aux désordres fonctionnels les plus nombreux et les plus graves.

C'est l'inquiétude et l'impatience morale, la fatigue de tout, l'indifférence pour tout ; ce sont les étouffements, les palpitations, le hoquet, la toux nerveuse, les hallucinations, l'insomnie, les soubresauts, la frayeur. Ils font du malheureux nicotiné, non seulement un hypocondriaque, mais encore un hystérique ; car il a tout le cortège des symptômes qui constituent cet état maladif qui n'appartient qu'à la femme, et qui s'appelle aussi, chez elle, crises de nerfs, vapeurs.

Cet état de malaise, les consommateurs de tabac le dépeignent parfaitement eux-mêmes. Quand on leur pose cette question : « Pourquoi fumez-vous ? » Ils vous répondent presque tous : « Je fume pour me distraire. » D'autres vous diront : « Je fume pour me délasser. »

Ils sentent donc l'ennui et la fatigue, ces jeunes gens, ces hommes mûrs, qui sont sous la domination du tabac ?

S'ennuyer et être fatigué, quand on est en plein épanouissement de la jeunesse ! S'ennuyer et être fatigué, dans la société d'une jeune femme que l'on a choisie pour compagne de sa vie ! — car on fume dans l'intimité du ménage... — S'ennuyer et se fatiguer, quand on a sous le bras une charmante jeune fille, à qui l'on parle d'union et d'avenir... — car on fume, quand on promène dans le monde sa fiancée... — S'ennuyer et se fatiguer partout et toujours, au milieu de la vie, où l'homme a bien plus de satisfaction que de misères!... Non! ce n'est pas là un état normal... Ce sont les symptômes d'une maladie physique et morale.

De là naissent les bizarreries de caractère, les monomanies, les folies lucides, dont on trouve les types les plus variés et les plus originaux parmi les fumeurs.

C'est à cette catégorie de d égénérés que s'adresse le docteur Trélat, dans son *Traité de la folie lucide*, page 7, quand il dit :

« Nous désirons surtout qu'on connaisse ces aliénés pour éviter leur alliance ; car leur alliance avec nous les perpétue chez nous, flétrit nos joies les plus intimes du foyer domestique, frappe la famille dans son droit d'avoir des héritiers dignes d'elle-même, et dans ses espérances et dans son devoir de donner à l'État des citoyens dignes de lui. »

Partout, l'attention des médecins s'attache aujourd'hui à constater ces maladies d'un ordre tout nouveau.

Le docteur Weir Mitchell, dans sa clinique sur les maladies nerveuses, dont il est spécialement chargé à l'hôpital de Philadelphie, reconnaît que ces affections, que ne mentionnent pas assez les traités de pathologie, deviennent de plus en plus fréquentes ; et que, contrairement à ce qui devrait exister, d'après la différence de constitution entre les deux sexes, elles sont infiniment plus nombreuses et plus graves chez l'homme que chez la femme. Et, comme nous, il n'hésite pas à en attribuer la cause la plus directe aux effets du tabac, dont les dames américaines ont assez de bon goût et de raison pour ne pas user, sous aucune forme.

C'est par altération du sens moral, sous l'influence énervante du tabac, que l'homme sent s'éteindre en lui les aspirations à la vie, qui sont si impérieuses chez tous les êtres, et qui constituent l'instinct de la conservation personnelle.

Aimer la vie, se cramponner à toutes ses aspérités, à toutes ses amertumes, plutôt que mourir, c'est la loi naturelle.

Et le suicide ne se concevrait que dans ces moments suprêmes de l'existence où l'homme, poussé par un sentiment d'honneur, cède au besoin de mourir pour se soustraire à une honte ou à une infamie. Le suicide s'expliquerait encore chez ces êtres à esprit faible qui, manquant de courage pour supporter des déceptions dans leurs affections ou des ruines dans leurs intérêts matériels, aiment mieux ne pas être que de souffrir.

C'étaient là les causes ordinaires et presque justifiables du suicide qui venait assez rarement, autrefois, nous rappeler les faiblesses d'esprit et les défaillances morales de notre pauvre humanité.

Mais sous l'âge du tabac, l'homme engourdi dans la vie semble insensible à ses jouissances. Tout lui pèse, tout l'ennuie. Sans affection pour quoi que ce soit, il tombe dans l'hypocondrie, le découragement, l'apathie. Il ne tient plus à rien, pas même à lui ; la seule chose au monde qu'il aimait, son tabac, le dégoûte, et, un beau jour, sans raison aucune, souvent quand il a tout ce que tant d'autres lui envieraient pour les rendre heureux : la famille, le rang, la fortune, il se tue !

Cherchez pourquoi ! On serait tenté de croire qu'il a cédé à une impulsion de la nature et de sa conscience, qui lui ont dit : « Puisque tu as eu la faiblesse et l'erreur de commencer ton suicide par la lenteur d'un poison qui a ruiné toutes tes énergies et t'a rendu propre à rien, à charge à toi-même, achève-le par une résolution violente : le rasoir, le plomb, la corde ou l'eau !... » Car c'est là que recourent ces malheureux pour en finir avec la vie.

Et les statistiques nous montrent que le nombre des suicides, depuis 1830 jusqu'à nos jours, a suivi la progression toujours ascendante de la consommation du tabac.

Il est à remarquer que généralement ces pauvres maniaques mettent de l'ostentation dans le crime qu'ils commettent sur eux-mêmes, et visent à l'effet dans leur fin tragique.

Comme les suicidés vulgaires, ils ne se cachent pas, par sentiment de la honte qu'ils éprouvent à commettre un acte bas, que la morale et la dignité humaine réprouvent. Ils cherchent, au contraire, après leur mort, à exciter la curiosité ou les émotions publiques, comme s'ils avaient fait, en se tuant, quel-. que chose de grand, de beau.

J'ai reçu, à Paris, au mois d'août 1870, les confidences d'un de ces malheureux nicotinés que tourmente sans cesse le mau-. vais génie du suicide, avant qu'ils ne succombent à ses sinis-tres conseils.

C'était un capitaine de la marine marchande, grand fumeur, comme sont généralement ces messieurs, et que j'avais beaucoup connu en Amérique.

« Docteur, me dit-il en m'abordant sur les boulevards, où le hasard nous fit nous rencontrer, j'ai été bien malade, depuis huit ans que je ne vous ai vu. Je suis venu ici pour ma santé, et j'ai eu la chance de trouver enfin un médecin qui a connu la nature et la cause de ma maladie, dont jamais docteur ne m'a-vait jusqu'alors dit un mot, et dont j'étais si loin de me douter moi-même.

« C'était pourtant bien simple ! je fumais trop ; et, depuis que je ne fume plus du tout, je suis guéri. Vous dire ce que j'ai souffert, mon cher ami, les luttes qu'il m'a fallu soutenir contre moi-même, tous les combats de ma volonté contre ma folie, c'est à n'y pas croire... Oui, je dis ma folie, car je comprends au-jourd'hui que j'étais fou, quand personne de ceux parmi qui je vivais ne pouvait s'en douter.

« J'éprouvais dans la tête un sentiment de vide, comme si on m'en eût retiré toute la cervelle, pour n'y laisser que les os. Et cette sensation, passagère et intermittente d'abord, avait fini par ne plus me quitter. Je n'avais plus de mémoire, plus d'affec-tion, plus d'idées. Moi qui avais toujours beaucoup aimé la so-ciété, je fuyais le monde. J'étais sombre, je paraissais rêver et ne pensais à rien ; ou plutôt j'étais absorbé par un seul pres-sentiment : c'était que je ne pouvais plus vivre, et que j'allais mourir, tant des choses étranges se passaient dans mon être.

« Cette pensée m'effraya d'abord, puis elle m'était devenue tellement familière, qu'au lieu de la chasser et de m'en distraire, je la recherchais, je l'aimais. J'attendais la mort tout résigné. J'avais des oppressions si fortes que, quand je m'endormais, épuisé d'angoisses, j'espérais toujours ne plus me réveiller.

« La mort ne venant pas à moi, l'idée me prit d'aller à elle, et je me mis à ruminer dans ma malheureuse tête comment je me tuerais. Le moyen le plus expéditif me parut être l'arme à feu. J'avais chargé mon pistolet d'arçon de deux fortes balles. J'allais m'exécuter un soir, dans ma chambre à coucher, quand un fantôme m'apparut.

« C'était Per..., que vous avez connu ; un fumeur aussi, qui a dû être poussé à se suicider, comme je l'étais moi-même, par aberration du sens moral ; car il n'avait, pas plus que moi, aucune raison d'en finir avec la vie. Je le voyais tel que je l'avais vu après sa mort, horriblement défiguré par la large blessure de son arme, qui lui avait emporté la cervelle. Son aspect me fit peur ; je n'eus pas le courage de produire sur moi-même une mutilation si affreuse.

« Cette tête fracassée et sanglante, qui s'offrait toujours à mes yeux, dès que l'idée de me détruire me dominait, avait fini par me débarrasser de ces obsessions de suicide. Mais elles ne m'avaient lâché, pour quelques mois, que pour mieux me reprendre. Je me décidai donc à mourir par l'eau. Et, si je ne me noyai pas, je le dus à ce pauvre diable de Ch..., le courtier, fumeur de premier ordre, que vous avez aussi bien connu.

« Il me devança dans mes résolutions folles, et fit juste ce que je me proposais de faire. Il se jeta, sans que personne ne le vît, par-dessus le bord d'un des vapeurs qui font le passage de San Francisco à Oakland, pendant une nuit d'obscurité et de brouillard qui n'eût permis aucune tentative pour le sauver, si on l'avait vu tomber à l'eau.

« Sa disparition de sa maison et de ses affaires, qui étaient en pleine prospérité, donnait lieu à toutes sortes de conjectures. Les jours se passaient et Ch... ne paraissait pas. Des recherches faites dans son bureau firent trouver une lettre, à peu près ainsi conçue, qu'il écrivait à sa femme :

« Pardonne-moi tous les chagrins, toutes les confusions que
« te causera ma résolution extrême. J'ai beaucoup hésité avant
« de me détruire. Si je l'ai fait, c'est pour toi ; c'est ta tranquil-
« lité, ton bonheur dans l'avenir que j'ai surtout consulté.

« Je n'avais plus que deux positions à te donner : ou le veu-
« vage par ma mort, ou des soucis et des angoisses perpétuels
« par ma folie. Car depuis longtemps la folie me gagne ; elle est
« dans ma tête que je sens toute vide, et qu'elle peut briser à
« chaque instant. Si elle ne m'a pas encore débordé et détruit le
« peu de raison qui me reste, c'est que je la contiens du mieux
« que je puis, pour te la cacher, ma pauvre amie, pour la cacher
« à tout le monde.

« Mais je sens que, de jour en jour, elle m'égare. Qu'atten-
« drai-je? Quand je serai tout à fait fou, je n'aurai plus ni la
« raison ni la force pour me détruire et te débarrasser du fardeau
« de mon horrible infirmité. Aujourd'hui, j'en ai encore assez, et
« je cours vers l'un des bateaux de la rade chercher au fond
« de la mer le calme que je ne saurais plus trouver dans ce
« monde. »

« Et il s'était, ma foi, bien noyé ; car, plusieurs jours après, la vague rejeta sur la côte un cadavre que les poissons et les oiseaux de mer avaient à moitié dévoré, et que ses vêtements firent reconnaître pour les restes du malheureux courtier.

« Pourquoi diable s'est-il tué? se demandaient tous ceux qui
« l'avaient connu. Il jouissait ici-bas de toutes les félicités ter-
« restres, quelle raison avait-il d'en finir avec la vie? »

« Et j'étais tenté de leur expliquer comment on en arrive là, quand on ressent en soi tout ce que j'éprouvais moi-même; quand on entend, au milieu de bouleversements de son être, qu'on ne peut définir, une voix diabolique qui crie sans cesse à votre conscience égarée : « Tue-toi! »

« En apprenant les détails de la fin de Ch..., j'éprouvai un véritable dépit d'avoir été devancé par lui dans mes projets de suicide, et je mettais une sorte d'amour-propre à ne pas le copier. Je différai donc d'attenter à ma vie, et je ne sais quel genre de mort je n'ai pas rêvé me donner, cherchant toujours à ne pas faire comme les autres.

« Pour savoir le jugement qu'on porterait de moi après ma mort, je voulais connaître ce qu'on pensait de l'action de Ch..., et j'abordais tout le monde en leur disant :

« Eh bien ! comment trouvez-vous Ch...? Voilà une fin bien « surprenante !

« — Parbleu ! me répondait-on invariablement, c'était plus « qu'un imbécile, c'était un fou ; il l'a écrit lui-même. Il a préféré « l'hydrothérapie au traitement des aliénistes. Rien n'est bon « comme une douche en pleine mer pour guérir la folie. »

« Et ces paroles s'accentuaient avec un sourire sardonique qu'il me semblait qu'on adressait à moi, comme si on lisait dans le fond de mon âme la tentation de suicide qui me brûlait.

« L'idée qu'on me traiterait, moi aussi, d'imbécile et de fou, si je m'exécutais, avait considérablement refroidi mon penchant pour le suicide. « Quoi! me disais-je à moi-même, « tout ce que je rêve depuis si longtemps n'aboutirait qu'à la « plaisanterie, au ridicule dont je deviendrais l'objet après ma « mort ! Le monde rira de moi, il sera sans pitié pour les « souffrances morales qui m'ont dégoûté de la vie, sans admi- « ration pour mon courage à rechercher la mort, dont tous ont « si peur ! Allons, pauvre aliéné, rentre en toi-même et cherche « ailleurs que dans une fin comique le remède à une hallu- « cination passagère et guérissable. »

« Depuis lors, ma volonté reprit son ascendant sur ma faiblesse. Je quittai mes habitudes, mes affaires, et cherchai dans les voyages une distraction à ma mélancolie.

« L'Exposition universelle m'attira à Paris. Là, au milieu de toutes les créations merveilleuses de l'activité humaine, je conçus un nouvel attachement pour la vie, et je finis par oublier que je voulais mourir.

« Mais je crois bien qu'une fois l'excitation de l'enthousiasme passée, rentrant dans ma nature de blasé et d'hypocondriaque, j'aurais terminé mes voyages en me lançant dans l'éternité du haut des tours de Notre-Dame, de la colonne Vendôme ou de l'arc de triomphe de l'Étoile, comme le font journellement tant de pauvres hallucinés comme moi, si, à mon arrivée à Paris, je ne m'étais adressé à l'excellent docteur J. C..., médecin aliéniste, dont les sages conseils ont retrempé mon moral affaibli, et dont les bons soins m'ont sauvé.

« Ce brave docteur, j'étais d'abord tenté de croire qu'il avait, lui aussi, son hallucination et sa toquade quand, à chacune de mes misères que je lui confessais, il me répondait sèchement :

« C'est le tabac,... c'est le tabac ! Vous êtes nicotiné, mon-
« sieur, finit-il par me dire ; ne cherchez pas ailleurs que dans
« le narcotisme de votre système nerveux toutes les anomalies
« de vos fonctions organiques, toutes les excentricités de vos
« facultés affectives et morales.

« Cessez de fumer, je vous le conseille, si vous ne voulez pas
« qu'un jour on ne vous pêche dans les filets de Saint-Cloud, ou
« qu'on ne vous transporte, en voiture cellulaire, à Bicêtre ou à
« Charenton. »

« Le ton franc et sévère que mettait le docteur à m'expliquer tous les phénomènes de mes sensations maladives, me fit d'autant mieux croire qu'il était dans le vrai, que, depuis longtemps, je m'étais aperçu que plus je fumais, dans la pensée de me guérir ou de me distraire, plus mon état s'aggravait.

« Aussi, plus convaincu qu'effrayé de tout ce que j'apprenais sur les effets désastreux du tabac, je le quittai, mais avec la prudence que l'on met à se débarrasser d'un dangereux ami.

« Je restreignis de jour en jour mes rapports avec lui. Je n'allumais plus mon cigare qu'avec l'appréhension du mal qu'il allait me faire; et le plaisir qu'il m'avait toujours donné jusqu'alors se changea tellement en dégoût, que je ne pouvais plus le supporter. Après quinze jours de répugnance, je l'abandonnai complètement et commençai, de ce moment de résolution énergique, à réparer les dégradations qu'il avait produites dans tout mon système.

« Voilà, cher docteur, mon histoire ; voilà comment vous me retrouvez encore de ce monde, malgré toutes les velléités que j'ai eues bien souvent d'en sortir. »

Il n'y avait pas huit jours que j'avais appris l'histoire de mon capitaine, que je viens de raconter, qu'un matin, en entrant dans la rue de Rivoli, par la rue de Castiglione, je me trouvai en face d'un pendu. Le malheureux, pour mieux se donner en spectacle, avait choisi, pour s'accrocher, un des barreaux de la porte de fer du jardin des Tuileries qui fait face à la colonne Vendôme. La foule formait cercle autour de ce lugubre spectacle, pendant qu'on attendait la justice pour faire ce qu'on appelle administrativement « la levée du corps ».

C'était un monsieur en toilette recherchée, à beau linge, à bijoux, bien ganté. Il pouvait avoir de trente à trente-cinq ans.

« Bon! me dis-je à moi-même, voilà probablement un pauvre diable du type du capitaine. Celui-là, ma foi, n'a pas dû hésiter : aussitôt résolu, aussitôt pendu! sans tirer ses gants, sans prendre le temps de la réflexion, qui peut-être, bien des fois déjà, l'avait arrêté dans l'exécution de ses sinistres projets. »

Il avait été si prompt à s'exécuter, au point du jour, que les factionnaires de la terrasse des Tuileries ne l'ont aperçu que quand il était sans vie.

L'enquête que la justice fit sur les lieux constata qu'il s'était bien volontairement donné la mort. A côté de son chapeau, sur le perron de la grille, était un cigare à moitié fumé. Il avait en portefeuille des sommes importantes qui constataient qu'il ne s'était pas tué par dénûment. Son porte-cigares était garni de fins havanes qu'il devait consommer largement, à en juger par ses dents rares, écornées et noircies en forme de clous de girofle. Il avait, du reste, en lui tous les signes apparents du nicotisme.

« Pourquoi cet homme, que son extérieur disait appartenir aux heureux de ce monde, s'est-il tué ? » se demandait-on dans les groupes de spectateurs de ce triste tableau. Et les suppositions allaient, passant en revue toutes les causes pour lesquelles un homme peut se suicider.

« C'est une victime du jeu », disaient les uns.

« C'est un mari trompé », disaient les autres.

« Ce n'est rien de tout cela, reprit un bon réjoui d'officier ministériel qui rédigeait le procès-verbal et qui paraissait au courant de toutes ces fins tragiques, qu'il devait lui arriver souvent de constater. Il n'y a qu'un las de vivre, un blasé, qui ait pu avoir l'idée bizarre d'exposer, avec une telle ostentation et un tel cynisme, son cadavre aux regards du public. Il a voulu qu'on sache qu'ayant usé toutes les jouissances de cette vie, il ne lui restait plus qu'à aller voir s'il y en avait de nouvelles dans l'autre monde. »

Non, ce malheureux n'avait pas usé les jouissances de la vie, qui sont infinies autant qu'inépuisables. A peine peut-être en avait-il effleuré quelques-unes ; car toujours, pour celui qui n'a pas déchu dans la faculté de sentir, à côté d'une douleur, il y a une joie ; à côté d'un dégoût, un désir ; à côté d'une déception, une espérance.

Ce qu'il avait usé, ou plutôt ce qu'il avait dégradé en lui par le narcotisme de tous les jours, c'est le centre nerveux, d'où émane son impressionnabilité. Et, de même que le paralysé des yeux ne sent pas la lumière, qui pourtant l'inonde, de même le narcotisé du tabac s'agite comme un automate insensible au milieu des scènes les plus animées, les plus enivrantes de la nature et de la vie. Il n'en jouit pas.

C'est là qu'il faut aller chercher la vraie cause du plus grand nombre des suicides.

Cette folie nous envahit comme une épidémie. On se suicide

de toutes parts, dans toutes les classes sociales. Qu'on ne dise pas que c'est par imitation. Si l'on fume, par exemple, le plus souvent, pour imiter les autres, on ne se pend pas pour avoir entendu dire qu'un autre s'est pendu. L'instinct de notre conservation nous interdit cette copie fantaisiste. C'est par similitude d'état maladif, par similitude d'aberration du sens moral, provenant d'une même cause, que tous ces insensés qui se tuent sont poussés fatalement au même but.

Si je voulais entasser des exemples, quand j'écris ces pages je les vois se multiplier sous mes yeux. Ils sont le texte le plus fécond des chroniques à sensation de la presse. Vous ne pouvez ouvrir votre journal le matin, quel que soit celui que vous lisiez, quel que soit le pays que vous habitez, sans être frappé par cet entrefilet : *Épidémie de suicides... Encore un suicide...*

On lit dans l'*Électeur du Finistère* : « Ce matin, vers neuf heures, un événement douloureux a mis en mouvement le quartier du cours d'Ajot, à Brest. M. le capitaine de frégate C..., commandant en second la division, qui se promenait dans le jardin du cours, a mis subitement fin à ses jours, en se tirant un coup de pistolet dans la région du cœur.

« Au moment où cet officier sortait l'arme de sa poche pour accomplir son suicide, le planton du colonel d'artillerie de marine, qui se trouvait à quelques pas de là, se précipita vers lui, en s'écriant : « Commandant, qu'allez-vous faire ? » Mais le soldat n'eut pas le temps d'arriver. « Laisse-moi, mon gar- « çon, » lui fut-il répondu. Et, en même temps que ces paroles étaient prononcées, le coup de feu partait ; et M. C... tombait mortellement atteint. Il était âgé de cinquante et un ans.

« On ne sait à quoi attribuer cette funeste résolution d'en finir avec l'existence. Rien dans la vie du défunt ne pouvait laisser prévoir un pareil dénouement. Vivant tranquille à Brest, au sein d'une famille unie et respectée, M. C... semblait avoir en partage toutes les consolations qui peuvent atta-cher l'homme à cette terre. »

Dans les journaux de Paris, on lit : « A neuf heures du ma-tin, un individu, mis avec une certaine recherche, s'arrêtait au Jardin des Plantes, devant la grille du palais des singes. Il y contemplait depuis longtemps les évolutions de ces animaux, lorsque tout à coup, paraissant en proie à une surexcitation étrange, il se prit à gesticuler ; et, avant que les quelques té-moins de cette scène aient pu se rendre compte de ses intentions, tirant un revolver de sa poche, il se l'appliquait sur le sein droit, et s'en déchargeait successivement deux coups, qui péné-trèrent en pleine poitrine. »

Et ces deux suicides à grand éclat, dont fait bruit toute la presse, parce que ceux qui en sont les héros appartiennent à la jeunesse dorée de Paris : M. A. D..., se tuant à la porte du boudoir de sa maîtresse, et tombant entre les bras des domestiques à livrée de Cora Pearl, une aventurière de tréteaux, transformée en célébrité du demi-monde.

Et M. A. L..., se tirant un coup de pistolet au cœur, à la salle d'attente de Lyon, parce qu'une de ces mêmes dames, qui partait pour Marseille, n'était pas disposée à lui donner un moment d'entretien ?

On va dire peut-être que ces deux cas rentrent dans les lois naturelles qui régissent les suicides, les désespoirs d'amour.

Non, ce n'est pas de l'amour qu'éprouvaient ces jeunes hom-mes pour des femmes qui n'échangent leurs faveurs, cent fois fanées, que contre de l'or, et qui jettent à la porte, l'un après l'autre, leurs *protecteurs* quand elles les ont ruinés.

Ils se tuaient par aberration de leur sens moral, ou de leur faculté d'aimer, dégradés par le narcotisme. Ils n'aimaient pas plus ces courtisanes que cet autre halluciné n'aimait le cadavre pour lequel il va cependant se noyer.

Voici ce que je lis dans les *Chroniques* de Paris :

« Parmi les plus étranges suicides par amour qui se soient jamais commis, il faut placer au premier rang celui d'un jeune inconnu que des mariniers ont repêché, hier, à quelques cent mètres de Maisons-Alfort. Le décès du malheureux paraissait remonter à deux heures à peine.

« Le singulier sonnet que voici, retrouvé sur lui, dans son porte-cigare, dont l'imperméabilité l'avait préservé de l'eau, explique suffisamment le motif de sa mort :

10 novembre 1872, au bord de l'eau.

J'ignore ton nom ; au sortir de l'onde,
Morte et froide, hier, tu frappas mes yeux :
C'était à la Morgue ; ô belle enfant blonde !
Tu gisais couchée en tes longs cheveux.

La pitié pour toi s'éveilla profonde,
Nourrices, pompiers, bonnes, curieux
Passaient ; et sur toi pleurait tout ce monde.
Et moi, je t'aimai, morte aux grands yeux bleus !

C'est un châtiment, cet amour stupide,
Qui, plus fort que moi, me pousse au suicide,
La cervelle en flamme, halluciné, fou !

La mort m'attend là, sous cette eau verdâtre.
O belle ! à bientôt, à l'amphithéâtre...
Nos os à Clamart auront même trou. »

Voilà comment passent journellement devant la curiosité publique de longues files de suicidés, sans que l'on puisse s'expliquer pourquoi autant de gens se tuent. Du reste, si l'on en parle beaucoup, on s'en émeut fort peu ; parce qu'il entre dans les croyances générales que, la vie n'appartenant qu'à celui qui en jouit, il est libre d'en disposer au gré de ses caprices ou de ses folies.

Mais les lois morales et les religions ont moins d'indulgence. Elles proclament que l'homme appartient à l'humanité, à la société, à la famille, avant de s'appartenir à lui-même, et elles réprouvent, avec raison, tout attentat qu'il peut faire contre sa vie.

Si la dégénérescence, par la cause fatale que nous insistons à signaler, le narcotisme du système nerveux, n'était pas à l'ordre de notre siècle, ces idées qu'enseignent la morale et la religion contre le suicide, germeraient dans nos cœurs. Elles élèveraient le courage de l'homme que l'adversité ou les déceptions dégoûtent de la vie ; et cette manie bête de se détruire disparaîtrait de nos habitudes, comme en aura bientôt disparu le duel, ce suicide à deux, qui devient de jour en jour moins fréquent.

Mais la manie grandit dans les mêmes proportions que l'habitude vicieuse d'où elle tire sa cause : l'usage du tabac. Et les statistiques nous enseignent que la moyenne annuelle des suicides qui, pour la France, était, de 1825 à 1830, de 1.739, arrivait graduellement au chiffre de 4.157 pour 1871.

Dans la statistique criminelle de la France pour 1872, on lit, dans un paragraphe du rapport du Ministre de la justice :

Le nombre des suicides dénoncés au ministère public, en 1872, a été de 5.275. Le département de la Seine participe pour près d'un septième (744), au nombre total des suicidés.

Plus des trois quarts des suicidés (4.140) ou 78 %, appartiennent au sexe masculin ; c'est 15 pour cent mille ; et 1.165, ou 22 %, étaient des femmes ; c'est 6 pour cent mille.

2.312, ou 44 % des suicidés ont eu recours à la strangulation ; 1.463, ou 28 %, à la submersion ; 581, aux armes à feu ; 578, à l'asphyxie par le charbon ; 206, aux instruments aigus et tranchants ; 107, au poison. Quant aux motifs présumés, voici ceux que les informations ont révélés, pour 4.716 suicides :

Misère et revers de fortune......................	453
Chagrins de famille...........................	732
A reporter....	1.185

	Report....	1.185
Amour, jalousie, débauche, inconduite.......		315
Abrutissement résultant de l'ivrognerie.......		513
Souffrances physiques.....................		629
Peines diverses.........		473
Maladies cérébrales		1.568
Suicides des auteurs de crimes capitaux.......		33
Causes inconnues..........................		559
	Total	5.275

Dans ce chiffre effrayant de suicides, il n'est tenu compte que de ceux qui ont eu la mort pour résultat. Il n'est pas fait mention des tentatives infructueuses de se détruire, qui sont au moins aussi fréquentes que les suicides réels.

On remarquera qu'à l'inverse des statistiques des autres siècles, le suicide est quatre fois aussi fréquent chez l'homme que chez la femme; parce que la femme ne s'adonne pas, comme l'homme, à l'ivresse narcotique qui pousse au dégoût de la vie.

De même, on ne saurait expliquer autrement que par la dégradation nicotineuse, agissant comme cause première, une bonne partie de ces suicides vaguement attribués à la débauche, à l'inconduite, à l'ivrognerie, aux souffrances physiques, aux maladies cérébrales; et de tous ceux dont les raisons n'ont pu être expliquées.

Cette manie du suicide tend surtout sensiblement à envahir l'armée, qui a le privilège d'acheter à prix réduit, à la Régie, les tabacs inférieurs, c'est-à-dire les moins favorables à la vente, parce qu'ils sont plus grossiers et contiennent, en grande proportion, les nervures ou côtes de la feuille. Cette partie de la plante est aussi la plus dangereuse, car elle renferme des quantités beaucoup plus considérables de nicotine que les parties lisses de la feuille.

En effet, ces nervures ne sont autre chose que la réunion des gros troncs vasculaires dans lesquels circulent les sucs vénéneux de la plante. Ce sont eux qui résistent le plus à la dessiccation, quand les feuilles sont séparées de la tige. Et, à mesure que la feuille se fane et se resserre, ces liquides refluent vers les troncs, où ils se cristallisent en forme d'extrait fortement chargé de nicotine.

Voyez-vous un pauvre conscrit arrivant de sa campagne, où il n'a jamais connu le tabac? Sa nouvelle position le rend naturellement enclin à la mélancolie : il est triste, rêveur. Un ancien s'en aperçoit et l'accoste : « Eh bien, jeune incorporé, qu'est-ce qui se passe là dedans (en lui touchant amicalement la tête)? On songe à papa, à maman et peut-être bien aussi à la petite payse. Tiens, fais comme moi, mon brave, brûles-en une, et les chagrins s'envoleront avec la fumée du tabac. »

Et le conscrit fume sa première pipe, que suivent, de jour en jour, les autres. De triste qu'il était, il devient naturellement malade, par l'effet du tabac, qui lui bouleverse l'estomac et lui ôte l'appétit. Ces premières atteintes d'une indisposition dont il est loin de soupçonner la cause, car il suppose que la ration de tabac qu'on lui donne est aussi nécessaire à sa santé que la ration d'aliment, le jettent dans une appréhension profonde. Il craint de tomber malade loin de sa famille; l'idée de l'hôpital lui fait peur. Et, sous l'empire de ces causes morales, autant que par le narcotisme du tabac, ses forces nerveuses s'affaissent. Il tombe dans les langueurs qui mènent rapidement aux affections typhoïdes, auxquelles succombent tant de jeunes soldats, dans la première année de leur arrivée au corps.

Si la force physique résiste, la force morale souvent succombera; car, loin de dissiper la mélancolie, les vapeurs narcotiques du tabac poussent à la tristesse, à l'hypocondrie.

Alors, le jeune conscrit, qui cherche la distraction dans la fumée de sa pipe, s'ennuie partout, se dégoûte de tout. Il n'y a plus pour lui ni présent, ni avenir. Il ne se rend pas compte que, dans la position toute transitoire et temporaire dans laquelle il se trouve, il ne manque de rien ; qu'il est bien habillé, bien nourri, bien logé, bien chauffé, et qu'en échange de tout ce bien-être que lui donne l'État, on ne lui demande qu'un peu d'activité, qui ne va jamais jusqu'à la fatigue ; car on tient surtout à le préserver des maladies. Il ne se dit pas en lui-même, si parfois cette position l'attriste : « Patience ! ça ne durera que quelques années... » Non, rien ne saurait le sortir de sa mélancolie, et, comme tous les rêveurs que la perversion du sens moral, sous l'influence du tabac, pousse au suicide, il se tue.

C'est ainsi qu'en pleine paix, quand le sort du soldat est plus doux qu'il n'a jamais été, les cas de suicide dans l'armée sont si fréquents qu'ils ont motivé la Circulaire suivante, du 13 février 1873, du ministre de la guerre, le général Cissey, aux Chefs de corps des divisions militaires :

« Général, je constate depuis quelque temps, d'après les rapports de l'autorité militaire, un nombre assez considérable de suicides.

« Ces actes blâmables de faiblesse sont causés, le plus souvent, par l'inconduite. Mais, dans quelques cas, il faut le reconnaître, ils sont accomplis sous l'influence de quelques souffrances physiques ou morales pour lesquelles on ne saurait se défendre d'un sentiment de douloureuse pitié.

« Cependant, quelle qu'en soit la cause, ce mal est d'autant plus grave qu'il tend à se propager par l'exemple. Et, pour le combattre, les chefs militaires doivent déployer leur sollicitude la plus active. »

Plus tard, pour compléter l'intention du Ministre et flétrir aux yeux de l'armée l'acte du suicide, le général Espivent de Villeboisnet a ordonné que tout homme sous les drapeaux, coupable de s'être donné volontairement la mort, serait inhumé la nuit, sans bruit, et sans que les derniers honneurs militaires et religieux lui fussent rendus.

Les généraux commandant les divisions militaires de la France ont été invités, par ordre supérieur, à prendre une mesure semblable, et à la porter à la connaissance de leurs troupes.

Et si l'on se suicide autant dans l'armée, là où cette folie devrait avoir le moins de raison d'être, n'est-ce pas surtout parce qu'on y consomme d'immenses quantités de tabac?

CHAPITRE XIX

Ces destructeurs de leur existence, par le suicide, qui sont dans la société une douloureuse anomalie, ne sont pas des ennemis contre lesquels elle ait à se garder. Il se tuent sans faire de mal à personne, et, tout ce que l'on peut faire pour eux, c'est de les plaindre et de les absoudre, car leur mort les punit assez de leurs faiblesses.

Mais, à côté de ce type d'hallucinés que l'aberration du sens moral, sous l'influence narcotique du tabac, pousse à se tuer eux-mêmes, il est un autre ordre de dégénérés bien plus répandus et bien plus redoutables, que la même aberration pousse à tuer les autres.

C'est par ces déshérités des qualités humaines que revient au XIX⁰ siècle la honte de confesser que, malgré la civilisation et ses progrès par l'éducation, la morale, la religion, les arts, le commerce et l'industrie, le flot de la criminalité monte, monte toujours, et dépasse les niveaux des temps les plus mauvais du moyen âge.

Ces constatations, ce sont les statistiques qui nous les fournissent, ce sont les fonctionnaires de la justice qui nous les révèlent.

Le 15 janvier 1844, Donon-Cadot, banquier, fut assassiné par son fils, dans la petite ville de Pontoise (Seine-et-Oise).

C'est dans ce procès si tristement célèbre qu'un magistrat vint effrayer la conscience publique par cette épouvantable révélation :

« La France, en dix ans, a vu commettre quatre-vingt-quinze parricides! Qu'est donc devenu l'esprit de famille dans une société semblable, et quelles sinistres causes peuvent donc multiplier à ce point les exemples d'un crime presque sans pareil autrefois? »

Considéré dans la société antique comme un crime inouï, le parricide n'était pas même prévu par les législations de la Grèce et de Rome, qui ne voulaient pas croire à sa possibilité.

Souvenirs judiciaires : L'*Histoire*, 16 juin 1870.

En mars 1870, M. Emile Ollivier, dans son rapport à l'Empereur sur le compte général de l'administration de la justice criminelle, concluait ainsi :

« Il est évident qu'il se manifeste une progression de criminalité de manière à préoccuper tous ceux qui coopèrent à l'œuvre de la justice, ou qui la consultent, comme un sym ptôme révélateur de l'état moral du pays.

« Mais la loi et la justice répressive n'ont qu'une action limitée. Il appartient à tous les hommes éclairés de favoriser la propagation des sentiments de devoir et d'honneur qui sont les vrais garants de la moralité, quand ils sont entretenus par l'instruction, l'éducation de la famille et de la religion. Le concours actif et incessant des forces publiques et des dévouements privés peut seul adoucir les mœurs et combattre la marche ascendante de la criminalité. »

Le rapport du Ministre de la justice constate un fait qui frappe tout le monde et que tout le monde déplore : c'est la succession sans relâche de ces grands crimes où l'homme, obéissant aux mêmes penchants que la bête fauve, tue pour le plaisir de tuer, s'abat de toute la cruauté de ses instincts sur la société, comme sur une proie, et, repu de meurtre, vient cyniquement dire à la justice.

« Oui, j'ai tué,... tue-moi à mon tour!... »

Demandez-lui pourquoi il a commis ces crimes; le plus souvent il n'en connaît pas la cause, ou il cherche à la découvrir dans les raisons les plus futiles. Il est comme ces malheureux dont nous venons de parler, qui se suicident sans savoir pour quel motif ils le font.

C'est au point que la justice, qui, pour baser ses arrêts, remonte toujours au mobile des crimes; souvent n'y trouvant pas de causes réelles, déroge à sa sévérité contre des criminels qu'elle ne peut pourtant pas absoudre comme des fous; car, à part leur penchant fatal pour le meurtre, par dépravation de leur sens moral, ils jouissent de toute la lucidité de leur esprit.

La spécialité de ces criminels, d'origine toute moderne, semblerait donc attendre de la société et de nos codes une classification et une législation exceptionnelles, pour punir et réprimer leur perversité.

Mais, au lieu de punir, ne vaudrait-il pas mieux réformer et prévenir? Et c'est là que la société, au lieu de ne voir dans ce genre de criminels qu'une innovation, qu'une anomalie, devrait remonter à la cause toute exceptionnelle de ce mal. Et c'est aussi là qu'elle pourrait se demander, comme ce magistrat, dans le procès Donon-Cadot : « Quelles sinistres causes peuvent donc multiplier à ce point les exemples de crimes presque sans pareils autrefois?... » Et, la cause étant connue, il ne s'agirait plus que de l'extirper dans sa racine, en vertu de cet axiome : *Sublatá causá, tollitur effectus* : Otez la cause, l'effet disparaît.

Dans le rapport dont nous venons de parler, le Ministre de la justice, envisageant ces causes comme d'essence purement morale, fait, pour en fermer l'abîme, un appel à l'éducation de la famille, aux conseils de la religion, à la vulgarisation des bons exemples, par l'abnégation, l'amour, le dévouement, par tout ce qui constitue la vertu; et il semble désespérer de la punition comme moyen préventif.

Mais notre jeunesse se nourrit abondamment de tout ce que conseille le Ministre, depuis déjà des siècles. Ces crimes, d'ailleurs, ne viennent pas essentiellement du manque d'éducation ou de l'ignorance, car ils surgissent également de tous les milieux de la société. Ce n'est donc pas dans l'ordre moral qu'il faut en rechercher les causes ; c'est plus bas qu'il faut descendre pour les trouver. Il faut les étudier dans l'ordre physiologique.

L'ordre physiologique repose sur le corps, comme l'ordre moral repose sur l'âme.

Dans nos mœurs et nos institutions, nous subordonnons trop la matière à l'âme, nous négligeons trop le corps pour cultiver l'esprit.

Je sais bien que l'administration s'occupe beaucoup d'hygiène publique ; mais, absorbée dans les généralités, elle est souvent indifférente dans les détails les plus importants.

Elle veille sur l'enfance ; elle institue les crèches, les salles d'asile, les orphelinats, pour ceux à qui pourraient manquer les soins de la famille. Elle a une législation (loi de 1841, loi du 19 mai 1874) pour protéger les petits travailleurs contre la dureté ou la cupidité des patrons qui seraient tentés d'abuser de leurs forces physiques.

J'ai vu, tout récemment, qu'une ordonnance de police défendait aux cafetiers de recevoir chez eux des jeunes gens au-dessous de dix-huit ans. L'Assemblée nationale vient de faire une loi qui punit l'ivresse ; des mesures de police ferment, à certaines heures du soir, les débits de liqueurs : tout cela est très moralisateur, sans doute ; mais, malgré tout, le niveau moral ne paraît pas monter.

Pourquoi ? C'est que l'administration, toute soigneuse qu'elle est de préserver l'enfance et la jeunesse contre les écueils sur lesquels elles pourraient se heurter, ne les écarte de Carybde que pour les laisser naufrager sur Scylla.

L'écueil où l'enfance et la jeunesse se perdent, c'est le débit de tabac. Quand les cabarets et les cafés se ferment, lui ne cesse d'attirer les passants aux feux presque sinistres de sa lanterne rouge. Il est toujours ouvert, à toutes les heures et à la clientèle de tous les âges. C'est là que, trop souvent, l'enfant vient apporter à l'État, en échange du plus violent de tous les poisons, le sou que la charité lui a donné pour acheter du pain.

Soyons juste pourtant dans notre blâme, et disons qu'il est des administrations assez convaincues de l'effet destructeur du tabac sur la jeunesse, pour en interdire rigoureusement l'usage dans les établissements d'enfants qu'elles dirigent.

Il y a quelque temps, j'allai à Brest pour m'embarquer pour l'Amérique. Mon premier désir, en arrivant dans ce port, que je n'avais pas vu depuis près de quarante ans, fut d'aller visiter l'hôpital Saint-Louis, où j'avais commencé mes études médicales et où j'allais chercher des souvenirs de jeunesse. L'hôpital de la marine avait disparu de son ancien emplacement, qui est aujourd'hui affecté à une institution toute spéciale.

Dans les cours où se promenaient autrefois les malades s'élève un navire tout armé, tout gréé, destiné à l'instruction de plusieurs centaines d'enfants : les Pupilles de la marine, qui occupent tout ce vaste local, transformé en école navale.

Plusieurs de ces enfants m'abordèrent en me demandant de leur donner du tabac.

« On ne vous en donne donc pas, mes amis? dis-je en plaisantant.

— Oh non! ça coûte trop cher; et si on nous voyait fumer, on nous fouetterait et on nous renverrait de l'école. »

Si l'on est si soigneux, dans cet établissement, d'empêcher le tabac de flétrir la jeunesse de ces enfants, c'est que l'on comprend l'intérêt qu'il y a, pour l'État qui les élève, d'en faire des hommes capables de le servir.

Pourquoi alors ne pas appliquer cette mesure salutaire à tous les enfants de la France, qui sont, eux aussi, comme les Pupilles de la marine, destinés à devenir un jour les défenseurs de leur pays, qui a tout intérêt à ne pas les voir s'abâtardir par le narcotisme?

Autrefois, de rares enfants se cachaient pour fumer. Il semblait qu'ils avaient la conscience qu'ils faisaient une action honteuse. Et aujourd'hui, vous les voyez par groupes dans les carrefours, dans les rues, dans les établissements publics. Ils ont de huit à douze ans, et joutent, comme par un apprentissage, à qui supportera le plus crânement la nausée narcotique du tabac. A seize ans, ils sont passés maîtres : ils fument dans la compagnie des hommes et affichent prétentieusement leur brevet de virilité par l'élégance avec laquelle ils manient indistinctement la cigarette, le cigare et la pipe, sans même reculer devant la chique.

Aussi, quels beaux hommes, quels robustes gaillards ça fera! A l'âge de la vie où l'appétit est le plus développé, où les forces digestives ont besoin de toute leur énergie pour fournir au corps, par l'aliment, les éléments de sa croissance, le tabac apporte sa perturbation narcotique dans l'organisme.

C'est là le *sinistre inconnu* que les législateurs et les moralistes recherchent pour expliquer tant d'anomalies sociales qui nous débordent. Alors, en effet, commencent les désordres physiologiques dont nous avons parlé, et qui sont le prélude et la cause la plus prochaine des désordres moraux.

Le jeune fumeur perd l'appétit, par conséquent il s'alimente moins. Il est délicat, ses goûts sont capricieux, il ne mange pas du tout; il se force plutôt qu'il ne satisfait un désir. Quand il a mangé, soit par l'engourdissement de l'estomac, soit par l'absence de sucs salivaires que les expectorations abondantes ont enlevés aux aliments, il tombe dans un état plus ou moins complet de dyspepsie, et, sa nutrition devenant insuffisante et imparfaite, il éprouve un temps d'arrêt dans sa croissance. Le voilà donc déjà dégénéré dans sa forme, et c'est là une des causes les plus puissantes de l'abaissement de la taille des hommes dans notre société moderne.

La dégénérescence physique entraînerait, toute seule, la dégénérescence morale, car c'est là une loi naturelle : quand l'homme déchoit dans l'un de ses deux éléments, corps ou esprit, il baisse aussi fatalement dans l'autre. Cette vérité trouve sa démonstration dans les idiots, les crétins, les infirmes.

Mais l'action du tabac, qui influe si fâcheusement sur la croissance du corps, a une influence bien plus directe et plus rapide sur le système nerveux. Dans ces jeunes organisations si impressionnables, le narcotisme engourdit, dans ses lourdes vapeurs, les facultés de l'intellect, et toute la vie, corps et esprit, tombent en langueur.

Les malheureux enfants le sentent bien. Ils sont sans forces et sans énergie ; la fièvre d'intoxication les abat et les altère, et, pour étancher leur soif et remonter leur vigueur, ils courent à la buvette, qu'elle s'appelle café, cabaret, caveau, estaminet, peu importe. Et là, les consommations qu'ils préfèrent sont les breuvages alcooliques. Ils sont, en effet, l'antidote, le contrepoison du tabac. Et aussitôt qu'ils se désaltèrent dans ces boissons ardentes, ils sentent qu'elles leur font du bien, qu'elles les fortifient. C'est ainsi que l'habitude de fumer mène au besoin de boire, qui devient bientôt un plaisir.

Voilà donc ces adolescents dominés par deux passions, dont l'une pousse nécessairement à l'autre, car c'est presque un axiome : Tout fumeur est buveur. Ils passent de longues heures de leur existence dans un état passif, expérimentant dans leur organisme, comme dans une cornue, les effets de deux poisons qui semblent s'atténuer sans jamais se neutraliser l'un par l'autre. Ils passent alternativement du narcotisme du tabac à l'ivresse de l'alcool. Les deux adversaires, dans ce duel, nicotine et alcool, ne succombent jamais, car on prend bon soin de les renouveler quand ils s'épuisent. Ce qui est ravagé dans cette lutte de tous les jours, de tous les instants, comme le sont tous les champs de bataille, c'est l'organisme, qui se trouve dévasté par les deux poisons, quand ces adolescents se sont faits hommes, si toutefois ils y arrivent, car la mortalité est grande dans cette transition sous un pareil régime.

A quelque classe sociale qu'appartiennent ces jeunes sujets voués à l'habitude du tabac, déchus dans leurs qualités physiques comme dans leurs facultés intellectuelles et morales, ils perdent successivement toutes leurs énergies : ardeur au travail, amour pour l'étude s'évanouissent en eux. Ils n'ont pas cette ambition innée chez tout adolescent qui entre dans la vie, de s'y créer une position, un rang, par une profession mécanique, artistique ou intellectuelle. Dans l'engourdissement de leur organisme, ils deviennent incapables de toute application sérieuse. Ce qu'ils recherchent, c'est le repos et la rêverie vague, sans but, qui sont les deux manifestations du narcotisme.

S'ils sont assez favorisés pour avoir une fortune patrimoniale tout acquise, ils la dissipent ou la gèrent mal; et, s'ils n'en ont pas, ils sont incapables de trouver en eux-mêmes les moyens de pourvoir honorablement à leur existence.

C'est alors que ces frelons de la ruche humaine, qui se sont toujours tenus à l'écart du travail, réveillés par le sentiment du besoin, veulent avoir, eux aussi, parmi les heureux de ce monde, un rang qu'ils n'ont pas su conquérir en se rendant utiles. Ils se posent en déclassés, en incompris, en déshérités par l'injustice ou le mauvais fonctionnement des institutions sociales ; et, de parasites qu'ils étaient de la société, ils en deviennent les ennemis.

C'est dans ces cerveaux fermés aux idées justes, et où fermentent encore quelques forces intellectuelles en délire, que prennent naissance, dans la confusion du bien et du mal, toutes ces théories subversives de l'ordre social dans ses bases matérielles et morales.

Beaucoup d'entre ces rêveurs excentriques attendent du triomphe de leurs idées une position meilleure. Ceux-là ne sont dangereux que par l'ascendant qu'ils prennent sur des masses d'aussi dégénérés qu'eux, qu'ils égarent.

D'autres, moins platoniques dans leurs aspirations, sont

tourmentés du démon de la convoitise : tout ce qu'ils voient aux autres leur fait envie ; ils veulent, par tous les moyens, s'en rendre maîtres et jouir.

C'est de cette catégorie de dégénérés que sortent les vagabonds, les escrocs, les voleurs, les faussaires, les assassins, qui, de nos jours, viennent si largement apporter leur tribut à ce que l'on appelle le flot toujours montant de la criminalité.

Dans ces natures, qui sont, pour la société qui les produit, une humiliation et un danger, il n'a fallu souvent que quelques années de l'effet dégradant du tabac sur leur organisme pour stériliser et détruire tout ce que la civilisation, l'éducation de famille, la morale de l'Église, l'enseignement de l'école, avaient jeté de germes de qualités humaines dans des âmes primitivement pures, et pour les abaisser, par dégénérescence, aux plus mauvais instincts des âges de barbarie : la rapine et le meurtre.

Comme type de la première catégorie de ces dégénérés, on peut citer Ferré, dit le *Petit-Sergent*, devenu le délégué de la sûreté générale de la Commune, dans les folies révolutionnaires de 1871, et qui finit sa triste existence par une exécution militaire aux buttes de Satory.

C'est un parfait modèle de nicotiné précoce. Sa taille est rabougrie, son teint est terreux, son œil hagard. Il marche à la mort comme un halluciné, tirant avidement les longues bouffées narcotiques de son cigare, qui ne tombe de sa bouche que quand les balles l'ont frappé.

La *Gazette de Paris* trace de Ferré le portrait suivant :

« Ferré n'était, en résumé, qu'un criminel vulgaire. Ses instincts pervers l'ont heurté à la politique, et il a trouvé là un champ plus vaste pour satisfaire ses appétits de bête féroce. Mais on ne peut pas prétendre qu'il ait été perdu par la politique.

« Une nature infernale, telle que la sienne, se serait révélée, dans des temps plus calmes, par quelque atroce attentat d'ordre privé, dont les gazettes judiciaires auraient retenti. Cet homme, qui assistait impassible à l'exécution des otages et qui stimulait par des menaces le zèle des bourreaux, était un de ces monstres qui sont d'avance marqués au doigt pour le châtiment suprême. La justice des conseils de guerre a devancé la justice des cours d'assises.

« Il est constant que Ferré fut toujours pour le parti de la rigueur dans les délibérations de la Commune. Il est constant aussi qu'il avait toujours appuyé de raisons quelconques la violence de ses votes. Ce fut donc, surtout, un maniaque révolutionnaire. Mais il faut convenir qu'il a fallu l'abaissement du niveau intellectuel où les malheureux étaient tombés pour qu'un homme d'une portée aussi restreinte fût dangereux. »

Combien ne pourrait-on pas citer de ces misérables qui, dans nos troubles civils de cette époque douloureuse, cherchèrent à couvrir de raisons politiques les crimes les plus odieux de droit commun? En marchant à la mort, devant les pelotons d'exécution militaire, ne semblent-ils pas tous narguer la justice des hommes, en jetant à sa face les bouffées de leur tabac? La pipe à la bouche, ils demandent à l'ivresse qu'elle leur donne une contenance devant le supplice, comme ils y puisaient, dans le passé, l'entraînement et la férocité pour commettre leurs crimes.

Je trouve, dans mes souvenirs, un de ces nicotinés féroces qui tuent pour les motifs les plus frivoles, pour les intérêts les plus insignifiants.

C'était vers 1842. J'avais pour voisin de campagne, dans la banlieue de Toulon, au quartier de Malbousquet, une famille de pauvres gens, du nom de Ferrandin, gagnant leur vie par le travail des champs. Je remarquai un jour leur jeune fils, de seize à dix-huit ans, fumant, avec tout le *chic* d'un vieux matelot, une belle pipe en terre rouge, montée sur un long tuyau élastique, roulé autour de son bras, en forme de serpent.

« Tu dois, mon garçon, consommer en tabac tout ce que

tu gagnes, lui dis-je en plaisantant, car tu fumes souvent, et ta pipe est large.

— Du tabac, répliqua-t-il; j'en ai *à l'œil* tant que j'en veux, pour moi et les amis encore, et ce n'est pas du *caporal*, c'est de l'*officier*. Quand j'en veux, je vais, le matin, sur le quai. Quant l'aspirant est à jeun, il allume son cigare pour *faquiner*. Mais *ça* n'a pas assez d'estomac pour le fumer; le cœur lui soulève, il le jette. Moi, je le ramasse et, dans deux heures, je fais ma provision pour huit jours, et je ne fume que du bon. »

L'enfant devint homme, usant de plus en plus du procédé économique qu'il avait trouvé pour se dispenser d'apporter son impôt à la Régie. Mais, à mesure que la passion du tabac le gagnait, elle le détachait de l'habitude du travail. Elle pervertit en lui toutes les qualités humaines; il devint bête fauve.

Il vint un temps qu'on ne parlait plus, aux environs de Toulon, que de vols et de meurtres. On assassinait dans les maisons de campagne, on assassinait sur les grandes routes. La police était aux abois; la terreur était partout; on n'osait plus sortir lorsque tombait la nuit.

Un matin, cette sinistre nouvelle courut comme un glas de mort dans les populations consternées :

« On a assassiné, cette nuit, toute la famille***, dans leur maison de campagne, entre Ollioules et la Seyne! »

Une jeune fille de dix-huit ans, l'unique enfant de la famille, avait échappé à ce carnage, comme par une volonté de la Providence, pour apporter la lumière dans ces grands crimes, où les auteurs se cachent et se dérobent au châtiment.

Toute la famille avait été, la veille, passer la soirée chez des voisins, à quelques centaines de pas de distance. La jeune fille y avait une amie de son âge; et, quand l'heure de se retirer arriva, elle dit à sa mère : « Laisse-moi coucher cette nuit avec Marie; je rentrerai demain, de grand matin. » Et la pauvre enfant qui, dans quelques heures, allait être orpheline, donnait un dernier baiser à sa mère, en lui disant : « A demain. »

En effet, la jeune fille fut, le matin, la première éveillée du quartier, et rentrait, toute joyeuse, à la maison paternelle. Elle en était tout près, et le chien qu'elle appelait ne venait pas à sa rencontre ; sa vieille grand'mère, toujours si matinale, n'avait pas encore ouvert la croisée de sa chambre donnant sur le jardin, pour se réchauffer, selon ses habitudes, aux premiers rayons du soleil levant.

Devant ce silence inaccoutumé, la pauvre enfant se sent tout à coup saisie d'un pressentiment sinistre. Elle appelle son père, sa mère, sa grand'mère ; aucune voix ne répond. Elle frappe à la porte, qui cède à la moindre impulsion qu'elle lui donne. Un nuage de fumée sort de l'appartement, et l'aveugle ; une odeur de chair brûlée la suffoque. Elle court, affolée de terreur, à la maison voisine ; le quartier s'éveille, on accourt ; la justice arrive, elle trouve trois cadavres jetés sur un monceau de meubles, le tout à demi consumé ; le feu qu'on y avait mis s'étant éteint de lui-même, dans sa propre fumée.

Sur ces cadavres est un bâton souillé du sang et des cervelles des crânes qu'il a brisés ; le feu l'a respecté. C'est par lui qu'a été commis ce grand crime ; c'est lui qui va dénoncer l'assassin.

« Je connais ce bâton, dit la jeune fille, dont un rayon de joie vint illuminer, un instant, le front assombri dans la plus profonde des douleurs. C'est mon père qui l'a donné à Ferrandin, l'autre soir. Ferrandin parlait à mon père de Pierre, le charretier de M. Laure, qu'on avait assassiné sur la route de la Seyne ; il disait : « On tue partout, maintenant ; et j'ai « peur de passer, le soir, par ces chemins si déserts.

« — Venez, lui dit mon père, je vais vous donner un bâton « pour vous rassurer et, au besoin, pour vous défendre, si l'on « vous attaque. »

« Mon père prit sa scie et coupa le bâton dans cette touffe de chênes, là-bas... J'étais avec eux ; c'est la même branche d'arbre ; je la reconnais. »

On va dans les chênes verts, que montre la jeune fille ; on

y trouve la branche fraîchement coupée qui ressort de la terre, on porte sur ce tronc le bâton ensanglanté... C'était bien la tige qui en avait été détachée.

Ce jour-là, j'étais dans ma résidence de Malbousquet, qui dominait les jardins de Castigneau, où vivait, dans une petite maison isolée, la famille Ferrandin. Je voyais des gendarmes à cheval galoper dans la plaine et prenant position, comme pour une arrestation importante. Je descendis pour m'informer de ce que c'était; et je vis défiler devant moi la force armée de la justice, conduisant Ferrandin.

« Qu'a-t-il fait? demandai-je.

— Il a assassiné toute une famille!... » cria la foule, qui l'accompagnait au lieu du crime où on allait faire sa confrontation avec les victimes.

La justice avait mis la main sur un grand criminel; car des pièces de conviction trouvées à son domicile attestaient qu'il devait être l'auteur de beaucoup d'autres meurtres. La société allait enfin être vengée de tous les méfaits d'un pareil monstre; et chacun se remettait des terreurs que tant de crimes impunis avaient causées, quand, tout à coup, la nuit, on entend partout dire en ville : « Ferrandin s'est échappé... »

Et c'était bien vrai; Ferrandin avait repris sa liberté.

Après la confrontation sur le lieu du crime, le cortège judiciaire, procureur du roi en tête, défilait, à la tombée de la nuit, dans un étroit chemin que bordent des champs de vigne. On ramenait triomphalement, à Toulon, l'accusé, pour l'écrouer à la maison d'arrêt. Ferrandin marchait entre deux gendarmes qui le tenaient par les bras; ses poignets étaient garrottés. C'est alors que, de toute la force de son désespoir et de sa colère, il lance à chacun de ses gardiens un vigoureux coup de coude dans les flancs. Les gardiens roulent par terre, et, pendant qu'on cherche à les secourir, car on les croit assassinés, il s'élance et disparaît dans les vignes, sans qu'on puisse retrouver ses traces dans l'obscurité.

La force armée battit, pendant plusieurs jours, la campagne où le prisonnier avait disparu. Tous les gardes champêtres, toutes les polices, tous les parquets des départements voisins étaient en mouvement, et Ferrandin restait toujours libre.

Quatre ou cinq jours après son évasion, un chasseur vint, tout tremblant, rapporter au parquet de Toulon qu'à deux lieues de la ville il venait d'être désarmé de son fusil et de ses munitions, par un individu qui l'avait menacé de mort, s'il faisait des révélations. A ce trait d'audace, on reconnut Ferrandin. Cette nouvelle se répandit bientôt dans les villages, qui s'armèrent. La place de Toulon fournit, en soldats de toutes armes, plusieurs milliers d'hommes de renfort. On organisa une battue en grand, comme pour une chasse à la bête fauve.

Plus de six mille hommes, soldats, citoyens armés ou curieux, enveloppèrent d'une vaste ceinture le territoire où l'on supposait que se cachait l'évadé. Ce cercle immense se resserra sur son centre, par un mouvement d'ensemble. Ferrandin, qui avait choisi pour retraite un petit mamelon boisé d'où il découvrait tout ce qui se passait autour de lui, sans être aperçu, se vit cerné par une ligne de baïonnettes, au travers desquelles il ne pouvait espérer se frayer un passage.

Dans une situation si pressée, tout criminel ordinaire se serait rendu à discrétion à la force de la loi ; ou bien, se faisant justice à lui-même, aurait tourné contre sa poitrine le fusil qu'il tenait à la main, pour se soustraire à la honte du châtiment qui l'attendait. Mais cette bête fauve, forcée dans son repaire, n'était pas encore assez repue de meurtres ; il lui fallait toujours du sang. Un officier de police l'approche et lui dit, avec douceur :

« Ferrandin, rends-toi.

— Si tu avances, répond le criminel, tu es mort ! »

L'officier fait un pas, et Ferrandin, d'un coup de son fusil, le tue.

Il avait encore un coup de son arme chargé. Son fusil à

l'épaule, il allait tuer un autre officier de police qui l'approchait pour le saisir, quand un paysan lui lâcha, en pleine figure, un coup de feu à gros plomb, qui l'aveugla.

La bête est abattue ; la chasse au meurtrier est finie ; et toute l'expédition, consternée du résultat, rentre en ville, à la nuit tombante, ramenant, sur une même carriole de campagne, Ferrandin blessé à mort, étendu à côté du cadavre de l'officier de police, sa dernière victime, qu'il vient d'assassiner.

Ferrandin mourut quelques jours après des suites de sa blessure. Il conserva assez longtemps sa connaissance pour faire des aveux et se repentir, s'il lui était resté un peu de sentiments humains. Mais il persévéra dans le plus complet mutisme ; les pièces de conviction trouvées chez lui l'ont fait reconnaître coupable de sept assassinats. L'opinion publique le chargeait de bien d'autres. Il tuait au hasard, sans savoir ce qu'une mort d'homme lui rapporterait. Il n'a pas retiré cent francs des sept assassinats qu'on a pu véritablement lui attribuer.

Voilà où ont conduit cet homme les *bouts de cigares* des officiers, qu'il ramassait quand il était enfant... Il commença à douze ans sa vie de fumeur et de désœuvré ; à vingt-quatre ans, le tabac, pervertissant en lui tous les sentiments qui constituent l'homme, l'avait abaissé, par dégénérescence morale, jusqu'à l'état de monstre.

Quelques-uns de ces misérables, moins dégradés dans leur intelligence que dans leur sens moral, savent mettre la férocité de leurs instincts à l'usage de conceptions diaboliques, dont le but est toujours la vie large, aisée, dans l'ivresse, et sans travail, en s'appropriant le bien d'autrui par le meurtre.

Dans cette catégorie de dégénérés ressort Troppmann, qui, à vingt ans, rêvait la vie libre de l'Amérique, loin des gendarmes, en y emportant une fortune et un nom qu'il volait à toute une famille, le père, la mère et six enfants, qu'il assassina en trois temps, à plusieurs jours d'intervalle.

C'est une des conceptions criminelles les plus larges et les plus monstrueuses que jamais dégradation humaine ait pu tramer.

Troppmann vivait en relations de bonne amitié dans le sein d'une honnête famille de Roubaix, la famille Kinck, qui possédait quelques biens.

Pour s'emparer de ces biens, il les engagea à venir avec lui en Amérique, où il leur serait facile d'arriver promptement à la fortune par le travail.

Ce projet arrêté, il se défit d'abord du père, dans une promenade au bois de Watwiller, où il l'avait conduit. Il le tua avec l'acide prussique, poison presque aussi meurtrier que la nicotine, puis il l'enfouit sous terre.

Il se rendit alors à Paris, écrivit à Mme Kinck une lettre où il contrefit la signature de son mari, et qui engageait la malheureuse d'envoyer d'abord son fils aîné, puis de venir les rejoindre avec ses autres enfants, pour leur voyage en Amérique, qui était tout arrêté.

L'aîné des fils arrive ; Troppmann va à sa rencontre ; et, sous prétexte de le conduire à l'hôtel où il trouvera son père, il l'égare, le soir, dans un quartier isolé de Paris, à Pantin, l'assassine dans un champ et le cache sous terre.

Les deux hommes de la famille dont il avait le plus à craindre la résistance dans l'accomplissement de ses projets, étaient morts ; et la femme et les cinq enfants se rendaient à l'appel du mari et du père.

Troppmann va, comme il avait déjà fait pour le fils aîné, les attendre à la gare ; et la nuit il les conduit dans ce même champ de Pantin, où il tue la mère d'abord et les cinq enfants ensuite !.....

Il tasse ces six cadavres dans un même trou, les couvre d'un peu de terre et se sauve pour s'embarquer au Havre, emportant avec lui des papiers et des titres avec lesquels il se proposait de se substituer à Kinck et d'absorber plus tard tout l'avoir de cette famille, qu'il avait si horriblement anéantie.

Voici, d'après les journaux d'alors, le signalement très exact de Troppmann : « Chevelure très épaisse ; pas de barbe, même naissante ; nez très mince ; front déprimé et fuyant ; face abjecte ; corps chétif et petit ; apparence, seize à dix-huit ans. »

Il y avait dans ce dégénéré tant de la bête fauve qu'au moment où il allait recevoir le châtiment suprême de tous ses crimes, sur l'échafaud, le 19 janvier 1870, se débattant comme un loup pris dans un piège, il mordit l'exécuteur Hendrich, un colosse, qui lui brisa les reins pour lui faire lâcher prise, et le jeta à demi mort sous le couperet, qui l'acheva.

Quand on analyse les détails de ces grands crimes, on voit bien que tous ces meurtriers excentriques sont dépossédés du sens humain, et qu'ils agissent par une impulsion qu'on ne peut qualifier que de folie. En effet, tout est désordre dans leurs actes sanguinaires. Ils ne se contentent pas de tuer ; comme les bêtes fauves, au rang desquelles la dégradation narcotique les abaisse, ils assouvissent encore sur leurs victimes une rage. Ils déchirent, ils mutilent sans nécessité, par instinct féroce.

C'est le cas de Garrel, garçon boucher, condamné à la peine de mort par la cour d'assises de la Marne et exécuté à Reims, le 19 janvier 1873. Garrel, après avoir entraîné sa maîtresse dans un bois, lui avait ouvert le ventre pour y mettre la tête de la malheureuse, qu'il avait détachée du tronc.

Après avoir commis cette horreur, il a dû, comme un insensé, la contempler avec satisfaction et rire aux éclats de l'originalité du tableau.

Pour en finir avec toutes ces abominations, suivons dans les cours d'assises ces dépossédés du sens moral que leur perversité pousse à morceler les corps de leurs victimes, pour mieux arriver à dissimuler leurs crimes.

Parmi tant de dépeceurs de femmes qui ensanglantent si souvent les annales judiciaires, voyez ce Barré, âgé de vingt-cinq ans, ce Lebiez, âgé de vingt-quatre ; l'un clerc de notaire, l'autre étudiant en médecine!... Ils assassinent de concert, à Paris, pour la voler, une malheureuse crémière de la rue Paradis-Poissonnière, la femme Gillet. Ils la tuent, l'un avec un marteau, l'autre avec un stylet, rue Hautefeuille, chez Barré qui lui fait apporter dans sa chambre pour quatre sous de lait. Puis le coup fait, l'instruction nous les montre fumant tranquillement leur pipe en face de ce cadavre, pour trouver dans leur imagination diabolique les moyens les plus pratiques de s'en débarrasser.

Ils séparent d'abord les membres de leur victime, dont ils forment deux paquets qu'ils portent dans un garni de la rue Poliveau, où ils ont loué une chambre et où ils ne reparaissent plus. Ils tassent ensuite, par morceaux, la tête et le tronc dans une malle que Barré expédie au chemin de fer, comme bagages, pour Le Mans.

Puis, la sinistre besogne terminée, ces deux monstres continuent, comme si rien n'était, leur vie de paresse et de débauche, gaspillant gaiement dans les estaminets l'argent de la crémière.

Aux jours de l'expiation, ils sont devant la justice d'une assurance et d'un cynisme qui feraient croire qu'ils n'ont pas la conscience de l'énormité de leur crime. Ils simulent devant les magistrats la scène de l'assassinat et, quand ils ont terminé cette lugubre pantomime, Barré, regardant son complice, lui dit : « Tu ne m'en veux pas de t'avoir dénoncé. » Lebiez, haussant les épaules, lui répond : « Non, je ne t'en veux plus!... *Passe-moi du tabac.* »

Passe-moi du tabac!... Ces quatre mots ne sont-ils pas toute une révélation sur la cause éloignée de ce grand crime, quand on se demande, comme le fit, lors du procès, M. l'avocat général Fourchy, par quel mystère ces jeunes gens, qui appartenaient à des familles honorables d'Angers, qui ont fait au lycée de cette ville des études complètes, qui avaient cultivé leur esprit et leur cœur, ont-ils pu devenir en quelques années des hommes si pervers?

Non!... Jamais la justice n'aurait tranché ces deux têtes, si le *tabac* que Barré et Lebiez ont commencé à fumer au lycée d'Angers, effaçant peu à peu leurs aspirations naturelles pour l'étude, le travail et le bien, ne les avait fourvoyés plus tard dans les estaminets de Paris, où le *nicotisme*, pervertissant leur sens moral et desséchant leur cœur, a fini par détruire en eux tout sentiment humain.

La justice a fait son œuvre!... Toutes ces têtes coupées inspireront-elles la terreur? Arrêteront-elles par la crainte du châtiment les Billoir, les Vitalis, les Louchard, les Barré, les Lebiez, les Prévost, à venir dans cette voie du crime que nous voyons s'élargir tous les jours devant nous?

Non!... car la raison, l'enseignement et l'exemple n'ont pas plus de pouvoir sur l'aliéné du sens moral qu'il n'en ont sur l'aliéné de l'intelligence. Et c'est à la cause la plus directe de cette *double aliénation*: le *tabac*, que la société doit s'en prendre pour toutes ces anomalies qui l'affligent et la déshonorent.

C'est là qu'est tout le mystère!... Car quand, de l'échafaud, les corps de ces criminels arrivent à l'amphithéâtre, les physiologistes, les psychologistes ont beau chercher dans leur cerveau et dans les replis les plus profonds de leurs organes, ils ne rencontrent rien, aucune conformation vicieuse qui ait pu être la cause irrésistible et fatale de leurs penchants au meurtre.

Mais ce qui ressort invariablement de toute enquête, c'est que ces criminels étaient de *grands consommateurs de tabac*.

CHAPITRE XX

Ces monstruosités, qui sont l'effet du narcotisme chez les individus dont il a perverti le sens moral, ne sont pourtant qu'une exception restreinte dans la grande loi de la dégénérescence de l'homme sous *l'influence du tabac*. Ces maniaques du suicide et du meurtre n'ont été dégradés que dans une partie de leurs qualités affectives. Chez eux, l'intelligence a peu souffert. Et tant que ces meurtriers ont pu cacher leurs crimes, rien dans leurs rapports avec le monde n'aurait pu faire croire à leur perversité.

Mais l'intoxication du tabac ne s'arrête pas à faire des monomanes, des originaux, des excentriques, des monstres. Quand son action est plus profonde, plus continue sur le système nerveux, suivant l'impressionnabilité des sujets, suivant leur idiosyncrasie ou leur disposition d'esprit, elle *fait des fous*.

La folie est une des plus grandes plaies, du moins une des plus apparentes, que l'usage du tabac ait ouverte dans nos sociétés modernes. Les mille infirmités qu'il cause dans notre organisme n'atteignent que l'individu sur lequel elles se sont développées. Quel que soit l'organe qui ait été ruiné par le nicotisme, l'estomac, le poumon, le cœur, la vessie, le malade, à bout de résistance, meurt, et tout est fini. Car il a été seul à endurer des maux qu'il s'est volontairement attirés.

Mais l'aliéné est sans conscience de son abaissement et de ses misères. Il ne s'appartient plus à lui-même; ce n'est pas

lui qui souffre. Il est devenu la douleur de sa famille, le fardeau de la société, dont il affecte péniblement le regard par
l'exhibition de tant de dégradation humaine, et dont il com-
promet la sûreté par le déchaînement de toutes les mauvaises
passions, que l'intelligence et la raison ne dominent plus, chez
ces malheureux dégénérés.

Avant le règne du tabac, la folie était une maladie très rare
dans l'humanité. Les païens considéraient les fous comme possédés par de mauvais génies qui s'étaient substitués à leur
âme, dans leurs corps, qu'ils poussaient, par malice, à tous les
dérèglements.

Ces mêmes croyances ont prévalu dans les époques d'ignorance et de superstition du christianisme. Seulement, au lieu
des mauvais génies, on fit intervenir, pour expliquer la folie,
le démon ; Satan, cette unité qui règne dans l'enfer, substituée
à la pluralité des esprits malfaiteurs, comme l'unité de Dieu,
au ciel, a été substituée au polythéisme.

Sous l'impulsion de ces croyances, le traitement de la folie
consistait surtout en certaines pratiques religieuses dans lesquelles entraient l'eau bénite, les signes de croix et les
prières, pour produire ce qu'on appelle en théologie l'exorcisme ; c'est-à-dire l'expulsion du démon et le retour de l'âme
dans le corps de la créature, qu'elle avait abandonnée pour
faire place à Satan.

Alors, l'aliéné avait des égards qu'on ne lui accorde plus
aujourd'hui. Il était quelque chose de vénéré dans la famille ;
on avait pour lui le respect du malheur. Car on le considérait
comme l'esclave du démon, attendant tous les jours sa délivrance d'une faveur toute céleste.

Le nombre en était d'ailleurs si restreint, qu'on les laissait
errer en liberté au milieu du monde. Seulement les fous violents ou dangereux étaient reçus dans les hospices, où un
quartier spécial leur était affecté.

Mais la quantité de ces malheureux grandit tellement, sous

une influence toute moderne (qu'on ne saurait chercher ailleurs que dans l'usage du tabac), que la société s'en émut et sentit le besoin de prendre des mesures, tant dans l'intérêt de ces tristes créatures, que pour soustraire aux regards les tableaux affligeants de leur déchéance dans l'humanité.

En juin 1838 parut une loi sur le traitement des aliénés, portant que chaque département devait avoir un établissement public spécial destiné à recevoir et soigner ces malheureux, ou traiter à cet effet avec un établissement public ou privé, soit de ce département, soit d'un autre.

Alors les départements se concertèrent ensemble et se divisèrent par groupes ; chaque groupe de quatre à cinq départements, par exemple, et dont l'un bâtissait l'établissement et recevait, moyennant une indemnité convenue, les aliénés des autres départements qui composaient le groupe. Cette disposition fonctionna ainsi pendant quelques années; mais la clientèle de ces asiles prit des proportions si rapides, que leur insuffisance permit à une foule d'établissements privés de s'établir à côté d'eux.

On lit dans la *Statistique officielle des aliénés*, publiée en 1866, page 13 :

« La population de nos asiles d'aliénés, qui n'a cessé de s'accroître depuis 1835, date des premiers renseignements recueillis, a continué sa marche ascendante. Il ne sera pas sans intérêt de rappeler les chiffres de cette progression à partir de 1835. Ils sont représentés par le tableau suivant :

Années.	Aliénés.	Années.	Aliénés.	Années.	Aliénés.	Années.	Aliénés.
1835	10.533	1842	15.280	1849	20.231	1856	25.485
1836	11.091	1843	15.786	1850	20.061	1857	26.305
1837	11.429	1844	16.255	1851	21.355	1858	27.028
1838	11.982	1845	17.089	1852	22.495	1859	27.878
1839	12.577	1846	18.013	1853	23.795	1860	28.761
1840	13.283	1847	19.023	1854	24.524	1861	30.239
1841	13.887	1848	19.570	1855	24.896	1866	31.929 (1)

(1) 1870-38.248 — 1880-46.912 — 1890-56.965. E. Decroix.

En 1866, l'administration, frappée du chiffre toujours croissant des aliénés dans les établissements qu'elle pouvait re-
censer, fit un relevé général, dans toute la France, des victimes de l'aliénation, et elle en constata, au domicile des
familles, 18.734, qui, joints aux 31.927 traités dans les asiles,
donnent un total de 50.726.

A la page 17 de la même *Statistique*, on lit :

« A l'occasion des trois derniers dénombrements de la population, c'est-à-dire en 1851, 1856 et 1861, on a recensé, en
France, les aliénés : 1° vivant au sein de leur famille ; 2° en
traitement dans les asiles spéciaux.

« Bien que les recensements de cette nature doivent contenir
de nombreuses omissions, en raison des graves difficultés
qu'ils rencontrent, de la répugnance des familles à déclarer
leurs malades, les faits recueillis offrent assez d'intérêt pour
motiver le résumé succinct ci-après :

ON A DÉNOMBRÉ :

		En 1851.	En 1856.	En 1861.
Insensés	à domicile.......	24.433	34.004	53.160
	dans les asiles....	20.537	26.286	31.054
	Totaux.....	44.970	60.270	84.214

« D'après ces chiffres, le nombre total des individus atteints
d'affections mentales se serait élevé, en dix années, de 44.970
à 84.214. L'accroissement aurait été, de 1851 à 1856, de 34 °/₀
et de 1856 à 1861, de 39 °/₀.

« Le rapport à la population de la France du total des aliénés,
calculé comme il vient d'être dit, était, en 1851, de 1 sur
796 habitants ; en 1856, de 1 sur 598 ; et en 1861, de 1 sur 444.

« En 1851, on avait cru devoir, pour faciliter l'opération,
réunir en une seule catégorie les fous et les idiots-crétins. Ils

ont été séparés en 1856 et 1861. Voici les chiffres constatés à ces époques :

	En 1856		En 1861	
	Fous.	Idiots-crétins.	Fous.	Idiots-crétins.
A domicile......	11.714	22.290	15.264	37.896
Dans les asiles..	23.317	2.969	27.425	3.629
Totaux......	35.031	25.259	42.689	41.525
Totaux généraux......	60.290		84.214	

« Au dernier relevé, aujourd'hui connu, de 1867, on constate les chiffres suivants :

« 50.768 aliénés à domicile ou dans les asiles, soit une augmentation de 8.081 sur le recensement de 1861. »

On voit, par ces chiffres, que la presque totalité des idiots-crétins reste au sein de la famille, et qu'au contraire la plus grande partie des fous sont renfermés dans les établissements spéciaux.

D'après la même *Statistique*, page 23, le nombre total des individus admis chaque année dans les établissements d'aliénés a suivi, à partir de 1835, la marche progressive ci-après :

1835	3.947	1842	6.686	1849	7.536	1856	9.246
1836	4.215	1843	6.798	1850	8.184	1857	10.024
1837	4.441	1844	7.435	1851	8.592	1858	10.314
1838	4.910	1845	7.518	1852	9.782	1859	10.086
1839	5.536	1846	7.570	1853	9.081	1860	10.785
1840	5.433	1847	7.686	1854	9.234		
1841	5.851	1848	7.341	1855	9.303		

Ainsi, depuis 1835, le nombre des admissions annuelles, sauf quelques oscillations, n'a cessé d'accroître.

Si l'on compare 1835 à 1860, on trouve, pour cette dernière année, un accroissement de 6.838, ou de 173 °/₀.

Tous ces aliénés sont traités dans 97 établissements existant en France, à la fin de 1861. Un appartenant à l'État, 37 dé-

partementaux ; 19 appartenant aux hospices, et 42 établissements privés.

Depuis 1861, chaque année a vu s'élever des établissements
nouveaux ; et aujourd'hui il n'est peut-être pas un seul département qui n'ait le sien lui appartenant en propre. C'est ainsi,
par exemple, que le petit département du Var vient d'en cons-
truire un immense à Pierrefeu, qui ne tardera pas à être insuffisant pour la nombreuse clientèle qui vient lui demander un
asile.

Ceux qui s'attristent à l'idée de tant de misères humaines
cachées, comme dans autant de prisons, derrière les murailles
de ces établissements, grillés de fer, comme s'ils contenaient
des criminels ou des bêtes fauves, ne sont pas sans se demander parfois d'où peut venir un accroissement si rapide et si
régulier de la folie : qui fait qu'en 1870, par exemple, le nombre
des aliénés est quatre fois plus grand qu'il n'était en 1830. Eh
bien, de quelque côté qu'ils en cherchent la cause, ils ne pourront la trouver que dans la *consommation du tabac*, qui grandit
avec la même régularité et dans les mêmes proportions que le
nombre des fous.

C'est ce que démontre le tableau suivant, de la statistique
du produit net des tabacs de la Régie.

Le tabac a produit en :

1821	64.929.123 francs.	1852	120.000.000 francs.
1829	66.605.471 —	1862	220.000.000 —
1832	67.488.167 —	1863	226.000.000 —
1847	86.000.000 —	1870	300.000.000 — (1)

Devant des rapports si frappants, entre la cause présumée et
l'effet, on est d'autant plus obligé d'admettre que le tabac doit
être l'origine du plus grand nombre des cas de folie, que, tandis
que son usage s'étendait, les causes, en quelque sorte primitives et naturelles de cette affection ont considérablement

---

(1) 1880-343.067.487 — 1890-371.178.116. E. DECROIX.

diminué, par le progrès de nos institutions et par la transformation de nos mœurs.

La folie a deux sources naturelles qui l'ont constamment engendrée : 1° les lésions organiques du cerveau ; 2° les affections morales.

Les lésions organiques ne sont pas, de nos jours, plus fréquentes qu'elles ne l'étaient dans l'ancien temps. Elles devraient, au contraire, l'être bien moins, par les progrès qu'ont faits la chirurgie et la médecine, qui ont plus de moyens qu'autrefois de remédier aux commotions du cerveau, par suite de coups et blessures, de même qu'aux congestions et aux inflammations de cet organe, par suite de maladies.

Quant aux causes morales, les plus fréquentes étaient les déceptions dans les affections, l'insuccès, les revers dans les affaires d'intérêt. Or, peut-on dire qu'aujourd'hui le cœur des hommes est plus sensible qu'autrefois à l'amour et à la jalousie, par exemple, qui sont les plus grands perturbateurs des intelligences, même les plus fortes ? Assurément non ! Il y aurait, au contraire, dans notre époque, une tiédeur bien marquée pour les convoitises des hommes à l'égard des femmes. On se marie peu ; et le célibat s'infiltre, de plus en plus, dans nos mœurs.

L'amour diminuant, la jalousie, qui en est la conséquence, doit diminuer aussi ; et, par rapport à ces deux causes qui s'affaiblissent, la folie, qui en émane si souvent, devrait avoir une marche décroissante parmi nous. Mais les statistiques nous démontrent combien il est loin d'en être ainsi.

Sous le rapport des intérêts matériels, des affaires proprement dites, les sociétés modernes sont beaucoup plus favorisées qu'elles ne l'étaient autrefois. L'abolition des privilèges et des castes, l'égalité des droits de tous les citoyens à participer au bien-être général et aux affaires publiques, suivant leurs capacités ou leur mérite personnel, ont fait disparaître de parmi nous un grand nombre de souffrances matérielles et morales d'où, bien souvent, devait naître la folie.

La fraternité, la charité, la mutualité pour l'assistance sont aujourd'hui si universellement pratiquées sous toutes les formes, qu'il n'y a plus de misères qui ne soient soulagées, plus de défaillances et de découragements qui ne soient soutenus ou relevés.

Le pacte d'alliance qui s'est opéré entre le capital et le travail par la création des banques et d'une variété sans nombre d'établissements de crédit, a extirpé l'usure, dont les mains crochues venaient mettre à sec la caisse de tant de courageux travailleurs ou commerçants. Combien de ces braves gens épuisaient leur activité pour enrichir des prêteurs sans conscience! Arrivés à la ruine après toute une vie de travail, ils n'avaient en perspective que la prison pour dettes sous le bon plaisir d'un usurier, ou les galères avec la flétrissure de banqueroutier attachée à leur nom, et rejaillissant sur toute leur famille.

Ces positions douloureuses se produisaient bien souvent dans tous les genres d'affaires, et plongeaient dans les abîmes de la folie bien des natures faibles et désespérées, quand elles ne les poussaient pas au suicide.

Une législation sage et empreinte de sentiments d'humanité a remplacé tous ces errements, tous ces préjugés, toutes ces rigueurs dont on accablait les commerçants malheureux. Le concordat, la réhabilitation, institués par la loi sur les faillites, l'abolition de la contrainte par corps, ont sauvé du désespoir et de la folie, en leur rendant le courage et l'espérance, une foule d'honnêtes gens qui n'avaient d'autres torts que d'avoir été mal servis par les chances si fragiles et si décevantes de la fortune dans les spéculations commerciales.

Deux autres causes bien puissantes de l'aliénation mentale, qui ont disparu de nos mœurs, étaient les maisons de jeu et la loterie. Ces institutions démoralisantes étaient patronnées par le Gouvernement, qui, pour se créer des revenus, spéculait sur l'entraînement des passions, comme il le fait aujourd'hui pour le tabac.

Qui pourrait compter toutes les têtes qui se sont perdues dans la folie en rêvant les combinaisons de numéros de loterie qui devaient un matin, au réveil, leur apporter la fortune, et qui ne leur donnaient, en définitive et en réalité, que les déceptions et la misère ?

Cette immoralité, exploitée par l'État, a vécu trente-cinq ans, bravant les conseils de la raison, les sarcasmes de la critique et les abjurations des moralistes et des philanthropes.

Née sous la République, en l'an VI (1798), où le besoin de battre monnaie par tous les moyens la fit éclore, elle mourut en 1832, sous les réclamations les plus instantes du Corps législatif.

C'est alors que la renaissance du tabac vint combler, au centuple, le vide que la mort de la loterie apportait dans les caisses de l'État.

Il est donc bien constant que plus l'on voit s'atténuer et disparaître les causes, pour ainsi dire essentielles, des maladies mentales, celles qui sont inhérentes à la nature humaine, plus la folie nous envahit. Ses ravages sont à l'ordre du jour ; ils font le sujet des comptes rendus des journaux, comme si c'était une épidémie dont ils enregistrent jour par jour les victimes.

Charles Monselet, ce sympathique collaborateur de la presse, s'effraye un jour des grands vides que fait autour de lui la *folie* ; et il retrace dans cet article à sensation les impressions qu'il en reçoit :

« *Chronique parisienne*. — Les fous recommencent à faire parler d'eux.

« Quelques-uns protestent, surtout ceux qui, comme M. le marquis de Louvaucourt, ont 150.000 francs de rente et qui éprouvent une légitime répugnance à échanger ces bonnes rentes là contre une camisole de force.

« Le pauvre Cœdès a aussi sa part de publicité, mais son cas n'est pas le même ; on ne lui sert pas une pension de 24.000 francs dans la maison de santé où il est interné.

« La folie est la mort avec des veines chaudes », a dit un auteur, et cette définition est encore celle qui me satisfait le mieux, quoiqu'on ne puisse l'admettre comme absolue.

« Le premier fou qu'il m'a été donné de voir était un fou *officiel*, pensionnaire de la Société des gens de lettres ; c'était Eugène Briffault. On l'avait mis dans la maison de Charenton où il était dans la classe des fous tranquilles, trop tranquilles. Il ne soufflait mot et demeurait le regard fixe, insignifiant, assis dans une chaise, les pieds remontés sur les barreaux.

« Un des plus brillants viveurs de son époque ! » me dit le directeur.

« Personne n'a moins ressemblé aux autres fous que Gérard de Nerval, et l'on est forcé de s'arrêter devant cette physionomie si sympathique et si charmante.

« Il plongea dans les espaces imaginaires dont il revint deux fois, se cramponna, lutta, tellement qu'il finit par prendre goût à cette lutte et par se mettre tout bonnement à exploiter littérairement sa folie.

« La mort le surprit à cette occupation inouïe. Il avait vendu ses sensations à la *Revue de Paris*, et, le lendemain de son enterrement, on pouvait lire des confidences du genre de celles-ci, notées par lui heure par heure :

« J'ai été souper cette nuit dans un café du boulevard, et je
« me suis amusé à jeter en l'air des pièces d'or et d'argent...
« Ensuite, j'allai à la halle et je me disputai avec un inconnu, à
« qui je donnai un rude soufflet. A une certaine heure, entendant
« sonner l'horloge de Saint-Eustache, je me suis pris à penser
« aux luttes des Bourguignons et des Armagnacs, et je croyais
« voir s'élever autour de moi les fantômes des combattants de
« cette époque... Je me pris de querelle avec un facteur qui
« portait sur sa poitrine une plaque d'argent, et que je disais
« être le duc Jean de Bourgogne.

« Dans la rue du Coq, j'achetai un chapeau, et j'arrivai aux
« galeries du Palais-Royal. Là, il me sembla que tout le monde
« me regardait. J'entrai au café de Foy, et je crus reconnaître

« dans un des habitués le père Bertin, des *Débats*. Ensuite, je
« traversai le jardin et je pris quelque intérêt à voir les rondes
« des petites filles.

« De là, je sortis des galeries et je me dirigeai vers la rue
« Saint-Honoré. J'entrai dans une boutique pour acheter un
« cigare, et, quand je sortis, la foule était si compacte que je
« faillis être étouffé. Trois de mes amis me dégagèrent en répon-
« dant de moi et me firent monter dans un fiacre. *On me conduisit*
« *à l'hospice de la Charité.* »

« Beaudelaire doit-il être classé parmi les fous? Son cas était
particulier, du moins : la paralysie avait déterminé chez lui
non pas la perte de la parole, mais la perte de la faculté de s'exprimer. En d'autres termes, il avait perdu son dictionnaire. Il
ne lui restait plus que le cri, ou plutôt un seul mot, une exclamation vulgaire, — *cré nom* ! — qui lui servait à tout rendre.
Les yeux avaient gardé une certaine partie de leur éclat et
de leur intelligence, mais il ne fallait pas trop y croire.

« Armand Barthet, du même âge environ que Beaudelaire, le
suivit de peu d'années dans le gouffre. Il avait toujours été
bruyant, remuant, piaillant comme un moineau. D'où vient
que sa folie prit tout à coup un caractère homicide des plus
étranges, et qu'il tourna un jour contre lui-même le rasoir du
chanoine Fulbert? — Oh! Barthet, à quoi pensiez-vous en ce
moment? Et comme cette façon d'accélérer votre trépas vous
ressemblait peu !

« J'ai encore approché d'autres fous qui tenaient une plume
et auxquels la plume a glissé des doigts :

« Théodore Pelloquet, qui, parti de la place Pigalle, est allé
échouer à l'hospice Saint-Pons, aux portes de Nice.

« Jean du Boys, qui a fait jouer une grande comédie en cinq
actes et en vers au Théâtre-Français, *la Volonté*, et à qui sa
volonté à lui a insensiblement échappé.

« De tous les fous de lettres, celui qui a le plus dérouté la
science et qui, jusqu'à un certain point, a montré le tableau le
plus rassurant, c'est le poète Antony Deschamps, qui a vécu

relativement très vieux, et qui est mort il y a quelques années, sinon guéri, du moins apaisé. Il avait commencé pourtant par la douleur aiguë et criante, et, comme Gérard de Nerval, qu'il précédait, il s'était mis à chercher dans l'analyse de son mal un soulagement intermittent. Les journaux et les revues retentissaient de ses plaintes poétiques :

> Depuis longtemps je suis entre deux ennemis :
> L'un s'appelle la Mort et l'autre la Folie.
> L'un m'a pris ma raison, l'autre prendra ma vie,
> Et moi, sans murmurer, je suis calme et soumis.

« Il s'était réfugié chez le docteur Blanche, qui l'avait pris en affection, et où il demeura jusqu'à sa dernière heure.

> Or, maintenant je vis avec des insensés ;
> A les étudier mes jours se sont passés,
> Et je ne me plains pas du sort qui me menace,
> Car je puis sans rougir les regarder en face :
> Ils ne comprennent pas que je suis l'un d'entre eux,
> Et, « puisque je le sais », un des plus malheureux.
> . . . .
> Et quand j'ai retourné ma plaie en tous les sens,
> Quand j'ai prié, poussé de funèbres accents,
> « Je compte jusqu'à mille », et puis je recommence,
> De peur que ma raison ne cède à la démence.
> Voilà ce que je fais alors que je suis seul.

« Cela fait passer un frisson dans le dos.

« J'en prends encore de toute main et dans toutes les conditions :

« Le riche député Didier, qui sortit un matin de chez lui en costume de mahométan pour s'en aller sonner à la porte du Ministre.

« O'Connell, ce peintre de premier ordre, battant de son front les grilles d'un cabanon, et dont la direction des beaux-arts se refuse à payer la dépense.

« Et Montpayroux, dont la tête éclata sous les projets, les chiffres, les combinaisons financières !

« J'ai gardé les comédiens pour la fin.

« Ils sont nombreux, ceux qui ont été touchés de l'impitoyable marotte. Leur défilé commence à Potier, tombé en enfance ; puis se continue avec Monrose père, qui accomplit le tour de force prodigieux de jouer le rôle de Figaro entre deux douches, épié de la coulisse par le docteur Blanche.

« Sans quitter le Théâtre-Français, j'aperçois Guyon, le beau Guyon, qui fut un des trois vieillards héroïques des *Burgraves*. Hélas ! Il a suffi d'un souffle, du premier vent venu pour renverser le géant Guyon.

« C'est ordinairement par le manque de mémoire que la folie se fait jour chez les comédiens. Un beau soir, ils ouvrent la bouche, ils s'apprêtent à réciter leur rôle... et ils restent cois. Ainsi est-il arrivé pour Berton père, à l'Odéon. — A la maison de santé, Berton père !

« A la maison de santé, Desrieux ! cet artiste aux manières si distinguées, cet homme d'une si bonne éducation !

« A la maison de santé, Albert, de la Gaîté ! A la maison de santé, Lhérie et Camille Michel ! A la maison ·de santé, Romanville, de l'Odéon ! A la maison de santé, Lacourière, du Palais-Royal. A la maison de santé, André Hoffmann, le joyeux colosse ! A la maison de santé, Lassagne, le roi des pitres ! A la maison de santé, tous ces cerveaux fragiles et fêlés, et usés !

« A la maison de santé, enfin, Gil Pérès et Cœdès !

« Quand s'arrêtera cette ronde macabre, la plus macabre de toutes les rondes ?

« Charles Monselet. »

Eh bien, cette revue que fait Charles Monselet de ceux qu'il a connus et qu'il a vu passer de la scène brillante de la vie et du monde à l'horrible cellule des aliénés, nous pouvons tous la passer de même ; et nous verrons combien nous compterons de nos parents, de nos amis et de nos connaissances qui ont subi le même sort, et ont plongé, eux aussi, dans ce cratère toujours béant de la folie.

Comment expliquer cette anomalie nosologique, si l'on ne va chercher une cause mystérieuse et fatale, qui se substitue ou s'ajoute aux causes naturelles de la folie et en dépasse toute la puissance, puisqu'elle en décuple les effets ?

Cette cause, c'est le tabac, dont la fumée narcotique nous sature, car nous vivons au milieu d'elle, comme dans une *atmosphère empoisonnée*. Elle monte à notre cerveau avec ses vapeurs d'ivresse, comme le ferait le plomb, le mercure, l'arsenic, dans les industries malsaines ; et elle produit sur l'organe de notre intellect deux actions bien marquées : l'une qui le ruine dans sa substance par l'inflammation, la congestion, l'émaciation, le ramollissement, comme nous l'avons déjà démontré pour la moelle épinière ; et l'autre qui le détraque dans ses fonctions psycho-physiologiques jusqu'à la folie.

Ces vérités, la médecine ne cesse de les répéter à qui veut les entendre. Mais malheureusement les discussions académiques qui viendraient confirmer les conseils que les docteurs donnent isolément dans le monde contre l'usage du tabac, ont trop peu de retentissement parmi nous. Elles sont des lettres mortes qui vont, sitôt qu'elles naissent, s'ensevelir dans des Bulletins scientifiques que les gens du monde, et encore moins les prolétaires, ne lisent pas.

Combien pourtant de ces communications instructives seraient lues avec intérêt par le public profane, si elles trouvaient le moyen d'arriver jusqu'à lui, comme j'ai voulu le faire par ce livre !

Ainsi, à la séance de l'Académie de médecine de Paris, le 21 février 1865, le docteur Jolly, dans une étude médicale sur le tabac, disait, à l'occasion des effets pernicieux de cette plante sur le cerveau :

« Aujourd'hui, il n'est plus permis de mettre en doute la part qu'a pu prendre le tabac au développement progressif des maladies mentales ; et plus spécialement à l'étiologie de cette forme d'aliénation si vaguement dénommée sous le titre de paralysie générale ou progressive (*delirium tremens*, folie crapuleuse), maladie qui, depuis un certain nombre d'années, se multiplie de manière à encombrer de toutes parts les maisons de santé et les asiles d'aliénés.

« On doit à MM. Guislain et Hagon d'avoir, les premiers, signalé la double influence du tabac et des spiritueux sur le développement actuel des maladies mentales. Et les statistiques viennent de plus en plus justifier l'opinion des deux médecins belges.

« Il existe un fait actuel d'observation qui domine toutes les statistiques du monde, et qu'il faut peut-être tout d'abord signaler à la sollicitude de l'administration sanitaire, au moment où elle songe à des mesures d'agrandissement et à de nouveaux plans d'asiles ; c'est que la paralysie générale des aliénés, cette maladie que l'on ne rencontrait que bien rarement et dans des proportions presque invariables, il y a trente ans, alors que la consommation du tabac était restée, elle-même, à peu près invariable, la paralysie générale a suivi presque invariablement, dans son développement depuis cette époque, le mouvement progressif du produit fiscal du tabac, comme lui étant subordonnée, pour ainsi dire, nécessaire.

« Et si l'on veut tenir compte aussi de toutes les autres formes de maladies des centres nerveux, qui témoignent d'une commune étiologie, et qui ne figurent dans aucune statistique, telles que les myélites chroniques, les paraplégies, toutes les névropathies musculaires ou myosotiques, on arrivera facilement au chiffre de plus de 100.000 individus qui, à ce point de vue seulement, subissent plus ou moins les effets toxiques du tabac.

« Ce qu'il faut pourtant regretter, c'est que dans les statistiques annuelles que publie l'administration sur l'état sanitaire de la France, elle n'ait pu encore distinguer, par catégorie, les variétés de forme que peut affecter l'aliénation mentale. Non seulement elle aurait pu constater l'énorme proportion des cas de paralysie progressive, mais elle aurait pu facilement en saisir la cause principale dans l'abus du tabac; ce qui pourrait mériter à la maladie le nom de *paralysie nicotineuse*, tout aussi bien que l'on a donné le nom de saturnine à la paralysie due aux émanations du plomb.

« Obligé de chercher ailleurs que dans les statistiques officielles (toujours indulgentes à l'égard du tabac) les documents qui pourraient le mieux nous éclairer sur ce point, nous les avons trouvés, autant qu'il était permis de l'espérer, dans les asiles publics et privés. Là, en effet, nous avons pu nous convaincre que, dans les services d'hommes, c'est toujours la paralysie progressive ou myosotique qui domine, au point de constituer à elle seule l'excédent du chiffre normal des aliénés; quand les autres formes d'aliénation ne souffrent, pour le nombre, que de faibles variations. Et, ce qui pourrait être également digne de remarque, c'est que toutes les fois qu'il nous a été possible de compléter un renseignement sur les antécédents de la maladie, ils sont encore venus rendre plus évidents les tristes effets de l'abus du tabac.

« Rien de semblable dans les asiles de femmes aliénées. On n'y trouve plus, pour ainsi dire, que les formes classiques de la folie, c'est-à-dire les délires maniaques, lypémaniaques, monomaniaques et autres, soit aiguës, soit chroniques, soit continues, soit intermittentes; en un mot, toutes les névropathies inhérentes à la vie morale de la femme, et ayant leur commune source dans l'organisation même, dans une physiologie toute sexuelle.

« Et, si quelques cas rares de paralysie générale ou progressive s'y rencontrent, les exceptions elles-mêmes sont encore un enseignement qui pourrait également éclairer l'étiologie de la maladie, en ce qu'elles accusent ordinairement des causes exceptionnelles, des excès de tout genre, même celui de l'usage du tabac, dont quelques femmes paralytiques nous ont offert l'exemple, soit en ville, soit dans les asiles d'aliénés.

« Si ce ne sont là encore que de simples coïncidences, on se demandera pourquoi la maladie fait si facilement acception des individus qui subissent l'influence du tabac, et d'un tabac plus ou moins saturé de nicotine ; pourquoi les militaires, les marins surtout, qui surpassent le reste de la population dans les excès de la pipe et du cigare, figurent-ils toujours en première ligne dans le chiffre des aliénés paralytiques. Pourquoi les personnes qui, au contraire, s'abstiennent de fumer, les femmes, par exemple, sont si rarement atteintes de la maladie ? Pourquoi enfin toutes les populations qui ne fument pas, ou qui ne fument qu'un tabac sans nicotine, ou même d'autres substances plus inertes, le houblon, le thé, l'anis, sont encore si généralement exemptées de la paralysie générale ?

« Une autre objection a pu nous être faite ; et elle était assez grave, assez spécieuse du moins, pour que nous ayons dû nous la faire à nous-même : c'est que le fumeur et le buveur d'alcool et d'absinthe s'associent si bien, et se confondent si souvent dans le même individu, que l'on pourrait les accuser également et les rendre justiciables du même fait de causalité, à l'égard de la paralysie générale.

« Pour nous éclairer sur la valeur de l'objection et pour nous mettre à même d'y répondre, nous avons cherché, autant que possible, à détacher le fumeur du buveur, à faire la part de chacun d'eux, dans l'étiologie de la maladie. Et, sans nier absolument l'influence des spiritueux sur le chiffre actuel des maladies mentales, influence qu'il ne faut pas moins déplorer pour la santé publique que pour la morale privée, nous sommes toutefois suffisamment fondé à admettre que l'abus du tabac doit être placé au premier chef des causes de la paralysie générale. Et nos raisons les voici : nous avons vu des paralytiques ne buvant que de l'eau, mais fumant au delà de toute mesure ; et nous avons reçu une preuve du même fait : le témoignage de confrères bien éclairés, qui ont pu observer aussi des cas de paralysie chez des fumeurs qui savaient s'abstenir de tout spiritueux.

« Tel était, entre autres exemples, celui que nous racontait notre excellent collègue et ami, M. Grisolle, d'un malade qui, avec des habitudes de sobriété, sous d'autres rapports, fumait une partie du jour et de la nuit et avait fini par tomber graduellement dans un état voisin de la démence paralytique, lorsque, sagement averti de la cause de sa maladie et de tous les dangers qu'il courait, s'il n'y mettait un terme immédiat, le malade sut s'exécuter résolument, et guérit assez promptement.

« Nous tenons aussi de l'obligeance de l'honorable président du conseil de santé de l'armée, M. le docteur Maillot, ce fait assez important : que, dans le chiffre sensiblement progressif des cas de paralysie générale qui s'offrent, chaque année, à l'inspection, il s'en trouve un certain nombre, plus même qu'on ne l'avait pensé, qui étaient autant d'exemples de sobriété, à l'égard des spiritueux, bien que les malades aient souvent fait abus de la pipe ou du cigare.

« Les soldats qui, comme on le sait, échangent quelquefois volontiers leur ration de vivres pour des provisions de tabac, ont fourni de nombreux exemples de la maladie, sans que l'on ait pu accuser en eux aucun excès de spiritueux.

« Il nous a été facile de constater un autre fait plus général encore, et non moins probant : c'est que, dans certaines provinces de la France, dans la Saintonge, le Limousin, le Languedoc, où l'on ne fume encore que très peu, mais où l'on fait souvent une énorme consommation d'eau-de-vie, la paralysie progressive est à peu près inconnue.

« Il nous paraît donc suffisamment établi, d'après le concours de témoignages et de preuves, que si l'abus des spiritueux ne peut pas être considéré comme chose indifférente dans la question de développement des maladies mentales, il y a pourtant lieu d'attribuer plus spécialement à l'abus du tabac la cause essentielle de la paralysie progressive des aliénés; de cette maladie qui figure aujourd'hui pour plus de 60 p. 100 dans le chiffre total des aliénés.

« Et ce qui a paru assez digne de l'attention de tous les hygiénistes et des aliénistes, c'est que, jusqu'à présent, l'observation n'ait pu encore constater l'existence de la paralysie générale des aliénés dans les nombreuses localités du Levant, où l'on ne fume que du tabac sans nicotine ou des succédanés. »

A l'appui des opinions du docteur Jolly sur la part considérable qui revient au tabac comme cause de la folie paralytique, nous citerons deux faits que nous avons été à même de constater, au milieu des populations d'origine et de mœurs si variées qui vivent en Californie, et surtout dans la ville de San-Francisco, qui comptait, en 1882, plus de 300.000 habitants.

1° Les colons de race espagnole, venus de toutes les républiques qui bordent le Pacifique, fument considérablement et boivent fort peu de liqueurs alcooliques. Les femmes surtout s'en abstiennent d'une manière presque absolue, et fument peut-être encore plus que les hommes. Aussi, on ne saurait se faire une idée des ravages que produit dans cette classe de population l'usage du tabac séparé de l'alcool. On y trouve tous les caractères les plus marquants de la dégénérescence physique et morale.

Dans un climat des plus tempérés, qui se fait surtout remarquer par une fertilité et une fécondité exceptionnelles, la nicotine, agissant à la fois sur les deux sexes, détermine dans leur union un état voisin de la stérilité ; et la mortalité est plus grande parmi les rares enfants qui ont été conçus dans des conditions si contraires à une saine génération : le narcotisme du sens génital.

Les femmes y perdent de très bonne heure leurs fonctions menstruelles, et leurs seins, presque toujours incapables de nourrir les enfants, ont disparu, par atrophie, bien avant l'âge où elles doivent renoncer à devenir mères.

2° Les colons de race chinoise sont ceux dont l'immigration est aujourd'hui des plus abondantes et des plus soutenues. Cette race asiatique, habituée à fumer l'opium, tend sensiblement à modifier ses mœurs, et se façonne aux usages des populations d'Europe et d'Amérique, avec lesquelles elle se trouve en contact; beaucoup d'entre eux renoncent donc à se griser dans les vapeurs enivrantes du pavot, pour s'engourdir dans la fumée narcotique du tabac.

Fervents sectaires de Confucius, ils suivent avec ponctualité les prescriptions du prophète, qui leur défend de boire des liqueurs alcooliques. Un grand nombre d'entre eux se livrent à l'industrie du tabac, qu'ils manufacturent sous toutes les formes. Ce genre de fabrication, dont ils retirent de grands bénéfices, contribue beaucoup à les initier à la consommation de l'article. Il fument dans leurs magasins pour attirer l'acheteur, leurs compatriotes surtout, qu'ils cherchent à gagner par l'exemple.

Maintenant, tous ces convertis à la mode nouvelle rivalisent de bon ton et d'élégance avec les blancs pour fumer le tabac. Ils vont sur la voie publique, au milieu du beau sexe, le cigare ou la pipe à la bouche, comme les plus fashionables des dandys américains. Mais là où on ne les voit pas encore imiter leurs modèles, c'est dans les *bar rooms*, comptoirs de débit de boissons, où l'on va demander aux libations alcooliques un antidote des effets stupéfiants du tabac.

A San-Francisco, ces races asiatiques réputées inférieures, sont refoulées dans les quartiers primitifs de la ville, devenus, dans moins de vingt ans, les vieux quartiers, tant la cité s'est faite rapidement adulte ; là où s'établirent, dans des maisons de construction primitive et bien loin d'être luxueuses, les pionniers de la colonisation californienne.

C'est dans ces quartiers, qu'on désigne aussi sous le nom peu flatteur de *Côte de Barbarie* ou de *ville chinoise*, que vivent ces populations qui fument beaucoup de tabac et consomment très peu d'alcool.

Tout ce monde a un aspect étiolé, engourdi, vieux avant l'âge. Dans ce pays de l'activité, de la richesse par le travail, on voit la misère, le dénûment. Ils naissent du fainéantisme et de l'indolence où plonge nécessairement le tabac, quand l'alcool ne vient pas remonter, par soubresaut, l'organisme abattu par le narcotisme.

C'est là que l'on trouve quantité de paralytiques des deux sexes et de jeunes vieillards traînant, sur des bâtons, leur marche chancelante par le *delirium tremens*. C'est de ce milieu de dégénération humaine que sortent, en grand nombre, les fous paralytiques, les hallucinés de toute sorte qui encombrent le grand établissement d'aliénés de Stockton, qui ne peut plus les contenir et verse son trop-plein dans le nouvel asile de Napa.

Dans ce pays, où l'on fume tant, la folie est si fréquente, que les plus grands établissements publics entretenus par l'État, que l'on y rencontre, sont des asiles d'aliénés ; véritables tonneaux des Danaïdes qui ne remplissent jamais, tant sont larges les vides qu'y creuse une mortalité sans égale, inhérente à ces tristes maladies.

Et ce fait se constate dans tous les États de l'Union en général.

Si des États-Unis on passe au Canada, on voit que la folie fait, là encore, bien plus de ravages, surtout dans ces restes de colons français qui ont été séparés de la mère patrie pour passer sous la domination anglaise, après nos revers maritimes de la fin du règne de Louis XIV.

La race française, qui, avant l'invasion du tabac, avait résisté si longtemps aux intempéries de ce rude climat et avait étendu ses racines jusqu'aux côtes du Pacifique, dans la Colombie et l'Orégon, cette race que son organisation nerveuse rendait plus accessible aux effets des poisons végétaux, s'étiole et languit. Elle tend de plus en plus à disparaître de ces vastes contrées qu'elle avait conquises par son énergie, où elle semble n'avoir plus assez de vigueur pour se reproduire, et où la race anglo-saxonne la remplace rapidement.

A mon passage dans cette ancienne colonie française, en 1875, les établissements d'aliénés des grandes villes, Kingston, Montréal, Québec, étaient tellement encombrés, qu'il fallait recourir aux prisons pour pouvoir donner asile à tant de malheureuses créatures, réduites à cet abaissement par l'usage du tabac devenu le passe-temps le plus recherché par toutes ces populations, hommes et femmes, que le froid tient sans travail et consignées auprès du feu pendant six mois de l'année.

En France, nous mettons volontiers sur le compte de l'absinthe, pour qui nous avons une faiblesse trop marquée, toutes les dégradations de notre organisme.

C'est là une grande erreur qui ressort de ce fait : aux États-Unis on connaît à peine ce breuvage, et l'on y compte peut-être plus d'aliénés que chez nous, par la seule raison qu'on y fume tout autant et que l'on y chique davantage.

Si l'alcoolisme était la cause de la folie, chez l'homme, la France, qui est un des pays où l'on compte le plus d'aliénés, serait celui où l'on devrait en rencontrer le moins, car elle est la plus sobre de toutes les nations, s'il faut en croire la *Tribune médicale*, à qui nous empruntons les réflexions suivantes :

« Beaucoup de Français croient faire partie du peuple le plus ivrogne de la terre ; mais l'implacable statistique, attribuant *suum cuique*, replace les choses sous leur véritable jour.

« Meurent annuellement d'ivrognerie : En Angleterre, 50.000 individus ; en Allemagne, 40.000 ; aux États-Unis, 38.000 ; en Russie, 10.000 ; en Belgique, 4.000 ; en France, 1.500. — *Nota* : Dans les 50.000 Anglais, il y a 12.000 femmes. »

De toutes ces observations, il résulte qu'il ne faut pas attribuer à l'alcoolisme cette plaie de la folie qui nous envahit de plus en plus, par cette raison surtout qu'avant l'extension de l'usage du tabac, on buvait beaucoup, et qu'il y avait fort peu de fous. La cause la plus vraie, la plus énergique de ce fléau, *c'est donc le tabac.*

Et si l'alcoolisme pouvait jouer un rôle quelconque dans cette dégradation de notre organisme et, par suite, dans l'abaissement des sociétés modernes, il reviendrait encore au tabac une grande part de ce mal causé par l'alcool, car c'est le *tabac qui pousse aux liqueurs fortes*, comme antidote de ses effets toxiques. Ainsi que nous l'avons plusieurs fois démontré : on devient buveur parce qu'on est fumeur.

Nous insistons à bien établir ici le rôle que joue réellement l'alcool dans les dégénérescences humaines, parce que les fanatiques du tabac ou les intéressés à nier ses propriétés dégradantes sont généralement portés à attribuer à l'alcoolisme, et à lui seulement, tous les effets démoralisateurs qui ne viennent pourtant que du nicotisme.

Si c'était l'alcool, et non le tabac, qui pervertit le sens moral d'une nation ou d'une race, est-ce que l'Allemagne, par exemple, serait jamais devenue, dans moins d'un siècle, le peuple le plus immoral et le plus dégradé de l'Europe ?

L'Allemand est en général très sobre d'alcool. Il étanche la soif que lui donne sa pipe, toujours pendante à ses lèvres, dans sa petite tisane nationale d'orge et de houblon, son *lager bier*, dont il faudrait distiller bien des chopes pour en extraire des quantités d'esprit suffisantes pour le griser.

Et pourtant ce peuple dégénère, et tombe dans un abîme d'immoralité dont il s'effraie lui-même.

Aux jours de l'invasion, nous avons vu toute cette race allemande, sans dignité militaire, sans esprit chevaleresque, qui font le mérite et la gloire d'une nation victorieuse, se ruer sur la France comme des bandes de malfaiteurs.

L'histoire dira ce qu'ils ont été chez nous. Écoutons-les dire eux-mêmes ce qu'ils sont aujourd'hui chez eux, après qu'ils ont quitté notre pays, repus de nos richesses.

Vous verrez que ces puritains qui trouvent à la France tant de vices, diront qu'ils se sont corrompus à notre contact, comme s'ils ne l'étaient pas avant, quand ils sont venus chez nous pour nous *moraliser*, comme le déclamaient alors leurs pamphlétaires, leurs orateurs de tribunes nationales, même leurs gouvernants.

Si nous sommes dégénérés, nous ne sommes pas encore descendus si bas dans l'immoralité que ceux qui ne nous épargnent, dans nos revers, ni l'injure ni la calomnie.

Ce ne sont pas de vaines récriminations que nous opposons ici à ceux qui nous montraient au monde comme un foyer de corruption et d'abomination, comme une nation de Peaux-Rouges que le glaive de la *vertueuse* Allemagne s'est donné pour mission de purger de la corruption et de l'iniquité.

Oui, l'Allemagne souffre bien plus profondément que nous du mal qui nous ravage.

Chez nous, qui ne sommes pas plus qu'elle des buveurs d'alcool, le nicotisme attaque plus violemment notre constitution physiologique ; chez elle, c'est la constitution morale qu'il dévaste le plus, par cette raison que j'ai déjà développée : que des deux principes qui constituent l'homme, corps et esprit, celui de ces deux éléments qui sera originellement, constitutionnellement le plus faible, sera le premier frappé de déchéance, sous l'action de toute cause dégénératrice.

Or, dans la race latine, l'esprit est supérieur au corps ; dans la race allemande, au contraire, le corps est supérieur à l'esprit.

Et c'est pour cela qu'une même cause de dégénérescence, le *tabac*, qui agit en même temps et dans les mêmes proportions sur les deux races, fait déchoir la force physiologique et physique de la France, et la force morale de l'Allemagne.

Voilà la cause de tous ces cris de détresse que pousse aujourd'hui l'Allemagne, qui, toute fière de sa race physique, périssable à son tour (1), s'aperçoit enfin, quoique bien tard, de sa moralité perdue.

---

(1) J'imprimai, en 1876, ces mots : « Périssable à son tour ». Mes prévisions ne se sont pas trompées.

En 1881, le Parlement d'Allemagne a été profondément ému du résultat des opérations de recrutement pour l'armée. D'après un rapport officiel, sur les inscrits appelés, 31.128 avaient disparu, sans qu'on sache ce qu'ils

Avec la force morale s'abaisse également, sous l'influence des mêmes causes, la force intellectuelle, artistique et industrielle. Aussi l'Allemagne, qui avait pris, vers le XVIIIe siècle, un essor véritable dans toutes les créations de l'esprit humain, est tombée, pour ainsi dire, tout à coup, dans une ornière dont elle ne peut plus sortir.

La stérilité la frappe de toutes parts. Son infériorité créatrice se manifeste tellement, que partout elle échoue : à Paris en 1867, à Vienne en 1873, à Philadelphie en 1876, dans toutes les Expositions universelles, ces grands concours ouverts par la civilisation au génie de tous les peuples.

Et elle sent tellement son infériorité, elle subit tellement l'humiliation de ses défaites dans les luttes pacifiques du progrès, qu'elle a renoncé à venir exposer encore ses défaillances au grand tournoi du génie où la France convia tous les peuples, en 1878, à Paris.

Si ce ne sont pas là des symptômes de décadence rapide d'une nation ou d'une race, où pourrait-on les constater ailleurs ?

La décadence morale de l'Allemagne est constatée :

1° Par une déclaration du Comité central de l'Église évangélique allemande ;

2° Par une pétition adressée au Reichstag de l'Allemagne du Nord, au sujet de l'immoralité publique ;

3° Par un Mémoire annexé à cette pétition.

La déclaration est signée par les docteurs Wichore et Dorner, chefs de consistoire ; par MM. von Bethman, ministre d'État ; Gamel, conseiller intime, directeur des finances ; Rauke,

---

étaient devenus ; 93.546 étaient réfractaires ; 435.766 étaient ajournés comme faibles de complexion ; 82.766 étaient réformés : 123.092 seulement ont pu être incorporés.

Ce chiffre des hommes valides comparé aux chiffres des ajournés et des réformés témoigne suffisamment de l'abaissement de la force physique dans la nouvelle génération d'Allemagne.

directeur de lycée; Neubarer, contrôleur de la monnaie; Hoffman, surintendant général; von Bismark-Molen, gouverneur de Berlin, etc., etc.

« Notre but, disent-ils, est d'attirer l'attention de tous les vrais amis de la patrie sur un état de choses qui intéresse au plus haut point le salut public. Nous voudrions aussi prouver la nécessité urgente de réagir puissamment, et sur tous les points du royaume, contre une lèpre qui recouvre la ville et la province et qui déjà a rongé notre peuple jusqu'à la moelle. »

Nous verrons tout à l'heure qu'il n'y a rien d'exagéré dans ces paroles.

La pétition a été signée par 15.648 personnes appartenant à tous les pays de la Confédération; et, sur ce nombre, 12.648 signatures ont été recueillies dans le royaume de Prusse.

« Nous aurions pu, disent les membres du Comité, recueillir un nombre bien plus considérable de signatures, si le temps nous l'eût permis. »

Les pétitionnaires débutent en ces termes :

« Tous les amis de la patrie constatent avec douleur et inquiétude que l'immoralité gagne chaque jour du terrain en Allemagne, par suite *d'un malaise indéfinissable qui, en viciant le tempérament du pays,* a jeté fatalement la perturbation dans le corps social, et menace aujourd'hui le précieux héritage du peuple allemand, la sainteté de la famille.

« Parmi les grandes villes de l'Allemagne et de l'étranger, celles de l'Allemagne du Nord, et notamment Berlin et Hambourg, se distinguent par une sorte de complicité dans le mal, qui prouve combien nous avons raison de signaler l'imminence du danger. »

Nous avons dit que la pétition était recouverte de 15.648 signatures. Il importe d'établir que ces signataires sont des hommes sérieux et bien placés pour apprécier les faits d'immoralité qu'ils dénoncent au Parlement allemand.

On compte parmi eux :

433 professeurs d'universités et de lycées.
1.869 autres professeurs.
16 surintendants généraux.
2.081 ecclésiastiques et pasteurs.
2.077 fonctionnaires du gouvernement et des communes.
170 magistrats.
183 médecins.
122 officiers, dont plusieurs généraux.
194 propriétaires, membres de la noblesse.
1.997 négociants.
174 chefs de fabrique.
380 rentiers.
5.157 directeurs d'établissements industriels, etc., etc.

Le gouvernement de l'Empire semble avoir prêté son attention à des demandes si pressantes et si motivées. Des enquêtes ont été faites, et elles ont établi que, non seulement tout ce que signalaient les pétitionnaires était vrai, mais qu'il existait en plus, dans le pays, des bandes dites *l'armée des misérables*, qui se comptent par centaines de mille, — fainéants, vagabonds, mendiants, malfaiteurs, — que la civilisation d'outre-Rhin est impuissante à ramener dans la voie du travail et du bien, qui encombrent les prisons où le bâton est souvent nécessaire pour ramener à la discipline et à la soumission ces natures dégradées et vicieuses.

Un journal allemand très chauvin disait à ce sujet : « Certainement, c'est une honte pour notre patrie de constater que, dans le dernier quart du XIXᵉ siècle, la société, ou, pour mieux dire, l'État, ne peut venir à bout de cette question des vagabonds. Deux cent mille individus, robustes pour la plupart, errent à travers les champs, routes, bois, forêts, sentiers, villes et villages des pays allemands, menaçant la sécurité du foyer domestique, cet ornement de la civilisation nationale, et deviennent à tel point à la charge des États voisins, que des mesures doivent être prises contre l'inondation des vagabonds allemands. »

Voilà donc l'élite de la population allemande qui confesse enfin et qui découvre aux yeux du monde les plaies hideuses, l'immoralité profonde de cette Allemagne, jadis si fière de ses vertus, comme nous l'avons été des nôtres, et qui n'échappe pas plus que nous, pas plus que n'échapperont les sociétés envahies par le tabac, à l'action dégénératrice et démoralisante du nicotisme.

CHAPITRE XXI

Nous avons passé en revue les effets du tabac sur l'individu adonné à son usage; nous avons vu quelle grande variété de désordres il apporte dans l'organisme, et la multiplicité des êtres qui s'en trouvent plus ou moins affectés ne saurait avoir que des conséquences funestes sur la société en général.

Car si tout consommateur de tabac souffre par un dérangement quelconque apporté dans sa constitution, par l'effet du poison qu'il absorbe journellement, il perd de sa perfection dans son individualité, et, appelé à se continuer dans l'espèce par la génération, il ne saurait donner naissance qu'à des êtres imparfaits comme lui.

C'est ainsi que, de la dégénérescence de l'individu, découle fatalement la dégénérescence de l'espèce.

Il est dans la nature deux lois fondamentales qui régissent la vie universelle. La première fait que les êtres parfaits dans leurs types augmentent en nombre par la reproduction. La seconde veille à la conservation de l'intégrité de ces types, à quelque règne qu'ils appartiennent, animaux ou végétaux.

Par cette loi, tout être dégénéré qui se reproduit donne naissance à de plus dégradés que lui, jusqu'à ce qu'à une génération très rapprochée, ces êtres déclassés soient frappés de stérilité et s'éteignent, arrêtant ainsi leur tendance vers la monstruosité, dans laquelle se perdraient, sans cela, tous les types créés.

Dans l'espèce humaine, ces extinctions par stérilité, quand elles sont nombreuses, ont pour effet immédiat l'arrêt ou la *diminution dans l'accroissement de la population*. De sorte que, dans toute société où ces deux faits seront constatés, on pourra dire, avec certitude, que cette société dégénère.

Or, en France, où le bien-être matériel, qui devrait être la source de la fécondité des peuples, s'accroît de jour en jour, la statistique, depuis plus d'un demi-siècle, nous démontre successivement que la population augmente peu, qu'elle ne croît plus, qu'elle diminue.

L'arrêt et la décroissance du chiffre de notre population ont pour point de départ :

1° La rareté des mariages ;

2° La stérilité plus ou moins grande de ces mariages ;

3° La mortalité des enfants ;

4° L'abaissement du terme moyen de la vie, du jour de la naissance à la mort.

1° En traitant de l'action du tabac ou de la *Priapée* sur le sens génital (page 194), nous avons exposé les vraies causes de la rareté des mariages et de leur stérilité, que l'on ne peut attribuer qu'à l'indifférence que les fumeurs ou les chiqueurs éprouvent pour la société des femmes.

La nicotine, qui engourdit les facultés de l'homme, abaisse nécessairement le diapason normal de sa force vitale et le tient à l'état constant de valétudinaire, ne vivant qu'avec une partie de ses énergies, puisque l'autre s'use dans la lutte incessante de neutralisation du *poison du tabac* qu'il absorbe journellement.

Et ce valétudinaire, quel que soit l'organe ou le système qui se trouve affecté chez lui, est triste, mélancolique, hypocondriaque, solitaire, découragé, égoïste. Il n'a pas de ces aspirations, de ces besoins innés dans une organisation normale et saine qui le poussent au but le plus marqué, le plus naturel de l'existence : sa continuité par la génération. Les troubles nerveux qu'il éprouve, et dont il ne se rend pas compte, viennent souvent aussi le faire désespérer, à la fleur de l'âge, de pouvoir avancer longtemps dans la vie.

Que faire alors d'une famille qu'il ne se sent pas assez de courage, assez de forces physiques et morales pour supporter; qui sera malheureuse, s'il vient à lui manquer avant le temps? Et toutes ces réflexions d'une âme défiante d'elle-même et égoïste dominant ses facultés d'aimer, déprimées par la nicotine, le poussent décidément à préférer le célibat au mariage.

2° Et, s'il se marie, l'action dépressive du tabac sur ses sens et son organisme génital le rendra indifférent et tiède dans ses manifestations érotiques, d'abord. Et, ensuite, l'influence stupéfiante et meurtrière de la nicotine sur l'animalcule spermatique, qui doit être le germe de sa progéniture, ne lui laissera que des chances bien limitées de fécondité.

S'il est jeune, avant que le tabac ait produit dans sa constitution des ravages trop profonds, il pourra réussir à avoir un commencement de famille. Mais, à mesure qu'il avancera en âge, quand il arrivera à l'apogée de sa puissance reproductive, c'est alors qu'il deviendra de plus en plus impropre à avoir de la progéniture. Et, contrairement à ce qui se produirait si sa constitution n'avait pas été appauvrie, les enfants qu'il procréera à l'âge où il devrait posséder toute sa virilité, seront bien inférieurs en force physique et en santé à ceux qu'il aura eus quand il sortait à peine de l'adolescence, mais alors que le tabac ne faisait que commencer à le dégrader.

Ce fait est confirmé par la *Statistique de France*, année 1861, 2ᵉ série, tome X, page 21, où on lit : « On voit donc que, malgré quelques oscillations, le fait de la diminution graduelle de la fécondité des mariages dans notre pays est constant. Aussi notre population a-t-elle une tendance marquée à devenir stationnaire (1). »

3° A mon retour en France, après une absence de quinze ans, en 1863, je fus frappé des changements opérés à Paris, aux Champs-Élysées, aux Tuileries, au Luxembourg, au Jardin des Plantes. Tous ces grands centres de promenades publiques que j'avais connus, dans un autre temps, si animés, si bruyants, me paraissaient comme autant de solitudes.

Je ne me rendais pas bien compte de cet état présent, et je cherchais, dans mes souvenirs, ce qui pouvait manquer pour donner de la vie à cette nature enguirlandée d'art, et paraissant endormie au milieu d'un monde muet de statues de marbre et de bronze.

Les moineaux et les ramiers y étaient aussi nombreux et plus apprivoisés qu'autrefois. Les poissons rouges et les cygnes vivaient, comme toujours, en bonne harmonie, dans les eaux des bassins. Et tout cela ce n'était que du mouvement, ce n'était pas la vie; car il y manquait les petits enfants, dont les mille groupes, aux vêtements de toutes nuances, ressortaient comme des touffes de fleurs mouvantes sur le vert des arbustes et des pelouses.

Un jour, j'étais aux Tuileries, tout entier à ces réflexions, lorsque je vis une dame âgée soutenant par le bras une jeune fille d'une dizaine d'années. L'enfant, appuyée de l'autre côté sur une béquille, essayait péniblement de faire quelques pas, en se rapprochant d'une petite voiture que conduisait une bonne. Ces deux femmes me parurent si en peine pour asseoir

---

(1) En Allemagne, où les grands mouvements militaires, depuis 1866, ont étendu d'une manière considérable l'usage du tabac, son influence anaphrodisiaque et stérilisante se fait tellement sentir aujourd'hui, que ces populations naturellement si prolifiques ont un temps d'arrêt bien marqué dans leur augmentation normale.

Ce qui ressort des statistiques, c'est la diminution du nombre des mariages, dont le chiffre a régulièrement baissé depuis quinze ans. En 1872, par exemple, il était de 424.000; et en 1878, il descendait à 340.000. C'est une diminution de 20 p. 100 en six ans.

cette enfant sur son léger traîneau que, par un mouvement spontané d'obligeance, je m'offris de leur venir en aide.

« Merci, monsieur, dit la bonne dame. La pauvre enfant est si souffrante et si faible, que je n'ose la toucher de peur de lui faire mal. Et puis, c'est la première fois qu'elle sort depuis qu'elle est malade, et nous ne sommes pas encore bien au fait de la mouvoir, ma bonne et moi.

— Ce sont des suites de maladies nerveuses qui ont privé du mouvement cette intéressante jeune fille?

— Vous connaissez donc, monsieur, ces maladies terribles?

— Oh! madame, je sais, par expérience, combien elles font les douleurs des familles et le désespoir des médecins.

— Monsieur serait-il médecin?

— Je l'ai été, madame; mais je ne le suis plus, c'est-à-dire que je ne pratique plus.

— Alors, monsieur, vous devez comprendre tout ce que nous a donné de peines et d'ennuis cette chère enfant, car voilà deux ans qu'elle est dans cet état. Elle a d'abord eu une enfance des plus orageuses et, à chaque dent qu'elle perçait, nous croyions devoir la perdre dans les convulsions. Puis elle tomba du haut mal, et, d'accès en accès, qui se répétaient à distance de plus en plus rapprochées, elle est arrivée à l'impotence où vous la voyez aujourd'hui. Il paraît que c'est un mal de famille; car ma fille a déjà perdu trois enfants en bas âge, par suite d'affection du cerveau.

« De mon temps, monsieur, on connaissait à peine ces maladies-là, et on voyait partout prospérer de grandes familles. Aujourd'hui, les ménages sont sans fécondité, et on ne peut plus élever les enfants. Ceux qui échappent aux maladies du bas âge sont souffreteux; et combien de familles ont, comme nous, leur croix dans les infirmités de ces chers petits êtres! Nous avons, nous, une paralytique; d'autres ont des aveugles, des sourds-muets, des estropiés, des noués, des idiots.

« Il est un fait que nous pouvons constater, nous qui avons vécu bien des années, et qui avons vu passer bien des événements; car je compte du temps de l'émigration; de l'année où la Révolution tua, sur cette place (en désignant du doigt la place de la Concorde), notre bon roi Louis XVI; oui, nous pouvons constater que les enfants aujourd'hui sont moins nombreux et moins beaux qu'ils étaient autrefois.

« D'où vient cela, monsieur? Je suis une habituée de cinquante ans de ce jardin, que j'ai toujours beaucoup fréquenté par sa proximité de mon hôtel, rue Saint-Dominique; et je me rappelle, au temps que j'étais jeune fille, dans les belles journées de printemps, comme il en fait une aujourd'hui, toutes ces allées, toutes ces terrasses étaient couvertes de troupes d'enfants qu'elles avaient peine à contenir. Aujourd'hui, on pourrait les compter, tant ils sont disséminés et rares. Sous ces grands arbres, où nous courrions, sautillions, caquetions joyeuses, ce sont des adolescents qui jouent aux barres; des hommes qui s'amusent à la paume, dans les solitudes de ces vastes espaces.

« Qui nous fait donc déchoir ainsi ? car où les enfants manquent, l'humanité, dont ils sont les racines, entre en langueur. Ne croyez-vous pas, comme moi, monsieur, que ces Bonaparte, par leurs guerres, ont tant saigné la nation qu'ils ont tari ses plus riches sources de vie? On doit aussi compter, pour une bonne part dans ce mal, l'inconduite du peuple qui, dans toutes *leurs* révolutions, a perdu la foi religieuse et la croyance en Dieu.

— J'admets, madame, qu'il peut y avoir quelque chose de vrai dans votre manière d'expliquer ce grand fait de la rareté des enfants; mais les véritables causes ne sauraient s'en trouver seulement dans les guerres, et dans le manque de moralité chez le peuple. La jeune noblesse a peu paru sur les champs de bataille de la République et de l'Empire; et vos familles, dans nos longues évolutions sociales, sont toujours restées le palladium de la religion et des pratiques de la morale. Et, vous le voyez, vos enfants n'en sont pas pour ça mieux venants que les enfants de tout le monde.

— Vous dites là, monsieur, une vérité qui ne m'avait pas encore frappée, et je vois maintenant que c'est dans toutes les classes de la société que les enfants se font rares. On dit bien aussi que ce sont les difficultés du temps, la diminution des fortunes qui font qu'on se marie moins et qu'on est très réservé sur l'étendue de la famille qu'on se propose d'élever.

« Monsieur, j'ai trois enfants, un fils et deux filles, et voilà le seul rejeton de cette famille. Mon fils, qui a passé la quarantaine, ne s'est pas encore senti de vocation pour le ménage ; et vous pouvez croire que ce ne sont pas les partis qui lui ont manqué. Les marquis de C*** ont toujours été recherchés pour leurs alliances ; et, si nous n'avons pas l'opulence d'autrefois, nos maisons sont encore riches.

« Ma fille, la plus jeune, a quinze ans de mariage et, à son grand regret, n'a jamais eu d'enfants. Mon aînée, dans dix-huit ans de ménage, en a perdu trois, de un à cinq ans, et n'a pu sauver que cette pauvre infirme. Mes filles sont pourtant bien constituées, et dans ma famille on est loin d'être stérile, car nous étions neuf enfants chez mon père.

« Mes gendres, sans être des hommes très forts, ont des apparences de santé. Ils se sont mariés de bonne heure et n'ont pas, comme beaucoup de jeunes gens d'aujourd'hui, épuisé leur vigueur dans les satisfactions de passions précoces. Ils ne sont pas des habitués de cercles ou de clubs, où les hommes s'énervent par les liqueurs ou le jeu. Leur vie est des plus simples : le jour, ils montent à cheval, visitent leurs terres, chassent, et, le soir, ils font en famille leur partie de billard ou d'échecs, en fumant leur cigare.

— Et ils fument tous les soirs ?

— Ah ! monsieur, ne m'en parlez pas ; mes filles et moi n'avons jamais pu les corriger de cette vilaine habitude. Si encore ils ne fumaient que le soir ; mais ils fument après le déjeuner, après le dîner ; pour mieux dire, ils fument toujours.

« Feu le marquis, mon mari, qui donna sa démission de colonel des cuirassiers de Charles X, ne voulant pas servir sous d'Orléans, fumait bien, lui aussi, comme militaire, mais jamais sous le regard des dames. On ne fumait pas à la Cour de Charles X, comme on fume sous celui-ci (Napoléon III). Nous ne sentions jamais, dans ce jardin, ces détestables odeurs. Louis-Philippe lui-même ne permettait pas d'y fumer.

« Aujourd'hui, tout est licence, et l'on ne connaît plus le bon ton. Voyez tous ces officiers en bourgeois, ils grillent leur moustache au feu de leur cigare, dont ils nous envoient cavalièrement les bouffées, sans s'inquiéter si ça nous gêne. Des officiers du roi, en société de dames, comme sont ici ces messieurs, se seraient bien mieux tenus que ça.

« S'il n'y avait là qu'une infraction aux convenances, on pourrait être indulgent pour ce travers d'enfants où sont tombés tant de gens raisonnables ; mais c'est le mauvais exemple que ça donne à la jeunesse. Voyez ces petits collégiens, ils singent les officiers à moustaches ; ils fument en se donnant des airs d'importance ; mais on voit bien que le tabac leur monte à la tête et leur tourne le cœur, car ils en sont jaune-vert.

— Ils prennent leur revanche contre l'arrêt de l'Académie des sciences, qui leur a fait l'affront de ne pas les juger assez mûrs pour brûler du tabac.

— Je ne comprends pas votre allusion, monsieur : que s'est-il donc passé dans la docte assemblée qui ait rapport à ces jeunes gens ?

— Vous n'avez donc pas, madame, connu tout cet événement, dont on a beaucoup causé dans les familles ? Tout récemment, un médecin attaché à l'un de nos grands lycées de Paris, fanatique de la pipe, sans doute, a eu l'idée de s'adresser à l'Académie des sciences, pour lui faire constater les bons effets du tabac sur la jeunesse et en recommander l'usage dans les institutions de l'État, comme passe-temps agréable et hygiénique pour les enfants.

« Voyez-vous l'État, de par les conseils de l'Académie, vendant son tabac à prix réduit et à titre de faveur aux élèves des collèges, comme ça se pratique dans l'armée?... Devant la singularité de cette communication, l'Académie passa gravement à l'ordre du jour, sans s'occuper si elle avait eu affaire à un halluciné ou à un mystificateur.

« Voilà comment tous ces petits messieurs, à qui l'on conteste le droit de fumer leur cigare dans les cours et les dortoirs des collèges, viennent, en frondeurs, les allumer ici et poser comme les officiers.

« Vous verrez, madame, que tout cela va ressusciter les luttes du xvie et du xviie siècle, entre les partisans et les adversaires du tabac. Aujourd'hui, le grand malfaiteur d'Amérique fait, devant le xixe siècle, appel du jugement dont l'ont frappé les temps passés, alors que les Souverains, plus sages que les nôtres et convaincus de ses effets pernicieux, l'avaient banni de leurs États, et infligeaient des peines sévères à ceux de leurs sujets qui en consommaient.

« Mais, de jour en jour, ce grand procès se complète. Et si le tabac a été déjà condamné par l'opinion publique à une époque où il avait pourtant la prétention de guérir tous les maux, son règne d'aujourd'hui ne saurait durer longtemps encore, quand on est convaincu qu'il n'a aucune vertu curative, et qu'il n'est qu'un objet de mystification, de folle habitude et de fantaisie malsaine.

« Et la science et l'observation, qui n'ont plus désormais contre elles la superstition et l'ignorance, démontreront assez que le tabac n'abaisse pas l'homme seulement dans son individualité, en lui causant une foule de maladies sans nombre, mais qu'il poursuit encore sa dégradation dans sa *descendance*, dont il altère la *viabilité*.

« C'est ce qui fait, madame, que votre famille, où l'on fume beaucoup, m'avez-vous dit tout à l'heure, n'a plus, pour la continuer, que cette enfant débile ; c'est ce qui fait aussi que l'on ne voit plus sous les ombrages des Tuileries tous ces essaims de petits enfants qui les animaient autrefois, comme il nous en souvient.

— Si les idées que vous exposez là, monsieur, étaient répandues dans le monde, ce nauséeux tabac, qui fait si souvent la querelle des ménages, tomberait de lui-même de la bouche des hommes, et notre cause à nous, pauvres femmes qui n'avons qu'à souffrir de ses mauvaises odeurs et de tous les désordres qu'il occasionne, serait bien près d'être gagnée. Est-ce que mes gendres auraient jamais fumé, s'ils avaient eu la pensée qu'ils apportaient, avec leur cigare, la stérilité dans leur ménage, les maladies et la mortalité pour leurs enfants?

« Est-ce que mes filles, avec une pareille perspective, auraient jamais consenti à épouser des fumeurs? Savez-vous que le Gouvernement est bien coupable de ne pas dire toute la vérité dans cette immense question du tabac et d'abuser la nation qu'il pousse, en avide marchand, par toutes les séductions, à consommer cette funeste et détestable drogue?

— Il faudra bien que l'administration s'explique, car de toute part on lui signale la mortalité des enfants et la diminution de la population. On la presse de rechercher la source de ces grands accidents sociaux, si préjudiciables au pays, et le résultat de toutes ses enquêtes ne saurait en trouver de plus puissantes causes que dans le narcotisme du tabac. »

Je laissai ma respectable marquise sous une impression bien peu favorable au tabac, à qui elle n'aura certes pas manqué d'attribuer, à juste raison, le grand vide existant dans sa famille, par le manque d'enfants.

Et, peu de temps après ma conversation des Tuileries, mon attention fut appelée vers ce grave sujet par des révélations faites au Sénat sur la mortalité des enfants, et dont tout le pays s'émut.

Le Gouvernement, prié de donner des explications sur ces faits affligeants, déclara que, depuis longtemps, il en était frappé lui-même, et qu'il avait demandé aux corps savants de l'État de l'éclairer sur les causes de ce grand accident social, et de lui indiquer les moyens d'y remédier et de le prévenir.

L'émotion passa du Sénat au Corps législatif. Cette grave question de la mortalité des enfants et, par suite, de la diminution de la population, domina un instant les agitations politiques d'où devait éclater l'orage où sombra l'Empire, en ébranlant la France.

Le 5 février 1870, les tribunes du palais Bourbon étaient garnies d'une foule exceptionnelle de dames, attirées par la nouvelle que M. de Dalmas devait adresser une question à la Chambre et au Gouvernement, au sujet de la mortalité des enfants.

M. DE DALMAS. — « Dans la dernière session, j'ai appelé l'attention du Gouvernement sur la mortalité des enfants du premier âge et sur la nécessité d'apporter des réformes aux règlements administratifs qui ont produit de si fâcheux résultats. J'ai cité des chiffres officiels. Pour les enfants d'un jour à un an, la mortalité moyenne est de 50 p. 100. Mais, dans certains départements, elle s'élève à 80, 85 et 90 p. 100.

« M. de Forcade m'a répondu alors que le Gouvernement s'en préoccupait, et qu'il venait d'installer une commission. J'en ai été nommé membre. Cette commission s'est réunie une fois au mois d'avril; il y a, par conséquent, huit mois qu'elle existe sans fonctionner. Pourtant la situation est toujours aussi menaçante.

« L'arrêt qui existe dans le mouvement de notre population exige que nous prenions des mesures promptes et efficaces pour y remédier; je serais heureux de connaître, à ce sujet, les intentions de M. le Ministre de l'Intérieur. » (*Très bien ! très bien !*)

S. E. M. CHEVANDIER DE VALDROME, *ministre de l'Intérieur.* — « La commission dont M. de Dalmas est membre s'est ajournée pour attendre le rapport de l'Académie de médecine. Depuis la reprise de ses travaux, l'Académie, dans presque toutes ses séances, s'est occupée de la question. Elle a entendu plusieurs fois le docteur Blot, qui a fait partie de la commission. Aussitôt que le rapport sera déposé, la commission sera réunie de nouveau, et le Ministre accélérera, autant que possible, la solution d'une question dont il comprend toute l'importance. » (*Très bien ! très bien !*)

M. DE DALMAS. — « La réponse de M. le Ministre est satisfaisante, mais incomplète. Elle prouve la sollicitude du Gouvernement ; mais elle subordonne la résolution à prendre à des études bien lentes. Depuis huit ans, on a nommé commissions sur commissions ; on a fait enquêtes sur enquêtes, et la mortalité n'a pas cessé d'augmenter.

Je demande au Gouvernement, à la Chambre, de considérer la question comme très grave et très urgente, et d'y apporter une attention spéciale. » (*Très bien !*)

M. LE MINISTRE. — « J'ai dit que l'Académie de médecine était saisie ; c'est le meilleur juge. Elle annonce le dépôt prochain de son rapport. La commission sera réunie aussitôt après. C'est une question de quelques jours seulement. Le Ministre jusque-là ne peut qu'attendre, pour aviser ensuite le plus tôt possible. » (*Approbation.*)

M. JULES SIMON. — « J'ai déjà eu plusieurs fois l'occasion d'entretenir la Chambre de cette question. Je n'entends assurément adresser aucun reproche à M. le Ministre, qui a saisi l'Académie et qui a nommé une commission ; mais j'insiste sur la gravité énorme que présente la question de la mortalité des enfants nouveau-nés, et spécialement l'industrie des nourrices. Les discussions académiques sont toujours un peu longues, assez peu précises ; et dans le cas actuel, ainsi que l'a dit M. de Dalmas, il faut une décision prompte. Je m'adresse donc à toute la Chambre pour que nous fassions cesser au plus tôt ces hécatombes humaines (*Très bien ! très bien !*) et que nous sauvions des enfants dont la vie est compromise par la mauvaise conduite de leurs parents. »

M. DE DALMAS. — « La situation actuelle est honteuse pour une nation civilisée ! »

Ce n'était point, en effet, la première fois qu'on entendait dans les hautes régions gouvernementales ces cris de détresse sur la défectuosité de notre génération nouvelle. En 1866, M. Duruy, ministre de l'Instruction publique, avait soumis à l'Académie la question de la mortalité des enfants du premier âge, qu'on qualifiait déjà de fléau permanent qui dépeuplait nos villes et nos campagnes.

L'intervention du Ministre dans cette grave question avait été appelée par deux Mémoires que lui avaient adressés, à peu près vers le même temps, les docteurs Monot et Brochard, qui furent les premiers à constater l'effrayante mortalité des enfants, dont on n'avait pas encore eu l'idée.

Le Ministre porta la question devant l'Académie de médecine. Ce grand corps savant, qui résume en lui toutes les connaissances médicales de la France, comprit l'élévation de la tâche qui lui était confiée.

« Le rôle de l'Académie, disait un de ses honorables membres, le docteur Boudet, est de signaler à l'administration la situation dans toute sa gravité, de lui dévoiler les causes et les conséquences, et de lui fournir toutes les lumières qu'elle peut attendre d'une enquête médicale approfondie...

« L'Académie est en présence de la question la plus grave qui ait jamais été soumise à ses délibérations. Elle n'a jamais eu, elle n'aura jamais l'occasion de rendre d'aussi grands services, de prendre une position aussi éminente, si elle veut s'élever à toute la hauteur de la mission dont elle est saisie.

« Il ne s'agit pas d'une doctrine médicale plus ou moins féconde, d'une épidémie plus ou moins meurtrière, mais toujours passagère ; la population française diminue, la vie nationale est en péril : l'opinion publique, par le retentissement de cette tribune, est inquiète et attentive ; l'Académie est en demeure de répondre à ses justes alarmes.

« La main sur le cœur de la France, elle doit mesurer le nombre et l'amplitude de ses pulsations, constater les causes du mal qui en paralyse l'énergie, et signaler les moyens héroïques de relever la nation de cette redoutable défaillance.

« Quelle serait donc cette civilisation dont nous sommes si fiers, si elle ne pouvait nous conduire qu'à la dépopulation, et si nous ne devions laisser qu'à de rares et débiles héritiers les merveilleuses conquêtes du génie national? Oui, Messieurs, le temps est venu d'une révolution régénératrice ; le mal est arrivé à ce point que la patrie est en danger et qu'il faut le vaincre à tout prix. » (*Académie de médecine*, séances des 16 octobre et 27 novembre 1866.)

L'Académie nomma des commissions, fit des enquêtes concurremment avec une commission mixte nommée par le ministère, et composée d'administrateurs, de jurisconsultes, d'hommes d'État et de médecins. Le résultat de ces enquêtes fut tel qu'il n'y avait point à se faire illusion sur la situation.

Ainsi, au sujet de la mortalité des enfants des grandes villes, le docteur Vacher, qui se livre avec beaucoup de distinction aux travaux de statistique médicale, dit :

« Si on interroge la statistique du recrutement, elle nous apprend que sur 100 Parisiens nés vivants, il n'en reste plus à vingt ans que 39, et sur 100 de ces conscrits ainsi échappés à la mortalité de l'enfance et de la jeunesse, 29 sont réformés pour infirmités de toute nature et 10 pour défaut de taille.

« Vous pouvez juger, Messieurs, par ces simples données statistiques, l'état déplorable de la population virile de Paris, alors qu'elle arrive à son apogée et qu'elle est sur le point d'atteindre au meilleur âge de la paternité. Et cet état n'est pas uniquement l'apanage de la population de Paris; du plus au moins, il est celui de la population de toutes les grandes villes. En outre, la situation ainsi constatée à l'époque du recrutement, ne va pas en s'améliorant dans les années qui suivent ; elle marche au contraire à une déchéance continue et progressive. » (*Académie de médecine*, séance du 15 mars 1870.)

A côté de cette grande calamité, et pour en arrêter en quelque sorte les funestes progrès, le docteur Boudet expose que depuis 1853 il s'est formé à Paris la première Société protectrice de l'enfance, dont il est lui-même le président. Elle a pour objet de mettre en honneur et de propager l'allaitement maternel, de protéger les enfants dans toutes les circonstances où ils ont besoin de protection, particulièrement lorsqu'ils sont abandonnés à des nourrices qui les emportent loin de leur famille.

L'inspection médicale qu'elle a instituée s'exerce déjà sur plus de neuf cents enfants dans trente départements, et elle compte trois cent sept médecins inspecteurs à titre gratuit. Elle a organisé des comités de patronage présidés par les maires des communes et aidés de tous les dévoûments que sollicite une si sainte cause.

« Cette mortalité des nourrissons de Paris et des cités populeuses, on ne l'affaiblira, dit le docteur Chauffard, qu'en la poursuivant *dans ses causes réelles, qu'en la tarissant à sa source.* Hors de là, tous les efforts seront presque vains; les meilleurs se perdront : on ne proposera que de faibles expédients, on ne remédiera qu'à des faits secondaires. On pourra régulariser des moyens d'enquête qui permettront de mesurer l'étendue du mal, mais sans fournir les moyens de l'atteindre et de le guérir.

« Avec notre collègue M. Fauvel, je place en tête des causes qui pèsent lourdement sur la mortalité des enfants dans les grandes villes, la *faiblesse native.* Cette cause est certainement l'une des plus puissamment désastreuses; elle seule peut suffire à compromettre le sort d'une race, à neutraliser les tentatives d'amélioration, les soins ultérieurs donnés à l'être naissant.

« Mais cette faiblesse n'est elle-même qu'un effet ; elle a *ses causes propres,* et c'est seulement en étudiant celles-ci et les appréciant sainement que l'on pourra espérer de modifier et d'arrêter dans l'avenir la déchéance native de la conception...

« Une telle étude nous appartient pleinement, comme tout ce qui touche à l'amélioration physique de l'homme ; nous ne saurions en concevoir une plus féconde en résultats. Il est bon de guérir, il est meilleur de rendre une race plus vivace et plus forte ; il est meilleur de vaincre à l'avance une maladie par une vie rendue plus résistante. »

M. J. Guérin affirme qu'on peut ranger à coup sûr parmi les causes de la mortalité des nouveau-nés, et comme cause initiale, l'affaiblissement de la race, c'est-à-dire une diminution native dans la force de résistance des organismes infantiles.

Le docteur Chauffard, dans cette inépuisable question de la mortalité des enfants dérivant de leur faiblesse native, a cherché la cause éloignée de cette impuissance à vivre qu'ils apportent en naissant dans deux grandes intoxications : l'alcoolisme et la syphilis.

Comment s'est-il fait que dans ces débats si solennels, où toutes les vérités, je dirai plus, où toutes les suppositions devaient être mises au grand jour, pour aider à trouver un remède à cette langueur où s'éteignent de plus en plus les forces vitales de la France, pas un orateur n'ait parlé de l'intoxication nicotique, qui pourtant avait bien souvent fait bruit dans le sanctuaire académique, et qui nous aveugle, tant elle est évidente ?

Nous nous expliquons cette abstention en ce que le Gouvernement, se rappelant, sans doute, l'effet qu'avait produit le rapport Mélier dans une enquête qu'il avait demandée au sujet du tabac (voir page 113), posa cette fois-ci la question de la mortalité des enfants dans des limites dont l'Académie n'avait pas à sortir.

Le Ministre ne lui demandait que de rechercher *les causes les plus directes, les plus médicales, pour ainsi dire, de la mortalité des nouveau-nés, et les moyens les plus pratiques d'y apporter obstacle.*

C'était une invitation à ne pas remonter aux causes réelles, mais éloignées.

Toujours, dans les grands débats d'intérêt national, comme

dans les petites spéculations de ménage, la question du coffre-fort est là. Mieux vaut mourir que de lâcher sa bourse !

L'État a dû se dire : « Ne parlons pas des effets possibles du poison du tabac sur l'organisme des pères, comme cause de non-viabilité chez les enfants ; ça mettrait en danger les trois cents millions qu'il nous apporte par an et tout ce qu'il nous en promet de plus à l'avenir. Laissons jouir en paix ces quarante mille rentiers, qui vivent si heureusement des produits de leurs bureaux de tabac, ne touchons pas à ces propriétés, car nous sommes par-dessus tout des conservateurs. »

Oui, conservez vos privilèges, grossissez bien votre encaisse ; et quand vos coffres regorgeront, vos voisins viendront encore les vider, parce que la nation ne sera pas assez forte pour les repousser, tant elle aura été dégradée dans sa virilité par le nicotisme, que vous favorisez au lieu de chercher à l'éteindre.

L'Académie a mis quatre ans à élaborer cette énorme question de la mortalité des enfants. Dans le sens restreint que le demandait le Ministre, sa plus grande difficulté a dû être de ne pas sortir de limites aussi étroites. Elle y consacra trente-quatre séances ; et, en mars 1870, elle adopta les conclusions de sa commission et le rapport du docteur Blot, qui disait :

« Les causes de la mortalité des enfants, sur laquelle l'administration a demandé à être éclairée par l'Académie de médecine, sont :

« 1° La misère, et trop fréquemment la débauche, qui engendrent si souvent la *faiblesse native des enfants* et qui les privent de l'alimentation et des soins convenables ;

« 2° Le grand nombre de naissances illégitimes ;

« 3° L'abandon, quelquefois inévitable, mais trop souvent volontaire et injustifiable, de l'allaitement maternel ;

« 4° L'ignorance des règles les plus élémentaires de l'alimentation et de l'éducation physique des enfants du premier âge ;

« 5° L'abus, malheureusement trop répandu, de l'allaitement artificiel ;

« 6° L'alimentation prématurée, etc. »

Guidée par ce rapport académique, qu'elle mit, à son tour, cinq ans à étudier, l'administration présentait à la Chambre, le 9 décembre 1874, un projet de loi ayant pour objet la protection des enfants du premier âge, et en particulier des nourrissons.

« Ce projet, dit le compte rendu des séances académiques, était signalé au Corps législatif comme offrant un des problèmes les plus compliqués et les plus délicats qui puissent être soumis à un corps délibérant. Les trois lectures du projet se sont succédé à cinq ou six jours d'intervalle, sans une seule protestation, sans une contradiction, sans une parole inutile, au milieu de l'assentiment unanime de l'Assemblée et avec l'approbation la plus chaleureuse du Gouvernement. C'est là un succès législatif sans précédent et tout à fait exceptionnel. C'est ainsi que cette question, profondément creusée et complètement élucidée sur le terrain scientifique, a pu passer aisément et marcher rapidement sur le terrain législatif. »

Loi du 23 décembre 1874 :

Art. 1er. — Tout enfant âgé de moins de deux ans, qui est placé moyennant salaire en nourrice, en sevrage ou en garde, hors du domicile de ses parents, devient par ce fait, l'objet d'une surveillance de l'autorité publique, ayant pour but de protéger sa vie et sa santé.

Art. 2. — La surveillance instituée par la présente loi est confiée, dans le département de la Seine, au préfet de police, et dans les autres départements aux préfets.

Ces fonctionnaires sont assistés d'un Comité ayant pour mission d'étudier et de proposer les mesures à prendre, et composé comme il suit : deux membres du Conseil général désignés par le Conseil; dans le département de la Seine, le directeur de l'Assistance publique; et dans les autres départements, l'inspecteur du service des Enfants assistés; six autres membres nommés par le préfet, dont un pris parmi les médecins membres du Conseil départemental d'hygiène publique, et trois pris parmi les administrateurs des Sociétés légalement reconnues qui s'occupent de l'enfance, notamment des Sociétés protectrices de l'enfance, des Sociétés de charité maternelle, ou des Sociétés des crèches; ou, à leur défaut, parmi les membres des Commissions administratives des hospices et des bureaux de bienfaisance.

Des Commissions locales sont instituées par un arrêté du préfet, après avis du Comité départemental, dans les parties du département où l'utilité en sera reconnue, pour concourir à l'application des mesures de protection des enfants, et de surveillance des nourrices et gardeuses d'enfants. Deux mères de famille font partie de chaque Commission locale. Les fonctions instituées par le précédent article sont gratuites.

Art. 3. — Il est institué près le ministère de l'Intérieur un Comité supérieur de protection des enfants du premier âge, qui a pour mission de réunir et coordonner les documents transmis par les Comités départementaux, d'adresser chaque année au Ministre un rapport sur les travaux de ces Comités, sur la mortalité des enfants et sur les mesures les plus propres à assurer et à étendre les bienfaits de la loi. Un membre de l'Académie de médecine désigné par cette Académie, les présidents de la Société protectrice de l'enfance de Paris, de la Société de la charité maternelle et de la Société des crèches, font partie de ce Comité. Les autres membres, au nombre de sept, sont nommés par décret du Président de la République.

Art. 4. — Il est publié chaque année, par les soins du Ministre de l'Intérieur, une statistique détaillée de la mortalité des enfants du premier âge, et spécialement des enfants placés en nourrice, en sevrage ou en garde, etc., etc.

Il sortira certainement de cette loi de bonnes choses ; beaucoup d'enfants échapperont par elle à la mortalité du premier âge. Quelques-uns feront des hommes ; le plus grand nombre traînera dans ce monde une existence maladive, conséquence inévitable de cette *débilité native* qui nous amoindrira toujours, tant que sa véritable cause, quelle qu'elle soit, n'aura pas été détruite.

L'Académie ne pouvant pas dire publiquement à l'État tout ce qu'en sa conscience elle pensait des effets pernicieux du tabac sur la déchéance de l'homme dans sa virilité, et par suite sur la non-viabilité de sa descendance, a assigné comme première cause de la mortalité des enfants, la misère et la débauche.

A une opinion si généralement formulée, dans un malheur national qui pèse indistinctement sur toutes les classes sociales, on ne peut opposer qu'une vérité : c'est que la France n'a jamais été si riche, ses populations urbaines et rurales n'ont jamais été si aisées qu'elles le sont depuis qu'elles dégénèrent.

Un pays n'est pas pauvre, il n'a pas de misère, il a de quoi nourrir ses petits enfants quand il souscrit quarante milliards pour ses ennemis, qui ne lui en demandaient que cinq pour sa rançon ; et quand il apporte à son Gouvernement, après tant de désastres, un budget annuel qui dépasse trois milliards de francs ; ce que jamais peuple n'a encore pu faire.

Et quant à la débauche, quiconque a pu juger l'humanité, sur quelque point du globe où elle vive, s'il est sans préjugé national, dira que la grande famille française est encore celle qui se signale le plus par le travail, l'ordre, la pureté des mœurs qui font sa haute considération dans le monde, sa grande fortune nationale et son aisance générale.

Il faut donc chercher ailleurs les causes premières de cette faiblesse native qui mènent à la décadence ; car elles ne viennent pas de sa misère et de son immoralité. Et si elles ne sont pas dans le nicotisme, où sont-elles ?...

L'Académie peut les chercher pendant quatre ans encore ; j'affirme qu'elle ne saura les rencontrer ailleurs (1).

4° Dans une société comme la nôtre, où plus des deux tiers de la population mâle, enfants et adultes, consomment le tabac, les maladies qu'engendre l'usage de ce narcotique affectent des quantités innombrables d'individus. Pas un fumeur n'échappe à son action ; et toutes ces victimes, frappées plus ou moins profondément dans leur organisme, ne peuvent atteindre au terme de la vie qu'il leur aurait été donné de parcourir, si leur constitution n'eût pas été ébranlée par cet agent délétère.

Prenons pour exemple un sujet chez lequel le tabac a causé une *maladie de la vessie* ; c'est une des affections les plus communes et les plus chroniques dont souffrent les fumeurs. Croyez-vous que cet homme, dont la nicotine ronge constam-

---

(1) En février 1881, la *Société contre le tabac* demanda au Gouvernement d'être reconnue d'utilité publique. Le Ministre de l'Intérieur consulta l'Académie, pour savoir si cette demande était justifiée par un grand intérêt d'hygiène publique.

Le rapport, longuement motivé, de l'Académie se terminait ainsi : « Faire connaître les maladies, les accidents attribués à l'usage du tabac et proposer les mesures hygiéniques propres à les prévenir ou à les combattre, tel est le double but que se propose la Société contre le tabac. L'Académie juge que le but que poursuit cette Société est dans un intérêt d'hygiène publique : et que *l'action nuisible du tabac* est démontrée par un ensemble de faits et d'inductions dès à présent acquis à la science. »

Ces conclusions ont été adoptées à l'unanimité. (*Séance du 24 mai 1881.*)

Que penser de l'indifférence du Gouvernement dans cette grande question d'hygiène nationale, quand malgré l'avis favorable de l'Académie, il refuse jusqu'à présent à la Société contre l'usage du tabac de la reconnaître d'utilité publique, bénéfice dont jouit depuis la loi Grammont, la Société protectrice des animaux ?...

On ne saurait expliquer cette différence que par une considération *d'intérêt fiscal* mal compris. Car, quand une Société qui conseille de se tenir en garde contre les effets toxiques du tabac ferait, par son enseignement, baisser le chiffre de la recette dans les bureaux de la Régie, l'État n'en saurait être atteint dans ses finances, vu qu'il est bien reconnu aujourd'hui que, sans compter la perte inappréciable de la vitalité de la nation, dont la plus grande part ne peut être attribuée qu'à la *folle passion du tabac*, l'argent qu'il rapporte au fisc est bien insuffisant pour réparer les préjudices matériels dont il est la cause.

Cet impôt ne profite en réalité qu'aux heureux titulaires des débits.

ment la vessie comme un acide rongerait un vase de métal, qui compte autant de douleurs que de gouttes d'urine qu'il laisse échapper, croyez-vous que cet homme puisse arriver jamais, dans de telles conditions, au terme naturel de son existence? Non! sa vie se terminera toujours après une agonie de dix ou quinze années; car il n'y a pas d'affection qui vous tue plus lentement, plus misérablement que celles de la vessie.

Il s'éteindra dans le marasme à cinquante-cinq, soixante, soixante-cinq ans, quand il aurait pu, avec une vessie saine, vivre jusqu'à soixante-dix, soixante-quinze, quatre-vingts ans.

Et si cet homme a commencé à fumer à vingt ans, le tabac aura détruit en lui le quart de ses plus belles années, à partir du jour où il aura fait la connaissance de ce dangereux ami.

Le quart de toute une vie perdu, un autre passé à souffrir, voilà toute la réalité de l'usage du tabac. Les jouissances vulgaires et bien problématiques qu'il peut donner à ses adorateurs sauraient-elles compenser de si grands sacrifices?

Si l'on songe maintenant à tous ces adolescents que tue le tabac, par suite de maladies cérébrales, avant qu'ils aient atteint la puberté; à tous ces adultes qui succombent à l'hépatisation du poumon, à la phtisie nicotique avant d'avoir atteint leur trentième année; à tous ceux que frappe la mort subite par arrêt des battements du cœur ou par suspension de la respiration, dans le narcotisme du nerf grand sympathique ou pneumo-gastrique, sans en compter tant d'autres, que foudroie l'apoplexie nicotique, on concevra quel vigoureux coup de faux donne à l'humanité l'herbe favorite de la reine Catherine, dans les plus beaux jours de sa renaissance, au XIXe siècle.

Le tabac a tant changé la constitution physique de nos sociétés modernes, qu'on pourrait dire qu'il a causé presque une révolution en médecine. Un consommateur de tabac, quelle que soit l'indisposition qui lui arrive, ne se traite pas comme ceux qui ne sacrifient pas au dieu des Caraïbes. Sous l'influence de la nicotine, les maladies prennent moins le carac-

tère inflammatoire que le type asthénique, putride ou pernicieux.

Dès que la maladie vient à frapper un fumeur ou un chiqueur, c'est la prostration qui domine. Et nous, vieux prati-
ciens, qui avons vu tous les services rendus à l'art de guérir
par l'application judicieuse des doctrines de Broussais : les
émissions sanguines et la diète, nous sommes devenus très
circonspects à leur égard par suite des changements inopinés
et souvent funestes qu'elles produisent chez certains sujets.

Il en est de même des calmants, des opiacés, des anesthé-
siques, comme l'éther, le chloroforme, le chloral, etc., dont
nous devons nous méfier ; car leur action dépressive, antiphlo-
gistique, qui convient tant dans les maladies inflammatoires,
où tout démontre une exaltation de la vie, produit très souvent
des effets déplorables sur les constitutions que le tabac a déprimées et qui se trouvent mieux de la médication tonique.

C'est ce qui est arrivé à Napoléon III, dont la vie était affais-
sée par le nicotisme bien plus que par l'ébranlement moral que
lui causa sa grande chute. Il succomba sous l'effet prostrateur
d'un peu de chloroforme qu'on lui administra pour lui rendre
moins sensible une opération à pratiquer dans sa vessie que le
tabac avait ruinée depuis déjà bien des années, en causant sa
caducité précoce.

Ces changements survenus dans la constitution physique
de notre époque ont fait la grande fortune thérapeutique de
l'alcool, qui tend à prendre le rang de panacée universelle,
surtout dans les États-Unis, où toutes les maladies se traitent
par le whiskey, comme on les traitait autrefois par l'infusion
de graine de lin ou de guimauve.

Cette méthode a été mise en grande évidence dans le cas
du Président Garfield, qui prit des quantités de whiskey considérables, pour remonter ses forces physiques affaissées, et
qui n'en succomba pas moins, après une longue agonie, non
pas à la blessure relativement légère que lui avait faite la
balle de l'assassin Guitteau, mais bien à une pyohémie, suite

de la cachexie nicotique dont il était primitivement affecté ; comme le démontra l'autopsie.

C'est ainsi que mourut également, presque à l'entrée de sa carrière dans la vie politique, un de nos plus grands hommes d'État : Léon Gambetta, un adorateur passionné du tabac. La balle qui lui traversa la main ne lui avait fait qu'une insignifiante blessure, promptement guérissable dans une constitution saine. Mais elle détermina chez lui des phénomènes traumatiques si graves que des phlegmons, des abcès se développèrent dans tout son organisme, qui succomba à une infection particulière que l'on pourrait appeler : la pyohémie nicotique (1).

Oui, je le répète, le tabac a produit presque un désarroi dans la science médicale ; et tous les jours nous voyons succomber entre nos mains un nombre infini de ses favoris, qui nous arrivent avec des maladies en apparence légères, toujours mal définies, contre lesquelles toutes les médications sont impuissantes, qu'elles soient du ressort de la médecine ou de la chirurgie.

Quand on arrive à l'autopsie, on ne trouve souvent aucune lésion organique suffisante pour expliquer la mort.

A quoi ont pu succomber ces malades, presque tous jeunes encore ? Ils s'éteignent comme le centenaire, par épuisement de la faculté de vivre, qui ne peut durer toujours, lors même qu'elle a, pour la servir, des organes parfaitement conservés en apparence. Seulement, cet épuisement de la vie, quand il est naturel, met, chez le vieillard, quatre-vingts ou cent ans à s'accomplir. Chez le consommateur de tabac, au contraire, il se produit à tout âge, suivant qu'il aura dépensé plus ou moins de sa puissance vitale à lutter contre les effets meurtriers de son poison de tous les jours.

Cet *état réfractaire à l'action de la médecine, chez les nicotinés*, se fait surtout sentir dans le traitement des maladies spécifiques et contagieuses. Quand la syphilis ou les affections

---

(1) Voir page 424 la mortalité des blessés sur les champs de bataille.

cutanées les atteignent, il est bien rare qu'ils puissent s'en débarrasser complètement, tant la puissance d'épuration, ou, pour mieux dire, la force curative, qui est une loi naturelle chez tous les êtres organisés, se trouve affaiblie chez eux par l'effet déprimant de la nicotine, qui a dénaturé leur sang.

Et c'est ainsi que s'explique dans quelle erreur profonde sont les consommateurs de tabac, quand ils croient, par son usage persévérant, se mettre à l'abri de l'invasion des épidémies régnantes. Ce sont eux qui en sont, au contraire, le plus sérieusement frappés. Car de même que la *force curative des maladies est considérablement amoindrie chez eux,* de même aussi leur organisme manque de résistance à leur invasion, ou de puissance neutralisante de leurs miasmes, à mesure qu'ils en sont pénétrés.

Trois grands faits contemporains d'épidémies viennent à l'appui de cette assertion.

En 1832, le choléra parut pour la première fois en France. Il sévit sur nos populations consternées, sous ses formes les plus destructives, et ne nous enleva que 79.585 habitants, pendant plus de trois ans qu'il parcourut le pays. Alors l'usage du tabac était encore très restreint chez nous ; il ne faisait que commencer son essor.

En 1849, la Régie ne savait déjà plus que faire des millions que lui rapportait l'herbe de Nicot, tant elle en encaissait. Et, le choléra survenant, assez bénin dans ses symptômes, trouva des populations moins effrayées à son aspect ; et la science, moins prise au dépourvu, était plus habile à le combattre. Et pourtant, à cette seconde visite, il nous emporta 110.100 existences en moins d'une année.

En 1854, il reparut encore ; et comme la consommation du tabac montait, montait toujours, le choléra coucha, cette année, 160.000 morts dans nos sépultures !

Les ravages de l'épidémie ont donc toujours été croissants, proportionnellement à la consommation de la substance qui devait en préserver, selon l'opinion erronée de beaucoup de croyants.

Devant des causes si nombreuses de mortalité chez les adultes, faut-il s'étonner si le terme moyen de l'existence baisse son niveau dans notre siècle, et si la population de notre pays, au lieu de s'accroître régulièrement, comme elle l'a toujours fait jusqu'à nous, suit rapidement une progression descendante?

Il est regrettable, sans doute, pour un pays dont l'agglomération de la population fait toujours la puissance et la prospérité, de compter par centaines de mille la diminution annuelle de ses habitants. Quand ce malheur vient de ces fléaux sur lesquels la volonté de l'homme ne peut rien : les famines, les épidémies, les guerres, on s'en console, dans la certitude de temps meilleurs. Car toutes ces calamités ne sont pas durables; et, quand elles ont passé sur un peuple, la marche ascendante de sa reproduction, momentanément arrêtée, reprend bientôt son essor et comble les vides.

Mais quand la diminution de la population vient de l'abaissement dans la longévité individuelle, par suite de causes permanentes, inhérentes à nos mœurs, et qui dégradent notre organisme, oh! alors le retour à l'agrandissement normal des époques précédentes est impossible, et la génération languira tant que dureront les accidents ou les vices qui en ont enrayé les progrès.

D'après les statistiques de 1817 à 1853, la population, en France, n'a cessé de s'accroître. L'augmentation moyenne annuelle a été, pendant cette période de trente-sept ans, de 155.929 individus, ce qui correspond à la 213e partie de la population moyenne : 32.210.000 habitants.

Si cette proportion d'accroissement se fût maintenue, la population doublerait en 148 ans; mais de 1830 à 1853, à mesure qu'augmentait la consommation du tabac, l'accroissement normal de la population a constamment diminué, d'année en année, et dans des proportions régulièrement progressives.

Au point qu'en 1854, non seulement cet accroissement était devenu nul, mais encore le chiffre des naissances n'était plus que de 923.461, et celui des décès s'élevait à 992.779.

Les décès l'emportaient sur les naissances de 69.318. C'est la première fois, depuis le commencement du siècle, que la population française a éprouvé une diminution, au lieu de s'accroître de 150.000, chiffre moyen de chaque année : ce qui porte à 220.000 environ le chiffre réel de l'abaissement pour 1854. Et, depuis cette époque, jusqu'en 1875, jamais la population n'a repris son mouvement ascendant primordial.

Quand on consommait encore peu de tabac, avant 1830, un statisticien distingué, M. du Villars, dressait le tableau suivant :

TABLE

LOI DE LA MORTALITÉ EN FRANCE AVANT 1830

Ans	Survivants	Ans	Survivants	Ans	Survivants	Ans	Survivants
0	1.000.000	28	451.635	56	248.782	84	15.175
1	767.525	29	444.932	57	240.214	85	11.886
2	671.834	30	438.183	58	231.488	86	9.224
3	624.668	31	431.898	59	222.605	87	7.165
4	598.713	32	425.583	60	213.567	88	5.670
5	583.151	33	417.744	61	204.380	89	4.686
6	573.025	34	410.886	62	195.054	90	3.830
7	565.838	35	404.012	63	185.600	91	3.093
8	560.245	36	307.125	64	176.035	92	2.466
9	555.486	37	390.219	65	166.377	93	1.938
10	551.122	38	383.301	66	156.651	94	1.499
11	546.888	39	376.363	67	146.882	95	1.140
12	542.630	40	367.404	68	137.102	96	850
13	538.255	41	362.419	69	127.347	97	621
14	533.711	42	355.460	70	117.656	98	442
15	528.909	43	348.342	71	108.070	99	307
16	524.020	44	341.235	72	96.637	100	207
17	518.863	45	324.072	73	89.404	101	135
18	513.502	46	326.843	74	80.423	102	84
19	507.949	47	319.539	75	71.745	103	51
20	502.216	48	312.148	76	63.424	104	29
21	496.317	49	304.662	77	55.511	105	16
22	490.267	50	297.070	78	48.057	106	8
23	484.083	51	289.361	79	41.107	107	4
24	477.777	52	281.527	80	34.705	108	2
25	471.366	53	273.560	81	28.886	109	1
26	464.863	54	265.450	82	23.680	110	0
27	458.282	55	257.193	83	19.106		

C'était alors le plus exact que l'on eût sur les lois de la mortalité dans notre pays. Cette table a longtemps servi de base à tous les calculs de probabilité dans les contrats des tontines, ou assurances sur la vie.

Aujourd'hui, tous ces chiffres doivent être bien modifiés, si l'on considère seulement combien deviennent de plus en plus rares, dans notre société, les enfants et les vieillards.

Dans cette table, on suppose un million d'enfants nés au même instant, et l'on indique quel est le nombre de ceux qui survivent après un an, après deux ans, trois ans, etc., jusqu'à cent dix ans, époque où tous ont cessé d'exister.

Ainsi, l'on voit qu'à vingt et un ans plus de la moitié sont morts, et qu'à l'âge de quarante-cinq ans, il n'en reste plus qu'un tiers à peu près.

On peut, d'après ce tableau, déterminer le nombre d'années qu'une personne d'un âge donné vivra probablement. Par exemple, on voit qu'à l'âge de vingt-cinq ans le nombre des survivants est de 471.366, dont la moitié est de 235.683. Or, ce nombre exprime une quantité plus grande que celle de ceux qui vivent jusqu'à cinquante-huit ans, et plus petite que celle des individus qui vivent jusqu'à cinquante-sept ans; en sorte que la moyenne est entre cinquante-sept et cinquante-huit; c'est-à-dire qu'il y a un contre un à parier qu'un homme de vingt-cinq ans parviendra à cinquante-sept ans et demi.

Enfin, au moyen de calculs un peu plus compliqués, le même tableau peut encore servir à déterminer la durée de la vie moyenne aux diverses époques de l'existence. Et les résultats auxquels on parvient sont tels, qu'à partir de la naissance la durée de la vie moyenne est de vingt-huit ans et neuf mois; qu'à cinq ans, elle est de quarante-trois ans environ, et qu'après cet âge elle diminue progressivement. (*Encyclopédie méthodique*, t. XIII, p. 200.)

Et si l'on rapproche de ce tableau la mortalité minimum des nouveau-nés, qui est de 50 p. 100, de un jour à un an, comme l'a révélé M. de Dalmas à la séance de la Chambre des députés du 5 février 1870, dont nous avons parlé plus haut, on verra qu'avant 1830, ère funeste de l'invasion définitive du tabac dans nos habitudes, la mort mettait plus de vingt ans pour nous enlever les enfants qu'elle nous prend aujourd'hui dans leur première année. Alors, la moyenne de l'existence pour la moitié de notre population, qui s'éteint la première, était de dix ans; avec l'effrayante mortalité d'aujourd'hui, elle n'est plus que de six mois.

Il y a cent ans, la mortalité des enfants placés dans les plus mauvaises conditions de soins, chez les éleveuses et les nourrices, était un prodige de succès, comparativement aux résultats qu'elle enregistre aujourd'hui. D'après la *Gazette d'agriculture* de 1778, nº 26, les états tenus par les bureaux de recommanderesses, à Paris, portent que, de 1771 à 1776 inclusivement, il a été placé à la campagne, année commune, 9.581 enfants, c'est-à-dire à peu près la moitié des enfants nés à Paris, sans compter ceux qui ont été placés directement par les familles, et que, sur ce nombre, il est mort chez les nourrices environ le tiers, soit trente-trois pour cent, de la naissance, à deux ans.

Et l'on sait que pour les enfants la deuxième année est au moins aussi critique que la première; ce qui reporterait à dix-sept pour cent la mortalité de la première année.

Quelle disproportion effrayante de dix-sept pour cent d'alors, à cinquante pour cent d'aujourd'hui!

Dans les autres âges, la vie se raccourcit tellement que les statistiques donnaient, sur un million d'individus, en :

1861 {De 85 à 90 ans {1.157   De 90 à 95 ans {350   De 95 à 100 ans {70
1866 {   {1.153   {300   {50

Le tableau précédent, avant 1830, donnait en survivants : de 95 à 100 ans, 3.568; de 100 à 105 ans, 522; de 105 à 110 ans, 31.

La statistique de 1877 établit que la France ne comptait à cette époque que 120 habitants au-dessus de 100 ans. Avant 1830, il y en avait 19.332.

Ce n'est pas seulement en France que les vieillards tendent à disparaître, c'est dans toute l'Europe et l'Amérique, où règne en souverain le tabac.

Sur les trois cent millions de population que compte l'Europe, les statistiques ne recensent que 12.831 vieillards au-dessus de 99 ans. En supposant les proportions égales pour toutes les nations, ça ferait pour la France 256, au lieu de 120 constatés en 1877.

Si, de tous les pays de l'Europe, la France est aujourd'hui celui où la population se développe le plus lentement, cela tient à la quantité et surtout à la qualité toxique du tabac qu'elle consomme. La preuve de cette assertion ressort de la comparaison de la fécondité de nos départements avec le chiffre de leur consommation respective de tabac.

Ainsi, d'après la statistique, la mortalité des enfants, la rareté et la stérilité des mariages, la diminution de la population, la pauvreté du recrutement militaire atteignent leurs plus hauts degrés dans les départements qui donnent le plus de clients à la Régie : Pas-de-Calais, Nord, Seine, Bouches-du-Rhône. Les départements au contraire où la population a le plus de sève, maintient le mieux son nombre, dégénère le moins, sont ceux qui sont le moins envahis par le tabac : Aveyron, Tarn, Charente, Haute-Loire, Deux-Sèvres, Vendée.

De pareils résultats, que nous démontre l'austère vérité des chiffres, sont bien dignes d'appeler sur cette grande calamité sociale l'attention des philanthropes, des moralistes, et surtout de ceux qui nous gouvernent.

CHAPITRE XXII

La mortalité des enfants, tout effrayante qu'elle est par l'énormité de son chiffre, pourrait admettre quelque compensation si la jeune génération, qui a échappé à cette hécatombe de la première année, avait toutes les qualités physiques et morales requises pour continuer la marche humanitaire réservée à des types parfaits ; mais c'est dans ces survivants que l'on s'afflige de découvrir tout ce qu'a de disgracieux la dégradation de l'homme, par voie d'hérédité.

Tous ces *descendants de nicotinés* apportent avec eux les traces du péché originel qui a présidé à leur procréation. Frappés dans leur viabilité, comme ceux qui ont succombé avant eux, par l'influence d'un poison, quand ils étaient à l'état de germe dans l'organe paternel qui les créa, ils payent à la mort un lamentable tribut, avant d'avoir atteint leur septième année.

Ceux qui échappent à cette seconde épuration donnent, avant d'arriver à la puberté, leur contingent inépuisable aux chiffres des statistiques de 1869, qui constatent qu'alors il existait en France : 39.933 idiots et crétins ; 58.808 goitreux ; 21.214 sourds-muets ; 4.726 aveugles de naissance ; sans compter les pieds bots.

Et ces malheureux, presque tous victimes des erreurs

de leurs pères, étalent, au milieu des splendeurs du xixe siècle, les tristes résultats de la dégénérescence humaine.

Sans être aussi avancés dans la dégradation que les catégories d'infirmes que nous venons d'énumérer, il est un nombre infini de ces jeunes sujets qui présentent des tendances vers le crétinisme assez apparentes pour être remarquées. Ces signes de dégénérescence se constatent :

1° Dans l'abaissement de la taille ;

2° Dans les déformations osseuses ;

3° Dans l'écart plus ou moins grand des formes de la tête, de ce que l'on est convenu d'appeler le type parfait de la beauté ;

4° Dans l'apparence plus osseuse que charnue des formes du corps ;

5° Dans l'altération et la chute précoce des dents ;

6° Dans l'apparition tardive de tous les phénomènes de la puberté et des aptitudes à la génération.

Ces deux derniers symptômes de dégénérescence, qui sont peut-être les moins remarqués, sont cependant les plus caractéristiques de l'abâtardissement d'une race ; car toute race abâtardie tend à disparaître par l'extinction précoce de l'individu et par son incapacité organique à se reproduire.

Or, une des causes les plus puissantes de dépérissement d'un individu, c'est le trouble apporté dans son alimentation ; et les dents sont, sans contredit, les organes de nécessité première pour accomplir la nutrition dans sa perfection physiologique. Celui dont l'appareil dentaire est sensiblement défectueux, surtout dès son enfance, ne peut donner à sa digestion que des matériaux mal élaborés, et c'est là la cause la plus fréquente des mille variétés d'affections abdominales qui nous détruisent dans la langueur. De mauvaises dents font toujours un mauvais estomac.

Si l'on n'était affecté, à notre époque, que par la vue de la rareté des dents dans la bouche des fumeurs et des chiqueurs, de la teinte rousse de leurs quelques chicots tremblants dans leurs alvéoles, et dont les odeurs nauséeuses de carie vous arrivent avec l'empyreume de tabac, on s'en consolerait en disant : « Ils l'ont voulu ; ça leur plaît d'avoir une bouche et une haleine comme ça, en échange des *suavités* que leur donne le tabac. »

Mais ce qui attriste, c'est de voir les descendants de ces édentés volontaires apporter, en naissant, les germes de cette mutilation dont ont souffert leurs pères.

Combien ne voit-on pas d'enfants dont les premières dents, toujours lentes à sortir, sont détruites par la nécrose avant le terme de leur chute naturelle? Combien de belles jeunes filles, tourmentées par des douleurs sans fin, ne parviennent à faire un peu durer leurs dents que par les soins du dentiste qui, chaque année, tasse de nouvelles feuilles d'or, d'argent ou d'étain, dans les vides que la carie ne cesse d'y creuser, jusqu'à ce qu'elles tombent? Combien de jeunes femmes, dévastées avant l'âge mûr, corrigent par des râteliers d'emprunt ces ravages d'une vieillesse prématurée? Que de souffrances tous ces pauvres êtres auront à endurer dans la vie, parce qu'il a plu à leurs pères de jouer avec le tabac et de leur léguer ce cachet disgracieux et parfois repoussant de dégénérescence imprimé sur leurs dents!

Les conséquences funestes de l'hérédité ne se bornent pas à faire passer chez les enfants les désordres organiques des parents ; ils héritent aussi, pour ainsi dire, des *manies* et des *instincts* de leurs pères.

On ne peut pas traiter autrement que d'instinct ce besoin de teter une pipe ou de mâchonner du tabac.

Eh bien, les enfants naissent avec ce même instinct ; c'est lui qui, plus peut-être que l'instinct d'imitation, les pousse si jeunes vers une habitude qui empoisonnera toute leur vie.

Et c'est tellement vrai, qu'en Amérique, cette terre classique de la chique, le besoin de chiquer est si impérieux chez les petits enfants, garçons et filles, que le commerce, toujours ardent à profiter de tout, fabrique et vend, pour la satisfaction de cet instinct, des petits tronçons de caoutchouc que les *boys* et les *girls* mâchonnent des jours entiers dans la bouche.

Quand le boy (garçon) devient un peu plus grand, il quitte le caoutchouc pour le tabac, pour se poser en homme ; et la girl (fillette), devenue madame, passe de longues heures de sa vie à se dessécher l'estomac et la poitrine en pétrissant entre ses dents son insipide et inusable caoutchouc ; comme si, par dégénérescence autant que par imitation, elle était condamnée à toujours mâcher comme faisaient ses pères.

L'incapacité organique de la reproduction, par dégénérescence héréditaire, frappe également les deux sexes. Chez l'homme, elle consiste bien moins dans l'atrophie des glandes séminales que dans leur inaptitude à sécréter le zoosperme, comme dans le mulet, chez qui le testicule existe et qui cependant ne peut plus se reproduire. Cette imperfection de l'appareil génital, avant de se constater par la stérilité, se décèle par la lenteur que mettent les sujets à passer de l'adolescence à la puberté. Ils gardent souvent jusqu'après leur vingt-deuxième année une apparence juvénile et efféminée ; le timbre de leur voix n'a rien de mâle, et leur face est lente à se couvrir d'une barbe clairsemée.

C'est cet état qu'en terme de recrutement on appelle faiblesse de complexion, et qui tend de plus en plus à restreindre le nombre des hommes valides pour les cadres de nos armées. C'est à cette classe, toujours croissante, des déclarés impropres au service militaire, qu'on attachait autrefois le nom de *petits crevés*, et qu'on appelle aujourd'hui les *gommeux*, sans doute pour mieux exprimer le peu de vie qu'a le sang qui coule dans leurs artères.

Chez la femme, la stérilité part de l'ovaire, qui ne sécrète que des œufs imparfaits. Et, comme il existe entre cette glande et le sein une étroite sympathie, quand l'ovaire manque de perfection, le sein est lent à se développer et n'existe souvent qu'à un état presque rudimentaire.

Si ces femmes, dont les grossesses sont des plus fragiles, parviennent parfois à mettre au monde des fruits à terme, elles sont dans l'impossibilité d'accomplir leur second devoir de mère : l'allaitement de leurs enfants ; et l'on peut dire sans crainte de se tromper que la dégénérescence nicotineuse a tellement tari la mamelle des femmes, que le manque de lait, tant chez les mères que chez les nourrices à gages, qu'on ne sait plus où aller chercher, n'est pas une des moindres causes de la grande mortalité des enfants.

Car, quelle que soit la force de vitalité de notre espèce humaine, si le lait de la femme manque à la première année de l'enfance, aucun lait de nos animaux domestiques ne.saurait le remplacer dans ses qualités essentielles ; pas plus que toutes ces fécules qu'invente la cupidité commerciale, que patronne la mode, et qui sont loin de valoir la simplicité du pain cuit à l'eau et assaisonné d'un peu de bon beurre et d'un peu de sel.

Tout nouveau-né qui sera soumis à cette alimentation contre nature, en règle générale, périra ; ou si, par exception et à force de soins, il échappe, il ne sauvera des accidents et des maladies par lesquels il aura dû passer avant d'arriver à sa seconde année, qu'une constitution détraquée, et plus ou moins entachée des défectuosités qui caractérisent la dégénérescence.

« Un des caractères les plus essentiels des dégénérescences est celui de la transmission héréditaire, mais dans des conditions bien autrement graves que celles qui règlent les lois ordinaires de l'hérédité. L'observation rigoureuse des faits nous démontrera qu'à moins de certaines circonstances exceptionnelles de régénération, les produits des êtres dégénérés offrent des types de dégradation progressive. Cette progression peut atteindre de telles limites que l'humanité ne se trouve préservée que par les excès mêmes du mal. Et la raison en est simple : l'existence des êtres dégénérés est nécessairement bornée, et, chose merveilleuse, il n'est pas toujours nécessaire qu'ils arrivent au dernier degré de la dégradation pour qu'ils restent frappés de stérilité, et conséquemment incapables de transmettre le type de leur dégénérescence.

« Il résulte de ce simple exposé que l'idée la plus claire que nous puissions nous former de la dégénérescence de l'espèce humaine est de nous la représenter comme une déviation maladive d'un type primitif. Cette déviation, si simple qu'on la suppose à son origine, renferme néanmoins des éléments de transmissibilité d'une telle nature, que celui qui en porte le germe devient, de plus en plus, incapable de remplir sa fonction dans l'humanité, et que le progrès intellectuel, déjà enrayé dans sa personne, se trouve menacé dans celle de ses descendants.

« D'un autre côté, dans l'état que je désigne sous le nom de dégénérescence, on ne remarque pas cette propension de l'individu à revenir à son type normal, par la raison que la dégénérescence est un état maladivement constitué, et que l'être dégénéré, s'il est abandonné à lui-même, tombe dans une dégradation progressive. Il devient, et je ne crains pas de répéter cette vérité, il devient non seulement incapable de former dans l'humanité la chaîne de transmissibilité d'un progrès, mais il est encore l'obstacle le plus grand à ce progrès, par son contact avec la partie saine de la population. La durée de son existence enfin est limitée, comme celle de toutes les monstruosités. » (MOREL, *Traité de Dégénérescence de l'espèce humaine*. Paris, 1857, p. 6.)

D'après cette loi naturelle de la dégénérescence, qui fait qu'un être dégradé dans son type normal engendre toujours des êtres plus dégradés que lui, on doit comprendre avec quelle rapidité baisserait le niveau d'une société dans laquelle la cause efficiente de la dégradation agirait également et sans relâche sur les pères et sur les fils, dans la série descendante de leur génération.

Prenons pour exemple de cause dégénératrice l'influence du climat. Supposons une société ou, si l'on veut, une tribu de race éthiopienne venant s'implanter au centre de la France, dans un climat bien tempéré. Sous le ciel de la France, beaucoup moins chaud que le ciel de Sénégambie, cette tribu dégénérera. Sa mortalité y sera d'abord plus grande que sous son climat naturel; sa fécondité y diminuera; les enfants s'y élèveront difficilement ; au point qu'on pourrait affirmer qu'à la quatrième, ou à la cinquième génération, toute cette tribu, eût-elle été de cent mille habitants, aura disparu, passant, de père en fils, par des degrés plus marqués de dégradation, pour arriver à la stérilité et à l'anéantissement.

C'est ce qui fait qu'en France, où la race noire jouit de toutes les prérogatives de la race blanche, où elle pourrait prospérer en liberté, par le travail, on ne voit pas une seule famille de couleur se perpétuer.

En cette circonstance, qu'a-t-il fallu pour abâtardir d'abord, et pour éteindre ensuite, toute cette race pleine de vitalité et d'énergie? Un peu de chaleur en moins, comme un peu de chaleur en plus fait dégénérer la race blanche sous les climats tropicaux.

Ce qu'un peu de chaleur, en plus ou en moins, par une action continue, accomplira toujours sur l'organisation humaine la mieux trempée, comment, à plus forte raison, un *poison violent* comme le tabac, qui agit avec la même persévérance, ne saurait-il le faire ?

C'est là qu'est le secret tant cherché de notre dégénérescence.

Et, en supposant qu'une inspiration providentielle vienne à écarter le tabac de la bouche de tous les hommes, le mouvement de dégénérescence est tellement prononcé parmi nous que, longtemps encore, les générations à venir verront ce qui afflige en ce moment la nôtre.

Ce qui persistera, surtout, c'est la dépression intellectuelle et morale dont la jeunesse donne aujourd'hui l'exemple.

Si le tabac ne faisait que déformer l'homme dans sa constitution physique, la société en souffrirait relativement peu.
Le type humain y serait seulement moins beau de formes ;
nous aurions des poitrinaires, des scrofuleux, des bossus, des
boiteux, des rabougris, des nains, des crétins. Tous ces disgraciés ne sont pas dangereux pour une société ; ils s'y confondent et s'y éteignent sans bruit, sans scandale.

Mais ce qui est un sujet de troubles et de dangers dans une
grande civilisation, ce sont ces retours vers la barbarie, où
sont poussés, par la dégénérescence, les fils de ceux dont le
tabac a ébranlé le système nerveux jusque dans ses profondeurs les plus mystérieuses.

Les descendants de nicotinés, surtout s'ils continuent dans
l'usage du tabac les erreurs de leurs pères, sont pervertis dans
leurs facultés. Ils perdent, dans quelques générations, tout ce
que la culture des siècles avait apporté de civilisation et de
progrès à leurs ancêtres. Ils reculent, d'un seul bond, aux
temps primitifs de l'humanité ; ils en ont toutes les faiblesses,
toutes les défectuosités, tous les vices.

Aujourd'hui, plus nous prenons de soins à instruire, à moraliser la jeunesse, plus nous trouvons dans nos écoles de sujets réfractaires à toute éducation. A côté des élèves qui travaillent avec succès et qui apportent à la société tous les
bénéfices de la culture de leur intelligence, il en est une quantité considérable qui ont de l'aversion pour l'étude. Ils sont épais,
bornés, apprennent avec lenteur et oublient vite. Tout ce qui
est règlement, tout ce qui est discipline, tout ce qui est travail,
les irrite ; leurs nerfs, tout détraqués, sont incapables d'application. Ils ne recherchent que la liberté et l'indépendance ; et,
impuissants à se créer honnêtement des moyens d'existence,
ils se jettent par bandes dans le vagabondage, la mendicité, le
vol. Et, dès que leurs bras commencent à sentir la force, ne
reculant plus devant aucun crime, ils demandent à la société,
à main armée, pour satisfaire leurs besoins et leurs vices, ce

qu'ils ne savent pas ou ne veulent pas gagner par le travail.

C'est ce que l'on voit aux États-Unis, ce pays qui est, lui aussi, profondément ravagé par le nicotisme, et qui manque peut-être de vigueur pour maintenir l'ordre et réprimer le mal.

L'on ne peut pas dire que là, si la jeunesse est prématurément vicieuse, c'est par manque d'instruction. On sait que les États-Unis sont le pays du monde où l'instruction se dispense de la manière la plus générale, et avec le plus de libéralité. Là, tout s'enseigne sous une forme absolument gratuite. Mais dans ces longues files d'écoliers ou d'étudiants qui fréquentent les classes, il en est un grand nombre qui n'y apprennent rien, ou bien peu de choses, parce que leur nature, frappée de dégénérescence, est désormais incapable de toute application et de toute culture.

Dans ce pays de liberté, parfois exagérée, quand ses principes s'appliquent à des enfants sans discernement et sans conscience, l'autorité paternelle elle-même est souvent méconnue par cette jeune génération, qui aspire à devenir précocement les citoyens libres d'un pays libre.

Et là, où le travail est honoré et bien rémunéré, là où tout homme de bonne volonté a droit à son champ pour le cultiver et y vivre honnête, estimé et heureux, on est frappé de voir des bandes d'enfants oisifs et vagabonds, de douze à dix-huit ans et même au-dessus de vingt, conspirant ouvertement, sur la voie publique, contre la propriété et les personnes; défiant la justice, parce qu'elle est parfois trop indulgente pour eux, et tenant constamment en échec les agents de la force publique, toujours impuissante à prévenir leurs méfaits.

Ce sont ces bandes qui forment un grand parti, pour ne pas dire une puissance, dans toutes les villes des États-Unis, et que l'on désigne sous le nom collectif de *hoodlums*.

Ils sont la pépinière d'où sortent toutes les catégories de malfaiteurs adultes qui déshonorent l'Union. Ils alimentent les tribunaux d'une clientèle spéciale de criminels : voleurs, assassins, incendiaires, etc., de quatorze à dix-huit ans, qui viennent effrontément demander à la justice le bénéfice de la loi pour manque de discernement dans l'accomplissement de leurs crimes, qu'ils ont souvent longuement médités avant de s'en rendre coupables.

Disons que ce débordement de criminalité aux États-Unis est une anomalie toute moderne, qui n'a pas été sans frapper l'attention de ces républicains austères, habitués jusqu'ici à voir l'homme grandir, par la liberté, dans la moralité et la science. Nous avons vu souvent les magistrats de la justice signaler à l'administration supérieure cet événement comme un danger social, contre lequel il importait d'aviser.

Et quand on avisera, ne pouvant pas trouver la cause du mal dans des institutions politiques et sociales qui, depuis un siècle, ont amélioré les hommes au lieu de les dégrader, on en viendra, comme nous le faisons nous-même, à en accuser le tabac d'abord, et, en second lieu, l'alcool, qui est le complice naturel, inévitable de l'œuvre de dégradation que le poison des Caraïbes devra produire sur l'humanité, partout où elle aura été assez faible pour se laisser séduire par sa trompeuse ivresse.

Si de l'Amérique nous passons en Europe, si nous suivons les effets du tabac sur les organisations nerveuses de ces populations fortes et énergiques de la Corse, de la Sardaigne, de la Sicile et de l'Espagne, nous nous trouvons en présence de toutes les mauvaises passions humaines s'agitant dans le crime.

En Sicile, où les hommes passent la plus grande partie de leur vie dans l'indolence et la paresse à fumer le tabac, c'est la *maffia* qui désole ce malheureux pays, qu'elle tient à la merci de toutes ses cupidités, par la terreur de la menace et l'exécution du couteau.

Rien de plus effrayant que l'état de décomposition sociale où la Sicile semble être tombée aujourd'hui, par l'excès du brigandage.

« Les *maffiosi* existent, disait, dans la séance du Parlement italien du 11 juin 1875, le député Trajani. Ce sont des individus qui veulent vivre et s'enrichir par le crime. Ces associations ténébreuses ont une justice qui leur est propre, et qui n'est pas la justice sociale. Leurs verdicts sont inexorables et prompts. Un témoin, condamné par la maffia, est tué dans les vingt-quatre heures. A Palerme, la maffia est invisible.

« Il y a la haute et la basse maffia, dans lesquelles s'enrôlent les malfaiteurs de toutes les classes sociales. Il y a la maffia des villes et la maffia des campagnes, qui toutes les deux se soutiennent, qui opèrent de concert et se partagent le pays.

« Les maffiosi des villes volent, assassinent dans les villes, cherchent à s'emparer des gros emplois, à tenir la commune dans leurs serres; les maffiosi des campagnes sont les brigands qui vont par bandes de dix ou de vingt individus, à cheval le plus souvent, semant l'épouvante partout et vivant en maîtres dans les districts qu'ils infestent. »

En France, où le niveau de la criminalité suit plus que jamais une progression ascendante, on doit surtout en attribuer la cause à tous ces jeunes dégénérés de toutes les classes sociales, qu'aucune éducation n'a pu redresser. Ils naissent avec les plus mauvaises dispositions de l'esprit et toutes les tendances aux égarements du cœur. Ils sont sans affection pour la famille, sans attachement pour le foyer, sans patriotisme, sans amour-propre, se vautrant sans dignité dans les excès de toutes sortes où les poussent leurs passions précoces.

C'est d'entre eux que sortent les épileptiques et autres variétés de sujets à maladies nerveuses, les maniaques instinctifs, qui constituent une classe d'aliénés dangereux, imparfaitement connus.

« Ce sont, dit Morel (*Traité des maladies mentales*) des natures dégénérées, pour me servir d'une expression que j'ai le premier employée à leur égard, et dont la place n'est encore bien marquée ni dans le domaine de la science, ni dans celui de la justice criminelle. Le vagabondage, le crime, les propensions à la débauche forment le triste bilan de leur existence morale.

« Ces malheureux, qui, le plus ordinairement, n'ont été fécondés ni au point de vue du bien moral, ni au point de vue du bien physique dans l'humanité, et qui sont les représentants les plus directs des transmissions héréditaires de mauvaise nature, peuplent, dans de grandes proportions, les prisons et les institutions pénitentiaires pour l'enfance. »

On trouve le type des *hoodlums* des États-Unis dans cette bande de jeunes vauriens sur lesquels la police de Paris fait main basse, et qui prend rang aux annales de la justice criminelle et des causes célèbres sous la dénomination de bande Gelinier ou des Chevaliers de la Casquette noire.

Après eux viennent les bandes non moins criminelles des Cravates vertes, d'Argenteuil; des Bonnets de coton, des Habits noirs; la bande de l'Assommoir qui ensanglanta Montreuil, dont les chefs, Abadie et Gilles, ont dix-neuf et seize ans. Farigoule, dit Passe-Partout, Claude ont quinze ans; Charton en a treize.

Et l'on voit des femmes assez dégradées, elles aussi, pour s'affilier à toutes ces légions de vauriens.

Le *Constitutionnel* donne sur ces malheureuses créatures des détails qui prouvent combien le nicotisme a dû contribuer à leur abaissement, et viennent confirmer ce fait que tout le monde peut constater dans la vie sociale : c'est que les descendants de consommateurs de tabac, quel que soit leur sexe, ont une passion pour ce narcotique bien plus exagérée et plus irrésistible qu'elle n'était chez leurs parents.

« Toutes les femmes et les filles, dit le journal, accusées de complicité dans les crimes commis par les diverses bandes qui ont infesté Paris, sont enfermées à Saint-Lazare, dans le quartier des prévenues. Ce sont, pour la plupart, des filles publiques, qui recélaient et vendaient les objets volés par leurs amants.

« La *plus grande privation pour elles est la privation du tabac*. Bien qu'il soit interdit de fumer sous des peines quelquefois sévères, elles parviennent pourtant à se procurer du tabac par les moyens les plus bizarres. Tantôt on leur en envoie de dehors, soit dans les deux extrémités d'un pain, soit dans quelque ustensile de cuisine.

« Le pain est fendu au greffe, les ustensiles sont très soigneusement agités, et néanmoins le tabac passe inaperçu.

« Quand le *truc* est découvert, ces malheureuses, pour satisfaire à ce goût devenu une passion, enlèvent des brins de paille de leurs paillasses, les mélangent avec du tabac à priser et roulent leurs cigarettes dans du papier à lettres.

« Où fument-elles? On peut le deviner. La plus grande surveillance est exercée dans les ateliers, les chambrées, la pistole et les cours. Elles font donc comme les collégiens...

« Le prix du tabac monte ainsi à des hauteurs insensées. Le bon tabac, le *bath*, soit qu'il soit introduit par les prévenues qui doivent comparaître aux assises, soit que ces femmes le tiennent par d'autres voies, se paye jusqu'à six francs le paquet, qui vaut en ville vingt-cinq sous; une cigarette vaut dix sous.

« Quand le tabac fait défaut, elles se mettent à deux ou trois pour fumer des débris sans nom qu'elles retrouvent dans leurs poches.

« Quand une des sœurs ou des surveillantes surprend les prévenues à fumer, elle les punit en les privant du matelas qui garnit leur couchette et en les faisant coucher sur leur paillasse; ou bien elle les prive des deux verres de vin de la cantine, qu'elles peuvent obtenir moyennant trois sous et trois centimes la pièce. Cette dernière punition est la plus redoutée.

« Saint-Lazare compte quinze cents femmes prévenues de toutes sortes ou condamnées à des peines ne dépassant pas dix-huit mois. »

CHAPITRE XXIII

Avec des éléments de dégénérescence aussi énergiques que le tabac, agissant sans relâche sur la plus grande partie de sa population, que deviendra un pays, quelque civilisé, quelque puissant qu'il ait été avant d'être soumis aux causes qui le dégradent dans son organisme vital?

Demandons-le à l'Espagne, qui fut la première à sacrifier au dieu des sauvages d'Amérique, au grand Manitou-Petun, au tabac.

Au commencement du XVIᵉ siècle, après la découverte du Nouveau-Monde, l'Espagne était à l'apogée de sa grandeur. Ses flottes couvraient les mers; son commerce s'étendait sur tous les continents; ses armées victorieuses dictaient des lois au monde.

Charles-Quint avait réuni à sa couronne l'Allemagne, les Pays-Bas, l'Artois et les Flandres. Il n'avait de rival sur la terre que François Iᵉʳ, à qui il disputait l'Italie.

La politique de François Iᵉʳ était d'écarter les armées de Charles-Quint du territoire français. Il livrait toujours la bataille sur le terrain de son ennemi. C'est ainsi qu'en 1524, il franchit les Alpes à la tête de forces considérables, força l'armée de Charles-Quint, qui ne put tenir contre lui en rase campagne, à se retirer dans la forteresse de Pavie, où les

Français la bloquèrent. Des renforts arrivant aux assiégés, le sort des armes changea. François 1er fut pris entre les feux de la place et ceux de la nouvelle armée. Il fut fait prisonnier et conduit à Madrid, après une défense héroïque où il eut son cheval tué sous lui, et brisa trois épées ; c'est alors qu'il écrivit à sa mère ces mots, devenus le symbole légendaire de la valeur française : « TOUT EST PERDU, FORS L'HONNEUR ! »

Sous Charles-Quint et Philippe II, pendant tout le xvie siècle, l'Espagne régnait donc en souveraine. Et, pour maintenir ses conquêtes, elle tenait sur pied d'innombrables armées. Toute la nation n'était qu'un camp.

L'usage du tabac, que les vaisseaux et les armées d'expédition du Nouveau-Monde apportaient de plus en plus à la métropole, se répandit bientôt au milieu de ces masses d'hommes livrés au désœuvrement de la vie de garnison. Et tous ces militaires, rentrant successivement dans leurs foyers, y familiarisèrent des habitudes dont ils ne pouvaient plus se passer ; comme il est advenu pour nos campagnes, depuis les grands armements qu'inaugura l'Empire.

Mais, en Espagne, le caractère un peu frivole des femmes, au lieu de résister, comme ont fait nos Françaises, à l'invasion du tabac dans le sanctuaire de la famille, l'accueillit avec le même enthousiasme qu'il avait rencontré chez les hommes, et toute la nation fuma.

Alors, de ce milieu de vapeurs narcotiques, enveloppant à la fois les deux sexes, et souillant le berceau des enfants, s'éleva comme un épais nuage d'obscurantisme qui voila peu à peu l'éclat dont brillait la nation. Elle dégénéra, comme si une atmosphère malsaine s'était soudainement substituée à son climat riche et fécond.

Jamais peuple ne tomba dans la décadence avec une rapidité si grande. Quelques générations ont suffi pour tarir dans le sein des mères la source de vigueur physique, intellectuelle et morale qu'avaient ces envahisseurs du monde avant d'être envahis par le tabac.

Les Espagnols du xviie siècle ont laissé s'éteindre en leurs mains le flambeau de civilisation qu'avaient tenu si haut leurs ancêtres. Grandeur maritime, puissance militaire, commerce, littérature, arts, sciences, qui faisaient la supériorité de l'Espagne sur les autres nations, aux beaux jours de la Renaissance, tout a disparu subitement, comme dans un grand cataclysme.

Ce peuple, d'énergique qu'il était, si richement doué par la nature pour marcher vers la perfection, s'arrêta dans sa destinée humanitaire. Le fanatisme religieux auquel pousse naturellement le narcotisme, comme on le remarque chez les aliénés par le tabac, succéda à la force d'action, à l'entraînement artistique.

L'Inquisition riva la nation à la terreur de ses bûchers. Elle croupit aujourd'hui dans l'ignorance, la superstition ou l'athéisme, dans un chaos inextricable de discordes civiles.

La profonde dissolution à laquelle elle est en proie ressort dans tous les détails de sa vie sociale actuelle. Les défauts particuliers à cette race, primitivement si forte, l'orgueil, la paresse, le penchant à la colère et à la vengeance, apparaissent d'autant plus que s'effacent ses antiques vertus nationales : la simplicité digne et noble, l'esprit chevaleresque, la fermeté et la résolution.

Depuis que l'Espagne tombe, et qu'elle tombe toujours, sans jamais pouvoir s'arrêter dans sa chute, elle a vingt fois senti le besoin de se relever, quand les souvenirs de sa grandeur passée venaient lui faire comprendre la profondeur de son abaissement. Mais il semble qu'à chaque mouvement politique et social qu'elle fait pour sortir de son état, elle retombe plus bas dans l'ornière.

C'est que la cause du mal qui ronge ce malheureux pays n'est pas dans ses institutions. Il a beau les changer ou les modifier, il roule toujours dans le même cercle de désordres sociaux qui sont la conséquence des désordres organiques dont souffre la fibre nerveuse de toute la nation, dégradée par le nicotisme.

L'Espagne n'a pas été seule à déchoir par la dégénérescence organique causée par le tabac. Elle vit s'éclipser avec elle, par la contagion de son exemple, toutes ces riches colonies qu'elle avait fondées dans le Nouveau-Monde, par l'émigration de la partie la plus active, la plus entreprenante de sa population, et qui formaient autant de satellites, radieux de prospérité, autour de sa puissance.

Le Mexique, le Chili, le Pérou, le Centre-Amérique, l'Équateur, etc., toutes ces républiques détachées, l'une après l'autre, de la mère patrie, et où les femmes, s'enivrant de tabac à l'égal des hommes, n'opposent plus la pureté de leur vigueur organique à la marche de l'abâtardissement humain ; tous ces débris épars de la grande race latine, autrefois si puissante, languissent et s'étiolent dans les désordres de l'oisiveté, de la paresse et de l'anarchie, et semblent peu disposés à remonter vers la civilisation.

A mesure que l'Espagne, dans sa décadence, laissait tomber un fleuron de son sceptre, la France le relevait, et finit par prendre, à son tour, la direction suprême dans le système politique et social des États de l'Europe. La France de Louis XIV succéda à l'Espagne de Charles-Quint, dans le grand mouvement de civilisation qui illumina le xviie siècle.

C'est qu'alors la Panacée universelle, la Catherinaire, avait fait son temps, et n'avait pas trop perverti la nation. Elle n'avait fait que hâter la fin de quelques invalides qui cherchaient, dans des vertus qu'elle n'avait pas, un soulagement à leurs infirmités. Elle était encore loin des jours où elle devait être la favorite de la mode et du caprice. Le bon sens du peuple l'appréciait à sa juste valeur ; c'est-à-dire, comme une futilité dangereuse. Et la loi, qui la proscrivait, la reléguait au rang des poisons, dans les bocaux des pharmacies, dont

elle ne devait sortir, sous peine d'amende, que sur la prescription des médecins. (Voir page 109.)

Rien n'avait encore attaqué la racine de cette vieille souche
gauloise, pleine de fécondité et de vie, d'où sortirent tous ces
génies qui conçurent les grands principes de la Révolution
française ; toutes ces intelligences, toutes ces vertus qui les
fécondèrent ; tous ces hommes de fer qui les firent triompher
dans le monde, au grand bénéfice de toute l'humanité, par la
conviction de la parole, du haut des tribunes populaires ; par
la vigueur de leur corps et la puissance de leurs armes dans
les batailles.

Cette ère de prospérité et de grandeur dura deux siècles.
Puis, par une versatilité de caprices propre aux nations impressionnables, la France, qui avait été en Europe la plus hostile
au tabac, parce qu'elle se piquait de donner au monde l'exemple de la dignité et du bon ton, et qu'elle considérait comme
indigne de gens civilisés et raisonnables de singer, par des
pratiques dégoûtantes et absurdes en elles-mêmes, les usages
de peuplades dans la barbarie ou dans l'enfance, la France
s'éprit soudainement d'une belle passion pour ce qu'elle avait
dédaigné auparavant. De nation la plus sobre, la plus réservée
qu'elle était dans l'usage du tabac, elle devint la plus immodérée.

Depuis lors, elle engourdit toutes ses énergies, toute sa vitalité dans les langueurs et l'inertie du nicotisme ; depuis lors
aussi, on peut dire qu'elle commença à déchoir.

On put voir s'étioler sa force physique dans la diminution
de sa population, la réduction de la longévité, la mortalité
dépassant la naissance, le niveau de la taille baissant dans
ses armées ; ses soldats supportant moins les fatigues militaires ; ses travailleurs trouvant trop longues les heures de
l'atelier.

Quant à sa valeur intellectuelle ou psychologique, son abaissement se décèle par l'absence ou la rareté de grands talents
dans ces vastes horizons qu'ouvraient au génie du XIXe siècle

la science, les arts, l'industrie, la politique, même la guerre ; et
par un débordement de passions maladives qui ont compromis
au plus haut degré le prestige de la nation.

Ce pays, qui avait fait tant de révolutions pour conquérir sur
ses gouvernants ou sur des castes privilégiées sa souveraineté
et sa liberté, tomba dans l'indifférence politique comme dans
l'indolence de la vie privée ; et, trop énervé pour se gouverner
lui-même, un jour il se donna un maître.

Il suivit aveuglément la fortune d'un dévasté par le tabac,
d'un halluciné, croyant à sa prédestinée, qui organisa, dans sa
folie, ses aventures de Strasbourg et de Boulogne, qui l'en-
traîna dans toutes ses témérités, où il n'avait lui-même d'autre
guide que la suffisance de sa personnalité et la légende de son
étoile.

Et il arriva ce qui arrive à toutes ces étoiles-là. Elles ne
brillent pas toujours dans un ciel serein. La guerre jeta sur
elle un nuage de lourde fumée, et quand l'homme du destin la
chercha à l'horizon, elle s'était éclipsée.

Alors il se trouva devant la réalité ; et ce fut sur le champ
de bataille seulement qu'il s'aperçut qu'il avait été en guerre
sans armée ; car, au début de la campagne, il n'avait pas trois
cent mille hommes valides à opposer à un million d'Allemands
qui marchaient contre lui.

Comme les hommes chez lesquels le nicotisme a déprimé
toutes les énergies, il ne trouva pas en son âme la puissance
nécessaire pour réagir contre les difficultés de la situation où il
s'était témérairement engagé. La vue du péril, au lieu de
rehausser son courage, l'effraya. Et, dans le désarroi de son
intelligence et de sa force morale dégradées, sans entourage
capable de le conseiller ou de le conduire, car presque tous
ceux qui l'approchaient avaient vieilli sous les mêmes influences énervantes que lui, il livra à l'ennemi sa personne,
ses soldats, son pays, s'avouant vaincu, sans presque avoir osé
combattre, donnant l'exemple des capitulations honteuses qui
ont suivi la sienne, et qui ouvrirent toutes grandes les fron-

tières et les portes des villes de la France à l'avalanche armée qui la ravagea, l'incendia, la démembra, la rançonna sans rencontrer de résistance.

C'est alors que de toute l'Allemagne, délirante de ses victoires faciles, partit ce cri qui retentit si douloureusement au cœur de la France : « FINIS GALLIÆ !... » Cri que poussa aussi la vieille Angleterre, avec un accent de compassion et de pitié qui ressemblait beaucoup à la satisfaction qu'éprouve une envieuse devant les infortunes d'une amie, sa rivale.

Et, dans le monde entier, il n'y avait qu'une opinion : c'est que la France était dégénérée...

Et c'était vrai !...

Le sens moral de la nation était tellement engourdi par le narcotisme chronique, que le tempérament français, par nature si ardent, si sensible au point d'honneur, si inflammable à l'idée du danger de la patrie, se débattit mollement dans des agitations stériles, sans entraînement, sans unité de but ni d'action. Ce fut presque un sauve-qui-peut, où chacun, devenu égoïste, comme on l'est toujours quand on est vieux, maladif, ou que l'on dégénère, prit pour amour de son pays ce qui n'était que les inspirations de l'esprit de parti.

L'invasion était aussi, pour beaucoup, synonyme de restauration. Dans ce grand conflit d'intérêts personnels et de préférences dynastiques, qui dominaient trop souvent l'amour du pays, combien n'ont pas rêvé un nouveau 1815, espérant voir faire par l'ennemi commun, plutôt que de s'attacher à le combattre, ce qu'ils n'avaient pas le courage d'entreprendre par eux-mêmes : la restauration d'un trône, pour y asseoir le monarque de leur prédilection et de leurs rêves !

Que l'on juge de quelle force physique et morale a été privée la nation, pour résister au choc imprévu qui la heurta, par la grande quantité d'invalides de toute sorte que faisait le tabac, parmi les dix millions de ses consommateurs journaliers répandus sur le territoire, dont elle attendait les secours qui n'arrivaient pas. Car combien de dévastés par la plante nar-cotique ont dû sentir leur cerveau trop vide, leur poitrine trop essoufflée, leurs jambes trop amaigries, leurs bras trop faibles pour prendre le fusil et marcher vers l'ennemi, aux jours de l'invasion !

Ce grand désintéressement, ce grand amour, qu'on appelle le patriotisme, n'existaient pas chez eux ; le nicotisme qui les dominait avait éteint tout sentiment chevaleresque. L'instinct de la conservation, qui seul inspire les êtres faibles dans les dangers suprêmes, étouffait dans leur cœur le dévouement, l'enthousiasme ; jusqu'à la voix de la conscience et du devoir, quand elle commande d'exposer sa vie pour sauver son pays.

On sera peut-être tenté de croire qu'il y a de l'erreur ou de l'exagération à chercher, dans une cause en apparence si éloi-gnée, l'action du tabac, une raison principale de notre chute, en 1870. Alors, pour appuyer notre assertion de quelques faits moins contestables, nous rappellerons ce qui se passe de nos jours, dans nos armées actives, qui sont l'élite de nos popula-tions, sous les rapports de la santé et de la force physique.

Il est un fait hors de doute : c'est que les militaires, officiers et soldats, sont les classes qui consomment le plus de tabac, par suite des habitudes oisives de la vie de garnison. Eh bien, des relevés officiels constatent que c'est parmi ces hommes bien organisés, bien soignés, dans les meilleures conditions pour vivre longtemps, que les maladies et la mortalité attei-gnent leur chiffre le plus élevé.

Sous ce titre, *Mortalité dans l'armée*, on lit dans la *Gazette médicale* de 1859, page 346 :

« Les médecins militaires ont, dans ces derniers temps, été frappés de l'excès de mortalité dans l'armée, comparée à la mortalité des classes civiles, pour le même âge.

« Les Anglais nous ont devancés dans cette statistique. Il y a une vingtaine d'années, le colonel Bulloch, l'inspecteur Mar-shall, en collaboration du docteur Graham Balfour, publiaient un travail d'où il résultait que, sur 1.000 individus, les décès étaient de :

20 à 25 ans	Pour les civils	8	4
	Pour les militaires	17	0
25 à 30 ans	Pour les civils	9	2
	Pour les militaires	18	3
30 à 35 ans	Pour les civils	10	2
	Pour les militaires	18	4
35 à 40 ans	Pour les civils	11	6
	Pour les militaires	19	3

« Le docteur Tholozan, revenant sur ces faits, dit :

« De 1839 à 1853, la population mâle d'Angleterre, à l'âge du service militaire, a perdu annuellement 9 individus environ sur mille ; tandis que dans l'armée, à la même époque, en temps de paix, la mortalité s'élevait à trente-trois sur mille par année.

« En France, les statistiques ont donné des résultats encore plus graves. Les professions civiles les plus insalubres, les conditions d'hygiène les plus défavorables, n'ont jamais donné des chiffres de mortalité qui puissent approcher de ceux de l'armée, qui portent sur des hommes choisis entre les plus forts et les mieux constitués pour résister à la maladie et vivre longtemps ; qui, sous tous les rapports de l'hygiène, sont dans les meilleures conditions désirables.

« Ce qui frappe le plus les observateurs, c'est le grand nombre des affections pulmonaires qui causent la mort.

« Dans la vie civile, et à l'époque qui correspond au temps du service militaire, les décès, par suite d'affections pulmonaires, sont de 6,3 sur mille ; dans la vie militaire, ils sont de onze. Ils vont jusqu'à 67 p. 100 de l'ensemble des maladies déterminant la mort. On voit ainsi quelle part considérable les différentes maladies de l'appareil respiratoire prennent à l'accroissement de la mortalité dans l'armée. Ces affections sont désignées, neuf fois sur dix, dans les statistiques anglaises, sous les appellations de crachement de sang, de phtisie, de catarrhe chronique, d'asthme. Leur fréquence est tellement grande qu'elles enlèvent, dans la garde, un chiffre supérieur au nombre total des décès des professions civiles du même âge.

« Dans notre armée, continue le docteur Tholozan, le même fait s'observe dans des proportions au moins aussi marquées qu'en Angleterre. Le chiffre des affections chroniques ou sub-aiguës des organes respiratoires est tellement considérable qu'il dépasse toutes les prévisions. Les maladies tuberculeuses aiguës sont aussi très nombreuses. Elles se développent souvent sur des sujets robustes dont les antécédents et la constitution auraient semblé devoir éloigner l'idée d'une semblable maladie diathésique. Ces hommes sont enlevés quelquefois par une seule grande éruption de granulations tuberculeuses dans les poumons. Parfois la maladie s'étend aux viscères abdominaux et au cerveau. Le nombre des épanchements pleurétiques est tellement considérable, dans notre armée, que nous avons vu souvent, à certaines époques, dans les salles des hôpitaux militaires, les pleurétiques entrer pour un tiers dans le nombre total des malades. »

Toutes ces statistiques s'appliquent à l'armée en temps de paix. Quand ces hommes, si disposés aux maladies dans les garnisons où ils vivent tranquilles, bien logés, bien chauffés, bien habillés, bien nourris, n'ayant jamais ni travaux, ni fatigues excessifs, entrent en campagne, c'est alors que l'on s'aperçoit de l'insuffisance de leurs forces physiques pour supporter un changement d'existence qui n'a pourtant rien de trop rigoureux, car le premier soin d'un commandant d'armée est de ménager ses soldats, le plus possible, pour les avoir dans toute leur vigueur, au jour de l'action.

Eh bien, à peine une armée est-elle en mouvement, que les malades l'encombrent plus que l'immense matériel qu'elle traîne après elle. La fatigue inaccoutumée de chaque journée de marche, le changement du lit de la caserne pour la tente du camp ; de la soupe chaude et du pain frais, pour le lard, le fromage et le biscuit ; toutes ces modifications dans la manière de vivre, qui ne devraient avoir que peu de prise sur des constitutions fortes, font naître des maladies sans nombre qui réduisent, dans des proportions considérables, l'effectif valide à mettre en ligne sur le champ de bataille.

C'est ce qu'ont éprouvé nos armées dans les campagnes de Crimée et d'Italie.

Dans la guerre d'Italie, par exemple, qui n'a été que de courte durée, et où le soldat avait pour lui les avantages de la saison et du climat, les maladies faisaient tant de vides dans les rangs que, le 3 mai 1859, M. Boudin, médecin principal de l'armée, dans un rapport à M. le baron Larrey, médecin en chef, disait :

« Monsieur le médecin en chef, le nombre des malades augmente sensiblement, et le personnel médical ne peut tarder à devenir insuffisant. Les pertes de l'armée, dans quelques rencontres de ses avant-postes avec les Autrichiens, ne s'élèvent, jusqu'à ce jour, qu'à seize hommes tués, ou morts de leurs blessures ; tandis que la mortalité, par maladies étrangères au feu de l'ennemi, atteint déjà le chiffre de 2.182 hommes. Nouvelle preuve du peu d'importance du feu de l'ennemi, pour les armées en campagne, et de l'attention qui doit surtout se porter sur l'hygiène du soldat. »

Ce grand fait de maladies et de mortalité devint encore bien plus saillant dans la malheureuse campagne de 1870 et 1871, où la part la plus active a été dévolue au service des ambulances. Elles étaient bien moins encombrées par les blessés des champs de bataille, qui étaient, relativement, assez rares, que par les invalides par maladies, qui affluaient dans les asiles qu'avaient ouverts partout le dévouement de la Société de secours de Genève, le zèle des municipalités locales et l'hospitalité généreuse des familles.

Alors nos armées, que le feu de l'ennemi avait à peine entamées, se rendirent prisonnières en Allemagne, victimes indignées des capitulations que leur faisaient subir leurs chefs.

Plus de 330.000 hommes, que les fatigues de la guerre, à peine commencée, n'avaient pas eu le temps d'affaiblir, allèrent manger le pain inhospitalier des Germains.

Après huit mois de cette dure épreuve, combien l'Allemagne, qui les avait si vaniteusement comptés, en les recevant, nous en rendait-elle ? pas 200.000 ! C'est douloureux à penser, que tant de nos soldats périrent de privations et de misère dans les prisons d'Allemagne !

.. Et dans quel état, grand Dieu, nous sont revenus ceux qui n'avaient pas succombé à tant de malheurs !

Il fallait voir retourner d'au delà du Rhin, qu'elles n'avaient pu, cette fois, traverser qu'en captives, toutes ces légions, de si belle apparence quand elles quittaient leurs garnisons pour aller en guerre. Le cœur de nos populations se serrait de pitié, les larmes tombaient des yeux des mères, en voyant entassés, dans les wagons, ces malheureux débris de nos armées : moribonds et fantômes, dont ceux qui pouvaient encore porter un fusil et un sabre allaient être réarmés à Versailles, pour reprendre contre des frères égarés, aux jours néfastes de la Commune, une sanglante revanche de leur insuccès devant les envahisseurs de leurs foyers.

C'est que, pour supporter la faim, la fatigue et le froid, pour s'accoutumer à la nourriture grossière qu'on leur donnait là-bas, après celle qu'ils avaient l'habitude d'avoir dans les casernes de leur pays, il aurait fallu à ces braves gens des constitutions mieux trempées ; disons le mot, moins ruinées par le nicotisme.

Comme nous l'avons déjà dit, dans une autre partie de cet ouvrage, c'est surtout par la qualité et la quantité de la nourriture que les fumeurs peuvent le plus résister à l'action destructive du tabac. C'est l'aliment qui répare les forces actives que le narcotisme détruit.

Et quand l'aliment est insuffisant, et que le narcotisme, joignant ses effets désastreux à la privation, à la fatigue, à la douleur morale, agit sur un organisme, il le plonge dans l'inertie et l'épuisement. Toutes les maladies, contre lesquelles il n'a plus la puissance de réagir, l'envahissent; la mort pénètre par toutes les issues, et l'on peut dire que l'on meurt de tout.

On ne saurait donner une autre explication à l'excessive mortalité de nos armées en campagne.

Ces altérations profondes que subit la constitution de l'homme sous l'influence du tabac, se constatait surtout chez les *blessés des champs de bataille, tant dans le traitement des plaies que dans les opérations chirurgicales qu'elles nécessitent*. Après la guerre civile qui ensanglanta Paris, aux journées de juin 1848, les médecins, dans les ambulances et les hôpitaux, remarquèrent, pour la première fois, que les blessés et les opérés mouraient dans des proportions jusqu'alors inconnues. Ils constatèrent le fait, sans pouvoir en déterminer la cause.

Vinrent ensuite les guerres de Crimée et d'Italie, les batailles de l'année terrible et les massacres de la Commune, où les mêmes insuccès de la chirurgie sur les blessés et les opérés appelèrent de nouveau l'attention de la science sur un accident que les guerres les plus désastreuses du Premier Empire n'avaient jamais révélé.

Pourquoi dans nos vieilles légions, usées par les fatigues et les privations de toutes sortes, la chirurgie était-elle plus heureuse à sauver les blessés et les opérés, que chez les combattants des dernières guerres qui eurent infiniment moins à souffrir, par leur courte durée, et dont la constitution aurait dû, par le fait, venir considérablement en aide à la science ? C'est que cette constitution est entachée d'un vice presque inconnu avant le xixe siècle, qui la rend réfractaire à toute restauration vitale des lésions organiques que cause le projectile ou le couteau, comme feraient, par exemple, la syphilis ou la scrofule. Et ce vice moderne, c'est encore le *nicotisme*.

Pour mettre un arrêt à ces pertes inconnues aux temps précédents, le docteur Boudin, comme nous l'avons vu plus haut, recommande les mesures hygiéniques en faveur du soldat. Mais sur ce point il n'y a pour ainsi dire rien de plus à faire, tant les règlements et l'administration sont prévoyants pour tout ce qui touche au bien-être et à la conservation des hommes, qui ne manquent de rien.

Quoi que vous fassiez pour un valétudinaire, sitôt qu'il sortira de la régularité du petit train-train où il vivote, il s'affaissera. Et c'est ce qui arrive à tant d'hommes, en apparence valides, qui ne vivent qu'avec la moitié, les trois quarts, les quatre cinquièmes, si vous voulez, de leurs énergies naturelles, car le poison du tabac a détruit en eux le reste.

Je voudrais que les généraux et les intendants qui, par une fausse raison d'hygiène, distribuent du tabac aux soldats dans l'intention parfois de tromper leur faim et d'économiser des rations de vivre, fissent quelquefois les expériences comparatives de la force et de l'activité d'un homme qui fume et d'un autre qui ne fume pas. Ils verraient que c'est ce dernier qui porte le mieux son sac, qui fournit les plus longues étapes, et fréquente le moins les ambulances ; car chez lui le muscle et le nerf ne sont pas usés.

Pour moi, c'est un enfant qui me donna l'occasion de remarquer ce fait.

J'occupais à des travaux un peu durs de la campagne, au transport de pierres, sur une civière à bras, deux frères. L'un avait vingt et un ans : il était pris pour le service militaire, et attendait, dans sa famille, en travaillant, son ordre d'appel au corps. L'autre n'avait que dix-huit ans ; il paraissait un enfant, à côté du conscrit. Aussi, sa journée lui était payée cinq sous de moins qu'à son frère.

Un jour il me dit :

« Pourquoi me payez-vous moins que mon frère, puisque je travaille autant que lui ?

— Mon ami, ton observation n'est pas fondée, car tu retardes plutôt que tu ne secondes le travail de ton frère. Si tu étais aussi fort que lui, vous chargeriez davantage la civière, et transporteriez plus de pierres dans la journée.

— La civière n'est jamais trop chargée pour moi; ce n'est jamais moi qui demande à me reposer en route, c'est mon frère. » Et il ajouta en riant : « Je travaille plus que lui, car il me laisse presque toujours faire la charge. Je mange plus, et je gagne moins; ce n'est pas juste.

— Comment peux-tu manger plus que ton frère, qui est beaucoup plus grand que toi ?

— Lui, il aime mieux fumer que manger ; et moi, je préfère le pain au tabac.

— Puisque c'est ainsi, mon ami, tu gagneras autant que ton frère ; et, pour vous laisser libres de travailler autant que vous voudrez, je vous donne 30 francs pour transporter ce tas de pierres. »

C'était un bon marché pour mes deux lurons : dans six jours, ils bâclèrent leur travail, gagnant cinquante sous chacun, au lieu de quarante et trente-cinq, qu'ils avaient pour leurs journées ordinaires ; j'aimais à les voir à cette rude tâche d'un prix fait, où chacun se piquait à qui avancerait le plus la besogne. Le conscrit, suant à grosses gouttes, chargeait parfois sa pipe, pour se créer l'occasion de prendre un instant de repos. Le frère, pendant ce temps, cassait une croûte et buvait un coup, sans paraître en rien fatigué.

Leur travail finissait avec la semaine ; et, le lundi, je devais leur en donner un autre. Ce jour-là, le plus jeune des frères vint seul sur le chantier.

« Où est le dragon, lui dis-je? (C'est ainsi qu'on appelait le conscrit désigné pour faire un cavalier.)

— Ah ! le fainéant! il est bien heureux d'aller dans la cavalerie ; il aura son cheval pour le porter en campagne, sans cela il resterait en route ; parce qu'il a travaillé six jours un peu dur, il n'en veut plus ; il dit qu'il est fatigué. Eh bien, moi, je travaillerai tout seul ; je roulerai la brouette. C'est tout de même pas gai de ne gagner que trente-cinq sous par jour, quand on commençait à prendre goût à en gagner cinquante.

— Puisque tu as plus de courage que ton frère, tu gagneras autant que lui, mon garçon; ta journée sera désormais de 2 francs. »

Et ce brave enfant faisait autant de travail que le plus actif des fumeurs, bien plus forts en apparence que lui.

J'ai plusieurs fois, depuis, autant que j'en ai eu l'occasion, répété l'expérience, et j'ai toujours constaté que, à apparences extérieures égales, les hommes qui ne fumaient pas avaient, sur ceux qui usaient du tabac, une supériorité marquée en forces physiques, en activité, et surtout en persévérance dans le travail.

J'observai longtemps deux mineurs creusant, avec la barre à mine, des trous dans le roc, pour l'extraction de la pierre, à l'aide de la poudre. Ils étaient d'apparence physique égale; l'un fumait, l'autre ne fumait pas. Ils étaient chacun à leurs pièces, et étaient payés à tant le mètre de trous qu'ils creusaient. Le fumeur ne pouvait jamais arriver à gagner autant que son camarade. Il y avait toujours au *moins un cinquième de différence de travail*, à l'avantage du dernier, dont le coup de barre, plus vigoureusement appliqué, pénétrait plus avant dans le roc.

Il est une remarque que l'on peut faire dans tous les ateliers : c'est que toutes les fois que plusieurs hommes sont confondus dans le même travail, ceux qui sont réputés les plus grands consommateurs de tabac sont toujours à l'écart ou à l'arrière des autres, cherchant constamment la part de la besogne la moins dure à remplir, et restant à ne rien faire, comme s'il n'y avait pas assez de place pour eux dans la corvée commune.

D'après les observations du docteur Tholozan, que nous avons citées plus haut, la mortalité sans égale dans l'armée casernée serait surtout causée par les épanchements séreux dans les grandes cavités : la poitrine, l'abdomen, le cerveau. Dans les ambulances des armées en campagne, c'est aussi ce genre d'affection qui enlève le plus d'hommes. Et, par suite des fatigues de la marche, on observe en plus la fréquence du rhumatisme, avec épanchement dans les grandes articulations. Cette affection devient souvent rapidement mortelle, par épanchement sympathique dans le péricarde, ou enveloppe du cœur. C'est cette complication que l'on désigne vulgairement sous les noms de rhumatisme ou de goutte remontée.

Le phénomène de ces épanchements, chez les consommateurs de tabac, est tout simple à expliquer. Ils sont dus à la décomposition du sang par la nicotine, et, par suite, à l'imperfection de la nutrition interstitielle qui répare les matériaux formant notre corps.

Nous avons vu que la vie se résume en un mouvement continuel de composition et de décomposition de nos organes, par un travail qui ne cesse jamais. Les molécules usées de nos tissus sont remplacées par des molécules neuves que fait la digestion, et que charroie le sang. Ces débris de nous-mêmes, quand rien ne vient troubler l'harmonie naturelle de nos fonctions, sont éliminés de notre corps par quatre grandes voies : la sécrétion urinaire, la défécation, la transpiration cutanée et la respiration pulmonaire. Si ces fonctions languissent, comme il arrive toujours quand il y a dépression de la vie, par quelque cause que ce soit, et par le narcotisme surtout, ces matériaux usés et privés de vie séjournent dans le sang à l'état de corps étrangers.

C'est une loi de tout organisme, et surtout de l'organisme humain, qu'une fonction, quand elle est dérangée, se trouve suppléée par une autre qui lui vient en aide. Ainsi, par exemple, si le froid agit sur notre peau et en ferme les pores à la transpiration, comme cela a lieu dans l'hiver, la sécrétion de l'urine devient beaucoup plus abondante. Et le contraire a lieu en été ; quand la peau transpire beaucoup, les urines deviennent rares.

Dans les grandes altérations du sang, si fréquentes chez les nicotinés, les organes qui suppléent à son épuration sont surtout les larges membranes séreuses sur lesquelles les vaisseaux lymphatiques et sanguins s'épanouissent en nappes et viennent exhaler, sous forme de sécrétion morbide, tous les matériaux impurs qu'ils contiennent, déterminant ainsi toutes les variétés d'hydropisies.

CHAPITRE XXIV

COMMENT UNE SOCIÉTÉ PROSPÈRE EN S'ABSTENANT DU TABAC

Après avoir exposé comment un pays dégénère, se dépeuple et s'abaisse sous l'influence du nicotisme, voyons comment grandit, se moralise et prospère une société qui ne sacrifie pas au dieu des Caraïbes.

Dans un petit coin perdu au milieu des solitudes de l'Amérique et que longe aujourd'hui la grande ligne ferrée qui unit New-York à San Francisco, dans le territoire de l'Utah, sur les bords du lac Salé, arrivait, en 1847, un petit groupe d'hommes, de femmes et d'enfants en proie à toutes les misères. C'étaient les MORMONS. Ils fuyaient devant les persécuteurs de leur religion naissante, et venaient, bien loin du monde, sous la conduite de leur pasteur Brigham-Young, poser les bases d'une civilisation en quelque sorte à part, sous la loi du prophète Joseph Smith, fondateur de cette nouvelle secte, qu'il appela les SAINTS DU DERNIER JOUR.

Le grand prêtre Smith et beaucoup des siens venaient d'être massacrés par une bande d'opposants à leur foi, sur les bords du Mississipi à Nauvoo, où s'étaient primitivement établis les fidèles.

Son premier vicaire, Brigham-Young, prit alors le soin du troupeau. Il le conduisit pendant des centaines de lieues au

milieu des déserts et vint camper, comme dans une terre pro-
mise, dans les belles vallées où s'enclave le lac Salé, véritable
mer que les grands océans semblent avoir oubliée là, au
sommet des montagnes, à une élévation de plus de 1.800 mètres,
quand ils ont regagné leurs lits primitifs, après les cataclysmes qui ont bouleversé notre globe.

Les Mormons comptaient alors en tout à peu près
2.000 croyants; aujourd'hui, le nombre de la tribu dépasse
200.000.

Cet accroissement si rapide, ils le doivent bien moins au zèle
de leurs missionnaires, cherchant des prosélytes par tout le
monde, qu'à la fécondité de leur génération.

Ces nouveaux sectaires du christianisme cultivent avec foi
toutes les vertus qu'enseigne l'Évangile. Et si, en vrais patriar-
ches, ils admettent en principe la polygamie, ils la pratiquent
fort peu; et dans la ville du lac Salé, leur capitale, qui compte
plus de 30.000 habitants, on aurait peine à trouver 100 Mormons
polygame s.

Cette liberté d'avoir plusieurs femmes légitimes que, dans
les vieilles civilisations, on regarde comme une immoralité,
comme un vice, les Mormons, eux, la considèrent comme une
vertu.

En se conformant au précepte de l'Évangile qui dit aux hommes
de croître et de multiplier, ils veulent assurer à toute leur progéniture des droits égaux devant la loi, une place égale au
foyer de la famille. Ils ne veulent pas que, parmi eux, il y
ait un seul de ces enfants qui pullulent dans les sociétés qui se
disent civilisées, qui ne connaissent le plus souvent ni leur père
ni leur mère, qui sont venus au monde comme un bétail, dont
l'État et la charité soignent imparfaitement l'enfance, et qui
traînent toute leur vie une sorte de flétrissure attachée à leur
qualification d'*enfants naturels* ou d'*enfants trouvés*.

Chez les Mormons, il n'y a pas de bâtards; tout enfant y
reçoit en naissant le nom de sa mère et de son père; il a droit

à la vie de la famille, dans le nid maternel, comme l'oiseau des champs. Car si un Mormon épouse deux, trois, quatre femmes, il a autant de maisons et de ménages séparés que de familles ; ses affections, son activité, ses biens appartiennent autant aux uns qu'aux autres.

Que les moralistes décident si cette pratique de la civilisation mormonne blesse plus la dignité humaine et les bonnes mœurs que le spectacle que nous offrent nos sociétés vivant si facilement en dehors du mariage, et d'où sortent tant de pauvres créatures sans nom, sans famille et sans pain.

Si la polygamie, pratiquée comme le font les Mormons, était chez eux un état général, et non une rare exception, on pourrait dire qu'elle est la cause la plus puissante de leur grand accroissement, par leur propre fécondité. Mais la fécondité des familles, presque toutes monogames, est due principalement à ce que les Mormons, hommes et femmes, s'abstiennent religieusement du *tabac* et de l'*alcool*.

Un article de la loi du prophète leur dit : « Tu ne *fumeras* ni ne *chiqueras le tabac*, non seulement parce que c'est une habitude malpropre, mais parce que cette plante empoisonnée détruira ton *âme* et ton *corps*.

« Tu t'abstiendras d'*alcool*, et tu ne boiras à tes repas que le vin de tes treilles. »

Tous les Mormons observent religieusement ces deux commandements de la loi du prophète. Ils n'engourdissent pas leur virilité dans la fumée stérilisante du tabac, ni dans les vapeurs brûlantes de l'alcool ; ils ne pervertissent pas par ces folles passions ou ces déplorables erreurs, comme on voudra les nommer, les lois naturelles de leur organisme ; et leurs enfants naissent avec une vigueur originelle qui contraste, à leur grand avantage, avec la débilité native de la progéniture des sociétés qui s'étiolent dans le nicotisme.

Aussi les Mormons, au lieu de bâtir des prisons pour leurs

criminels, des asiles pour leurs aliénés, des maisons de correction pour leurs jeunes vauriens de dégénérés, qu'ils n'ont pas,
bâtissent des temples somptueux à la glorification du dieu qui
veille sur leur prospérité. Ils vivent dans l'amour les uns des
autres, dans la fraternité; ils se multiplient dans la perfection
d'un beau type, mélange de toutes les nations. Ils prospèrent
par le travail ; et, véritable essaim d'abeilles, comme ils s'appellent eux-mêmes, ils répandent la fertilité, le commerce, la
richesse, la vie dans de vastes contrées qui, il n'y a que quelques années encore, n'étaient que le désert.

Et cette fécondité, cette concorde, cette prospérité, sans
égales sur la terre, dureront tant que les Mormons ne se laisseront pas envahir par les deux vices capitaux des Gentils qui
les entourent et les convoitent, sans pouvoir les pénétrer
encore : le tabac et l'alcool, ces puissants dissolvants de toute
société humaine.

C'est ici l'occasion de jeter un coup d'œil rétrospectif sur
notre histoire contemporaine, et de comparer le grand succès
des Mormons avec le misérable échec de nos phalanstériens,
sous Saint-Simon, en Algérie, et de nos Icariens, sous Cabet,
en Amérique.

C'est que toutes ces sectes de réformateurs créées par des
cerveaux en délire, au milieu des vapeurs de l'estaminet, n'ont
pas compris que le tabac et l'alcool, auxquels les adeptes sacri-
fiaient libéralement, étaient les ennemis irréconciliables de la
santé des hommes et du travail, points de départ de toutes les
prospérités et de toutes les grandeurs sociales.

CHAPITRE XXV

LE TABAC CAUSE D'UNE MALADIE NOUVELLE : LA PELLAGRE.

Si l'on prêtait une attention sérieuse à ces altérations du sang, si fréquentes chez les consommateurs de tabac, qui déterminent sur leur peau, et principalement sur les parties le plus exposées à l'air, cette teinte gris-plomb qui caractérise le faciès des nicotinés, et qui a beaucoup d'analogie avec le premier degré de la cyanose cholérique, on arriverait, nous croyons, à découvrir la vraie cause d'une maladie nouvelle, mystérieuse dans son apparition, qui semble coïncider avec les progrès de l'envahissement du tabac : la *Pellagre*.

Vers la fin du XVIIIe siècle, des médecins d'Italie signalaient, dans la vallée du Pô, une maladie particulière qui n'avait encore figuré dans aucun cadre nosologique. Les symptômes les plus apparents de cette affection étaient une éruption de matière séro-albumineuse, se desséchant en forme d'écailles sur la face, le cou, la poitrine et les mains. C'est de là que lui vint le nom de Pellagre, c'est-à-dire maladie de la peau.

Mais l'éruption n'était là qu'un symptôme, et le vrai caractère de la maladie résidait dans une cachexie générale, où dominaient les désordres du système nerveux cérébro-spinal.

Les sujets qui en sont atteints éprouvent d'abord des lassitudes et des douleurs profondes dans le dos et dans les lombes ; elles sont bientôt suivies de faiblesse, de tremblement des membres inférieurs avec hésitation dans les mouvements. Les malades tombent ensuite dans l'apathie et une tristesse profonde. Ils ont des tendances au suicide et des tendances pour le meurtre. Dans une période plus avancée, apparaît la manie, qu'on appelle alors folie pellagreuse ; puis la démence paralytique et la mort, qui n'arrive souvent qu'après de longues années de tout ce cortège de souffrances.

Le docteur Roussel, en 1842 et 1843, fut le premier qui appela l'attention de la France sur cette étrange maladie, qui étendait ses ravages en Lombardie, en Espagne et sur divers points de notre pays, particulièrement dans les départements du Sud-Ouest et dans la Champagne.

L'Académie s'en émut et proposa l'histoire de la *Pellagre* comme sujet d'un prix de médecine à décerner en 1864. Cet appel, fait par notre aréopage de la science, eut pour effet de grouper toutes les observations des médecins sur ce nouvel ennemi de nos sociétés modernes. Et il ressort de cette grande enquête :

1° Que la Pellagre est une maladie d'origine toute récente ;

2° Qu'on la retrouve dans tous les pays ;

3° Qu'elle fait surtout ses ravages en Espagne, en Italie et en France ;

4° Que les établissements d'aliénés sont les centres où on la rencontre en plus grande proportion ;

5° Qu'elle est héréditaire ;

6° Qu'on ne saurait, avec raison, en attribuer la cause, comme l'ont fait les premiers observateurs, à une altération du maïs, dont se nourrissent presque exclusivement les populations chez lesquelles elle s'est primitivement déclarée ; car on la rencontre aujourd'hui aussi fréquente dans les pays qui ne font aucun usage de cette alimentation ;

7° Qu'elle ne peut pas non plus être attribuée à l'insolation ou à la misère, vu qu'on la rencontre très fréquemment chez des sujets qui n'ont jamais été exposés à ces deux causes ; dans les asiles d'aliénés, par exemple, où rien ne laisse à désirer sous le rapport de l'hygiène et de la nourriture ;

8° Qu'on ne saurait l'attribuer qu'à UN AGENT NON ENCORE RÉVÉLÉ, PRODUISANT DANS NOTRE ÉCONOMIE UNE CACHEXIE SPÉCIALE, A EFFETS UNIFORMES ET CONSTANTS, ET DIFFÉRENTE DES CACHEXIES CONNUES.

Pour arriver à découvrir la cause intime de la pellagre, cette inconnue qui crée en notre espèce une dégradation qu'ignoraient nos ancêtres, il faut rapprocher, pour les méditer, ces deux faits aujourd'hui incontestables :

1° C'est que la pellagre, dans les populations où elle sévit, débute par l'éruption écailleuse de la peau, que suivent plus tard les débilités, les aberrations sensitives, la folie ;

2° C'est que, dans les établissements d'aliénés, elle suit une marche inverse. Là, les fous deviennent pellagreux, tandis que dans les centres où la maladie est endémique, les pellagreux deviennent fous.

Par ce rapprochement, ne semble-t-il pas ressortir que pellagre et folie, qui nous envahissent avec une rapidité si menaçante pour l'avenir de l'humanité, ne sont que deux variétés ou plutôt deux degrés de la manifestation d'une même cause ? L'un de ces degrés est indistinctement antérieur ou postérieur à l'autre ; c'est-à-dire que tantôt la folie devance la pellagre, et tantôt la pellagre devance la folie.

Et, comme il est aujourd'hui hors de doute que c'est l'usage du tabac qui jette dans les abîmes de la folie tant de malheureuses créatures, c'est aussi le tabac qui engendre parmi nous cette lèpre moderne qu'on appelle la pellagre, et qui n'est autre chose qu'une modification, une aggravation du nicotisme par la marche lente et successive des générations.

Si nous sommes si affirmatif dans notre opinion sur la cause de la pellagre, c'est que, dans notre pratique médicale, où nous avons été presque toujours en contact avec des populations maritimes, nous avons eu plusieurs fois l'occasion de l'observer sur des marins grands consommateurs de tabac, dont les effets toxiques et déprimants venaient aggraver encore les conditions débilitantes de la vie de bord, surtout la mauvaise nourriture, dans les longues navigations.

M. Royer, rapporteur de l'Académie pour le concours de la pellagre, dit : « Dans le concours dont votre commission est chargée de vous faire le rapport, quatre opinions sur la nature de la pellagre sont en présence, opinions qui se combattent et qui sont exclusives les unes des autres.

« Suivant une première opinion, la pellagre est une maladie spécifique produite par un agent toxique, à savoir : le verdet ou verdame, parasite épiphytique qui se développe sur le maïs altéré ; empoisonnement lent qui, renouvelé chaque fois qu'une nouvelle récolte de grains altérés entre dans la consommation, finit par causer la mort des malades. C'est l'opinion de MM. Roussel et Costallat.

« Suivant une seconde opinion, qui est celle de M. Henri Gintrac, la pellagre est une affection générale qui, abandonnée à elle-même, marche d'une manière lente et insidieuse, et entraîne un dépérissement progressif. Les conditions qui influent le plus sur le développement de cette maladie sont : l'hérédité, certaines professions, une alimentation mauvaise ou insuffisante et la misère.

« M. Bouchard se rapproche de cette manière de voir, seulement il précise plus que M. Gintrac. Pour lui, la pellagre est une cachexie qui, déterminée par toutes les espèces de misères, reçoit son caractère spécial de l'insolation.

« D'après M. Landouzy, la pellagre ne connaît pas les limites que lui tracent MM. Gintrac et Bouchard. Non seulement elle atteint tous les tempéraments, toutes les constitutions, toutes les conditions, mais encore elle peut se manifester chez les personnes qui sont en dehors de la misère, et qui vivent dans l'aisance, qui jouissent de bonnes conditions hygiéniques. En conséquence, il déclare que la cause de la pellagre est incon-

nue. Seulement il nomme, comme la principale cause occasion-
nelle, l'insolation ; et, comme principales causes prédisposantes,
l'hérédité, la misère, l'usage d'une alimentation altérée ou insuffisante, l'aliénation mentale et particulièrement la lypémanie.

« Enfin, M. Billaud nie que la pellagre existe ; il n'y voit
qu'une combinaison factice, une réunion de symptômes faite
par les pathologistes et non par la nature. L'entité pathologique, dit-il, désignée sous le nom de pellagre, n'est pas,
comme on l'a cru jusqu'à ce jour, une maladie caractérisée
par des symptômes cutanés, digestifs et nerveux, mais un état,
une habitude du corps disposant à des maladies de la peau, de
l'appareil digestif et du système nerveux. »

L'intoxication nicotineuse que nous donnons, nous, pour
point de départ de la pellagre, est la seule raison capable de
concilier les opinions si opposées qu'ont émises sur les causes
de cette maladie ceux qui en ont fait l'histoire. Les phénomènes qu'elle présente répondent exactement aux différentes
hypothèses qu'ont faites les observateurs.

En effet, le tabac est une substance éminemment délétère
qui fait partie de notre alimentation, puisque nous l'absorbons
sans cesse par la bouche, le nez, le poumon. Il est un objet
récent de consommation régulière dans toutes les classes de la
société et dans tous les pays. Il détermine des désordres sensibles, inévitables, chez tous ceux qui en font usage ; il cause,
dans des organismes peu faits pour résister à ses ravages, une
cachexie particulière que nous avons déjà désignée sous le
nom de *cachexie nicotineuse,* ayant tous les symptômes pré-
sentés par la pellagre : altération de la fraîcheur de la peau par
une exsudation d'apparence terreuse, troubles abdominaux,
aberrations nerveuses, tendances au suicide, au meurtre ; folie.

Enfin, la cachexie nicotineuse, comme toutes les cachexies,
est héréditaire ; elle cause toutes ces dégénérescences humaines
dont nous avons déjà parlé, et dont la pellagre vient compléter
le si triste tableau.

M. le docteur Boudin, médecin militaire qui, pendant la campagne d'Italie, s'est occupé avec soin de recherches sur la pellagre, très commune dans ces contrées, a pu constater, par sa propre expérience et par les rapports des hommes les plus éminents de la science, dans ces pays, que la pellagre devait surtout sa cause à l'hérédité.

Or, à toute hérédité il faut un point de départ; et où le chercher ailleurs, dans ce cas, que dans les dégradations opérées par le tabac ? Il a précédé la pellagre au milieu de toutes les populations de la race latine, qu'il a envahies les premières, et sur lesquelles il a fait des ravages d'autant plus grands que leur fibre nerveuse, plus sensible, s'émoussait plus fortement sous l'effet de son poison.

La pellagre serait donc l'exagération du nicotisme par transmission héréditaire. Et les squames, qui constituent un de ses caractères essentiels, un de ses symptômes, ne sont autre chose que cette humeur visqueuse que sécrète la peau, qui donne au nicotiné primitif son teint terreux et blafard, qui cause si souvent chez lui des eczémas.

Chez le pellagreux, si la dessiccation de cette humeur se fait par plaques et par écailles, c'est parce que chez lui la sécrétion morbide est plus abondante, parce que son sang est plus altéré, suivant la loi de progression des dégénérescences par hérédité.

Et si l'insolation peut jouer dans cette maladie le rôle que certains médecins semblent lui attribuer, ce n'est qu'en activant par la chaleur la sécrétion et la dessiccation de la matière albumineuse purulente, dont les écailles tombent et se succèdent ainsi dans des proportions plus marquées.

La cachexie nicotineuse primitive résulte de l'altération du sang par le mauvais fonctionnement de l'organisme en général, sous l'influence du nicotisme. Elle se traduit par des furoncles de mauvais caractère, à teinte livide, comme dans le scorbut et le charbon : par des indurations chroniques des tissus, surtout dans les régions glanduleuses, à la langue, aux joues, au cou, aux aisselles, dégénérant en abcès toujours lents à tarir et difficiles à cicatriser; par des suintements chroniques de matière ichoreuse sur la peau, surtout aux jambes, dont les chairs parfois se décomposent et donnent naissance à des ulcères le plus souvent incurables. Émonctoires naturels par où le nicotiné se purge de toutes les impuretés de son sang, que Jacques Ier, roi d'Angleterre, considérait si judicieusement comme affecté de *scurvy* (cachexie, scorbut), dans son livre contre le tabac, dont nous avons déjà parlé.

Quand la cachexie est profonde, elle détermine fréquemment, comme chez les scrofuleux, des abcès par congestion dans les intervalles des aponévroses, au périnée, dans le voisinage du péritoine, de la plèvre, et dans les cavités des médiastins.

On trouve les premiers degrés de la transmission pellagreuse héréditaire, dans ce grand nombre *d'enfants procréés par des consommateurs de tabac* et qui, dans les premières années après la naissance, sont affectés de maladies *squameuses* de la peau, plus ou moins étendues. Si elles ne tuent pas les petits malades, elles restent à l'état latent dans sa constitution, comme le germe de la phtisie, pour se développer de nouveau et grandir dans sa descendance.

D'après toutes ces données, il devient facile à comprendre qu'en partant d'un dévasté par le tabac, une famille de pellagreux se formera comme se forme une famille de scrofuleux, de rachitiques, de poitrinaires, de cancéreux, etc., etc. De génération en génération, le vice constitutionnel primitif grandit par l'exposition des descendants aux mêmes causes qui ont fait déchoir leurs ancêtres, jusqu'à ce que, par un excès de dégradation, ils arrivent à la stérilité et à l'anéantissement.

Que faire pour conjurer une calamité si grande?

Vouer les nicotinés, autant que possible, au célibat, en leur fermant l'entrée, par alliance, dans les familles saines, comme on le fait généralement pour tous les prétendants au mariage frappés de vices organiques transmissibles par la génération.

CHAPITRE XXVI

Espérons que ces mesures de rigueur ne seront pas nécessaires, maintenant surtout que, de tous côtés, on est frappé
du mal que cause à l'humanité le grand coupable que nous
accusons devant le bon sens et la raison publics.

Si nous étions seul à lutter contre des habitudes si invétérées, et qui sont, comme tout ce qui est défaut, chères à ceux
qui les cultivent, nous aurions peu de chance de rappeler au
sentiment de leur conservation ces consommateurs de tabac
qui, comme les amoureux, se suicident par passion.

Mais, dans ce danger public, les philanthropes s'unissent
pour éclairer des lumières de la vérité toutes ces foules igno-
rantes entraînées vers la dégénérescence sans qu'elles s'en
doutent, par la folle habitude de s'adonner au tabac. On compte
aujourd'hui par légions les adversaires de cette plante Protée
qui, comme l'ivraie, semble mettre à se reproduire toute la
persistance que l'on emploie pour l'arracher.

En 1853, une première association s'est formée, à Londres,
pour ouvrir, contre ce séduisant ennemi, une campagne d'opposition semblable à celle où il fut si près de succomber définitivement au XVII* siècle. Cette idée trouva chez nous des
imitateurs.

En 1868, une *Association française contre l'abus du tabac*

s'organisait, à Paris, rue Saint-Benoît, n° 5, par l'initiative de M. Decroix, médecin vétérinaire de l'armée, fondateur ; à qui vinrent se joindre les Drs Blatin, Bourrel, Joly, J. Guérin, Vernois, etc. Cette Société publie des mémoires, des brochures, des bulletins périodiques ; elle donne des prix dans des concours ; ses membres font des conférences dans les ateliers, dans les cours d'adultes, etc.

Pour faire partie de l'Association, il faut adresser une demande au Président, payer une cotisation annuelle de 10 francs. Sans faire partie de l'Association, on peut lui venir en aide en prenant part à la souscription qu'elle tient toujours ouverte (1).

L'Association appelle à elle tous les philanthropes, tous les gens sensés qui désirent la régénération de leur pays. Son but est d'éclairer la jeunesse d'abord, la nation ensuite, sur les dangers auxquels les expose leur amour irréfléchi pour le tabac.

Que les membres de ces associations comprennent bien l'importance de leur devoir, et ils rempliront une des missions les *plus utiles* qu'il soit donné à des philanthropes d'accomplir.

Si, partout où l'humanité souffre, il est charitable de la secourir, partout où elle s'abandonne à des erreurs pernicieuses, il est méritoire de l'instruire et de la ramener à la vérité.

Prêcher l'abandon du tabac à une génération qui en fait presque un culte, si ce n'est pas tout à fait un sacerdoce, c'est un vrai poste de combat. Car il faut lutter sans cesse contre les préjugés, les fausses croyances, les habitudes contractées, trois choses si difficiles à déraciner des entrailles de notre pauvre humanité. Il faut tenir tête aux sceptiques, aux fron-

---

(1) Actuellement (1898), la *Société contre l'abus du tabac* a son siège rue Saint-Benoît, 20 *bis*. Les Statuts et le Règlement sont adressés gratuitement aux personnes qui en font la demande.

Le président : E. Decroix.

deurs, qui vous disent : « La preuve que le tabac n'est pas un poison, et qu'il ne tue pas, c'est que, depuis dix, quinze, vingt ans, j'en use, et pourtant je vis. »

Oui, vous vivez ! Mais comment vivez-vous ? Vous êtes à la fleur de votre âge, et s'il vous était possible de comparer ce que vous êtes avec ce que vous auriez été, si vous n'aviez pas subi l'influence du tabac, vous trouveriez en vous une différence, à votre préjudice, aussi grande que celle qui sépare l'âge mûr de la vieillesse.

Et si votre santé, dans de telles conditions, pouvait être parfaite, dites que c'est *malgré le tabac*, et non pas par l'effet du tabac. Et croyez bien que cet état dont vous vous contentez ne sera pas durable ; car votre dangereux ami aura toujours son heure pour vous saisir.

D'autres vous nommeront bon nombre de vieillards qui fument depuis leur enfance, et que le tabac n'a pas fait périr.

Mais est-il rien de plus facile que d'opposer à ces quelques privilégiés, qui semblent, par exception, plaider en faveur du tabac, les milliers de victimes qu'il a empêchées d'arriver à l'âge mûr et à la vieillesse, et dont la voix ne peut sortir des sépultures pour venir l'accuser ?

D'ailleurs, de ce que la guerre ne détruit pas, dans le plus fort des mêlées, tous les soldats d'une armée ; de ce que la peste et le choléra ne font pas périr tous les habitants des pays où ils passent, pourrait-on dire pour cela que la guerre, la peste et le choléra ne sont pas des fléaux destructeurs pour l'humanité ?

Et ceux que vous appelez des vieillards ne sont peut-être vieux que par leur décrépitude prématurée, et seraient encore jeunes, par leur âge, si vous le leur demandiez. Et s'il arrive de rencontrer, de quatre-vingts à quatre-vingt-dix ans, un homme qui ait, durant toute son existence, usé du tabac, soyez bien sûr que cet homme n'a jamais été doué d'une organisation nerveuse, telle qu'on la rencontre dans le type parfait de notre race. Il sera un de ces êtres obtus chez lesquels la sensibilité, le nerf est absorbé par la matière, et où les facultés émoussées sont abaissées presque au niveau de l'instinct.

Et si vous analysez ces rares vieillards dont la constitution primitive a été assez robuste pour résister si longtemps à l'action du poison, vous verrez toujours que le tabac a fait en eux bien des brèches; et qu'ils souffrent souvent depuis longtemps de troubles physiques, intellectuels ou moraux incompatibles avec une santé parfaite, et qui n'ont d'autre cause que le *nicotisme*.

Ils sont dans la société, devant la loi générale de *mortalité par le tabac*, une exception, comme ces quelques vieillards de race blanche que l'on rencontre dans les climats tropicaux, ayant résisté à l'action délétère de la chaleur qui tue incessamment sous leurs yeux des milliers de leurs semblables.

Les fervents du tabac vous diront encore :

« La preuve que le talisman que nous a légué Nicot contre la maladie ou contre l'ennui est une vérité, et non pas une mystification, un mensonge, comme vous le prétendez, c'est que le nombre des croyants en ses vertus, au lieu de diminuer, augmente toujours ; c'est que les centaines de millions d'hommes qui le consomment sur la terre et croient à ses mérites, ne sauraient se tromper, par ce vieil adage : *Vox populi, vox Dei*. Traduisez : la croyance des peuples est l'inspiration de Dieu, source de toute vérité. »

Cet adage n'est jamais sorti que de la prétention vaniteuse et fausse de l'homme à croire à son infaillibilité.

Les masses, plus que l'individu, peut-être, seraient sujettes à l'erreur, parce qu'elles ne raisonnent pas, mais qu'elles imitent, en édifiant leurs croyances.

Quand la raison et la science, qui sont l'apanage de quelques élus dans l'humanité, ne viennent pas jeter, de temps en temps, des rayons de lumière dans l'obscurité et l'ignorantisme où se trouvent plongées les multitudes, tout n'est pour elles que fanatisme, erreur et préjugé.

Par exemple, est-ce que l'humanité, depuis l'origine de sa

création, n'a pas cru que le soleil tournait autour de la terre, jusqu'à cette époque si rapprochée de nous (1632), où Galilée est venu lui dire :

« Non !... tu te trompes, le soleil est immobile ; c'est la terre qui tourne autour de lui ? »

Est-ce que ce philosophe, ce savant, qui substitua une vérité si palpable, si simple, à une erreur si grande, n'a pas été condamné à être brûlé vif, comme un imposteur, parce qu'il affrontait, avec sa science, les croyances universelles de l'erreur ?

L'Inquisition n'osa pas tuer cet homme, un des plus grands génies de son temps. Il fut mandé à Rome, en 1633. Là, le saint tribunal consentit à commuer son châtiment en une détention perpétuelle, à la condition qu'il prononcerait à genoux l'abjuration suivante :

« Moi, Galilée, dans la soixante-neuvième année de mon âge, ayant devant les yeux les saints Évangiles, que je touche de mes propres mains, j'abjure, je maudis, je déteste l'hérésie du mouvement de la terre... »

En quittant le tribunal, il ne put s'empêcher de dire à demi-voix : « Et pourtant elle tourne ! »

Et neuf ans après, en 1642, Galilée mourait prisonnier de la sainte Inquisition.

Sans aller chercher dans de si hautes régions les preuves de la faillibilité des masses, au sujet des choses les plus usuelles, remontons à deux faits contemporains entre eux, et qui ne datent à peine que de trois siècles.

Le tabac et la pomme de terre étaient découverts en Amérique à peu près vers le même temps.

François Darke, un Anglais, introduisait la pomme de terre en Europe, en 1586. Elle venait du Pérou.

Voilà donc deux substances : un poison et un aliment, que le Nouveau-Monde envoie à l'Ancien.

Que fit la vieille Europe, et surtout la France, abandonnée

à ses appréciations et à ses instincts, que n'éclairait pas encore la science des Lavoisier et des Vauquelin? Elle adopta avec enthousiasme, comme un remède à tous ses maux, ce qui était un poison; elle écarta avec répugnance, comme un poison, ce qui devait être, plus de deux cents ans après, l'aliment le plus recherché de ses populations, son plus grand protecteur contre les famines et les disettes.

Il ne fallut à Nicot et à Catherine de Médicis que les dehors trompeurs du merveilleux, pour égarer aussi fatalement qu'ils l'ont fait les croyances du peuple au sujet du plus grand ennemi de l'organisme, qu'ils offraient comme un bienfaiteur, et qui n'était en réalité qu'un vil instrument de sorcellerie et de magie, les grandes sciences de ces temps-là.

Il a fallu à Parmentier et à Louis XVI toute l'insistance, tout le dévoûment de la philanthropie, pour vaincre les répugnances ou les hésitations de leur siècle, et pour faire accepter, comme une fécule alimentaire des plus précieuses, ce que le peuple avait toujours, par la plus profonde des erreurs, considéré comme un poison.

D'après tous ces faits, puisés dans la science et l'histoire, pourrait-on croire à l'infaillibilité des fumeurs dans leur affirmation des mérites du tabac, par cette considération qu'ils font masse et que, par cela même, ils ne sauraient se tromper?

On voit, de par le monde, beaucoup de consommateurs de tabac qui, sans pouvoir s'expliquer pourquoi ils en font usage, ont la bonne foi d'admettre que son *abus* a des dangers.

La conversion, chez ceux-là, ne se fera pas longtemps attendre; car ils observent et raisonnent. Et le raisonnement et l'observation les mèneront à reconnaître que sur dix amateurs de tabac, qui commencent à en user, comme les enfants, par imitation et sans lui donner aucune importance, on en trouvera à peine un qui saura résister plus tard à l'entraînement de la passion qu'il inspire, par dépravation des sens.

Et s'il en est ainsi, pourquoi s'exposer volontairement, par enfantillage, sur une pente où l'on a neuf chances contre une de glisser et de se perdre ?

Il faut dire aussi que beaucoup de consommateurs de tabac reconnaissent qu'ils sont les victimes d'une grande erreur, et qu'ils trouvent dans son usage plus de déception, plus de mal, plus d'assujettissement que de jouissance ; mais ils sont incapables de rompre complètement avec des habitudes si profondément invétérées.

Cette impuissance tient surtout à la *dépravation que le tabac* a déjà causée dans leurs facultés. Il a détruit en eux la volonté, qui est une des grandes qualités de l'âme ; il a flétri leur énergie morale, leur caractère, comme il a débilité leur corps.

Aussi ils diffèrent, ils hésitent, impuissants qu'ils sont à prendre une grande résolution, quelle qu'elle soit, comme il arrive dans tout affaissement maladif ou sénile.

D'autres plus décidés s'effrayent, quand ils quittent l'usage du tabac, de certains phénomènes extraordinaires qui se passent en eux, et qui cessent aussitôt qu'ils reviennent à leur ancienne habitude ; ce qui leur fait croire qu'elle leur est désormais indispensable. Ils éprouvent des sensations inconnues, comme des vertiges ; quelque chose de semblable à ce qu'ils sentaient lorsqu'ils brûlaient leurs premiers cigares ou mâchaient leurs premières chiques.

Qu'ils se rassurent, car ces troubles seront pour eux ce que sont dans les longues maladies les crises qui annoncent le retour à la santé.

Nous avons dit que les consommateurs de tabac usaient une partie de leur vitalité, de leur fluide nerveux à neutraliser leur poison de tous les jours : supposons que chez un amateur un quart de l'aliment de la vie soit ainsi soutiré aux fonctions organiques dont le fluide nerveux est le moteur, comme serait la vapeur dans nos machines. Sitôt que ce quart de fluide nerveux, le tabac ne le détruisant plus, retourne à l'économie, il y produit le même effet qu'aurait, par exemple, un verre de vin chez un buveur d'eau ; il crée une surabondance d'excitation qui trouble tout l'organisme, par un de ces phénomènes de débordement nerveux qui cause, par exemple, chez certaines femmes, des migraines, des vapeurs, des crises de nerfs, des spasmes. Tous ces troubles cesseront si le fumeur et le chiqueur, bien résolus à rompre avec leur passion, la quittent comme ils l'ont contractée, par degré et lentement ; et s'ils restituent progressivement à l'ensemble de leurs énergies vitales tout ce qu'ils leur avaient insensiblement soutiré.

Par ce procédé bien simple, il n'est pas de consommateur endurci qui ne puisse en un, deux ou trois mois, retrouver son équilibre de vie, sans secousses, sans spasmes ; si toutefois le tabac ne l'a pas déjà par trop dévasté.

Si le tabac n'abrège pas d'une manière uniforme l'existence de tous les hommes, c'est qu'il n'a pas la même prise sur chaque organisme individuel. Son effet est toujours relatif au degré du perfectionnement nerveux, c'est-à-dire de la sensibilité de l'individu et de la race sur lesquels il agit.

Par exemple, chez l'homme des villes, l'esprit est généralement plus cultivé et plus impressionnable que chez l'homme des campagnes. Aussi, à consommation égale de tabac, le nicotisme fait-il bien plus de ravages chez le premier que chez le second. Et c'est ce qui explique pourquoi la dégénérescence est plus marquée dans les centres de sciences, d'arts et d'industries, que dans les centres agricoles, qui, par cette raison, ont beaucoup plus à fournir au recrutement de nos armées, parce que les hommes y sont moins dégradés et plus forts.

La différence sera la même de race à race. Ainsi, la race la plus parfaite, sous le rapport de l'élément nerveux qui élève l'homme par le génie, est, sans contredit, la race latine ; et c'est elle qui a été la première, entre toutes les races européennes, adonnées au tabac, à sentir les effets dégradants de cette plante.

Toutes les races du Nord, Germains, Slaves, Flamands, Scandinaves, etc., etc., ont eu, jusqu'à ce jour, bien moins à en souffrir ; d'abord parce qu'elles n'ont connu le tabac que longtemps après les peuples latins, qui ont été les premiers à fréquenter le Nouveau-Monde, d'où il provenait; et ensuite, parce que la subtilité du poison de la plante glissait, sans trop les affecter, sur ces natures indolentes dont l'élément nerveux ne s'est pas épanoui, ni sous les douceurs du climat, ni sous la culture de la civilisation.

Est-ce à dire que ces races attardées dans la grande voie du progrès de l'humanité ne seront pas dégradées par le nicotisme? Non! leur tour aussi commence. Et ce que la subtilité du poison n'aura pu faire en un siècle, deux siècles le feront, si l'exemple de notre décadence physique et morale n'est pas pour elles, en l'avenir, un salutaire enseignement.

Qu'adviendra-t-il alors? C'est que nous, race privilégiée par les qualités supérieures de notre organisme, nous, les aînés de la civilisation moderne, nous, les éclaireurs du progrès, nous nous arrêterons dans la route, épuisés de vigueur, quand nos cadets, moins dévastés, avanceront.

Ce sont des vérités que 1870 est venu sévèrement nous apprendre.

La raison du plus fort est toujours la meilleure,

a dit, il y a bien longtemps, notre bon La Fontaine. Et, de nos jours, un gros Allemand, parvenu par la force, et se sentant bien établi sur ses jambes, que le tabac et l'alcool n'ont pas trop amaigries, parce que, dans sa race, la chair prime le nerf, appliquant à l'actualité de sa cause la morale de la fable, a dit, par extension et par une variante: « La force prime le droit. »

Nous ne voulons pas être aussi absolu dans nos assertions; mais nous dirons que, si la force ne doit pas primer le droit, dans les rapports d'homme à homme, ou de nation à nation, elle aide, le plus souvent, à en créer les apparences, et, par suite, elle s'impose à sa place.

En vertu de ces principes, qui ont pour eux, il faut le reconnaître, l'autorité pratique, la puissance et le prestige d'une nation résideront toujours dans sa force matérielle.

L'histoire nous le dit : Les peuples les plus grands ont été ceux qui ont compté le plus de victoires, parce qu'à chaque bataille gagnée, ils s'élevaient sur les ruines de leurs ennemis ou de leurs rivaux, dont ils arrêtaient les progrès par la servitude, le démembrement, la rançon, les malheurs et l'humiliation qu'entraîne toujours la défaite.

La force physique du citoyen est donc le premier élément de la puissance de la nation ; et c'est elle que nos institutions devraient le plus s'attacher à développer, comme le faisaient les anciens peuples, qui mettaient au premier rang de l'éducation de la jeunesse les exercices qui tendent à fortifier le corps, parce que de la force du corps découle aussi la puissance de l'intellect.

Comme nos mœurs nous éloignent de ces sages principes ! Dans nos collèges, dans nos casernes, on voit parfois quelques rares appareils de gymnastique, qui s'usent plus par le chômage que par la pratique des exercices auxquels ils paraissent destinés. Au lieu de rechercher l'activité, le mouvement, la vie, nous passons notre temps, assis devant une table de café, sur un banc de cabaret ou de corps de garde, à nous enivrer aux vapeurs du tabac, qui nous plongent dans un vertige, dans un abattement que nous aimons, que nous prenons pour du repos à des fatigues que nous n'avons pas, et qui ne nous laissent, pour le lendemain, que la lassitude et la paresse.

Faites donc de ces hommes-là des défenseurs de la patrie!... A peine en campagne, la force physique leur fera défaut pour porter, d'étape en étape, le lourd matériel que nécessite la guerre. Et le plus grand nombre formera une longue queue d'invalides et de traînards, qui marqueront le passage des armées sur les routes, avant d'atteindre au champ de bataille, où ils auront plus de crainte que de désir d'arriver.

Car l'*ivresse narcotique*, au lieu d'exciter nos esprits, de ranimer notre courage, de réveiller en nous les sentiments de patriotisme et d'honneur, nous plonge dans l'insensibilité, l'indifférence et l'apathie. Elle paralyse ce généreux élan du cœur qui fait mépriser le danger et pousse au sacrifice même de la vie, quand il s'agit de gloire et de patrie.

Entraînement sublime, qui fait toute la valeur et la supériorité du soldat français, aux grands jours des batailles, que nos adversaires appellent notre FURIA, et qui n'est autre chose que notre nervosité, notre excitabilité, donnant une telle vigueur à l'attaque, qu'elle jette dans les rangs ennemis l'épouvante et la déroute, et nous rend victorieux, à l'assaut et à l'arme blanche, malgré notre infériorité, soit de taille, soit de nombre.

Sous l'influence du nicotisme, ce précieux avantage disparaît. Il n'y a plus d'entrain, il n'y a plus de furia ; il y a la peur, il y a le saisissement nerveux, sorte de délirium tremens qui ôte à l'homme toute initiative d'action ; qui fait que son arme n'a aucune fixité dans ses mains convulsées, et qu'il jette au hasard, sans précision, son coup de feu et son coup de sabre. Dans son exaltation maladive, au milieu de la mêlée, il frappe aussi bien un camarade qu'un ennemi ; car il n'y voit plus, il n'entend plus, tant ses nerfs, usés par le tabac, sont désordonnés par l'action. Et si, par malheur, au lieu de la victoire arrive la défaite, il est sans vigueur pour la fuite, sans présence d'esprit pour échapper à la débâcle par la ruse ou l'audace, et il reste sur place prisonnier de l'ennemi.

Ce qui fait la force du corps et ce qui l'entretient, c'est l'aliment. Et comme un des effets les plus ordinaires du tabac est d'engourdir les forces digestives et d'émousser l'appétit, le militaire qui fume se nourrit imparfaitement ; l'uniformité et la frugalité de l'ordinaire, à la caserne et au camp, flattent peu son estomac, et il reste volontiers sans manger, pour peu qu'il ait sa pipe et son petit verre.

Quand le soldat, amateur de la pipe ou de la chique, n'a pour satisfaire sa passion que l'argent que lui donne l'État, le sou de poche est loin de pouvoir suffire à sa consommation de tous les jours. Aussi, il arrive souvent qu'il échange sa ration de vivres pour du tabac ; et alors il bat en brèche sa constitution par deux puissants destructeurs de la force physique : la diète et le narcotisme ; il perd la chair, le muscle, qui sont l'élément essentiel de la force physique résistante et durable.

Dans notre administration militaire, où l'on se pique d'être excellents observateurs de l'hygiène du soldat, je suis bien sûr qu'il n'est jamais entré dans l'idée de personne de signaler tous ces abus qui ont pour source le tabac. On exclut de la cantine, comme insalubres, les liqueurs dont l'usage serait plutôt utile au soldat, qui n'a, pour arroser la soupe et le pain bis de la caserne, que l'eau plus ou moins pure de la fontaine de la cour. Mais, en revanche, on lui donne toute facilité de dépenser son argent en achetant du tabac, dont l'usage est plus pernicieux que toutes les boissons du monde; car la contre-partie du tabac est toujours l'alcool.

L'administration, pour le pousser à la consommation de sa plante privilégiée, va même jusqu'à faire en sa faveur des réductions sur les prix qu'elle a établis pour ses autres clients. Cette sorte d'attention, toute exceptionnelle pour les militaires, ne semble-t-elle pas dire au jeune conscrit arrivant de sa famille où on l'a souvent dissuadé de se livrer au tabac :

« On est arriéré dans ton village, on a contre le tabac des préjugés ridicules, des antipathies insensées : le tabac est sain au corps et à l'esprit; uses-en largement, mon garçon, si tu veux devenir un soldat; c'est-à-dire l'homme modèle, perfectionné dans ses qualités physiques par l'éducation et le régime militaires. »

Et le conscrit qui, dans sa débonnaireté, croit un peu tout ça, fume et chique la drogue que lui présente si paternellement son Gouvernement. Bientôt, le sou de poche ne suffisant pas à sa consommation, il demande à sa famille de se gêner pour lui fournir l'argent de son tabac; et l'on sait ce qui advient. La drogue ruine, une à une, toutes ses énergies, et l'État, qui a pris à la famille un homme sain, vigoureux, actif, travailleur, lui rendra un invalide, un paresseux toujours altéré, un fumeur et un buveur.

CHAPITRE XXVII

De quelque côté qu'on se retourne, on n'entend plus parler que de régénérer la nation. La régénération est à l'ordre du jour.

Admettre que nous sommes dégénérés est, en effet, le moins que l'on puisse faire, après qu'en 1870 et 1871 on a vu la France de Louis XIV, de 93, de Marengo, d'Austerlitz, d'Iéna, de Lutzen, comptant quarante millions d'habitants, riche comme jamais nation n'a pu l'être, ne trouver en elle-même d'autres moyens que l'abandon de deux de ses plus chères provinces et une rançon en or de plus de six milliards, pour se débarrasser de six cent mille Allemands qui l'ont envahie, qui l'ont saignée, qui l'ont incendiée, qui l'ont pillée à leur bon plaisir!

Devant une chute si profonde, une humiliation si grande, nous avons cherché à nous consoler dans une espérance, dans un mot : *la revanche!...* Et pour la prendre, nous attendons de l'avenir que nous soyons régénérés, que nos fils soient plus puissants, par leurs vertus civiques et par leurs forces, que nous ne l'avons été nous-mêmes. Nous leur laissons l'héritage de nos défaites, de notre ruine, de nos fautes et de notre honte.

Mais nous leur léguons aussi les causes de nos défaillances; nos tendances à la frivolité, par abaissement de notre intellect, nos faiblesses organiques, disons notre dégénérescence elle-même, dont ils seront frappés au seuil de la génération, et qui les poursuivra longtemps ; car l'arbre dont le ver blanc a attaqué la racine ne mène jamais à bonne fin ses fruits.

D'où sortira la régénération de la France ?

Nos gouvernants, qui ont à résoudre cet important problème, en cherchent la solution dans les théories les plus opposées, si toutefois ils s'en occupent, tant les intérêts de partis les divisent et les absorbent.

Parmi ceux qui la font dépendre des institutions politiques, les uns prétendent que nous ne nous relèverons qu'en remontant un siècle en arrière, vers le trône et l'autel, dont nous nous sommes trop écartés. D'autres disent, au contraire, que notre salut est dans la République, qui symbolise l'émancipation et le progrès.

Ce qui nous régénérera, ce n'est pas une forme de gouvernement, ce n'est pas une Royauté de droit divin, plutôt qu'une Présidence par la volonté nationale ; ce sont de bonnes institutions, de quelque part qu'elles viennent, qui développeront nos facultés primitives, au physique d'abord, au moral ensuite, et qui écarteront de nos mœurs actuelles toute entrave, de quelque nature qu'elle soit, à ces deux perfectionnements.

C'est donc à l'éducation, à l'instruction surtout, qu'il faut demander les moyens les plus puissants de nous régénérer ; à l'instruction la plus étendue, gratuite et obligatoire. Il faut détourner notre siècle des tendances frivoles qui plaisent aux organisations affaiblies, en le ramenant aux études sérieuses.

L'étude, c'est la pensée mise en action, c'est la gymnastique du cerveau ; et, comme toute gymnastique a pour effet certain le développement de l'organe sur lequel elle agit, c'est par une culture bien entendue que le cerveau, qui est le siège de toutes nos activités, grandira dans sa puissance de manifester la vie, surtout s'il ne s'engourdit pas par le *nicotisme*.

Mais, dira-t-on, si de nos jours l'instruction n'est pas universelle en France, on ne peut pas dire que les classes instruites n'y soient en proportion considérable ; et la dégénérescence se constate autant dans ce milieu de privilégiés des lumières que dans les basses régions de l'ignorance.

C'est vrai ; parce que l'éducation, chez nous, a été depuis longtemps imparfaite. Elle s'est ressentie de la mollesse de nos habitudes ; elle s'est plus attachée aux idéalités qu'aux choses fondamentales et vraies, se renfermant trop exclusivement dans les principes du catholicisme, dont la sévérité prêche le sacrifice du corps à l'âme.

Il nous a manqué surtout l'instruction qui a pour base le principe de la philosophie grecque, que résument deux mots inscrits sur le temple de Delphes : Γνῶθι σεαυτόν, Connais-toi toi-même. L'homme qui se connaît, dans son organisation et son essence, est bien plus apte à se cultiver lui-même, à se conserver et se conduire, que s'il ignore ce qu'il y a en lui de forces actives et de fragilité.

Le militarisme est, pour le moment, le côté où l'on semble pencher le plus, pour une régénération à courte échéance. Tous nos jeunes hommes, indistinctement, passeront sous le drapeau des défenseurs du pays. Ils iront retremper leur faiblesse native à la discipline du régiment, à la vie sobre et active de la caserne et des camps ; à la gymnastique de l'équitation, de la marche, de la manœuvre du sabre, du fusil, du canon. Et déjà, par anticipation, dans les lycées, on habitue les enfants au maniement des armes, pour leur donner les avant-goûts de la vie militaire dans laquelle ils devront aller finir de se fortifier, pendant quelques années.

Oh! c'est alors que l'on va voir toute cette jeunesse enthousiaste, ardente à l'imitation, s'étudier à se donner un *chic* de troupier, et prendre, tout d'abord, pour poser en hommes à l'estomac fort, le cigare, la pipe et la chique, qui sont aujourd'hui le plus fashionable ornement de l'officier et du soldat, et leur distraction la plus favorite.

On parle bien de leur donner, pour passe-temps plus utile, des bibliothèques qui entretiendront la culture de leur intelligence et de leur esprit au niveau de la culture de leur corps. Ces deux cultures seront stériles, croyons-le bien, et ne donneront que des résultats bien douteux, tant que le jeune soldat aura le choix de se distraire de la monotonie et des ennuis de la vie militaire dans les vapeurs enivrantes du tabac, qui ont toujours pour accessoire l'alcool.

Il sortira donc de notre nouveau système militaire tout l'opposé de ce qu'on en attend. Au lieu d'y puiser de la force physique et de la moralité, le lycéen et le jeune soldat s'étioleront dans le nicotisme, qui affaiblit et qui démoralise. Et, comme tous, sans exception, passeront par la caserne, ils en rapporteront, en rentrant au foyer, avec des habitudes malsaines, une constitution si ébranlée dans ses facultés nerveuses et reproductives, que la dégénérescence sera partout, dans toutes les familles, même dans celles qui avaient été jusqu'ici préservées du mal, en inspirant à leurs enfants une légitime aversion pour le tabac.

Mais, diront les directeurs de lycées, nous empêcheront de fumer dans nos établissements.

Cela n'est pas possible. Ils pourront le défendre, mais jamais l'empêcher. Tant que des enfants verront fumer un homme, ils voudront fumer aussi, par imitation, surtout quand on leur criera, plus fort que jamais, que l'on veut faire d'eux, par une éducation militaire, des défenseurs de la patrie et des vengeurs de nos humiliations.

On pouvait, jusqu'à un certain point, les détourner du tabac, en leur disant que c'était un usage malpropre et de mauvais goût, antipathique aux dames surtout, tant que leur éducation était plus faite pour la vie des salons que pour la caserne et les camps. Mais, avec l'existence et l'avenir qui leur sont réservés, il n'y a que des mesures administratives sérieuses qui puissent préserver nos générations futures de la dégénérescence complète par le tabac.

Qui prendra l'initiative de ces mesures ?

Ne les attendons pas du Gouvernement. Il faudra qu'il soit bien sollicité par l'opinion publique, avant qu'il ose toucher aux prérogatives de cette puissante institution qu'on appelle la Régie.

Si quelque philanthrope ou quelque économiste démontrait aujourd'hui à nos gouvernants qu'il est d'un intérêt humanitaire et social, d'une importance vitale pour la France, d'ouvrir décidément la croisade contre l'usage du tabac, on leur opposerait de suite, dans de hautes régions, le respect dû à la liberté des modes, des fantaisies ou des vices.

Pourquoi alors réprimez-vous par des lois la fantaisie de jouer, la fantaisie de s'enivrer par les boissons fermentées ? Pourquoi avez-vous des pénalités restrictives de la liberté de réunion, de la liberté de l'enseignement, de la liberté de la presse ; j'allais dire aussi de la liberté de la pensée ? Toutes ces libertés réunies, si vous les accordiez, ne seraient jamais si pernicieuses à la constitution physique et morale des citoyens, à l'avenir de la nation, que celle que vous leur laissez aujourd'hui de se suicider par le plus dangereux des poisons.

Liberté qui nous coûte bien cher ; car la France gaspille pour son tabac presque autant d'argent qu'elle en dépense pour son pain.

On nie, en morale et en fait, la liberté du suicide, puisque, quand on voit quelqu'un se jeter à l'eau, pour se noyer, au lieu de le laisser faire, le premier sentiment qu'on éprouve, c'est de le suivre à la nage, même au péril de sa vie, pour le sauver. Quand on aperçoit un malheureux qui se pend, on s'empresse de couper la corde pour l'empêcher de mourir. On n'aurait jamais l'idée d'offrir à un désespéré, fatigué de la vie, une arme ou du poison pour se détruire.

Et pourtant il existe chez nous une administration qui jette journellement au caprice, au désœuvrement de la nation, à son suicide, une quantité de poison suffisante pour la tuer tout entière en moins d'un quart d'heure.

Oui, si l'on pouvait faire bouillir dans une chaudière tout le tabac qui sort en vingt-quatre heures des bureaux de la Régie, et si l'on pouvait distribuer en un même temps une dose de ce breuvage, proportionnée à l'âge et à la force de chaque individu, quinze minutes après l'avoir bue, il n'existerait plus un seul Français !...

Expliquez, après ça, cette singulière aberration de l'esprit humain, qui admet qu'une administration puisse vendre, en détail, des milliers de tonnes du plus meurtrier des poisons, quand il est défendu à un pharmacien, sous des peines sévères, de délivrer, sans la prescription d'un médecin, un peu de belladone, d'aconit, d'opium ou de toute autre substance réputée vénéneuse.

Et ce qu'il y a de plus curieux dans ces inconséquences administratives, c'est que la loi du 19 juillet 1845 et l'ordonnance du 29 octobre 1846, qui régissent la vente des substances vénéneuses, dans l'intérêt de la santé publique, indiquent surtout, en propres termes, vingt de ces substances les plus toxiques, parmi lesquelles figurent la *nicotiane*, le *tabac*, et que les médecins et les pharmaciens ne peuvent délivrer au public que sur leur responsabilité personnelle des accidents qui peuvent en résulter.

Ce que l'on fait dans les meilleures intentions a, parfois, de fâcheuses conséquences. C'est ce qui est arrivé à la Régie.

Quand le commerce du tabac était libre ou était le monopole de quelques privilégiés, l'herbe à Nicot faisait, comme de nos jours, bon nombre de victimes parmi ses plus fervents consommateurs. Comme l'on ne supposait pas alors, dans la plante à guérir tous les maux, les propriétés vénéneuses qu'on lui a, de nos jours, reconnues, on attribuait tous ses méfaits à de prétendues sophistications par des substances délétères, avec lesquelles on supposait que les marchands la mêlaient, par spéculation illicite. C'est alors que l'administration intervint, en protectrice de la santé des consommateurs, contre la cupidité des marchands ; comme on la voit intervenir pour assurer la pureté des denrées les plus usuelles de la vie.

C'était là le motif apparent du Gouvernement de s'immiscer dans des affaires purement commerciales, auxquelles il semblait qu'il aurait dû rester étranger. Mais ses raisons changèrent, et l'idée lui vint de réaliser, à son seul profit, les bénéfices immoraux provenant de la consommation toujours croissante de la panacée d'Amérique.

Ce qui contribua surtout à vulgariser chez nous l'usage du tabac, ce fut notre caractère d'indépendance, toujours prêt à s'affranchir de ce qui lui fait opposition. L'histoire de grand'maman Ève est toujours vraie : le fruit défendu est celui que nous supposons le meilleur et que nous aspirons le plus à savourer. Voyez les enfants : s'ils sont si ardents à rechercher le tabac, s'ils se cachent dans un petit coin pour le fumer, avec des soulèvements d'estomac, quand ils ont pu s'en procurer en contrebande, au collège, c'est parce qu'on leur défend d'en user. Si on leur disait de le faire, comme on leur dit, parfois, de prendre une médecine, ils le trouveraient si mauvais qu'ils n'y toucheraient jamais.

Au XVIe et au XVIIe siècle, à l'égard du tabac, nous étions de grands enfants. Des lois, des ordonnances le déclaraient pernicieux, mortel, et en défendaient l'usage sous des peines sévères. C'était, pour nous, raison de plus d'en être friands et d'en user.

La prison, le fouet, les oreilles coupées, ne corrigeant pas les consommateurs, on crut pouvoir mettre un terme à cette insubordination contre la loi, qui se fatiguait de punir les délinquants, en entravant la liberté du commerce de la drogue exotique, et en la frappant d'impôts partout où elle se présentait.

Ce fut sous Richelieu que, pour la première fois, le tabac fut taxé de deux francs par cent livres. La perception de cet impôt rentrait dans les attributions de la Ferme générale, qui en fut chargée jusqu'en 1697.

Toutes les lois et ordonnances répressives du trafic et de l'usage du tabac, sans avoir été abrogées, devinrent alors lettres mortes, et le charlatanisme et la spéculation, abusant des faiblesses, de l'ignorance et de la crédulité du public, battirent à qui mieux mieux monnaie sur ce nouvel orviétan.

Il devenait tellement en vogue, qu'un adroit spéculateur, dans les bonnes grâces du Gouvernement, un sieur Jean Breton, obtint le privilège de commercer tout seul sur le tabac, moyennant une redevance annuelle de 150.000 francs pour l'État et de 100.000 francs pour la Ferme générale (1). Ces deux sommes le libéraient entièrement de tout impôt, et lui laissaient la faculté de vendre son herbe merveilleuse au prix qu'il lui plaisait.

C'est alors que parurent toutes ces brochures plus ou moins excentriques, exaltant les vertus sans pareilles du tabac, comme les prospectus des charlatans font mousser, de nos jours, les vertus curatives de leurs remèdes. L'affaire fut si bien menée et eut un succès si colossal que, de 1697, année où fut passé le marché, jusqu'à 1718, où il fut résilié, le fermier, pour conserver son privilège, augmentait annuellement sa redevance ; jusqu'à payer, la dernière année, la somme énorme de quatre millions à l'État. L'heureux spéculateur fit, dit-on, plus de trente millions de bénéfice annuel sur la vente du grand préservateur, du grand guérisseur de tous les maux que nous envoyait le Nouveau-Monde POUR LE SOULAGEMENT DE L'HUMANITÉ SOUFFRANTE, comme disaient les prospectus.

---

(1) Les fermiers généraux étaient une association privilégiée qui tenait à ferme, c'est-à-dire à bail, les revenus publics tels que : gabelles ou impôts sur le sel, les octrois, les tabacs, etc. Ils payaient pour ces privilèges un impôt fixe au roi, qui était alors l'État, comme le disait fort bien Louis XIV ; et ils faisaient rendre à ces impôts le plus qu'ils pouvaient.

Les vexations de toute sorte qu'elle faisait subir au peuple, pour s'enrichir à ses dépens, ont été pour beaucoup dans le grand soulèvement révolutionnaire qui a brisé tous les abus dont souffrait alors la nation.

Les boutiques où l'on débitait la drogue privilégiée avaient alors communément pour enseigne, debout sur la porte ou sur le trottoir, une belle Indienne, en bois ou en carton-pierre, représentant l'Amérique, presque grandeur naturelle, comme on en voit encore quelques échantillons dans certains bureaux de la Régie, et des milliers aux États-Unis. Son costume fantaisiste avait toujours pour partie pittoresque l'arc, les flèches, et la coiffure de plumes de perroquets ; et elle tenait à la main un gros paquet de tabac qu'elle tendait au passant, dans une attitude qui semblait dire : « Prenez mon trésor, mon curare, ça vous fera du bien ; ça vous guérira de tous vos maux. »

En 1718, le monopole du tabac fit retour à la Ferme générale, qui payait à l'État une redevance dont le chiffre augmentait chaque année, proportionnellement à la consommation qui grandissait toujours. En 1791, cette redevance s'éleva à trente-deux millions.

La Révolution survint, qui supprima tous les privilèges attachés au commerce du tabac. Le 4 janvier 1791, l'Assemblée nationale, pour se rendre populaire en caressant les passions et les préjugés des basses classes, décréta la liberté pour tous de cultiver, de manipuler et de vendre le tabac. Ce fut la fin du système de la Ferme qui, malgré l'élévation de sa redevance, avait réalisé les bénéfices les plus exagérés, sous la protection des lois de l'État, qui punissaient des galères et même de la peine de mort ceux qui faisaient la contrebande ou la culture du tabac.

La Ferme avait tellement agrandi sa clientèle, dans ce commerce si lucratif, qu'elle avait huit grandes manufactures travaillant sans relâche pour les consommateurs. Paris, Toulouse, Tonneins, Cette, Valenciennes, le Havre, Dieppe et Morlaix, étaient les laboratoires où arrivaient les cargaisons de la plante d'Amérique, qui en sortait manipulée sous toutes les formes, non seulement pour la consommation de la France entière, mais pour l'exportation à l'étranger.

Au xvie siècle, les lois prohibitives contre le tabac étaient faites pour préserver de ses méfaits la santé publique; au xviiie siècle, elles eurent surtout pour but de protéger un monopole qui enrichissait des spéculateurs aux dépens de la vitalité de la nation, qu'ils inondaient tranquillement de leur poison.

La République n'était pas riche ; et elle s'aperçut bientôt que la suppression des trente-deux millions que payait annuellement la Ferme, pour le privilège des tabacs, laissait dans ses coffres un vide qu'il fallait aviser à remplir. Elle frappa d'abord les tabacs d'un droit de 25 francs par quintal, à l'entrée. Cette mesure ne donna que des résultats insignifiants. En 1792, on diminua les droits d'entrée dans la pensée d'accroître les revenus de l'impôt en appelant, par cette tolérance, de plus grandes quantités de la marchandise dans les ports.

Le revenu n'augmentant pas sensiblement, en l'an VII, le 22 brumaire, on porta les droits à 30 francs par quintal pour l'importation par navires étrangers, et à 20 francs par navires français. On frappa en plus les tabacs manufacturés de 40 centimes par kilogramme pour le tabac à priser, et de 24 centimes pour celui à fumer.

Avec la liberté du commerce, tous ces impôts étaient difficiles à percevoir. Les municipalités en étaient chargées ; et, comme elles n'en tiraient aucun intérêt, elles s'acquittaient mal de cette surveillance. Aussi la contrebande était partout ; et, les recettes n'arrivant pas au Trésor, une loi du 10 floréal an X augmenta tous les droits du tabac, et remit à l'administration de l'enregistrement le soin d'en surveiller le commerce et d'en percevoir l'impôt. C'est à peine si toutes ces précautions fiscales avaient pu faire monter le revenu à cinq millions.

En l'an XII, on tenta de nouveaux expédients pour reconquérir les trente-deux millions qu'avait produits la Ferme. On fit payer licence aux fabricants et aux débitants; on imposa la culture, qui avait toujours été libre, après 1791. On augmenta encore la taxe des tabacs importés par navires étrangers, qui payèrent progressivement 100, 200 et 400 francs par cent kilogrammes, ceux importés par navires français ne payant que 80, 180 et 396 francs. Malgré toutes ces mesures forcées, l'impôt ne produisit que neuf millions en l'an XII, et seize millions en l'an XIV. Les années suivantes, on ne put dépasser ce chiffre.

Dans toutes ces combinaisons fiscales, on voit que l'État se préoccupait bien plus de se créer des revenus, à l'aide du tabac, que de savoir s'il était utile ou dangereux pour les populations, qui se laissaient de plus en plus entraîner à son usage.

Aussi, en 1811, Napoléon, dans une grande conception financière en même temps que politique, fit sortir de son cerveau la Régie, telle qu'elle est encore de nos jours ; c'est-à-dire une administration exclusivement marchande, qui n'a sa pareille presque nulle part dans le Gouvernement des États, et dont le but était d'exploiter le commerce du tabac, c'est-à-dire les travers et les faiblesses de la nation, au plus grand bénéfice du Trésor.

C'était, de la part de l'Empereur, un acte d'autant plus blâmable qu'il n'était pas sans connaître les effets pernicieux du tabac, pour lequel il manifestait une profonde aversion, bien que priseur lui-même ; car il n'eut jamais l'idée d'en patronner l'usage parmi ses soldats.

Le caractère usuraire et presque immoral de l'institution souleva contre elle de grandes controverses. Les Chambres de la Restauration s'en occupèrent et prorogèrent jusqu'au 1er janvier 1826 les prérogatives de la Régie. En 1826, le Gouvernement obtint une nouvelle prorogation de trois ans.

Sous Louis-Philippe, les revenus du tabac étaient devenus si considérables, que les supprimer eût été amener tout un bouleversement dans l'équilibre des budgets. Aussi la solution de cette anomalie de la Régie fut-elle successivement ajournée, sans aucuns résultats, à 1837, 1842 et 1852.

Et depuis lors toute la nation se sent tellement heureuse de rêver chimères dans les vapeurs enivrantes du tabac, qu'elle ne paraît plus se préoccuper ni d'où lui viennent, ni de ce que lui coûtent de si douces extases, encore moins où elles la conduisent.

Si l'on veut avoir une idée de ce que peut l'appât de l'argent chez les puissants et les forts, quand ils s'attachent à exploiter l'ignorance, la superstition et la santé des peuples, qu'on se rappelle cette guerre inique que fit l'Angleterre à la Chine vers 1835. C'est à coups de canon et de sabre sous la gorge qu'elle força le Céleste Empire à recevoir les cargaisons d'*opium* qui font la fortune de ses marchands de l'Inde, en abâtardissant malgré eux, par une drogue empoisonnée, tous les peuples d'Asie.

La tyrannie de l'opium dominait donc l'Orient en même temps que la tyrannie du tabac envahissait l'Occident.

L'opium va enfin cesser son œuvre de destruction, par le bon sens et l'autorité du chef du Céleste Empire, dont les décrets de 1877 édictent des peines sévères autant pour les marchands que pour les consommateurs de la drogue délétère. (Ce décret n'est guère exécuté aujourd'hui.)

Pourquoi nos gouvernants n'imitent-ils pas la sagesse de l'Empereur de la Chine, en nous délivrant du tabac, dont la puissance démoralisatrice et destructive dépasse de cent coudées tous les méfaits de l'opium ?

Après la Guerre et la Marine, la Régie est l'administration la plus importante de France, par le matériel et le personnel sur lesquels elle agit. Elle ressort du ministère des finances. Elle a dans ses attributions les tabacs et, par extension, les poudres explosives.

L'administration des tabacs a pour chef un directeur spécial. Ses bureaux forment trois divisions, ayant chacune un directeur général et quatre sous-directeurs : 1° personnel ; 2° achats et fabrication ; 3° comptabilité.

Elle a neuf manufactures, situées : à Paris, Lyon, Marseille Bordeaux, le Havre, Toulouse, Tonneins, Lille, Morlaix ; et employant, dans leur ensemble, 13.209 ouvriers. Il y en avait une dixième à Strasbourg. Chacune de ces manufactures est dirigée par un régisseur, un inspecteur et un contrôleur, dont la réunion constitue le conseil supérieur de la fabrique.

Pour donner plus de relief à la préparation d'un produit si simple et si vulgaire, et pour écarter toute idée d'empoisonnement de l'esprit de ceux qui le consomment, la Régie prend généralement les hauts fonctionnaires des manufactures dans les élèves formés à l'École polytechnique. Ces fabricants, que leur haut degré d'instruction devrait appeler à des travaux moins modestes et moins obscurs que la manipulation du tabac, vendent leur marchandise, à prix uniforme, à trois cent cinquante-sept entrepositaires, employés privilégiés de la Régie, qui sont les intermédiaires entre la fabrique et les débitants qui viennent s'approvisionner près d'eux, au fur et à mesure des besoins de leur vente.

La statistique officielle de 1866 porte le nombre des débits de tabacs, pour toute la France, à 25.848. En 1889, ils doivent dépasser 40.000. C'est presque le nombre des boulangers, qui est de 55.000 environ.

Plus d'un marchand de tabac pour deux marchands de pain ! N'est-ce pas un fait aussi humiliant qu'étrange pour la civilisation du XIXᵉ siècle ?

Chaque débit de tabac a un titulaire plus ou moins apparent, plus ou moins connu du public. Un très grand nombre de bureaux, ceux surtout qui sont placés dans des centres à faire beaucoup d'affaires, sont administrés par des gérants. L'administration seule connaît le titulaire, dont le nom et les qualités sont souvent tenus presque à l'état de secret. Le gérant est un second intéressé que nomme ou accepte l'administration. Il a charge et peines du bureau, le titulaire, que souvent il ne connaît pas lui-même, pouvant ne pas s'en occuper, ni y paraître, s'il le veut. Pour prix de sa gérance, il reçoit un tant pour cent assez modeste sur la vente des tabacs, et a des bénéfices plus étendus sur le produit des marchandises accessoires à la consommation de la substance, sous quelque forme qu'il la débite ; telles que pipes, tabatières, allumettes, porte-cigares, bouts d'ambre, papiers à cigarettes, etc., etc. Beaucoup même sont autorisés à joindre à leur débit de tabac un débit de liqueurs, ce qui devrait être obligatoire pour tous ; car, au moins, à côté du poison, on trouverait l'antidote : l'alcool.

L'entrepositaire reste chargé de remettre au titulaire, inconnu du public, la part de profits que lui procure son bureau, et qu'il reçoit des mains du gérant.

Quand l'Empereur créa la Régie, indépendamment des bénéfices que ses recettes apportaient à l'État, il vit dans l'institution le moyen de récompenser ou de secourir une foule de gens dont les services avaient été utiles au pays ; surtout des militaires invalides, des veuves et des orphelins que faisait alors, en si grand nombre, la guerre. Envisagée sous ce rapport, la création de tant d'emplois privilégiés avait un côté louable et politique.

La Restauration changea peu à peu le but du privilège. Elle l'accorda plus volontiers aux serviteurs de la dynastie qu'aux serviteurs du pays.

Sous Louis-Philippe et sous le second Empire, les faveurs de la Régie devinrent des appâts électoraux, mis à la disposition des députés votants pour le Gouvernement. Le bureau de tabac était ce que le candidat ministériel à la députation promettait le plus couramment de faire obtenir aux personnes ou aux familles qui apporteraient le plus de voix à l'appui de son élection.

Et, après la bataille électorale gagnée, comme les débits vacants étaient loin de suffire à combler tant de promesses données, on en créait de nouveaux, bien plus pour satisfaire les convoitises des postulants et pour récompenser leur zèle officiel, que pour la commodité des consommateurs. De là sortit cette avalanche de bureaux de tabac qui inonde la France, dont on pourrait fort bien supprimer une grande partie, sans que le public en éprouvât le plus petit des inconvénients.

Messieurs les députés devaient aussi, en ce temps-là, user des privilèges pour des intérêts qui les touchaient de près. C'est du moins ce qui résulterait d'une exclamation un peu vive, échappée au dernier Ministre des finances de l'Empire.

Le journal l'*Histoire*, du 28 juin 1870, dit que M. Segris, en voyant les nombreuses demandes de bureaux de tabac patronnées par les députés, s'est écrié un jour : « Ces messieurs prennent-ils l'administration de la Régie pour une écurie, que tous veulent y placer leurs *juments* ? »

Que de révélations, dans ce seul mot, sur les destinations des faveurs de la Régie ! La *Presse* du même jour affirme l'authenticité de cette parole du Ministre.

Nous aimons à croire que cette réflexion était plus malicieuse que fondée. Et, s'il est vrai qu'une grande quantité de concessions de bureaux de tabac ont un caractère si secret qu'il est impossible au public d'en connaître les titulaires, on doit expliquer, sans doute, toutes ces obscurités, toutes ces discrétions par le soin que met l'administration à ne pas blesser les susceptibilités d'amour-propre *d'indigents de distinction*, ayant bien mérité de l'État ou de la société, et auxquels ses libéralités viennent en aide, comme l'on fait pour des pauvres honteux.

Le public serait donc indiscret en cherchant à connaître en quelles mains arrivent régulièrement, par trimestre, les produits d'une grande quantité de ces bureaux de tabac, dont beaucoup apportent à leurs heureux titulaires des revenus bien nets de dix à vingt-cinq mille francs et plus par an.

Et ceux qui supposeraient qu'il pût exister des abus dans la répartition de ces belles fortunes, si faciles à réaliser, n'auraient qu'un moyen tout simple d'aider à les prévenir: s'abstenir de consommer la plante inutile et dangereuse dont l'immense débit produit de si gros encaissements, qui vont on ne sait où, et qui profitent on ne sait à qui, indépendamment, bien entendu, de ce qui va directement à l'État.

Les débitants de tabac ne sont pas les seuls appelés à jouir des privilèges de la Régie. Elle a encore une autre catégorie de protégés, ayant le droit de cultiver le tabac sur leur propre terre, aux conditions que leur dicte l'administration, qui prend, de son côté, l'engagement d'acheter leurs produits à des prix très rémunérateurs.

La culture du tabac absorbe, en France, plus de trente mille hectares de nos meilleures terres, appartenant à des propriétaires ou des cultivateurs aisés, dont les gouvernements passés cherchaient à s'assurer le suffrage, à l'aide de ce privilège. La France est presque la seule, en Europe, qui sacrifie son territoire, pourtant si restreint, à la production d'une plante exotique et délétère, au détriment de ses riches cultures naturelles et presque nationales.

Quand, dans une belle soirée d'été, on quitte le département de la Gironde, tout embaumé des parfums de la vigne en fleur, pour traverser les départements du Lot, du Lot-et-Garonne, envahis en grande partie par le tabac, à l'aspect sombre, on est pris d'un sentiment de tristesse qu'on ne peut définir. Ce sont les vapeurs narcotiques de la nicotiane en sève qui vous montent au cerveau comme un miasme. Et, sous l'impression de ce contraste entre les deux cultures, on se demande si ce n'est pas profaner de riches contrées que de les priver de produire ces vins généreux, qui ont un rang si important dans l'alimentation de la France, qui donnent à sa population une vigueur nerveuse, d'où naissent l'activité, le génie et les qualités du cœur, pour les contraindre à nous donner une plante dont tous les pores distillent le poison, et dont l'usage est si énervant, si démoralisateur, si funeste, en un mot, à la nature des hommes !

Ces réflexions nous portent à revenir sur la pellagre, maladie d'un caractère tout nouveau, dont nous avons attribué la cause à une cachexie nicotineuse. Et, à l'occasion des effets qu'on éprouve au milieu des cultures de tabac, où l'on se sent la tête pleine de vertiges, et comme pressée dans un étau, nous ferons remarquer que la pellagre règne surtout dans les contrées où l'on récolte le tabac, et qu'elle pourrait bien naître des émanations de la plante sur pied ou en dessiccation, autant que de tout autre moyen de pénétration de ses principes dans l'économie.

Cette causalité de la maladie, que nous ne donnons ici que comme un simple aperçu, et qui se produit invariablement pendant plusieurs mois de chaque année, serait plus rationnelle que celle que l'on cherche à trouver dans le verdet du maïs, qui n'est jamais qu'un accident aussi irrégulier qu'exceptionnel.

La Régie verse annuellement, en France, plus de 36 millions de kilogrammes de tabac de toutes les qualités, de toutes les provenances, qu'elle manipule et qu'elle mélange pour flatter, du mieux qu'il est possible, l'œil, le goût et l'odorat de ses nombreux clients.

Nous empruntons à l'*Encyclopédie moderne*, tome XXVI, article *Tabac*, les détails suivants, sur tous les procédés par lesquels passe la plante avant d'arriver à la consommation :

Cette fabrication a pour but de transformer les feuilles sèches du tabac en *scaferlati*, ou tabac à fumer, en cigares, en rôles, ou tabac à mâcher ; en carottes et en poudre, ou tabac à priser.

Les carottes sont destinées à tenir lieu de poudre et tout à la fois de tabac à fumer.

On fait subir au tabac en feuilles plusieurs opérations qu'on appelle : époulardage, mouillage, écôtage. La fabrication se fait avec les feuilles qui proviennent des vingt départements où la culture du tabac est autorisée, et d'un très grand nombre

de crus étrangers : la Hongrie, la Hollande, Tombaky, la Ma-
cédoine, la Syrie, l'Argolide, l'Algérie, Cuba, la Virginie, le
Maryland, la Colombie, la Chine, Java, Porto-Rico, le Bré-
sil, la Nouvelle-Grenade, etc., etc. Les feuilles arrivent dans
les manufactures en paquets assez volumineux, enveloppés
de toiles ou de nattes, renfermés dans des tonneaux ou
boucauts.

On en fait alors deux choix : le plus beau est affecté au tabac à fumer, et l'inférieur est destiné pour priser.

On époularde le tabac, c'est-à-dire qu'un ouvrier le délie, le
secoue pour en faire tomber les impuretés, le trie dans des
mannes placées autour de lui, et dispose les qualités pour répondre aux différents usages : robes ou enveloppes de cigares, etc., etc.

Cette opération est une des plus pénibles pour les ouvriers,
à cause de l'épaisse poussière qu'elle soulève.

La mouillure rend aux feuilles sèches leur souplesse nécessaire pour se prêter à la fabrication. On la fait à l'eau salée ;
10 kilogrammes de sel pour 100 litres d'eau. Ce sel empêche la
fermentation de devenir putride, et détruit les insectes qu'elle
pourrait engendrer. C'est le sel qui le rend très hygrométrique.
La Régie emploie annuellement 6 à 700.000 kilogrammes de
sel (qu'elle vend, par conséquent, au prix du tabac), et dans les
proportions d'un dixième pour le poids.

L'écôtage consiste à arracher la côte de la feuille dans toute
sa longueur. Il est fait par des femmes divisées en deux groupes. Celles du premier sont assises sur des bancs, et assez
écartées les unes des autres pour pouvoir prendre des feuilles
déposées dans des mannes placées à leur gauche, et jeter les
feuilles écôtées dans des mannes à leur droite. Elles jettent les
côtes derrière le banc sur lequel elles sont assises. Celles du
second groupe repassent les feuilles qui sortent des mains des
précédentes, en les arrangeant sur des claies ou sur des tables,
afin d'ôter les nervures qui auraient pu leur échapper, et pour
faire tomber toute matière étrangère. Après l'écôtage, les

feuilles passent dans les divers ateliers ou s'exécutent les différentes branches de la fabrication que nous avons indiquées précédemment.

La fabrication du scaferlati, ou tabac à fumer, se compose de quatre opérations : le hachage, la torréfaction, le séchage et la mise en paquets. Elle produit, en France, trois espèces de scaferlati : 1° le tabac ordinaire, ou caporal, qui se compose d'un mélange de feuilles indigènes et de feuilles étrangères de Maryland, de Hongrie, etc. ; 2° le tabac de Caroline, pour lequel on n'emploie que les feuilles indigènes de qualité inférieure, qu'on mélange avec les déchets provenant de l'écôtage des tabacs étrangers ; 3° enfin, le tabac supérieur ou étranger, où il n'entre que des feuilles étrangères, sans mélange aucun ; tels sont le Maryland, le Porto-Rico, le Varinas, le tabac du Levant, etc.

Le hachage se fait par l'eau ou par la vapeur, ou avec des couteaux dans le genre de hache-paille.

Après le hachage, le tabac passe à la torréfaction, que l'on fait soit sur des plaques en fer fortement chauffées, soit sur des tables formées de tuyaux où circule de la vapeur très chaude. Cette opération a pour objet de rendre impossible la fermentation, qui nuit toujours beaucoup à la qualité du scaferlati, et qui ne peut plus se déclarer ensuite, à moins que le tabac ne séjourne longtemps en tas considérables ; ce qui d'ailleurs a lieu fort souvent dans les manufactures françaises, à cause de leur petit nombre et de l'énorme quantité de produits qu'elles doivent livrer à la consommation. C'est là une des causes principales de l'infériorité de nos tabacs sur ceux que la contrebande introduit chez nous tout fabriqués.

Lorsque la torréfaction est terminée, il reste encore beaucoup d'humidité dans le tabac. Le séchoir se fait dans des appartements à l'aide d'air chaud, à 16 ou 20 degrés. On le met sur des claies où on le retourne souvent, pour hâter sa dessiccation. On le met ensuite en paquets de même poids de 1.000 ou 500 grammes, pour le tabac ordinaire ; 500, 200, 125 grammes, pour le tabac étranger, avec une tolérance de 5 grammes, en plus ou en moins, pour chaque paquet.

Les cigares se font par des femmes, qui roulent entre les doigts les feuilles petites, en volume voulu pour chaque espèce de cigares ; elles revêtent le tout d'une robe, c'est-à-dire d'une feuille prise parmi les plus grandes, convenablement taillées, et ne présentant aucune déchirure. Elles la fixent avec un peu de colle de pâte ; et le cigare est terminé. On le met ensuite au séchoir, à une température de 30 degrés au plus.

On ne fabrique en France que des cigares des deux dernières qualités; et seulement dans les manufactures de Marseille, Toulouse, Bordeaux, Strasbourg, Paris ; mais particulièrement dans celle de Marseille, qui ne fabrique que des cigares et du tabac en poudre.

Ceux à cinq centimes sont faits entièrement avec du tabac de France. Ceux de la qualité immédiatement supérieure sont composés de feuilles de Maryland et de la Havane. Ceux dits étrangers, c'est-à-dire les anciens cigares à quinze centimes, et tous les autres, arrivent tout faits de la Havane, de Manille, de la Colombie, de la Nouvelle-Grenade, de Bahia.

La fabrication des rôles a beaucoup d'analogie avec celles des cigares. Elle donne deux sortes de produits : les rôles à l'usage des fumeurs, dont l'emploi devient de plus en plus rare, et les rôles de tabac à mâcher. Ces derniers se partagent eux-mêmes en deux espèces : les rôles menus, filés, de première qualité, où il n'entre que des feuilles de Virginie pures ; et les gros rôles qui sont faits avec des tabacs communs. La fabrication des rôles pour fumer est de peu d'intérêt. Celle des rôles pour tabac à chiquer se compose de cinq opérations: le filage, la mise en rôle, le passage à la presse, le ficelage, et la mise à l'étuve.

La fabrication du tabac en poudre présente plus de complication. Elle diffère des autres tabacs par la fermentation, qui y est indispensable. C'est à cette particularité que le tabac en poudre français doit sa supériorité sur ceux qui nous viennent tout préparés de l'étranger. Effectivement, comme il n y a en France que dix manufactures pour fabriquer l'énorme quantité de tabac de toutes sortes qui s'y consomment annuellement, la manutention porte sur de grandes quantités; en sorte qu'on s'y trouve dans les meilleures conditions pour obtenir une pleine fermentation. Il est vrai que cet avantage se change en désavantage, relativement au tabac à fumer, à qui la fabrication en petit, par les particuliers, comme elle se fait dans les pays où elle est libre, est plus avantageuse.

On fabrique dans nos manufactures une assez grande quantité de tabac à priser. Cependant, il n'y en a guère qu'une dont la fabrication soit très importante; c'est celle de la poudre ordinaire. Ce tabac se compose essentiellement d'environ 65 p. 100 de tabac indigène, et de 25 p. 100 de tabacs étrangers. On y mêle de plus toutes les feuilles qui, ayant déjà subi un commencement de fermentation, ont été rebutées de la fabrication du scaferlati, des cigares et des rôles ; et de plus, tous les tabacs qui proviennent des saisies faites sur la contrebande.

Les feuilles, après la mouillade, sont soumises aux opérations successives désignées par les noms de hachage, fermentation en masse, moulinade, tamisage, fermentation en cases, mise en tonneaux ou en paquets.

Le tabac haché, comme le tabac à fumer, passe à la fermentation en masse. Cette opération commence par le mélange des diverses qualités de tabac dont la poudre doit se composer. Et toute la masse est exposée pendant un temps assez long, en tas de vingt à quarante mille kilos, dans de grandes salles construites à cet usage. Là se produit une fermentation, qu'on accélère en plaçant au milieu une certaine quantité de feuilles déjà fermentées. On abrège ainsi un peu le temps de la fabrication de la poudre, qui demande de quinze à seize mois.

Au centre de chaque tas, on place un tube en bois qui permet d'en vérifier la température, par l'introduction d'un thermomètre.

Au bout de six à quinze semaines, la température atteint 70 à 80 degrés ; et elle pourrait devenir assez forte pour carboniser le tabac et l'amener à l'état d'humus ; ce que l'on empêche en pratiquant des tranchées dans les tas, pour les refroidir. Les salles sont presque entièrement pleines et constamment fermées.

Les phénomènes qui se produisent pendant cette première fermentation sont la disparition de tout l'acide du tabac, et le dégagement du carbonate d'ammoniaque, qui en constitue le montant.

On empêche l'arrivée de l'air sur les masses, parce qu'il pourrait contrarier ces phénomènes, et même donner lieu à une fermentation acide.

Le tabac est ensuite porté dans des moulins, où il est réduit en poudre. Ces moulins se composent de deux cônes emboîtés l'un dans l'autre. Le tabac, devenu plus friable par la fermentation, se réduit en poudre, et sort du cône fixe percé d'une ouverture convenable.

A sa sortie du moulin, la poudre passe au tamisage, qui se fait au moyen de tamis, d'où sortent trois numéros : le fin, le demi-gros et le gros. Ce qui ne passe pas au tamis est repassé au moulinage.

Le tabac ainsi tamisé est livré à la fermentation en case, qui sert à développer l'arome. C'est l'opération la plus longue, puisqu'elle demande sept à huit mois pour être complète.

Les cases sont des cellules de vingt à trente mètres cubes, fermées de tous côtés, où on case la poudre qui s'y entasse, en masses de vingt à trente-cinq mille kilos. La température s'y élève, comme pendant la première fermentation, successivement, mais avec lenteur, jusqu'à la limite de 40 degrés, où le but de l'opération est obtenu. On défait la case, on met le tabac en tonneaux ou en paquets, suivant qu'il doit être gardé en magasin ou livré aux entrepositaires, qui fixent toujours eux-mêmes le poids des paquets qu'ils demandent. Là se font des mélanges pour satisfaire le goût de certains consommateurs.

Le tabac tout fabriqué n'est pas prohibé à nos frontières; seulement il y est frappé de droits tellement élevés qu'ils équivalent à une prohibition entière. Aussi n'entre-t-il en France qu'en contrebande. L'exportation est aussi pour ainsi dire nulle, à cause du prix exorbitant du tabac de la Régie, relativement au prix des tabacs fabriqués chez tous nos voisins.

Les bénéfices de la Régie sont énormes, comme on peut le voir par le tableau suivant :

Désignation des Tabacs.	Revient par kilogr.	Prix de débit.	Prix de consomm.	Bénéf.
Carottes gros rôles et tabac haché...............	1 92	5 55	6 50	3 63
	1 69	3 40	4 »	1 71
	1 45	2 55	3 »	1 10
	» 95	2 15	2 50	1 20
	» 90	1 70	2 »	» 80
Supérieur à priser..........	2 09	11 10	12 »	9 01
— à fumer..........	2 47	11 10	12 »	8 65
— à chiquer.........	2 63	9 80	11 »	7 17
— carottes à râper...	2 03	9 50	10 »	7 45
— cigares à 10 cent...	7 42	22 »	25 »	14 58
— cigares à 5 cent...	3 45	11 »	12 50	7 55
Ordinaire à priser..........	1 41	7 25	8 »	5 81
— à fumer..........	1 98	7 25	8 »	5 27
— à chiquer........	» 92	7 25	8 »	6 33
— carottes à râper...	1 95	7 25	8 »	5 30
Cantine à fumer............	1 36	5 55	6 50	4 19
— à priser............	1 06	3 40	4 »	2 34
	» 95	2 55	3 »	1 60
	» 70	2 15	2 50	1 25
Cigares de la Havane à 20 c.	32 47	41 »	Vente	11 53
— — à 10 c.	20 21	22 »	facultative	1 79

L'extension immense que prend, chaque année, la manie du tabac grossit, dans des proportions incroyables, les revenus qui en découlent. Depuis la création du monopole, en 1811, jusqu'en 1844, la recette de la Régie s'éleva de 25 à 80 millions. Entre ces deux dates, elle a réalisé, en bénéfices nets, 1.626.414.983 francs.

Depuis lors, la consommation a toujours suivi, à peu près, la même marche progressive, et elle produisait, en 1873, le chiffre fabuleux de 300 millions de revenu.

On n'use pas uniformément du tabac dans toutes les parties de la France. Les départements où on en consomme le plus sont ceux qui contiennent les villes les plus populeuses et les plus grands centres d'agglomération d'ouvriers manufacturiers ou de militaires.

Les départements où la consommation individuelle est la plus grande sont les suivants :

	TABAC		
Départements.	à priser.	à fumer.	Totaux.
Pas-de-Calais.........	169^{gr}	1^{k}436^{gr}	1^{k}605^{gr}
Nord...............	134	1 430	1 564
Seine...............	539	724	1 263
Haut-Rhin..........	272	878	1 150
Bouches-du-Rhône....	320	826	1 146
Bas-Rhin...........	262	638	900

Les départements où la consommation est la plus faible sont :

	TABAC		
Départements.	à priser.	à fumer.	Totaux.
Aveyron.............	108^{gr}	40^{gr}	148^{gr}
Lozère.....	130	45	175
Charente............	130	45	175
Tarn...............	126	49	175
Haute-Loire..........	85	90	175
Ariège.............	127	53	180
Gers...............	123	61	184
Lot...............	152	39	191
Deux-Sèvres.........	138	60	198

La consommation moyenne, par individu et par an, est de

511 grammes, sur lesquels il y a 198 grammes de tabac à priser, et 313 grammes de tabac à fumer (1).

En 1851, l'habitude de fumer était à celle de priser comme 158 est à 100. Avant la première Révolution, en 1783, elle était comme 107 est à 125. L'usage de la pipe gagne donc sur la tabatière et, ce qu'il y a de curieux, comme on peut le vérifier par le tableau précédent, c'est que dans ceux de nos départements où la consommation est la plus considérable, le tabac à fumer l'emporte beaucoup sur le tabac à priser, tandis qu'au contraire, dans les départements où la consommation est la plus faible, celle du tabac à priser l'emporte sur celle du tabac à fumer.

C'est que l'usage du tabac à priser est celui que l'on prend le plus facilement, et doit, par conséquent, dominer dans les contrées où la passion du tabac a le moins pénétré. Lorsqu'au contraire on a vaincu le premier effort que demande l'usage de la pipe ou du cigare, le goût du tabac à fumer ne tarde pas à devenir dominant.

Il y a peu de nations où l'État se soit, comme en France, emparé du monopole de la fabrication du tabac. Tels sont cependant Parme, les États sardes, les États romains et l'Autriche. A Parme et dans les États sardes, la culture est tout à fait interdite, la Régie faisant ses achats à l'étranger. Dans les États romains et l'Autriche, elle n'est que réduite, comme chez nous.

Il y a d'autres États où la culture, la fabrication, la vente sont entièrement libres et même encouragés, de manière à leur faire prendre le plus d'extension possible ; tels sont les divers États d'Amérique, où l'on cultive en grand le tabac, non seulement pour la consommation intérieure, mais principalement pour l'exporter dans le monde entier. On ne

---

(1) C'est en 1851 qu'ont été prises toutes ces notes statistiques. En 1895, la consommation moyenne par habitant était de 946 grammes, dont 136 grammes de tabac à priser.

cherche donc pas à grever d'un impôt une plante qui est un des plus beaux produits du pays et une des principales branches de son commerce.

Il y a un assez grand nombre des États de l'Europe où la culture, la fabrication, la vente du tabac ordinaire et l'introduction des tabacs étrangers sont abandonnés à l'industrie particulière, qui paye seulement un impôt plus ou moins élevé, comme pour les autres industries et les autres commerces ; tels sont le Danemark, la Suède, la Russie, la Belgique, la Hollande et le Zollverein, qui réunit, comme on sait, tous les États germaniques.

En Angleterre, la fabrication et la vente sont abandonnées à l'industrie particulière, seulement la culture y est absolument interdite, et les tabacs étrangers payent, à l'entrée, des droits très élevés. De plus, il y a des droits de licence, de fabrication et de vente. C'est le pays qui prélève sur les tabacs l'impôt le plus considérable, relativement à sa population. Enfin, il y a quelques États où l'industrie est affermée, comme elle l'était autrefois en France ; tels sont le Portugal, la Toscane, Naples, la Pologne, le Valais et l'Espagne. Dans ces divers États, c'est le prix du bail payé par la Ferme à l'État qui constitue la totalité de l'impôt.

On voit que tous les gouvernements semblent être d'accord pour imposer, on peut dire rigoureusement, le tabac. Qui sait si leur unité d'action découle d'une égale conformité dans les vues ? Par cet impôt, qui fait payer au public cinq francs ce que le commerce lui donnerait pour cinq sous, car une livre de tabac coûte bien moins à produire qu'une livre de farine, par exemple, veut-on mettre une entrave à la consommation d'une drogue que l'on reconnaît dangereuse, sans que l'on se sente assez autorisé pour en interdire absolument l'usage, comme on le fit au XVIᵉ et au XVIIᵉ siècle ? Ou bien, laissant aux philanthropes, aux moralistes, ou mieux encore à l'expérience et au temps, le soin d'éclairer les hommes sur les mille brèches que fait à leur organisme leur passion futile, les gouvernements des peuples ne voient-ils qu'un prétexte à impôt dans ces engoûments pour le tabac, qui ne peuvent être qu'une aberration passagère de l'humanité, et dont ils s'empressent de profiter, tant qu'elle dure?

Cette dernière supposition est la plus probable, pour la France surtout, où la Régie fait tous ses efforts pour pousser à la consommation de ses produits, par le luxe de leur apprêt, par la coquetterie des séductions dont elle les entoure.

Ce qu'elle ne dédaigne pas surtout, derrière ses comptoirs, ce sont de jeunes et gracieuses débitantes, dont l'amabilité tout affable invite bien des timides jeunes gens à faire leur premier pas dans les sensations narcotiques, où l'on débute toujours par la nausée et le dégoût, et où l'on finit, le plus souvent, dans la mollesse de l'habitude, ou dans les ravages de la passion.

Les prix si élevés que le monopole et l'impôt font atteindre au tabac ont nécessairement donné l'idée, à une foule de spéculateurs, de réaliser par lui des bénéfices plus ou moins illicites. De là, la contrebande et la fraude, par la sophistication de la denrée.

Il y a peu d'articles de commerce qui donnent lieu à une contrebande aussi étendue et aussi active que le tabac, par les grandes facilités qu'ont les contrebandiers d'en réaliser promptement la vente, vu l'immensité de sa consommation.

Avec le système de la Régie, la sophistication du tabac, en France, a peu de chances de succès. Elle ne saurait se faire que dans les entrepôts, ou mieux chez les débitants. L'administration, qui n'a personnellement aucun intérêt à la fraude, a besoin, pour arriver au maximum des bénéfices de sa vente, de ne donner à ses clients que des articles dont les qualités et la pureté ne saurait être suspectées. Aussi exerce-t-elle une surveillance rigoureuse sur ses entrepositaires et ses débitants.

C'est par cette garantie que les tabacs en poudre français

sont surtout recherchés des priseurs de tous les pays. Les poudres sont, du reste, les seules qui paraissent susceptibles d'altérations profitables aux fraudeurs, par la facilité d'y mêler des substances hétérogènes que le sens de l'odorat, toujours perverti ou émoussé chez le priseur, ne saurait y découvrir.

On fraude de mille manières le tabac à priser ; les substances les plus ordinaires sont : le terreau des jardins, le marc de café épuisé, les croûtes de pain ou les fécules torréfiées, la sciure de bois colorée dans une forte décoction d'écorce de chêne, de feuilles de noyer ou autres teintures.

Si l'on en croit des révélations plus ou moins indiscrètes, certains tabacs n'auraient dû la célébrité dont ils jouissaient dans le monde des priseurs, qu'à des mélanges beaucoup moins innocents. Le tan ayant servi à la macération des cuirs, dans les fosses des corroyeurs, donne à la poudre ce montant de pierre à fusil que nous aimons à savourer dans nos vins de Sauterne. Les excréments de ruminants, vaches, brebis, chèvres, donnent au mélange un bouquet de benjoin qui rappelle le macouba ; on va même jusqu'à nommer la poudrette, dont l'odeur ammoniacale et urineuse impressionne les consommateurs raffinés comme par un arome de civette. Le guano, excrément et débris des oiseaux de mer du Pérou, joue dans le mélange le même rôle que la poudrette.

D'autres disent que ces qualités s'acquièrent en exposant la poudre aux émanations des fosses d'aisance, dont les vapeurs humides lui donnent en même temps du piquant et du poids, à la satisfaction du client et surtout du vendeur.

A côté de ces mélanges que l'on ne peut qualifier autrement que de fraude, car ils donnent pour du tabac ce qui n'en est pas tout à fait, il est un autre moyen moins illégal de multiplier la marchandise sans l'altérer. Il consiste tout simplement à la faire servir plusieurs fois au même usage. C'est ce que les spéculateurs en cette industrie appellent la renaissance du tabac.

Aux beaux jours de la tabatière, avant qu'elle eût cédé le pas à la pipe, au cigare et à la chique, les ménagères, les garçons de café, les clercs de notaires, de procureurs et d'huissiers, les gardiens de bibliothèques, de tribunaux, les bedeaux d'églises, etc., ramassaient soigneusement sur les parquets tout ce que ne pouvaient retenir les narines des priseurs, et qu'elles laissaient tomber en pluie noire et épaisse autour de leurs sièges. Il n'est pas jusqu'aux mouchoirs de poche de couleurs à qui l'on faisait restituer la poudre humide dont ils se chargeaient chaque jour. Et toutes ces poudres, après de simples procédés d'épuration et de dessiccation, revenaient à la tabatière et repassaient par le nez.

La renaissance, ainsi pratiquée, n'était qu'un gagne-petit. Elle prit les proportions d'une industrie lucrative quand elle s'étendit aux bouts de cigarettes, de cigares et aux chiques.

Je me trouvais un jour aux abords de la Bourse, à Paris, quand je vis un monsieur bien mis enlever lestement de terre, à l'aide d'une canne qu'il tenait à la main, un cigare à moitié brûlé, qu'il logea dans sa poche.

« Voilà, pensai-je en moi-même, un fumeur partageux, un réfractaire à l'impôt du tabac, un économe » ; et je le suivais en l'observant. En un instant, il ramassa ainsi les bouts de cigares par douzaine. Je dis des bouts, il y avait des cigares tout entiers, que les amateurs venaient à peine d'allumer en échangeant des politesses, et qu'ils jetaient aussitôt.

Mon homme avait une de ces bonnes figures qui semblent inviter à la conversation. Comme le tabac ne lui coûtait pas cher, par son procédé, il devait en consommer joliment, car il était, on peut dire, desséché ; c'était un vrai type de nicotiné, sans autre dévastation apparente que la maigreur.

« Monsieur, lui dis-je en l'approchant, j'admire votre adresse, vous n'en manquez pas un.

— Si monsieur veut faire comme moi, me répondit-il jovialement, je lui indiquerai le procédé. Il y a, dans la partie, du travail pour tout le monde. Avec mon trident (montrant trois pointes de fer au bout de sa canne), je le pique et l'enlève; ce n'est pas plus difficile que ça.

« Il n'y a pas trop de gens rangés pour sauver ce que les prodigues gaspillent et laissent perdre sur la rue. Si monsieur veut bien me le permettre, je vais lui en offrir un excellent, qui à peine a été défleuré. »

Et cherchant dans sa poche, il sortit du milieu de ses bouts de cigares un magnifique havane blond doré.

« Je vous le recommande, il n'y a rien de meilleur; il vaut au moins dix sous; n'en soyez pas délicat; il doit venir de la bouche d'un agent de change; il n'y a que les matadors qui fument si bon que ça. »

J'acceptai le cigare pour ne pas paraître dédaigner une offre qui m'était faite avec une simplicité toute cordiale, et aussi pour rendre mon interlocuteur plus expansif dans sa conversation. J'y réussis.

« Ne vous étonnez pas, reprit-il alors, si j'enlève lestement un bout de cigare, c'est un exercice que je fais depuis dix ans; et à part la distinction dans la profession, ce métier-là en vaut bien d'autres. Il me fait vivre, au moins! Avant d'être piqueur de bouts de cigares, j'avais une profession libérale qui était loin de me donner, tous les jours, de quoi dîner. J'étais écrivain public. Et, dans notre siècle de lumières, où tout le monde devient instruit, on trouve peu à faire la correspondance ou la comptabilité des autres; la profession se perd. Je ne gagnais pas à ce métier-là l'argent du tabac que je dépensais pour me distraire de l'absence des clients qui ne m'arrivaient pas.

« Un jour, j'avais un besoin de fumer diabolique et pas d'argent pour acheter du tabac. J'allais vers la Bourse pour voir si je ne trouverais pas une connaissance qui m'offrirait un cigare ou une pipe. Personne!... Tantale, qui voyait l'eau couler à ses pieds, sans pouvoir y boire, ne devait pas être plus malheureux que moi. Tout le monde fumait autour de moi; les cigares que l'on jetait par satiété, tout allumés, sur les dalles, me bondissaient sur les jambes, et moi, j'étais trop pauvre pour me payer aussi le mien.

« Pas de respect humain, pas de fausse honte devant le besoin! pensais-je en moi-même. Et je ramassai par terre un beau cigare encore allumé; j'en essuyai le bout humide à ma culotte et le fumai tout d'un trait, en me pavanant sous la colonnade, comme le plus heureux des boursiers.

« Cette première hardiesse me révéla toute une nouvelle existence. Tandis que j'animais le feu de mon londrès de rebut, je calculai le nombre de bouts de cigares qui se jetaient ainsi tous les jours aux abords de la Bourse, le poids qu'ils feraient s'ils étaient ramassés, ce que valait une livre de tabac neuf au bureau, ce que pourrait bien se vendre une livre de tabac *de seconde main*. Et, dans tous ces calculs, dont les résultats me semblaient aussi merveilleux qu'infaillibles, je sentis que j'étais plus né pour la spéculation que pour les lettres, et je me fis marchand de tabac d'occasion. Les petites industries de la rue comptaient un travailleur de plus.

« Nous sommes, à Paris, plus de deux cents spéculateurs du même genre, vivant largement de notre spécialité; sans compter les chiffonniers, les balayeurs, les garçons de café, ramassant le tabac, chiques, culots de pipes et cigares, à mesure qu'on les jette sur la voie publique.

« Chacun tire, le mieux qu'il peut, parti de sa marchandise. Les balayeurs et les chiffonniers ne la travaillent pas; ils la vendent brute aux apprêteurs et aux placeurs. Les apprêteurs la lavent, car elle n'est pas toujours propre, surtout quand on la ramasse aux petits monuments des boulevards, ou dans les égouts. Puis, on la sèche, et, suivant les qualités, on en fait du tabac à fumer ou à priser. Quand la marchandise est belle, bien parée, elle trouve toujours son placement dans les débits, qui la mélangent avec du neuf et la font passer.

« Moi, je ne fais que ces affaires-là. Dans ce quartier, le seul où je travaille, je ne pique que du beau et du propre, qui me servent pour le dédoublement.

« Tous les fumeurs vous diront qu'une fin de cigare et de pipe ne sont pas si agréables à fumer que leur commencement. Cela s'explique. L'empyreume du tabac se distille à la chaleur : il est attiré par l'aspiration de la bouche, et se condense de plus en plus dans les couches qui sont les dernières à brûler, et qui en sont ainsi saturées. Vous voyez le phénomène tous les jours, quand vous regardez brûler un morceau de bois dans votre foyer. Le bout qui est hors du feu sue l'essence, ou l'empyreume du bois. Dans un cigare, c'est la même chose. Alors, ce qui arrive à la bouche a un montant si fort que les petits estomacs s'en soulèvent, et on jette le cigare.

« Ce bout de cigare, que l'on dédaigne, contient assez de montant pour reproduire plus d'un cigare entier. On le fait macérer dans très peu d'eau salée, avec deux ou trois fois son poids de feuilles sèches quelconques : des épinards, de la betterave ou de la laitue romaine. Ces feuilles absorbent le montant ou la nicotine, qui est en excès dans les bouts de cigares, et sont ainsi changées artificiellement en feuilles de tabac, dont elles ont toutes les qualités.

« C'est ce qui constitue le dédoublement. On verse sur le mélange, à mesure qu'il sèche, le reste de l'eau qui a servi à la macération, et rien de la force du tabac n'est perdu.

« Ce mélange, haché fin, fait les excellentes cigarettes que fument les petits gommeux et les cocottes. C'est juste assez fort pour les griser, sans les rendre par trop malades. La cigarette devient tant à la mode que nous n'avons jamais assez de cet article pour satisfaire les clients. Ça vaut mieux que tous les tabacs de la Régie, c'est plus moelleux à la bouche. C'est du miel.

« Si vous allez à la descente des chiffonniers, au Temple, sur les berges de la Seine, devant le parvis Saint-Gervais, derrière l'hôtel de ville, et surtout sous le pont de la Concorde, vous verrez les débitants de tabac en plein vent. Ils ont pour bureau une planchette, et pour matériel un couteau à lame fine et une pierre à aiguiser. Ils coupent les bouts de cigares sur commande, pour ne pas paraître des contrebandiers. Ils les débitent à 2 ou 3 francs la livre. Ils donnent, pour un sou, ce que l'on payerait trois à la Régie, et pas aussi goûté. Ils ont pour clients ordinaires les lanciers de M. le préfet (les balayeurs municipaux), les petits bimbelotiers des rues, les camelots, les ouvriers des berges, les débardeurs, les tireurs de sable, les mariniers, les pêcheurs à la ligne ; et tout ce petit monde, sans que ça paraisse, alimente un commerce qui se chiffre, pour Paris, par plus de 300.000 francs par an. »

Si l'on résumait le nombre des individus trafiquant et vivant de l'industrie des tabacs, on arriverait à les compter par centaines de mille pour la France seulement. Et ce nombre de travailleurs à l'empoisonnement chronique de la nation sera bien plus grand encore, si l'on va rechercher tous les ouvriers qu'emploient les industries accessoires et nécessaires pour la consommation de l'herbe à Nicot, de la panacée de la Reine.

Dans ces industries figurent, comme produits importants, la tabatière, la pipe, le porte-cigare, la blague à tabac et l'allumette.

Nous ne dirons rien ici de la tabatière, dont nous avons déjà parlé page 59. Elle a eu ses beaux jours aux premiers âges du tabac. Elle est aujourd'hui délaissée; la pipe l'a détrônée, et on ne la rencontre plus guère qu'entre les mains de quelques vieux docteurs ou de graves doyens de la magistrature ou du clergé, que scandalisent encore le cigare et la pipe. On les voit échanger galamment une prise avec cette respectable partie du beau sexe que le temps rend de plus en plus rare ; car ces dames ont dû contracter l'usage du tabac il y a une soixantaine d'années, lorsque la boîte à priser était à l'apogée du bon goût et du bon ton, au temps de Louis-Philippe, qui la vulgarisa par ses faveurs royales. La tabatière était, pour le roi-citoyen, le souvenir qu'il aimait le plus à donner à ceux à qui il devait un dévouement ou un service.

La pipe est le petit appareil dans lequel on brûle le tabac. Elle se compose, dans sa plus grande simplicité, de deux éléments : le foyer et le tuyau, ne faisant qu'une seule pièce.

La pipe est généralement en terre cuite, blanche et poreuse, tenant le milieu entre la terre à poterie ordinaire et la porcelaine. On l'appelle, dans la céramique, terre de pipe, vu le grand usage que l'on en fait pour l'ustensile à fumer.

Saint-Omer, Gives, Forges, Cologne, sont les villes qui se livrent spécialement à la fabrication des pipes communes, dont la consommation est incalculable.

Il n'est pas d'article, d'un usage général dans le commerce, à qui la fantaisie et la mode aient apporté plus de variétés que dans les pipes, tant pour la matière qui les compose que dans les formes qu'elles affectent. On en fait en or, en argent, en ambre, en écume de mer, en ivoire, en os, en bois, en toute sorte de terre.

Les pipes les plus recherchées des amateurs sont celles qui, par la substance dont elles sont faites, sont le plus susceptibles d'être *culottées*. Il faut, pour la culotte de la pipe, deux conditions: 1° la porosité ; 2° la résistance à l'action du feu dans la combustion du tabac.

La petite pipe blanche de Saint-Omer, simple et coquette dans sa forme, est celle qui répond le mieux à ces deux conditions. Mais elle est trop prolétaire, et prend trop facilement les allures du *brûle-gueule* pour être adoptée dans l'aristocratie des fumeurs. Ces messieurs dédaignent par trop aussi de mettre à leur bouche une pipe d'un sou.

Le brûle-gueule est pour le vrai fumeur, pour l'artiste et l'appréciateur dans le genre, le *nec plus ultra* des générateurs des voluptés tabagiques. Son nom, peu académique, lui vient de ce que son tuyau a juste assez de longueur pour être pincé par les dents, le foyer effleurant la lèvre ou la moustache.

Le tabac est comme le café : pour être bon, il faut qu'il brûle la bouche. Le grand art d'en user est de ne rien perdre de sa fumée et de ses parfums. Et, pour cela, il faut que le nez soit aussi près que possible du fourneau, pour humer l'arome qui s'exhale du foyer, et que le tuyau, que tettent les lèvres, ne peut pas apporter en entier à la bouche. Le brûle-gueule ne laisse rien perdre ; il est économique, et c'est ce qui fait son succès chez les clients peu dorés de la Régie.

Dans une autre catégorie un peu moins plébéienne d'amateurs, on use largement de la pipe dite *écume de mer* ; grand mot qui produit assez d'effet sur l'esprit de l'acheteur pour lui faire croire qu'il va mettre à sa bouche un produit surnaturel et précieux, digne de l'herbe merveilleuse qu'il est destiné à brûler.

De l'écume de mer ! Ça doit être au moins la mousse vaporeuse des vagues de l'Océan, surprise et engloutie dans les grands cataclysmes qui ont bouleversé la terre, puis devenue fossile dans les mystérieuses transformations du globe ? Et, dans cette douce croyance, on donne de grands prix pour un objet découpé dans un bloc de vile terre.

Ne semble-t-il pas vraiment que partout la mystification poursuive les faiblesses des crédules fumeurs ? Qui ne les a pas vus, dans les passages de Paris, s'arrêter par groupes devant les ateliers où l'on fabrique la pipe de fantaisie sur commande ? Ils cherchent à pénétrer, de la puissance de leur regard et de la profondeur de leur esprit, un morceau de terre blanche ébauché en forme de pipe, et portant cette inscription captieuse : *écume de mer*.

Ce qu'on appelle, en industrie pipière, écume de mer, n'est autre chose qu'une terre blanche, ayant nom géologique *talc*, ou craie de Briançon ; sorte de gangue molle que le temps n'a pas encore durcie. Elle est à grain fin, se taille avec la plus grande facilité, à la scie, au couteau, au tour, et est surtout très facile à polir. On la traite parfois à la manière des petites statuettes de plâtre que l'on passe dans un bain de cire fondue, puis au four, pour en faire des imitations de marbre.

On durcit l'écume de mer façonnée en pipes, et l'on fait disparaître une grande partie de sa porosité en l'imbibant d'huile de sésame, légèrement parfumée, et en la cuisant au four par une chaleur douce et prolongée. C'est alors qu'elle prend ces reflets jaune d'ambre, qui sont le commencement de la culotte qu'elle attend de l'art du fumeur, dont elle est appelée à faire le mérite et les délices.

Qui croirait que l'art puisse aller se nicher dans la culotte d'une pipe ? C'est pourtant ainsi. Et quand, entre amateurs, on se fait chez soi les honneurs du fumoir, le maître du logis est tout fier d'étaler à l'appréciation de ses hôtes les beautés et les mérites de sa collection de pipes, pendues à un râtelier ou dispersées sur les murs en forme de trophées. On montre ça avec la même satisfaction d'amour-propre que l'on ferait d'une galerie de tableaux des grands maîtres.

Le talent de bien culotter une pipe consiste à faire arriver graduellement, au travers de sa substance poreuse, l'empyreume du tabac que distille la combustion. C'est une huile essentielle, de couleur brune tirant sur le noir, fortement chargée de nicotine. La qualité du tabac joue un grand rôle dans la réussite de la culotte. Plus il est fort, mieux il vaut. Il faut que la pipe cuise à son propre feu et dans son jus, en variant les températures, pour marier les nuances, comme le ferait l'art et le goût de l'émailleur. C'est travail de temps et de patience. Une bouffée trop précipitamment tirée, chauffant trop brusquement la partie interne, la brûle, la durcit, et arrête la perméabilité des couches extérieures ; et l'opération est manquée, la pipe est perdue pour l'ornement de la culotte : elle ne fait pas honneur à son propriétaire.

Dans les grands centres de fumeurs, sur les vaisseaux, dans les casernes, dans les ateliers, on voit bon nombre d'amateurs faisant métier de culotter des pipes, qu'ils vendent à des prix qui répondent à la perfection des teintes et des nervures dont leur talent et leur goût décorent la petite pipe mince de terre cuite ou le lourd et épais brûloir d'écume de mer.

Si la culotte est le premier des ornements de la pipe, elle n'en exclut pas l'art qui la décore et l'enrichit. C'est l'ambre que l'on emploie surtout pour la pipe de luxe, simple ou ciselée par le burin.

L'ambre est une substance d'origine inconnue, relativement précieuse, par sa rareté. Comme le diamant, sa valeur augmente en proportion de la pureté de sa transparence et aussi de son volume.

La science ne saurait encore dire ce qu'est l'ambre, qu'on appelle également *succin*. C'est une matière qui, comme le soufre, l'asphalte, l'amiante, semble servir de transition entre les trois règnes minéral, végétal et animal. L'ambre existe un peu partout ; on le trouve par morceaux épars sur les bords de la mer, en Prusse, en Sicile, etc. ; ce qui a fait croire qu'il pourrait bien être une concrétion morbide, se formant dans les intestins des gros animaux marins : baleines, cachalots et autres cétacés, comme la perle se forme dans l'huître. On le rencontre aussi dans le lignite, dans le schiste argileux et le calcaire ; c'est ce qui a fait supposer qu'il était peut-être une sécrétion résineuse de quelque arbre antédiluvien, réduite par le temps à l'état fossile.

Autrefois, l'ambre ne trouvait d'emploi que dans la médecine, qui a touché à tout, et dans la tabletterie. L'ère de la pipe est venue le mettre en grand relief et lui donner des valeurs parfois fabuleuses. Aussi le commerce s'est-il empressé de créer de faux ambre, comme il fait de faux diamants, de fausses perles et de faux corail. Aujourd'hui, tout fumeur coquet, ou tant soit peu cossu, tient à avoir de l'ambre plus ou moins vrai. S'il n'en a pas une pipe entière, il lui en faut au moins un morceau plat, terminant le tuyau de sa pipe, qui use ainsi moins ses dents que la terre cuite. Ou bien, c'est une petite boule en forme d'olive, que tettent les lèvres, au bout d'un long rameau de cerisier creux ou d'un tube de maroquin, comme dans la chibouque ou le narguilé des musulmans.

Une grande quantité d'artistes trouvent, à Paris, l'emploi lucratif de leur temps à tailler sur le corps d'une pipe, comme sur des camées, les sujets les plus variés et parfois les plus gracieux. Beaucoup de personnages contemporains, à sensation : Garibaldi, Napoléon III, Victor-Emmanuel, Bismark, Guillaume de Prusse, passeront à la postérité la plus reculée par la reproduction de leur tête ou de leur buste, burinés d'après nature sur le réchaud d'une pipe d'ambre, d'écume de mer, ou de racine de bruyère.

L'Allemagne, surtout, semble mettre aujourd'hui tout son art à décorer des brûloirs à tabac. Elle inonde le monde de ses pipes mythologiques, allégoriques, politiques ou fantaisistes. On voit à toutes les Expositions universelles de ces échantillons du goût tudesque, évalués à des prix qui feraient pâlir les plus riches joyaux d'or ou de pierreries. Aujourd'hui, toutes ces futilités se vendent ; et les pipes ont leurs collectionneurs, comme les vieilles médailles, les vieilles poteries, les vieux livres. Elles seront des monuments durables des mœurs de leur temps, dont elles rappelleront les folies et les erreurs aux générations à venir.

Une des plus originales de toutes ces collections de pipes plus ou moins précieuses, plus ou moins célèbres, est celle que laissa le maréchal Oudinot. C'est un musée historique au plus complet de la pipe. Il y en a de tous les temps, de toutes les formes, de toutes les valeurs ; depuis le roseau, l'os ou la coquille primitifs du Caraïbe du Nouveau-Monde, d'où elle nous vient, jusqu'à la pipe précieuse et décorée par l'art le plus exquis des civilisés des vieux continents. Là, le souvenir des grands personnages revit dans les pipes qu'ils ont culottées, comme il vivrait par leurs portraits, dans une galerie de tableaux.

Pour le Maréchal, la plus précieuse de toutes ces reliques était une pipe de Sobieski, dont le conseil municipal de Vienne lui avait fait hommage, en remerciement de sa sage administration, comme gouverneur de la capitale de l'Autriche, pendant son occupation par l'armée française, sous Napoléon Ier.

La pipomanie est une excentricité dont la civilisation moderne est surtout redevable à l'Allemagne. Au commencement du XVIIIe siècle, on pipait dans le monde élégant de la Cour de Prusse.

On lit dans le *Dictionnaire de la Conversation*, à l'article *Pipe* : « Sous le nom d'Académie de la pipe, on désignait un cercle d'intimes qui se réunissaient presque tous les soirs, à partir de cinq heures de l'après-midi, autour de Frédéric Ier, roi de Prusse. Il se composait de ses ministres, des officiers de son état-major, de grands seigneurs ou de savants en passage par Berlin, et aussi de quelques honnêtes bourgeois, sans compter des bouffons en titre, ni ceux qui consentaient à être traités comme tels.

« Chacun y était tenu de fumer pendant toute la durée des séances ; ou tout au moins de tenir une pipe à la bouche par manière de contenance. Chaque membre avait devant lui une canette de bière ; de temps à autre circulaient des tartines de pain et de beurre, et, vers la fin de la séance, on offrait à diverses reprises du vin, dont chacun se versait à sa guise ; le tout assaisonné de quelques cancans sur la ville et la Cour. On s'y permettait d'ailleurs une foule de plaisanteries que le roi lui-même acceptait de la meilleure façon du monde.

« L'Académie de la pipe joue un grand rôle dans l'histoire de la Prusse. Aussi les envoyés étrangers ne manquaient-ils pas de renseigner fort exactement leurs Cours respectives sur tout ce qui s'y disait. L'Académie de la pipe finit comme elle avait commencé : une fantaisie du roi l'avait créée ; un caprice du roi en prononça la dissolution. »

Tous les peuples du Nord fument de préférence la pipe, parce que l'indolence de leur nervosité, qui est propre à leur nature, les rend moins impressionnables à l'action de la nicotine, comme de l'alcool, que les races plus élevées dans l'ordre de la sensibilité.

Cinq grammes de tabac fumés dans une pipe grisent bien plus puissamment que la même quantité fumée dans un cigare. C'est que la chaleur du fourneau distille l'empyreume avant de brûler le tabac, et la succion l'apporte tout entier à la bouche, dont la température, moins élevée que celle du foyer d'où il émane, le condense sur les muqueuses qui aussitôt l'absorbent. Ainsi s'explique comment tels individus qui fument un cigare sans en être trop incommodés, ont l'estomac et la tête bouleversés quand ils tettent quelques instants une pipe de même qualité de tabac.

C'est pour empêcher le narcotisme du tabac d'agir trop fortement sur leurs nerfs et pour savourer plus lentement l'ivresse, que les Orientaux lavent dans l'eau la fumée ; elle n'arrive à leur bouche qu'après s'être dépouillée, en traversant le liquide, de la plus grande partie de sa nicotine. Ils usent, à cet effet, d'un appareil spécial qu'ils appellent narguilé.

Le narguilé peut être un appareil de luxe, figurant fort bien sur une table ou une cheminée, mais il n'est pas portatif, et il ne peut pas accompagner le fumeur, qui, en tout lieu et en tout temps, sent le besoin de se saturer de vapeurs de tabac.

Aussi un inventeur, pour dorer la nausée aux estomacs débiles, a-t-il créé une pipe-narguilé assez portative. Elle a tout simplement, à la réunion du foyer et du tuyau, un siphon en verre, rempli d'eau, que traverse la fumée avant d'arriver à la bouche. (Voir la *Pipe Marinier.*)

A l'occasion de ce perfectionnement dans la fumomanie, je raconterai une scène assez plaisante dont j'ai été témoin.

La nouvelle invention s'étalait sur les boulevards de Paris, attirant autour d'elle un grand nombre de curieux et d'admirateurs. Les marchands démontraient, par la pratique, tous les avantages de leur pipe.

« Elle préserve, disaient-ils, des effets désastreux de la nicotine, ce poison violent qui est dans le tabac et qui fait périr de mort lente tant de fumeurs à la fleur de l'âge. Le poison se dépose, comme vous le voyez, messieurs, dans l'eau de ma boule de verre, et n'arrive pas à ma bouche.

— C'est donc un poison, le tabac? dit une voix qui partait de la foule ; je ne le savais pas, moi qui en fume !

— Et un poison tellement fort, reprit le marchand, qu'une goutte du jutard qui se forme dans le tuyau de vos pipes ordinaires, et qui fait glou glou quand vous fumez, vous tuerait si vous l'avaliez. Avec ma pipe, vous n'avez pas à craindre un pareil accident.

— Alors, si c'est comme ça, moi j'ai un procédé qui vaut mieux que le vôtre, pour ne pas m'empoisonner. Vous voyez bien ma pipe; eh bien, je la casse, et je n'en achète plus. Ce n'est pas plus malin que ça, de se préserver du poison du tabac. »

Une longue hilarité succéda, dans ce groupe, au bruit de la pipe brisée, et des bravos approbateurs firent comprendre que bon nombre des assistants suivraient le procédé bien simple que donne le gros bon sens, de jeter sa pipe au vent, si l'on ne voulait pas s'empoisonner en fumant.

Ce soir-là, la recette a dû être bien maigre, au magasin de la pipe-narguilé, anti-nicotineuse, brevetée. Je ne sais si, plus tard, la nouvelle pipe a fait fortune, mais j'en doute, car du moment que, pour la vendre, il fallait prononcer les mots nicotine, poison, c'était éclairer les clients sur la nature vraie du tabac, que généralement on ignore, et c'était provoquer, chez beaucoup d'entre eux, l'appréhension et le dégoût pour son usage.

Depuis que le cigare et la cigarette tendent à remplacer la pipe, l'industrie parisienne fournit à ce genre de fumer une grande variété de petits appareils servant à supporter le rouleau de tabac, que les doigts ne pourraient tenir sans se brûler, quand la combustion arrive à sa fin. Ce sont aussi des moyens d'user le tabac de manière à en laisser le moins possible à l'industrie des ramasseurs de bouts de cigares.

Ces appareils sont généralement de deux genres. L'un consiste en une petite tige de métal formant pince à l'aide de deux branches que rapproche et que serre un coulant, pour saisir le cigare ou la cigarette. Cette tige est supportée sur la circonférence d'un anneau dans lequel passe l'index, à la façon d'une bague.

L'autre système consiste en un tuyau de quelques centimètres de long, fabriqué de différentes substances : le plus souvent en ambre ou en imitation. L'un des bouts est tenu dans les dents ; et l'autre est évasé, en forme de cône, pour recevoir, par pression, le bout du cigare, que ne touchent plus ainsi ni les doigts ni les lèvres. Dans ce genre, le cigare fait généralement suite au tube, en ligne droite ; ou bien encore il est reçu dans un petit foyer en forme de pipe, et s'élève disgracieusement vers le front, comme une petite torche allumée.

Tous ces moyens inventés pour brûler le cigare avec économie et élégance sont loin d'approcher de la simplicité du cigare primitif, où tout était prévu pour ménager les dents et les lèvres. La feuille de tabac s'enroulait sur un beau tuyau de paille de seigle, allant chercher la fumée au centre même du cigare, pour l'apporter, pas trop brûlante, à la bouche.

Combien de fois les fumeurs d'alors n'ont-ils pas maudit la Régie, qui, par la transformation du cigare, vers 1830, les privait de leur petit tuyau de paille, si commode, par la seule raison qu'il était une complication de travail pour la fabrique, qu'il était encombrant, et que sa fragilité laissait dans les débits de grandes quantités de marchandises de rebut qu'il fallait manipuler de nouveau !

Beaucoup de nos élégants dans le genre savent se passer de tous ces appareils encombrants, pour brûler à fond le cigare et la cigarette. Ils cultivent avec soin leurs ongles du pouce et de l'index, qu'ils laissent croître assez longs pour pincer le tabac, dont ils isolent ainsi la chaleur. Ces ongles, et même la phalange, prennent alors une couleur jaune de culotte de pipe, que ces amateurs se plaisent à faire ressortir au bout de leurs doigts, comme une coquetterie dans l'art de fumer.

La blague à tabac, l'étui à cigares, sont des articles d'un très grand débit dans la clientèle des fumeurs.

La blague est la poche plus ou moins grande dans laquelle le fumeur met son tabac au sortir de la balance du débitant. Elle doit être imperméable à l'humidité et à l'air, pour conserver au tabac sa fraîcheur et son montant. Les vessies des moutons et des porcs sont ce que l'on emploie généralement pour ce petit magasin portatif. Elles forment une branche très importante de la boyauderie, qui les convertit en baudruche.

La blague à tabac n'a pas toujours sa simplicité primitive, qui rappelle par trop le peu de noblesse de son origine. Elle se décore, elle s'ornemente, en se recouvrant de tissus, de broderies et d'emblèmes. La blague à tabac, comme autrefois la tabatière, est devenue un article de cadeau. La jeune fille la donne très volontiers à son fiancé, la jeune femme à son mari, après avoir caché la baudruche sous le travail apprécié de leurs doigts.

Combien de jeunes gens ne voit-on pas, portant prétentieusement pendu à leur bouton, par un cordon de soie terminé par un gland de passementerie, une belle blague à tabac recouverte de drap ou de soierie, sur laquelle se détache en broderie, en perles ou en paillettes le mot « Souvenir », ou bien une plante dont le langage emblématique dit beaucoup de choses tendres au cœur !

On fait également des blagues en basane, en maroquin, en cuir de Russie, en forme de boîtes cylindriques, se repliant sur elles-mêmes par des plissures en pas de vis. Elles ne conviennent que pour de petites provisions de tabac. Elles seraient trop encombrantes si elles en contenaient beaucoup.

Le porte-cigares est moins vulgaire et mieux porté que la blague à tabac. C'est parfois un ornement de la poche du fumeur, qui aime à montrer sa fashionabilité dans un étui cuir de Russie, fil d'aloès ou fine paille de Panama, qui ne sont pas sans valeur.

Il y a aussi les boîtes à pipes, les boîtes à mèches et à briquets, les boîtes à allumettes, les petits livrets de papier à cigarettes de toutes qualités, que le génie des inventeurs offre au public comme n'ayant pas les principes corrosifs du papier ordinaire, qui attaque, prétendent-ils, les dents et les poumons des amateurs de cigarettes. Comme si le tabac n'était pas, lui-même, plus corrosif que toutes les enveloppes imaginables dans lesquelles on pourrait le brûler !

Des spéculateurs ont fait du papier à cigarettes avec du houblon... le meilleur papier du monde, disent-ils dans leurs réclames ; plus de 100.000 fumeurs en ont apprécié les bienfaisantes qualités : santé à tous. On roule aussi les cigarettes dans ces feuilles souples et minces qui enveloppent l'épi du maïs.

Pour être juste envers le tabac, après l'avoir convaincu de bien des méfaits envers l'humanité, il faut dire que c'est à lui surtout que nous sommes redevables de l'allumette chimique fulminante, qui, dans sa simplicité, est un des progrès les plus marquants du xixe siècle. Sans ce besoin continuel d'allumer, en tout temps et en tout lieu, sa pipe ou son cigare, qui obligeait tout fumeur à avoir dans sa poche l'amadou, la pierre à feu et le briquet primitif, l'usage des poudres fulminantes serait peut-être encore restreint aux bonbons explosifs et aux capsules des armes à feu.

Il a bien mérité des fumeurs, celui qui, le premier, a eu l'idée de placer un peu de fulminate au bout d'un petit morceau de bois, d'une petite bougie de cire ou d'une bandelette d'amadou, pour les enflammer par le simple frottement.

Un grand embarras pour le fumeur était d'avoir à volonté du feu ; et il devait plus souvent en manquer que de tabac. Aussi, la découverte de l'allumette chimique, en débarrassant la poche du fumeur de tout le matériel encombrant nécessaire à la production du feu, n'a pas peu contribué à l'accroissement considérable de la consommation du tabac, qui a coïncidé avec son apparition, vers 1837.

Pour éviter aux consommateurs beaucoup de l'ennui de battre le briquet, tous les débitants étaient tenus d'avoir à leur porte une mèche d'étoupe, brûlant toujours, à laquelle les acheteurs et les passants venaient prendre du feu.

Sur les vaisseaux, pour la commodité des fumeurs, la mèche brûle nuit et jour. Elle a son petit sanctuaire dans le voisinage des cuisines. Un factionnaire, comme autrefois les vestales, veille sans cesse sur ce feu sacré, tant pour l'entretenir que pour en surveiller les dangers.

Aujourd'hui, la mèche d'étoupe a été remplacée par un bec de gaz, une bougie ou une veilleuse, constamment allumés dans l'intérieur du débit ; et, dans les bureaux bien achalandés et de bon ton, les fumeurs s'allument à l'aide de baguettes portant à leur extrémité un petit morceau d'éponge qui trempe dans de l'alcool, et que l'on enflamme, au moment de s'en servir, au foyer permanent.

La consommation des allumettes en France est si grande, surtout par les quantités fabuleuses qu'en usent les fumeurs, que nos gouvernants ont frappé cette industrie, en même temps que le tabac, d'un impôt très productif, quand il leur a fallu battre monnaie pour payer l'indemnité de guerre si généreusement allouée aux Allemands.

En récapitulant ce que coûte à la France la tabacomanie, on arriverait à démontrer que plus d'*un milliard* de francs disparaît annuellement pour amuser quelques millions d'hommes et d'enfants avec un peu de fumée.

Si la vie de la nation, son développement numérique, sa moralité, sa grandeur artistique, son élévation intellectuelle, n'étaient pas gravement compromis dans ce grand procès du tabac, est-ce que la question d'économie, toute seule, ne devrait pas suffire pour faire rejeter de nos mœurs une habitude si frivole?

Pour satisfaire un vrai caprice, une folle ivresse, pour se distraire par un jouet, une pipe et du tabac, voilà donc les sociétés européennes, la France en tête, comme type de la fashion, marchant vers toutes les dégradations avec une rapidité et un engouement que n'ont jamais connus les peuples primitifs, qui se sont également suicidés par le narcotisme.

L'opium a mis des siècles à faire descendre à un état voisin de la léthargie les peuples de l'Orient. La nicotine ne sera pas si longtemps à faire de l'Europe et de sa succursale, l'Amérique, une seconde Asie ; car une livre de tabac est capable de tuer bien plus d'hommes que ne le feraient trente livres de pavots.

Deux siècles se sont à peine écoulés depuis la connaissance généralisée du tabac, et déjà il a séduit plus de la moitié de ces classes faibles ou superstitieuses de l'humanité qui croient au merveilleux ou aiment à s'engourdir dans des sensations factices, au milieu d'un peu de fumée, plutôt que de s'épanouir dans l'activité salutaire de la vie au milieu d'un air pur.

CHAPITRE XXVIII

Un savant anglais, Johnston, a essayé de faire la part de chaque pays dans la distribution des substances affectées à l'usage de fumer. D'après ses calculs, huit cent millions d'hommes, dans la population de l'univers, fument diverses sortes de tabac ; quatre cent millions, l'opium et ses composés, trois cent millions, le cannabis et le hachisch ; cent millions, le bétel ; quarante millions la coca ; sans compter ceux qui fument des substances moins actives ou inertes, telles que le fongus, le houblon, le thé, l'anis, etc.

L'habitude de fumer, quelle que soit la substance que l'on brûle au contact de la bouche, est née aux âges de barbarie de l'humanité, alors que l'homme n'avait, pour remplir l'activité à laquelle son organisation supérieure le convie, ni l'industrie, ni les arts, ni les sciences, ni tous ces passe-temps que crée la civilisation.

Fatigué de son inaction, il chercha quelque chose pour distraire la monotonie de son existence ; et, dans l'état borné de son entendement, il ne trouva rien de plus simple, de plus enfantin et de plus récréatif que de fumer.

C'est dans cet état que vivent encore aujourd'hui les races les plus attardées vers la civilisation, les Cafres et les Hottentots par exemple, dont un célèbre écrivain, voyageur portugais, le docteur Martius, dans ses relations physiologiques sur les races humaines, nous fait le portrait suivant : « Isolés, taciturnes, fugitifs, se retirant dans leurs cavernes ou dans les bois, à peine font-ils usage du feu, si ce n'est pour allumer leur pipe, qu'ils ne quittent point. »

S'il est constant que tous les peuples barbares ont fumé, comme ils se sont mutilés par le tatouage, la déformation de la tête, du nez, des oreilles, il est constant aussi qu'ils ont laissé dans les langes de leur enfance toutes ces aberrations de leur entendement, qui n'était encore qu'un instinct, avant de devenir raison.

Dans les quatre grandes agglomérations humaines d'où partit la civilisation de toute l'Europe, la Grèce, Rome, Carthage, Israël, on ne fumait plus, si toutefois les Grecs, les Romains, les Carthaginois, les Israélites avaient connu la pipe, aux âges antérieurs à leur adolescence sociale.

Dans l'histoire de ces grands peuples, dans leurs monuments, dans leurs ruines, dans leurs tombeaux, dans leur langue, dans leur littérature, on ne trouve rien qui puisse porter à croire que ces hommes, aussi intelligents qu'austères, aient jamais introduit dans leurs mœurs aucun de ces usages barbares qui faisaient le passe-temps ou la joie des peuples qu'ils convertissaient à leur civilisation.

Ces instincts primitifs, dont s'étaient préservés nos devanciers dans le progrès, nous, civilisés du XIXᵉ siècle, nous en faisons une ostentation, un ornement, presque un mérite. N'est-ce pas là revenir à l'enfance et suivre, comme nation, la marche que suit un individu qui, quand il est vieux, retourne instinctivement aux goûts et aux faiblesses de ses premières années ?

Oui, toutes ces puérilités, ces jeux à la fumée dont nous faisons vanité, sont des symptômes de vieillesse de nos sociétés modernes ; ils sont les avant-coureurs de leur décrépitude, qui marche d'autant plus vite que la substance qu'elles brûlent à leur bouche pour titiller leur sensibilité engourdie, est plus délétère.

Si c'est pour l'humanité, revenant à l'enfance, un besoin naturel de sucer, une pipe ou tout autre chose, comme un bébé tette un biberon, et à défaut de biberon tette son pouce, jusqu'à un âge parfois avancé, au moins n'ajoutons pas au ridicule de l'enfantillage le danger du poison. Renonçons surtout au tabac, pour brûler dans nos petits fourneaux de poche, par exemple, l'herbe légèrement aromatique des prairies, ou la laitue des jardins, mêlée aux feuilles de roses, ou autres plantes odorantes. Cette fumée innocente donnera aux fantaisistes, aux rêveurs et aux oisifs les mêmes distractions que le tabac ; et elle ne tarira pas, dans leurs sources les plus profondes et les plus fragiles, l'énergie de l'individu et la vitalité de la nation.

Le passe-temps, devenu plus bénin, sera aussi moins coûteux ; ce qui n'est point à dédaigner, dans notre époque, où nous avons besoin, pour plus d'un siècle, d'économie et de travail. Car s'il fut un temps où la France chevaleresque était assez riche pour payer sa gloire, elle ne l'est plus assez pour liquider ses fautes, ses faiblesses et ses défaites.

La vie de la famille devient difficile, par l'insuffisance des salaires ; et le paupérisme impose de plus en plus ses lourdes charges à l'assistance publique.

Je parle du paupérisme !... N'est-ce pas par centaines de mille que l'on compte aujourd'hui les individus et les familles qui se trouvent tombés dans ce bas-fond de l'état social, par l'usage du tabac, qui absorbe, en argent, ce qui pourrait servir à fonder l'épargne ; qui détache le père de la maison, pour le conduire à l'oisiveté, à la dissipation, à l'alcoolisme ; et enfin à l'incapacité de travail, par indifférence, par paresse ou par épuisement, bien avant la vieillesse !

Qu'on juge de tout le désordre social qui ressort nécessairement d'un tel état de choses.

Avec la pauvreté, c'est la discorde dans la famille ; les enfants et la mère prenant en aversion le père qui, au lieu de leur venir en aide, d'être pour eux un être vénéré, une satisfaction, une espérance, est devenu une humiliation, un fardeau ; ce sont les fils qui, manquant de bons exemples et de conseils, se jettent sans protecteurs dans tous les travers de la vie ; ce sont les liens conjugaux qui se relâchent ou se brisent par la froideur ou le dégoût ; c'est la femme, décrétant d'incapacité et de déchéance son mari, et se substituant à sa place, pour conduire, bien ou mal, les destinées de la famille, au milieu de toutes les misères, de tous les dangers, dont les pauvres filles ont le plus à souffrir, dans ce grand désarroi domestique.

Depuis le triomphe du tabac, les femmes, dans toutes les conditions, pauvres ou riches, ont eu ainsi bien à souffrir des désordres sans fin qu'il a jetés dans la famille. Elles avaient toujours espéré qu'une habitude, si peu en harmonie avec leurs sentiments, ne serait pas durable ; qu'elle n'était, pour les hommes, qu'une fantaisie de mode, comme elles-mêmes en ont tant, et qu'elle passerait un jour.

Elles ont employé toute leur persévérance à détacher les frères, les pères, les maris, les fils, de ce qui troublait si souvent la sérénité de leur intérieur.

Dans les régions élégantes, elles leur ont fait comprendre, avec ménagement et douceur, quel contraste il y avait entre leurs goûts pour les parfums, et les émanations nauséeuses qu'apportent dans le salon, dans le boudoir, dans l'alcôve, ces messieurs, même les plus soignés dans leur personne, dont l'haleine et tout l'extérieur rendent avec profusion les odeurs de tabac et d'alcool dont ils sont saturés.

Toute leur adresse, toute leur force de persuasion ont échoué dans leurs entreprises intimes et isolées ; et les hommes, forts de leur autorité dans le ménage, fument, chiquent et boivent plus que jamais.

Devant ces résistances que la raison n'a pu vaincre, il s'est produit chez les femmes d'Amérique un mouvement spontané, que les hommes auraient pu regarder avec hilarité, dans tout autre pays où la femme poserait moins dans la société qu'elle ne le fait aux Etats-Unis. Mais elle a là une supériorité morale sur l'homme par la supériorité de son éducation ; car dans autre pays du monde l'instruction de la femme n'est aussi généralement soignée, sans distinction de classe ou de religion.

Et, à ce degré de culture, qui lui révèle toute sa dignité, son amour-propre s'est froissé de se trouver trop souvent associée, dans la vie, à des êtres dégradés par tous les excès, et dont l'abaissement l'attriste et l'humilie.

C'est là l'origine du grand mouvement national à la tête duquel se posent les femmes, dans toute l'étendue de l'Union.

Elles demandent pour leur intérieur, autant que pour leur pays, les réformes nécessaires à amener les hommes à la tempérance ; c'est-à-dire à l'abandon de toutes les habitudes qui les dégradent.

C'est surtout contre l'alcool que cette croisade de tempérance semble avoir été entreprise, parce qu'il est l'auteur le *plus apparent*, le plus en scène, de tous les désordres qui troublent l'harmonie des sociétés.

Mais, avant l'alcool à proscrire, doit venir le *tabac*.

Car, que les dames d'Amérique ne s'y trompent pas : elles ne réussiront jamais à extirper des mœurs de leur pays l'alcoolisme, qu'à condition qu'elles en auront d'abord banni le nicotisme, dont il est la conséquence forcée, ainsi que nous l'avons déjà démontré dans le cours de ce travail (1).

______

(1) Aujourd'hui, les dames d'Amérique partagent ces impressions ; elles attaquent également, sous le nom de fléau-jumeau, *Twin-Evil*, le tabac et l'alcool ; et c'est à l'enfance, dans les écoles, qu'elles s'adressent, afin de prémunir les générations futures contre les erreurs et les travers dont leurs pères ont été les victimes.

La Californie vient de donner l'exemple d'un grand concours auquel ont pris part près de 40.000 élèves, filles et garçons, qui ont eu à traiter

Quoi qu'il en soit, cet effort collectif pour relever la moralité du siècle ne sera pas stérile, car *ce que femme veut, Dieu le veut.*

La voix des femmes demandant aux hommes, dans un concert d'union qui fait leur force, de rompre, dans l'intérêt de leur dignité, et pour le bien de leurs familles et de leur pays, avec de mauvaises habitudes, aura plus d'échos et sera d'un effet plus pratique que tous les enseignements de la science et les exhortations des moralistes.

Les dames américaines, qui cherchent la régénération de leur société dans la tempérance des hommes, sont pourtant plus sur la vraie voie que les dames françaises, qui la demandent aux institutions protectrices de l'enfance.

Chez nous, pour atteindre le grand mal social qui nous abaisse, on tourne les regards vers l'enfance. Parce qu'elle semble le plus souffrir dans notre malaise physiologique, on croit que la cause véritable de notre mal est là! Et partout, les philanthropes, des dames patronnesses en tête, s'organisent en sociétés, dont le but est d'améliorer les conditions physiques de l'enfance.

On s'occupe de l'enfance partout. L'enfance a même sa commission, sa tribune dans nos Assemblées nationales. Et ça se conçoit : l'enfance d'aujourd'hui est toute l'espérance de l'avenir, car on attend d'elle, dans vingt ans, des hommes qui nous manquent aujourd'hui.

Que lui faut-il pourtant, chez nous, pour prospérer, qu'elle ne reçoive, de tout temps, de l'amour et du dévoûment des mères, de la sollicitude de l'administration, des secours de la bienfaisance et de la charité?

Rien!...

---

par écrit la question des *dangers du tabac et de l'alcool.* Plus de 15.000 francs, en argent et en médailles d'honneur, ont été donnés en séance solennelle aux élèves qui, dans chaque classe, ont fait la meilleure composition sur ce sujet.

Voilà un exemple qu'on devrait imiter.

Et pourtant, de plus en plus, on la voit s'étioler et périr…

On dit à cela : « C'est parce que les mères se dégagent trop légèrement de l'obligation naturelle et sacrée d'allaiter leurs enfants ; elles les confient aux soins mercenaires d'une nourrice, qui ne peut jamais avoir pour eux toute l'attention, tout le dévoûment nécessaires à la bonne venue de ces fragiles petits êtres. »

Mais, pour nourrir leurs enfants, il leur faudrait du lait ; et c'est là ce qui leur manque, depuis que le nicotisme, en les frappant de dégénérescence héréditaire, a flétri chez elles la glande mammaire et tari la source naturelle où l'enfant, sortant de la vie utérine, devait aller puiser la nourriture, au moins de sa première année.

Quand les mères recourent à la nourrice, ce n'est pas, pour le plus grand nombre d'entre elles, sans avoir essayé sans succès à donner le sein à leur enfant qui, n'y trouvant rien, ou presque rien, commence à entrer en langueur. Le petit être souffre de la faim, il crie ; la mère se lamente, devient nerveuse ; que faire ? Donner à l'enfant le biberon avec le lait de vache ou de chèvre, les fécules alimentaires ? Tout cela est bien loin de répondre aux besoins de son jeune et frêle organisme. Il lui faut du lait de femme que rien, en effet, ne saurait remplacer ; et c'est alors qu'on cherche une nourrice, qui, souvent, n'aura pas plus de lait que la mère.

Car, comme l'expérience de tous les jours le constate, la sécrétion de lait languit ou s'arrête chez la femme vivant au milieu des émanations du tabac, comme il arrive trop souvent dans un si grand nombre de ménages, dont les maris fumeurs font de véritables estaminets de l'intérieur de la famille, où ils asphyxient et la mère et l'enfant.

La fumée de tabac qu'absorbe la nourrice dans cet air vicié, produit sur ses glandes mammaires le même effet que les émanations de térébenthine, par exemple, si elle vit dans des appartements fraîchement peints. Elle agit encore comme les vapeurs du camphre, qui est le moyen le plus usuel, le plus actif, que l'on emploie en sachets fortement odorants, sur la poitrine, pour faire passer le lait, si l'enfant ne vit pas ou après le sevrage. L'action du camphre est si puissante que, si les mères en abusent, leurs seins se flétrissent et ne donnent plus de lait aux grossesses suivantes.

Dans le monde, on ignore ces effets si directs et si simples du tabac; et cependant l'on sait s'abstenir, pour les nourrices, de bien des choses qui sont, avec raison, réputées comme contraires à la sécrétion du lait : du cerfeuil, du persil, par exemple, dont la famille se rapproche, par la ciguë, de l'homicide famille des solanées, dont le plus beau type est le tabac.

Si nous ne craignions pas d'être taxé d'exagération en suivant le tabac dans tous ces petits détails d'intérieur de famille, où il faut pourtant aller chercher les causes de la dégénérescence moderne, nous dirions de combien de jeunes nourrices il a tari la vie, après avoir tari le lait, soit que la sécrétion avortée du sein ait eu sur les poumons une réaction fatale, soit qu'il produise directement la phtisie pulmonaire sur la femme qui en respire les vapeurs, dans son appartement, aussi bien que sur le mari qui les dégage au feu de son cigare et de sa pipe, dans l'intimité conjugale.

Autrefois, la femme du pauvre, dans les villes ou les campagnes, forte de sa constitution physique, nourrissait à gages les enfants du riche. Sa mamelle était assez féconde pour alimenter deux nourrissons à la fois, ou sa sécrétion durait assez longtemps pour lui permettre de vendre le lait de la seconde année, après avoir fait teter pendant dix mois son propre enfant, avant de le sevrer.

Aujourd'hui, par la dégénérescence dont la loi se fait sentir sur elle, autant que sur la femme riche, son lait, qui suffisait alors à deux, serait insuffisant pour un. Et pourtant, les gages que lui donnera un nourrisson la tentent. Et c'est alors que la misère entreprend de nourrir la richesse ; et deux enfants succombent dans cette pénible tâche.

Peut-on dire qu'il y ait eu là la faute de la mère ou de la nourrice? Ces deux enfants ont-ils manqué de soins? Ont-ils été privés de linge, de propreté; ont-ils eu faim? Les a-t-on privés d'un peu de lait ou de fécule, le seul aliment qu'on pouvait leur donner, dans l'impossibilité matérielle où étaient ces deux mères de leur donner en quantité suffisante le lait de leur sein?

Non! Ce serait faire injure aux femmes de France, et bien mal les connaître, que de supposer que sur leur sein, entre leurs bras, dans leurs berceaux, leur progéniture périsse par indifférence, égoïsme ou dureté de cœur. Elle n'y meurt que faute de lait et par impossibilité de supporter une autre alimentation, par débilité originelle.

Qu'on ne cherche donc plus dans le principe des nourrices à gages la cause de la mortalité de l'enfance, car les enfants meurent dans des proportions considérables, dans toutes les conditions sociales, et même entre les mains de leurs propres mères.

Si les femmes des riches donnent souvent leurs enfants à allaiter à d'autres, pour quelques raisons que l'on suppose, leur nombre est relativement bien restreint, quand on le compare aux femmes des pauvres, des artisans, des cultivateurs, qui n'ont pas, elles, les moyens de mettre leurs enfants en nourrice. Elles les gardent dans la famille, et les élèvent le mieux qu'elles peuvent.

Et si, dans toutes ces classes, qui forment plus des trois quarts de la nation, un grand nombre de mères n'allaitent pas leurs enfants, c'est que le lait leur fait défaut. Car, quand il vient dans leur sein, il est le moyen le plus économique, le plus simple, le moins encombrant, le plus prompt, pour répondre à toutes les exigences alimentaires d'un nouveauné. Pour elles, aussi, l'allaitement est salutaire.

Et il serait monstrueux de penser que des mères eussent le cœur assez fermé aux jouissances naturelles de la maternité, aux espérances de la famille, pour refuser volontairement leur lait, quand elles en ont, à leur enfant ; et pour assister à la lente agonie d'un pauvre petit être à qui elles n'auraient donné la vie que pour le voir mourir bientôt, par l'effet d'une alimentation insuffisante et contre nature.

La France abonde en sociétés protectrices de l'enfance, parmi lesquelles se pose au premier rang, par l'importance du but qu'elle se propose, la Société pour la propagation de *l'allaitement maternel*. Et ce qu'il y a de pénible à constater, d'après les statistiques, c'est que malgré tant de dévoûments et de sacrifices, la mortalité des enfants et la décroissance de la population suivent toujours leur marche progressive.

Ah ! si elles le pouvaient, ces Françaises, qui ont eu, les premières, l'idée de racheter par leur argent la libération anticipée de leur pays, que les hommes n'ont pas su défendre, et dont elles ont si profondément senti toutes les hontes ; comme elles lui donneraient à l'avenir des défenseurs dignes d'elles !... Comme elles contraindraient leur sein et leurs mamelles à engendrer et à nourrir une génération robuste, capable de ressaisir virilement l'épée de la France, et de réhabiliter la nation dans son ancienne splendeur !

Mais elles ne seront fortes, elles-mêmes, que quand les hommes qui les procréent auront retrouvé leur vigueur primitive. Et il faudra attendre longtemps ; car les peuples sur la pente de la dégénérescence marchent vite ; et il faut deux siècles de persévérance et de bonne volonté pour réparer le mal qu'aura fait un demi-siècle de mauvaises habitudes et d'erreurs.

Si les femmes peuvent quelque chose dans ce grand problème de la régénération de la France, c'est en méditant bien tout ce que nous venons de dire du tabac, à qui nous ne craignons pas, encore une fois, d'attribuer le plus grand rôle dans notre décadence physique et morale actuelle.

Qu'elles gravent profondément dans l'esprit de leurs enfants les dangers de son usage et la crainte de ses effets.

Qu'elles leur disent sans cesse que, si elles se sont si souvent attristées sur leurs berceaux, si elles ont eu tant de peine à les sauver à la loi de mortalité qui ravage leur époque, si leur constitution est faible, si leur existence est menacée d'être courte et semée de défaillances et de maladies qui leur ôteront une grande part du bonheur de vivre, c'est la faute de leurs pères, qui ont détruit, par la plus fatale des erreurs, par la subtilité d'un poison, ce qu'il y avait de plus parfait et de plus pur dans leur organisme.

Qu'elles leur disent bien surtout qu'ils sont frappés déjà de vices héréditaires, qu'ils ne corrigeront en eux, et qu'ils n'arrêteront dans leur descendance, que par les pratiques qui développent et fortifient le corps, rehaussent l'esprit, grandissent le cœur.

Et si les fils écoutent leurs mères, quand elles leur enseigneront, dès l'enfance, toutes ces vérités ; si le tabac ne souille pas leurs lèvres, il ne brisera plus l'essor de leur virilité.

Et, dans notre beau pays de France, dont les institutions sociales, dont les cultures et le climat sont si favorables à la perfectibilité humaine, qu'ils ont élevée si haut chez nos ancêtres, la fécondité reviendra. Et la nation, régénérée dans ses qualités natives, qui font toute sa grandeur, reprendra la marche que la Providence lui a tracée dans l'avenir, sans crainte de nouvelles chutes, aux jours où il faudra qu'elle soit forte.

(Voir au verso.)
E. D.

FIN.

SOCIÉTÉ CONTRE L'ABUS DU TABAC

Bureaux, rue Saint-Benoit, 20bis, Paris

Après la lecture de l'ouvrage du Dr Depierris, il est impossible de n'être pas convaincu que l'habitude du tabac est une des plus grandes plaies sociales de notre époque.

En effet, l'usage du tabac a pris de nos jours un développement très inquiétant au point de vue de l'hygiène et de la morale ; il altère la santé, déprime l'intelligence, abaisse le niveau scientifique, porte atteinte au développement des organes et des fonctions. C'est pour élever une barrière contre son envahissement qu'a été fondée, à Paris, en 1877, la **Société contre l'abus du Tabac**.

Cette Œuvre de bienfaisance intéresse tout à la fois : 1° le fumeur, qu'il est utile d'éclairer sur les dangers de l'abus du tabac et sur les moyens de les atténuer autant que possible ; 2° les personnes qui ne fument pas et que l'odeur du tabac incommode ; 3° le riche, plus particulièrement exposé à fumer d'une façon immodérée ; 4° le pauvre, qui n'a pas le moyen de satisfaire sa passion ; 5° l'ouvrier, dont la femme et les enfants sont souvent privés du nécessaire ; 6° la jeune fille, qui, après son mariage, devra supporter l'odeur délétère de la fumée ; 7° le soldat, qui ne reçoit de l'État que 10 grammes de tabac par jour, et à qui il est

interdit de fumer en certains services et à certaines heures ;
8° la jeunesse surtout, chez qui l'usage prématuré du tabac
porte atteinte aux fonctions digestives, à la force, à l'intelligence, à la mémoire.

Ajoutons que l'enfant à la mamelle a souvent à souffrir
de la fumée que son père répand autour de son berceau,
et que les enfants nés de parents atteints de nicotisme sont
exposés à être affligés de certaines infirmités corporelles
ou intellectuelles. Ajoutons encore que les fumeurs sont
une menace permanente d'explosions de mines, d'incendies
d'écuries, de magasins à fourrage, de forêts, etc. D'autre
part, n'oublions pas que le tabagisme porte à l'alcoolisme,
que l'abus du tabac occasionne bien des journées de traitement à domicile et dans les hôpitaux, et qu'en affectant
environ 20.000 hectares de nos meilleures terres à la culture du tabac, on diminue par cela même notablement les
ressources alimentaires des hommes et des animaux.

La *Société contre l'abus du Tabac* combat activement le
fléau. Dans cette tâche difficile, elle fait appel à toutes les
personnes de cœur et de bonne volonté. Elle compte aussi
sur le puissant concours des Dames, qui, au point de vue
des relations sociales, ont le plus à souffrir de la funeste
influence qu'exercent la pipe et le cigare.

Extrait des Statuts et du Règlement.

STATUTS

Art. 3. — Toute personne, sans distinction de sexe,
d'âge, de nationalité, de religion ou d'opinions politiques,
peut en faire partie comme *Membre titulaire*, si elle est
agréée par le Conseil.

Art. 5. — Chaque membre paye une cotisation annuelle de 10 francs; elle est réduite à 5 francs pour les Ecclésiastiques de tous cultes reconnus, les Instituteurs et les Institutrices. — La cotisation peut être rachetée à perpétuité par une somme de 100 francs une fois payée.

Art. 9. — La Société publie un journal paraissant tous les mois. Il est envoyé à tous les sociétaires.

RÈGLEMENT

Art. 28. — Tout membre nouvellement admis reçoit : une lettre d'admission, une carte de Sociétaire, les numéros du journal parus depuis le 1er janvier et un diplôme, après payement de la première cotisation.

Nous prions les personnes qui approuvent notre Œuvre éminemment humanitaire et patriotique, de vouloir bien nous adresser leur adhésion comme membres de la Société.

Le Président-fondateur,   *Le Secrétaire général,*

DECROIX,   Dr GÉLINEAU,

Officier de la Légion d'honneur.   Ancien médecin de la marine.

TABLE DES MATIÈRES

CONTENUES DANS LE VOLUME

CHAPITRE VII

CHAPITRE VIII

CHAPITRE IX

CHAPITRE X

CHAPITRE XI

CHAPITRE XII

CHAPITRE XIII

CHAPITRE XIV

CHAPITRE XV

CHAPITRE XVI

CHAPITRE XVII

CHAPITRE XVIII

CHAPITRE XIX

CHAPITRE XX

CHAPITRE XXI

CHAPITRE XXII

CHAPITRE XXIII

CHAPITRE XXIV

CHAPITRE XXV

CHAPITRE XXVI)

CHAPITRE XXVII

CHAPITRE XXVIII

5575-97. — Corbeil. Imp. Éd. Crété.

CORBEIL. — IMPRIMERIE ÉD. CRÉTÉ

www.ingramcontent.com/pod-product-compliance
Lightning Source LLC
Chambersburg PA
CBHW051516060726
47597CB00001B/83